HANDBUCH DER WISSENSCHAFTLICHEN UND ANGEWANDTEN PHOTOGRAPHIE

HERAUSGEGEBEN VON

ALFRED HAY

BAND VIII

FARBENPHOTOGRAPHIE

SPRINGER-VERLAG WIEN GMBH

FARBENPHOTOGRAPHIE

BEARBEITET VON

L. GREBE · A. HÜBL · E. J. WALL

MIT 131 ABBILDUNGEN UND
8 TAFELN

SPRINGER-VERLAG WIEN GMBH

ISBN 978-3-7091-3169-5 ISBN 978-3-7091-3205-0 (eBook)
DOI 10.1007/978-3-7091-3205-0

URSPRÜNGLICH ERSCHIENEN BEI JULIUS SPRINGER IN VIENNA 1929

Zur Beachtung

Das Vorwort ist dem zuerst erscheinenden Band VIII nur lose beigegeben worden, da es beim Band I wiederholt werden wird.

Vorwort

Das vorliegende Handbuch soll über den heutigen Stand der wissenschaftlichen und angewandten Photographie unterrichten. Durch zweckmäßige Unterteilung des Stoffes, durch Heranziehung erster Fachleute auf den in Betracht kommenden Einzelgebieten, durch Beschaffung einwandfreien Bild- und Tabellenmaterials wurde eine zeitgemäße umfassende Darstellung der wissenschaftlichen und angewandten Photographie unter besonderer Hervorhebung alles Wesentlichen angestrebt.

Das Handbuch ist nicht nur für den Forscher auf dem Gebiete der Photographie (als besondere Wissenschaft), sondern auch für alle jene bestimmt, die sich der Photographie als Hilfsmittel oder Hilfswissenschaft bedienen; auch dem in der photographischen Industrie Tätigen soll das Handbuch von Nutzen sein.

Wien, im Februar 1929
Graphische Lehr- und Versuchsanstalt

Der Herausgeber

Inhaltsverzeichnis

Photographische Licht- und Farbenlehre

Von

A. Hübl, Wien

Mit 55 Abbildungen

I. Das Licht

Das in mehrfacher Hinsicht übereinstimmende Verhalten der verschiedenen Strahlungserscheinungen, zu denen auch das Licht, die Wärme- und Röntgenstrahlen sowie eine Art der Radiumstrahlen gehört, brachte die Erkenntnis, daß diese Strahlen mit gewissen elektromagnetischen Erscheinungen verwandt sind. Da in all diesen Fällen die periodische Bewegung — die Schwingung — das hervorstechende Merkmal ist, spricht man, in Analogie zu den Wasserwellen ganz allgemein von elektromagnetischen Wellen.

Ähnlich den Wellen an einer Wasseroberfläche mögen sich, nur im räumlichen Sinne gesprochen, auch die verschiedenen Strahlungsarten ausbreiten. Sie pflanzen sich mit der gleichen Geschwindigkeit nach allen Richtungen des Raumes fort und unterscheiden sich nur durch ihre Wellenlänge. Soweit wir sie überhaupt wahrnehmen können, hängt von dieser Größe auch die Empfindung ab, die sie in uns hervorrufen. Elektrizität, Licht und Wärme sind also nur Namen für das gleiche Geschehen.

Da man sich eine Bewegung und ein Übertragen von Energie, wie sie auch die elektromagnetischen Wellen darstellen und vermitteln, stofflos nicht denken kann, so hat man als Träger der Wellenbewegung eine den ganzen Weltraum erfüllende, gewichtslose Substanz, den „Weltäther", willkürlich angenommen, mußte aber diese Vorstellung wieder aufgeben, als man erkannte, daß eine solche Substanz einander widersprechende Eigenschaften besitzen müsse.

In neuester Zeit ist man dazu übergegangen, das Licht selbst, wie auch die verschiedenen Formen der Energie als etwas Stoffliches anzusehen und nimmt an, das Licht wie auch alle unsichtbaren Strahlen bestehen aus kleinsten Teilchen sog. Quanten, die sich mit Lichtgeschwindigkeit durch den Raum bewegen. Gewisse Ablenkungen von der geraden Bahn, die ein stoffliches Licht erfahren müßte und, wie festgestellt, auch offenbar erfährt, scheinen den Beweis für die Richtigkeit der Annahme zu erbringen, doch ist auch die Quantentheorie nicht im Stande, die noch vorhandenen Rätsel restlos zu lösen. Für alle praktischen Probleme ist es aber gleichgültig, ob man sich dieser oder jener Theorie zuneigt. Die Begriffe Wellenlänge und Schwingungsdauer bleiben stets die gleichen und sind unabhängig von der Natur der sich periodisch bewegenden Substanz.

A. Das objektive Licht

Die Bezeichnung „Licht" hat eine doppelte Bedeutung: Im subjektiven Sinne bedeutet es eine Helligkeitsempfindung, objektiv nennen wir die elektromagnetischen Schwingungen einer bestimmten Wellenlänge gleichfalls „Licht". Das objektive Licht ist eine Art Energie, die aus einer anderen, z. B. Wärme oder Elektrizität, entstehen kann, anderseits kann das Licht wieder in eine andere Energieform umgesetzt werden. Besonders leicht erfolgt die Umwandlung von Licht in Wärme, wenn das Licht auf einen sogenannten „schwarzen Körper" fällt. Es verschwindet dann vollkommen, indem es, wie sich leicht konstatieren läßt, in Wärme umgesetzt wird.

1. Natürliche und künstliche Lichtquellen. Unsere wichtigste Lichtquelle ist die Sonne, deren Strahlen zum Teil direkt die Erde treffen, zum Teil aber durch vorgelagerte Wolken zerstreut werden, wodurch jenes Licht entsteht, das wir als „Tageslicht" bezeichnen. Unter dem Einfluß dieses Lichtes hat sich unser Sehorgan entwickelt, es hat sich diesem Lichte angepaßt, an das Tageslicht sind wir seit ungezählten Generationen gewöhnt. Es ist daher für uns ein indifferentes Licht, das wir farblos nennen, wie auch das Wasser, das in unserer Entwicklung eine ähnliche Rolle spielt, für uns geschmacklos ist.

Der Durchmesser der Sonne ist etwa 100mal so groß als der der Erde, ihre Masse, die 330000 Erden gleichkommt, befindet sich bei einer Temperatur von ungefähr 6000^0 abs. im feurig-flüssigen Zustande und strahlt Licht und Wärme ins Weltall, von welchen nur ein verschwindend kleiner Teil — ein 225-Millionstel — unsere Erde trifft. Die Beleuchtungsstärke, welche die im Zenith stehende Sonne an der Erdoberfläche hervorbringt, beträgt etwa 100000 Lux (s. S. 5). In mittleren Breiten beträgt die Beleuchtungsstärke des Sonnenlichtes zur Mittagszeit im Sommer etwa 50000, im Herbst und Frühjahr 30000 und im Winter durchschnittlich 9000 Lux; die im Schatten befindlichen Objekte sind nur ein Fünftel bis ein Halb so stark beleuchtet wie jene im direkten Sonnenlicht. An trüben Tagen beträgt die Beleuchtungsstärke durch das Tageslicht vielleicht nur ein Hundertstel dieser Werte und kann auch noch weiter sinken.

Die Helligkeit, in der wir leben und tätig sind, ist also sehr verschieden, doch kommen uns diese Unterschiede, dank der Einrichtung unserer Augen, die später noch besprochen werden soll, fast gar nicht zum Bewußtsein, denn wir lesen und schreiben bei trübem Wetter ebensogut wie an sonnigen hellen Tagen.

Sehr schwach ist die Beleuchtung durch den Vollmond, denn sie entspricht der durch eine 2 m entfernte Kerze; wenn wir das vom sternenklaren Himmel ausgehende Licht nachbilden wollen, müssen wir die Kerze etwa 50 Meter von der beleuchteten Fläche entfernen.

Um sich vom Tageslicht unabhängig zu machen, waren und sind immer künstliche Lichtquellen im Gebrauch; früher einmal war es der Kienholzspan und die Pechfackel, dann entstanden Öllampen, Kerzen, Petroleumlampen, das Leuchtgas; in der Neuzeit dominiert das elektrische Licht.

Allen diesen Lichtquellen liegt die Eigenschaft der meisten Körper zu Grunde, bei genügend hoher Temperatur zu glühen, also Licht auszustrahlen. Bei den Flammen ist es der bei der Verbrennung des Leuchtmaterials, Holz, Fett, Leuchtgas usw. ausgeschiedene glühende Kohlenstoff, der das Leuchten bewirkt; der Faden der elektrischen Glühlampe oder der Kohlenstift der Bogenlampe wird durch den elektrischen Strom erhitzt und im Gasglühlicht leuchtet das aus unverbrennlichem Material hergestellte Gewebe in einer heißen, nicht leuchtenden Gasflamme.

Derartige lichtaussendende Körper bezeichnet man als „Temperaturstrahler", sie verwandeln Wärme in Licht, wobei aber immer nur ein kleiner Teil, 3 bis 10%, der zugeführten Wärme in Licht umgesetzt wird; die weitaus größte Menge wird unverändert, d. h. als Wärme ausgestrahlt. Eine Pferdekraft liefert z. B. bei der elektrischen Beleuchtung im besten Falle eine Lichtmenge, die etwa derjenigen von 1500 Kerzen entspricht; könnte die ganze mechanische Arbeit in Licht umgesetzt werden, so würden 47000 Kerzen resultieren.

Die wichtigste Eigentümlichkeit einer künstlichen Lichtquelle ist selbstverständlich ihre Lichtstärke, Intensität, auch Leuchtkraft genannt; als Maßeinheit für dieselbe benützt man die mit Amylazetat gespeiste Hefnerlampe bei einer Flammenhöhe von 40 mm. Diese Lichteinheit wird „Hefnerkerze" genannt und mit HK bezeichnet.

Je höher die Temperatur, desto heller leuchten die glühenden Körper, wobei sich auch die Farbe des ausgestrahlten Lichtes ändert. Bei etwa 500° C beginnen die Körper zu glühen und leuchten dunkelrot, mit zunehmender Temperatur wird das ausgestrahlte Licht orange, dann gelb und bei etwa 6000° abs. weiß und entspricht dann dem Sonnenlicht. Wäre es möglich, die Temperatur noch weiter zu steigern, so würde das Licht bläulich werden und würde bei 7000° abs. bei geringster Intensität die stärkste photographische Wirkung ausüben.

Die Helligkeit eines glühenden Körpers nimmt nicht etwa proportional mit der Temperatur zu, sondern wächst viel rascher.[1] Das Streben aller Beleuchtungstechniker ist daher auf eine Steigerung der Leuchtkörpertemperatur gerichtet, was aber nur bis zu einer gewissen Grenze möglich ist, da die uns zur Verfügung stehenden Stoffe einer allzu bedeutenden Erhitzung nicht standhalten. Die Kohle schmilzt bei 4200° abs., der Schmelzpunkt des Wolframs, des am schwersten schmelzbaren Metalls, liegt bei 3400° abs.

Bei Lichtquellen, die der Praxis dienen, muß man im Interesse der Haltbarkeit des Leuchtkörpers ziemlich weit unter diesen Temperaturen bleiben und nur, wenn man während einer ganz kurzen Zeitspanne ein sehr helles Licht erzielen will, wird man die Temperatur bis nahe an den Schmelzpunkt steigern. So kann man z. B. mit überspannten Glühlampen während kurzer Zeit, 10 bis 20 Sekunden, ein überaus helles und an Blaustrahlen reiches, also photographisch sehr wirksames Licht erzielen, ohne daß die Lampen geschädigt werden.

Der von einer Lichtquelle ausgestrahlte Lichtstrom hängt von der Helligkeit des Glühkörpers pro Flächeneinheit und von seiner Ausdehnung ab. Die „Flächenhelligkeit" wird auf einen Quadratzentimeter bezogen und beträgt für

eine Kerzenflamme	0,6 HK	den Bogenlichtkrater..	30000 HK
eine elektr. Glühlampe	160,0 „	die Sonne	220000 „

Die Ausdehnung einer Kerzenflamme beträgt im Durchschnitt etwa 1,5 qcm und ihre Lichtstärke ist daher ungefähr 1 HK, während der Krater der negativen Bogenlichtkohle nur wenige Quadratmillimeter groß ist, das ausgesendete Licht aber wegen der hohen Flächenhelle doch vielleicht 3000 HK gleichkommt.

Zwei Lichtquellen können daher gleiche Lichtmengen aussenden, wenn der Glühkörper der einen nur klein ist, aber auf hohe Temperatur erhitzt wird, während das Licht der anderen von einem großen, aber weniger stark glühenden Körper ausgesendet wird. Diese Lichter werden uns gleich hell erscheinen, ihre Farbe wird aber eine verschiedene sein.

---

[1] Die Helligkeit eines Temperaturstrahlers verdoppelt sich, wenn z. B. seine

Temperatur $t_1 = 627$	827	1327	1627° C	
auf $t_2 = 648$	864	1403	1723° C	anwächst.

Es gibt aber auch leuchtende Körper, bei welchen die Temperatur keine ausschlaggebende Rolle spielt und die nur Licht, aber keine oder doch nur wenig Wärme ausstrahlen. Man bezeichnet solche Lichterscheinungen als „Lumineszenz“, das Leuchten des Phosphors, der Leuchtkäfer, das Meeresleuchten sind bekannte Beispiele für „kalte Lichter“. Das Leuchten kann verschiedene Ursachen haben; so leuchtet z. B. Phosphor an der Luft, weil er oxydiert wird, in diesem Falle spricht man von Chemilumineszenz. Hieher gehört auch die Erscheinung, daß photographische Platten, aus dem Entwickler in die Luft gebracht, aufleuchten, wodurch ein allgemeiner Schleier, der sogenannte Luftschleier, entsteht.

Wenn man Zucker zerschlägt, so leuchtet er und ebenso leuchten photographische Emulsionen, wenn sie gerieben oder gedrückt werden — Erscheinungen, die man als Tribolumineszenz bezeichnet und bei welchen mechanische Energie direkt in Licht umgesetzt wird.

Auch das Leuchten der Geisslerröhren (Moorelicht) und der Quecksilberdampflampen beruht auf Elektrolumineszens, also auf direkter Umwandlung von elektrischer Energie in Licht.

Bei gewissen Temperaturstrahlern wird durch Mitwirkung von Lumineszenz die ausgestrahlte Lichtmenge wesentlich erhöht, was z. B. beim Auerbrenner und bei Bogenlampen mit Effektkohlen der Fall ist, denn die Temperatur der hier glühenden Körper würde bei weitem nicht ausreichen, um die Lichtfülle zu erzeugen, die sie aussenden.

Alle Lichtquellen, die auf Lumineszenz beruhen, zeichnen sich durch einen äußerst günstigen ökonomischen Betrieb aus; ganz besonders gilt dies für die Quecksilberlampen, die in dieser Beziehung alle Temperaturstrahler weit übertreffen. Die Beschaffenheit ihres Lichtes machen sie aber für allgemeine Beleuchtungszwecke unbrauchbar, dagegen sind sie in der photographischen Technik oft mit Vorteil zu benutzen.

Auch die Bogenlampe mit Effektkohlen liefert bei gleichem Stromverbrauch viel mehr Licht als Lampen mit gewöhnlichen Kohlen, aber auch ihnen haften gewisse Mängel an, die ihrer allgemeinen Verwendung hindernd im Wege stehen. In der photographischen Praxis werden sie vielfach benützt, doch wird durch den Leuchtzusatz mehr die optische Helligkeit als die photographische Aktinität gesteigert.

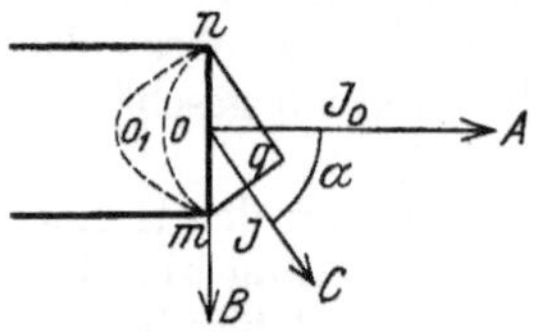

Abb. 1. Leuchtkraft der Fläche $m\,n$ nach verschiedenen Richtungen (Kosinusgesetz)

2. Lichtausstrahlung. Eine leuchtende kleine Fläche, etwa die Vorderseite $m\,n$ eines glühenden Kohlenstiftes (Abb. 1), entsendet in der Richtung ihrer Normalen A das meiste Licht, gegen B zu ist die Lichtausstrahlung gleich Null und in der Richtung C entspricht sie einem Mittelwert, der vom Winkel α abhängt.

Die Überlegung lehrt, und Messungen bestätigen die Annahme, daß die Leuchtkraft in der Richtung C proportional ist der Größe $m\,q$, in der man die leuchtende Fläche sieht. Ist die Lichtstärke senkrecht zur Fläche, also in der Richtung A gleich J_0, so besitzt sie in der Richtung C die Lichtstärke $J = J_0 \cos \alpha$, und daraus folgt, daß eine beliebig gestaltete krumme Fläche O oder O_1 nach jeder Richtung die gleiche Lichtmenge aussendet, wie die ebene Fläche $m\,n$, die die gleiche Flächenhelligkeit besitzt. Dieses von Lambert aufgestellte „Kosinusgesetz“ erklärt auch die Tatsache, daß uns die Sonne und der Mond trotz ihrer Kugelgestalt in der Mitte und am Umfange gleich hell erscheinen und daß Lampenglocken von beliebiger Form aus Matt- oder Milchglas das Aussehen gleichmäßig beleuchteter ebener Scheiben zeigen.

Um die Ausstrahlung einer kleinen leuchtenden Fläche *m n* (Abb. 2) nach den verschiedenen Richtungen des Raumes zu ermitteln, trägt man senkrecht auf diese Fläche die in dieser Richtung ausgesendete Lichtstärke J_0 auf und zieht mit $\frac{J_0}{2}$ einen die Fläche *m n* berührenden Kreis. Die Länge jeder unter irgend einem Winkel α gezogenen Sehne entspricht dann der Lichtmenge J, die in dieser Richtung ausgesendet wird, denn $J = J_0 \cos \alpha$. Die im unteren Teil des Kreises gezogenen Strahlen zeigen, wie die Leuchtkraft von *m n* mit Zunahme des Winkels α allmählich abnimmt.

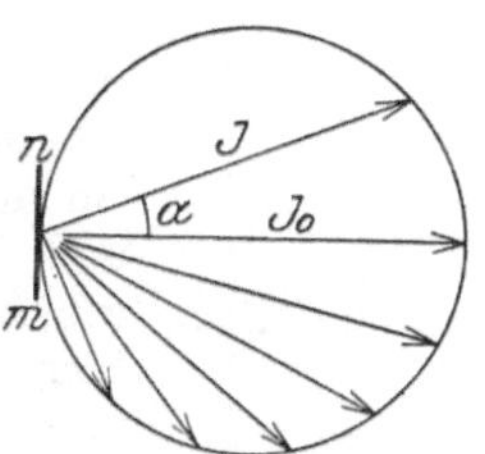

Abb. 2. Lichtausstrahlung einer kleinen leuchtenden Fläche

Die Kreislinie wird als „Lichtausstrahlungslinie" bezeichnet und gilt selbstverständlich nur für die Strahlen in der Papierebene. Das Flächenelement *m n* sendet natürlich nach allen Richtungen des Raumes Strahlen aus, die dem gleichen Gesetze folgen und daher durch eine Kugelfläche begrenzt sind. Ein solcher Körper, der die Ausstrahlung eines Leuchtkörpers nach allen Richtungen des Raumes kennzeichnet, wird als „photometrischer Körper" bezeichnet.

Für einen leuchtenden Punkt oder eine Kugel ist der photometrische Körper eine Kugelfläche mit dem Leuchtkörper im Mittelpunkte, für ein einseitig leuchtendes ebenes Flächenelement ist er eine diese Fläche berührende Kugel.

Eine elektrische Glühlampe verhält sich ähnlich einem leuchtenden Punkt, sie sendet Licht von gleicher Intensität nach allen Richtungen aus und nur die Lampenfassung verhindert die Ausstrahlung nach oben. Der photometrische Körper zeigt daher eine kugelähnliche Gestalt (Abb. 3).

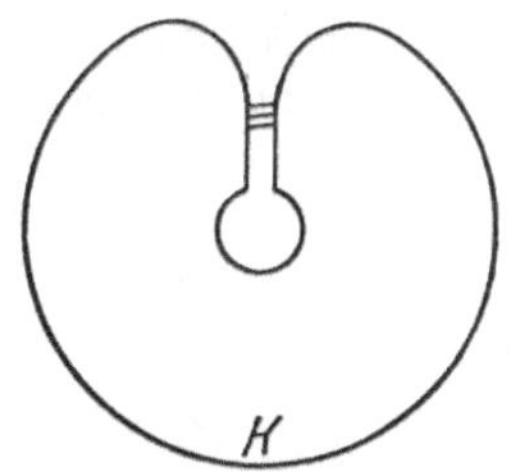

Abb. 3. Lichtausstrahlung einer elektrischen Glühlampe

Ganz andere Verhältnisse bestehen bei der Gleichstrombogenlampe (Abb. 4). Der Lichtstrom wird fast ausschließlich von der glühenden Kraterfläche der positiven Kohle ausgesendet, der photometrische Körper entspricht somit der Kugelfläche K. Dieser Lichtausstrahlung steht die negative Kohle hindernd im Wege, so daß

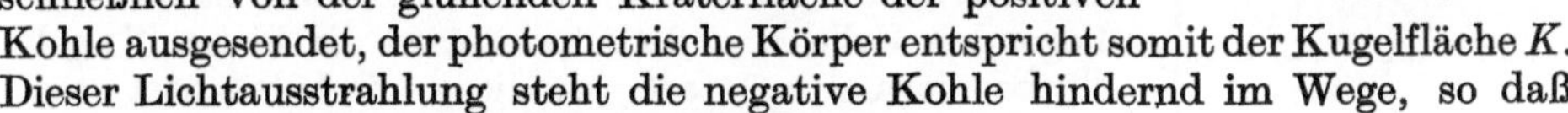

nur ein ringförmiger Lichtstrom L ungehindert schräg nach abwärts fällt. Die Gleichstrombogenlampe ist also eine recht unökonomische Lichtquelle, denn etwa zwei Drittel des erzeugten Lichtstromes gehen verloren..

Oft bringt man hinter einer Lichtquelle einen „Reflektor" an, der die nach rückwärts fallenden Strahlen gegen das zu beleuchtende Objekt zurückwerfen soll. Benützt man zu diesem Zwecke mattweiße, nicht glänzende Schirme von beliebiger Form, so wirken sie, entsprechend dem Kosinusgesetz, stets ebenso wie eine selbstleuchtende Ebene von der Größe, in der sie vom beleuchteten Objekt aus gesehen werden.

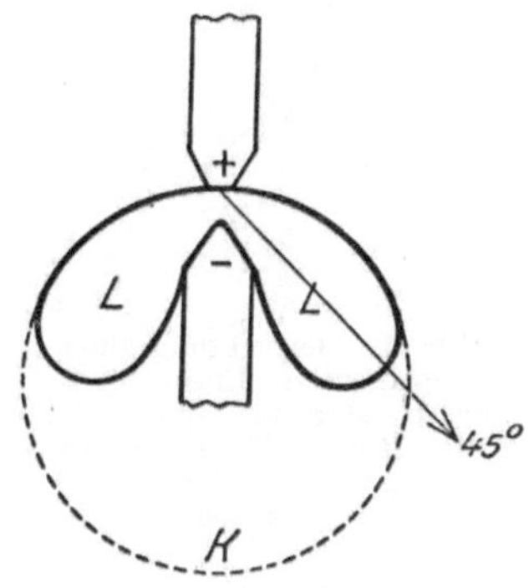

Abb. 4. Lichtausstrahlung einer Gleichstrombogenlampe

3. Die Beleuchtung. Als Beleuchtungsstärke bezeichnet man die Lichtmenge, genauer gesagt den Lichtstrom, welcher auf die Flächeneinheit aufgestrahlt wird. Die Einheit der Beleuchtungsstärke ist das Lux, d. i. die Beleuchtung, die der Lichtstrom 1 auf der Fläche von 1 qm hervorruft, oder die Beleuchtung, welche eine Lichtquelle von der Lichtstärke von 1 HK bei senkrechtem Lichteinfall auf einer Fläche erzeugt, die 1 m von ihr entfernt ist.

Die Helligkeit einer beleuchteten Ebene hängt wesentlich davon ab, ob sie senkrecht oder schräg von den Lichtstrahlen getroffen wird. Auf die Fläche $A\,B$ (Abb. 5) z. B. fällt das ganze Strahlenbündel S senkrecht auf und bewirkt eine Beleuchtung E, dreht man die Fläche um den Winkel α in die Stellung $A\,B'$, so wird sie nur von einem Teil des Strahlenbündels S, nämlich von $S \cos \alpha$ getroffen und die Beleuchtungen der Flächen $A\,B$ und $A\,B'$ verhalten sich wie $E : E \cos \alpha$. Der Winkel α ist gleich dem Winkel β, den die Lichtstrahlen mit dem Lot N auf die Fläche einschließen und den man als den „Einfallswinkel" der Strahlen bezeichnet.

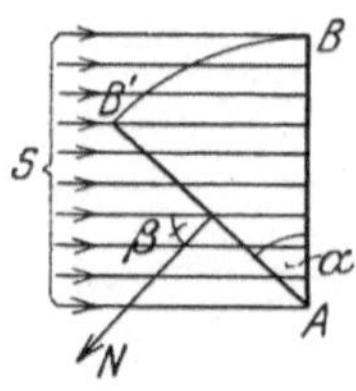

Abb. 5. Senkrechte und schräge Beleuchtung einer Ebene

Ein zweites, sehr wichtiges Beleuchtungsgesetz betrifft die Abnahme der Beleuchtungsstärke mit dem Quadrate der Entfernung von der Lichtquelle.

Wird nämlich irgend ein Objekt von einer Lichtquelle beleuchtet und vergrößert man seine Entfernung von der Lichtquelle auf das Zwei-, Drei-, Vierfache, so sinkt die Beleuchtungsstärke auf $^1/_4$, $^1/_9$, $^1/_{16}$.

Dieses allgemein bekannte Gesetz gilt nur für punktförmige Lichtquellen und streng genommen nur für die Beleuchtung von Kugelflächen, denn nur solche erfahren durch eine in ihrem Mittelpunkt befindliche Lichtquelle eine gleichmäßige Beleuchtung. Die beiden Kugelflächen k und K (Abb. 6) mit den Radien r und R werden durch die Lichtquelle L gleichmäßig, jedoch verschieden stark beleuchtet und die Beleuchtungsstärken e und E werden sich umgekehrt proportional zur Größe der Kugelflächen, also auch verkehrt proportional zu den Quadraten der Halbmesser verhalten. Es ist also $e : E = R^2 : r^2$ und, da im vorliegenden Falle $R = 2\,r$ ist, so wird die kleine Kugelfläche viermal so stark wie die große beleuchtet sein.

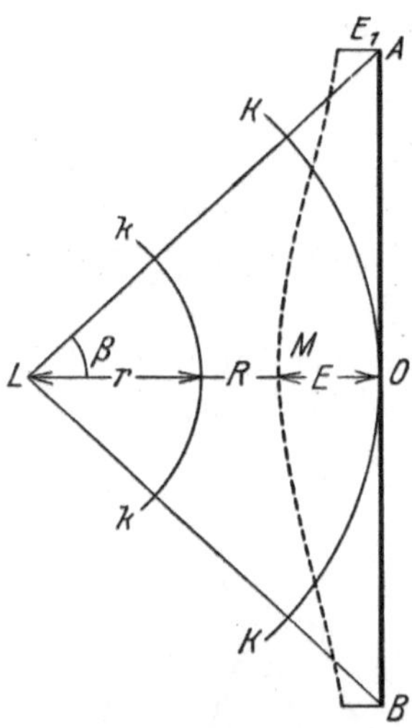

Abb. 6. Beleuchtung einer ausgedehnten Ebene $A\,B$ durch eine Lichtquelle L. Die Kurve M entspricht den Beleuchtungsintensitäten

Auch für kleine ebene Flächen, die man als Teile von Kugelflächen betrachten kann, ist das quadratische Beleuchtungsgesetz zutreffend. Ist jedoch die Ebene groß, wie z. B. die Fläche $A\,B$ (s. Abb. 6), so sind ihre Ränder von der Lichtquelle L viel weiter entfernt als ihre Mitte O und die Beleuchtungsstärke wird daher von hier gegen die Ränder zu allmählich abnehmen. Dazu kommt noch, daß die Lichtstrahlen nur in der Mitte der Ebene senkrecht auftreffen, gegen die Ränder zu aber immer schräger, wodurch die Beleuchtung der Fläche noch ungleichmäßiger wird.

Berechnet man mit Berücksichtigung dieser Verhältnisse die Beleuchtungsstärke für verschiedene Punkte der Ebene und trägt man diese Werte senkrecht zu $A\,B$ auf, so resultiert die Kurve M (s. Abb. 6), die uns zeigt, wie die Beleuchtung gegen den Rand zu abnimmt. Ist die Beleuchtungsstärke in Punkt O gleich E, so ist sie im Punkt A nur E_1, es wird daher der Rand der Ebene $A\,B$ nur etwa ein Drittel so hell beleuchtet wie ihre Mitte.

Das quadratische Beleuchtungsgesetz gilt weder für parallel gerichtete Strahlen, wie man sie mit Hilfe von Linsen oder Konkavspiegeln erhält, noch für direktes oder gespiegeltes Sonnenlicht, denn jeder Körper wird von solchen Strahlenbündeln stets gleich stark beleuchtet, gleichgültig, wo er sich befindet.

Die Sonnenstrahlen müssen für die hier in Betracht kommenden Verhältnisse als parallel angesehen werden; streng genommen sind sie es aber nicht, daher wird für die Beleuchtung eines im Weltenraum gedachten Objektes seine Entfernung von der Sonne maßgebend sein. Auch in diesem Falle muß das quadratische Gesetz zu Recht bestehen.

Denkt man sich die Sonne durch einen Punkt von gleicher Lichtstärke ersetzt, so werden die von ihm ausgehenden Strahlen in der Entfernung, die dem Sonnenradius gleichkommt, die Lichtintensität der Sonnenoberfläche besitzen; wenn sie zur Erde gelangen, sind sie auf einer Kugelfläche von etwa 150 Millionen Kilometer Radius — das ist nämlich die Entfernung der Erde von der Sonne — ausgebreitet. Da der Halbmesser der Sonne etwa 0,7 Millionen Kilometer beträgt, so ist die Intensität der Sonnenstrahlen auf der Erde nur $\left(\frac{0,7}{150}\right)^2$, also $\frac{1}{45\,000}$ ihrer Intensität auf der Sonnenoberfläche. Eine von den Sonnenstrahlen beleuchtete weiße Fläche auf der Erde kann daher im besten Falle nur $\frac{1}{45\,000}$ der Sonnenhelligkeit besitzen.

4. Die Beleuchtung durch leuchtende Linien und Flächen. Benützt man statt einer punktförmigen Lichtquelle eine solche von relativ großer Ausdehnung, so ändert sich die Beleuchtungsstärke mit Zu- und Abnahme der Entfernung in ganz anderer Weise. Solche ausgedehnte Lichtquellen sind z. B. die Quecksilberlampen, die leuchtenden Moore- und Geißlerröhren, ferner Lampen mit vorgeschalteten Mattscheiben sowie Schirme, die von einer Lichtquelle beleuchtet werden, die also diffuses Licht reflektieren und sich dabei wie eine selbstleuchtende Fläche verhalten.

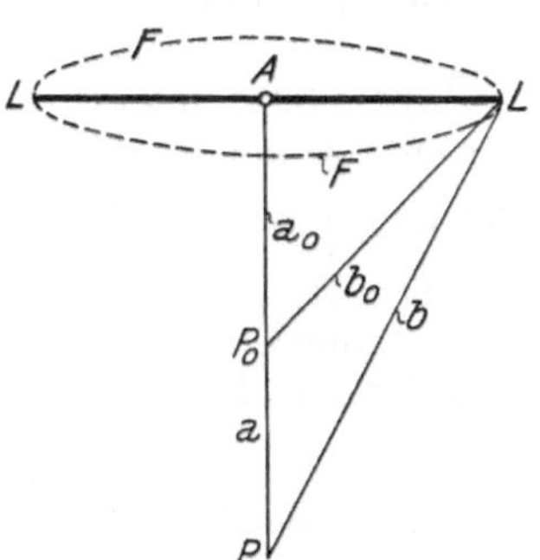

Abb. 7. Beleuchtung eines Punktes P durch eine leuchtende Gerade LL und eine leuchtende Fläche FF

Die Beleuchtungsstärke e_0 eines Punktes P_0 (Abb. 7), der sich im Abstande a_0 unter einer leuchtenden Geraden LL befindet, ergibt sich im Wege der Rechnung zu $e_0 = \frac{H}{a_0 b_0}$, worin H dem Produkt aus der Länge LL und der Helligkeit d pro Längeneinheit, also der Gesamtlichtstärke der Lichtquelle entspricht und b_0 den schrägen Abstand derselben vom Punkte P_0 bedeutet.

Die Beleuchtungsstärke in einem zweiten Punkt P im Abstande a ergibt sich zu $e = \frac{H}{a\,b}$; die den beiden Punkten zukommenden Beleuchtungsintensitäten verhalten sich daher wie

$$e_0 : e = a\,b : a_0\,b_0$$

Wäre der Abstand a_0 gleich der halben Länge LL, die man als Einheit betrachtet, und setzt man die im Punkte P_0 herrschende Beleuchtungsstärke $e_0 = 1$, so ist die Beleuchtungsstärke im Abstande a:

$$e = \frac{b_0}{a\,b} = \frac{1,41}{a\,b}.$$

Berechnet man mit Hilfe dieser Formel die Beleuchtungsstärke eines Punktes für verschiedene Entfernungen von der Lichtquelle — die halbe Länge der Lichtquelle (leuchtende Linie) als Einheit angenommen —, so ergeben sich die aus der Rubrik II der nachstehenden Tabelle 1 ersichtlichen Zahlen.

Die Zahlenreihe I gibt die Beleuchtungsintensitäten an, wenn die gesamte Lichtstärke der Geraden im Punkte A vereint wird. Es gilt dann das quadratische Gesetz, und ein Vergleich dieser Zahlen mit denen der Zahlenreihe II lehrt, daß sich der leuchtende Punkt und die Linie nur auf Entfernungen unter 1,0 wesentlich verschieden verhalten, mit zunehmender Entfernung wird der Unterschied beider Beleuchtungsarten immer geringer.

Tabelle 1. Die Beleuchtung eines Punktes durch verschieden geformte Lichtquellen

Abstand des Punktes	I	II	III
	Form der Lichtquelle		
	Punkt	Gerade	Fläche
0,2	25,0	7,0	1,9
0,5	4,0	2,0	1,6
1,0	1,0	1,0	1,0
2,0	0,25	0,31	0,40
3,0	0,11	0,15	0,12

Bei Herstellung photographischer Kopien benützt man zuweilen ein System von nahe der Kopierfläche parallel zu dieser angeordneten Quecksilberdampflampen; es ist dabei wichtig, das oberwähnte Beleuchtungsgesetz zu berücksichtigen, damit eine tunlichst wirksame und ökonomisch zweckmäßige Anordnung der Leuchtkörper getroffen werden kann.

Befindet sich an Stelle der leuchtenden Geraden eine kreisförmige leuchtende Ebene FF vom Durchmesser LL, deren Gesamtlichtstärke gleichfalls H beträgt, so gilt für die Beleuchtung des Punktes P_0 (s. Abb. 7) die Gleichung $e_0 = \frac{H}{b^2}$.

Die Beleuchtungsintensitäten in den Punkten P_0 und P verhalten sich daher umgekehrt proportional zu den Quadraten ihrer schiefen Entfernungen von der Fläche; es ist also

$$e_0 : e = b^2 : b_0^2.$$

Um die sukzessive Abnahme der Beleuchtung mit zunehmender Entfernung zu ermitteln, kann man, analog wie oben, e_0, a_0 und $^1/_2 LL$ gleich der Einheit setzen und erhält dann die Gleichung

$$e = \frac{b_0^2}{b^2} = \frac{2}{1 + a^2},$$

aus der sich die unter III angeführte Zahlenreihe in Tabelle 1 ergibt.

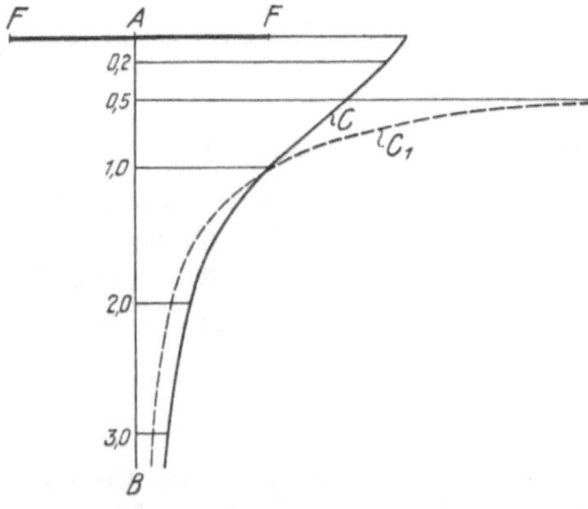

Abb. 8. Graphische Darstellung der Beleuchtungsgesetze. Die Kurve C zeigt die Zunahme der Beleuchtungsintensität, wenn ein in der Geraden AB liegender Punkt der leuchtenden Fläche FF genähert wird. Die Kurve C_1 entspricht dem quadratischen Beleuchtungsgesetz für die punktförmige Lichtquelle A

Wie man sieht, ändert sich die Beleuchtung eines Objektes innerhalb der Entfernung 0,2 und 1,0 von einer leuchtenden Fläche nur zwischen 1,9 und 1,0, während die Beleuchtung durch eine punktförmige Lichtquelle auf das 25fache steigt, wenn man ihre Entfernung vom Objekt auf ein Fünftel verringert.

In Abb. 8 sind die für eine leuchtende Fläche und einen leuchtenden Punkt geltenden Beleuchtungsgesetze graphisch dargestellt.

FF ist die leuchtende Kreisfläche mit dem Radius 1, der auch die Einheit für die Abstände des beleuchteten Punktes bildet; senkrecht zu den Abständen sind die zugehörigen Beleuchtungsintensitäten aufgetragen, wobei angenommen ist, daß im Abstande 1 die Beleuchtungsintensität 1 herrscht.

So entsteht für die Beleuchtung durch die leuchtende Fläche die Kurve C, während die Kurve C_1 der Beleuchtung durch eine punktförmige Lichtquelle A entspricht. Das Beleuchtungsgesetz für eine leuchtende Gerade wird durch eine Kurve dargestellt, die zwischen C und C_1 liegt.

5. Remission, Absorption und Lichtdurchlässigkeit. Fällt Licht auf einen Körper, so wird es von seiner Oberfläche zurückgeworfen, remittiert, oder es durchdringt den Körper, er läßt es also durch, oder es verschwindet für unser Auge, wir sagen dann, der Körper hat das Licht verschluckt oder absorbiert. Keine dieser Erscheinungen tritt allein auf, sie kommen immer gemeinsam vor; das auftreffende Licht wird immer zum Teile zurückgeworfen, zum Teile durchgelassen, der Rest wird absorbiert. Diejenige Eigentümlichkeit, die sich dabei am auffallendsten geltend macht, benützt man zur Charakterisierung des Körpers.

Von einer glatten Körperoberfläche wird ein Teil des Lichtes unverändert unter dem gleichen Winkel, unter dem es aufgefallen ist, reflektiert, man bezeichnet dies als „Spiegelung"; ist aber die Fläche rauh, so ist die Remission unregelmäßig, das „gerichtete" Licht wird zerstreut zurückgeworfen, man spricht dann von „Diffusion" des Lichtes.

Als „durchsichtig" bezeichnet man Körper, wenn sie die Form eines hinter ihnen befindlichen Gegenstandes deutlich erkennen lassen, als „durchscheinend", wenn dies wegen ihrer trüben Beschaffenheit nicht der Fall ist, sie aber doch einen Teil des auffallenden Lichtes durchlassen.

Verschwindet das Licht beim Auftreffen auf einen Körper vollständig, wird es also ganz absorbiert, so bezeichnen wir ihn als „schwarz".

Alle diese Veränderungen des auffallenden Lichtes erstrecken sich stets auf einen gleichen Bruchteil desselben, der von der Beschaffenheit des Körpers abhängig ist. Es wird also von einem bestimmten Körper immer der gleiche Teil des auffallenden Lichtes remittiert, durchgelassen und absorbiert. Ein bestimmtes graues Papier wirft z. B. immer 50% des auftreffenden Lichtes zurück, gleichgültig, ob es sich dabei um das intensive Sonnenlicht oder das schwache Licht einer Kerze handelt.

6. Transparenz und Dichte. Kein Körper, auch wenn er uns vollkommen rein und klar erscheint, ist für das Licht vollkommen durchlässig; so verliert z. B. das Licht beim Passieren einer farblosen Glasplatte von 1 cm Dicke etwa ein Zehntel seiner Intensität, das Sonnenlicht wird beim Durchgang durch die Atmosphäre merklich geschwächt und die bekannte Tatsache, daß in große Wassertiefen kein Licht eindringt, beweist das Absorptionsvermögen farbloser Flüssigkeiten.

Körper, die einen großen Teil des durchfallenden Lichtes absorbieren, sind meist durchscheinend, können aber auch klar und durchsichtig sein, wie das z. B. beim Rauchglas der Fall ist. Auch Gelatineschichten, die Ruß in äußerst fein verteilter Form enthalten, bewirken bei vollkommener Durchsichtigkeit starke Lichtabsorption. Die Rußteilchen sind so klein, daß sie auch mikroskopisch nicht wahrnehmbar sind und daher die Durchsichtigkeit nicht beeinflussen; es gibt aber auch wahre Lösungen von schwarzen Teerfarbstoffen, die nicht die geringste Inhomogenität besitzen, sich aber ganz so wie Rußsuspensionen verhalten. Derartige Gelatineschichten erscheinen uns schwärzlich, bei genügendem Zusatz der lichtabsorbierenden Substanz werden sie schwarz und undurchsichtig.

Aber nicht nur durchsichtige, auch durchscheinende Schichten können schwärzlich aussehen und „Schwärzlichkeit" oder „Schwärzung" bezeichnet im allgemeinen eine qualitative Eigenschaft des Körpers, welche durch die Lichtdurchlässigkeit, die man als „Transparenz" bezeichnet, gemessen wird.

Die erstgenannten zwei Ausdrücke sind besonders bei photographischen Negativen gebräuchlich, während die Bezeichnung „Transparenz“ ganz allgemein bei allen Körpern, auch wenn sie nicht schwärzlich sind, zur Charakterisierung ihrer Lichtdurchlässigkeit benützt wird.

Ist J die Intensität des auffallenden und i die Intensität des vom Körper durchgelassenen Lichtes, so ist seine Transparenz $T = \frac{i}{J}$. Sie ist stets ein echter Bruch, und den reziproken Wert $\frac{1}{T}$ nennt man die „Opazität“. Für einen vollkommen lichtdurchlässigen Körper wäre die Transparenz $T = 1$ und die Opazität $O = 1$; wäre die Schicht ganz undurchlässig, so wäre $T = 0$ und $O = \infty$, läßt die Schicht $^1/_4$, $^1/_2$, $^3/_4$ des Lichtes durch, so sind die Transparenzen $T = 0{,}25$, $0{,}50$, $0{,}75$ und die Opazitäten $O = 4, 2, 1{,}33$.

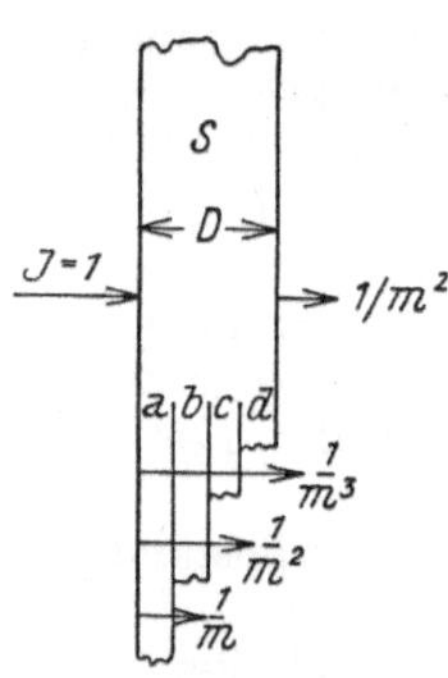

Abb. 9. Zur Erläuterung des Begriffes „Dichte“

Ist die Transparenz einer Schicht $T_1 = 0{,}2$ und vereint man sie mit einer zweiten von der Transparenz $T_2 = 0{,}5$, so wird das von der ersten Schicht durchgelassene Licht durch die zweite auf die Hälfte verringert, die übereinanderliegenden Schichten besitzen daher die Transparenz $T = T_1 \times T_2 = 0{,}1$. Allgemein gilt daher der Satz, daß die Transparenz mehrerer übereinanderliegender Schichten dem Produkte ihrer Transparenzen gleichkommt.

Als Maß für die Lichtdurchlässigkeit eines Körpers benützt man, besonders wenn es sich um die Charakterisierung photographischer Schwärzungen handelt, nicht die Transparenz, sondern die „Dichte“.

Wäre S in Abb. 9 eine graue klare Schicht von der Dicke D und denkt man sich dieselbe in eine Anzahl z gleich dicker Elementarschichten, jede von der Transparenz $\frac{1}{m}$, zerlegt, so ist die Transparenz der ganzen Schicht $T = \frac{1}{m^z}$.

Logarithmiert man den Ausdruck, so ist

$$\log T = z \log \frac{1}{m} \quad \text{oder} \quad z = \frac{\log T}{\log \frac{1}{m}}.$$

$\frac{1}{m}$ ist die Transparenz einer Elementarschicht. Wählt man diese Elementarschicht zweckmäßig so, daß sie $\frac{1}{10}$ des auffallenden Lichtes durchläßt, daß also $\frac{1}{m} = \frac{1}{10}$ ist, so wird

$$z = \text{Dichte} = \frac{\log T}{\log \frac{1}{10}} = -\log T.$$[1]

Die Zahl z solcher Elementarschichten oder von Teilen derselben, die übereinandergelegt werden müssen, damit eine Schicht von bestimmter Transparenz resultiert, wird als „Dichte“ dieser Schicht angesehen und zur Definition ihrer Schwärzlichkeit benutzt. In Abb. 9 besteht die Schicht S aus vier Elementarschichten von der Transparenz $\frac{1}{10}$, ihre Dichte D ist daher $= 4{,}0$ und ihre Transparenz T ergibt sich aus $D = -\log T$ mit $T = 0{,}0001$. Sie läßt

[1] Man bezeichnet den negativen dekadischen Logarithmus (BRIGGSschen Logarithmus) der gemessenen Transparenz, also die Dichte, auch als „Extinktion“.

also nur $^1/_{10000}$ des auffallenden Lichtes durch und muß uns daher fast ganz undurchsichtig und tief schwarz erscheinen.

Rechnet man unter obigen Voraussetzungen mit Hilfe der Formel $D = -\log T$ für verschiedene Dichten die zugehörigen Transparenzen, so ergeben sich die aus nachstehender Tabelle 2 ersichtlichen Zahlen.

Tabelle 2. Dichtentabelle

D	T	D	T	D	T	D	T	D	T
0,005	0,989	0,20	0,631	0,44	0,363	0,76	0,174	1,60	0,025
0,01	0,977	0,21	0,617	0,45	0,355	0,78	0,166	1,65	0,022
0,015	0,966	0,22	0,603	0,46	0,347	0,80	0,158	1,70	0,020
0,02	0,955	0,23	0,589	0,47	0,339	0,82	0,151	1,75	0,018
0,025	0,944	0,24	0,575	0,48	0,331	0,84	0,144	1,80	0,016
0,03	0,933	0,25	0,562	0,49	0,324	0,86	0,138	1,85	0,014
0,035	0,922	0,26	0,549	0,50	0,316	0,88	0.132	1,90	0,013
0,04	0,912	0,27	0,537	0,51	0,309	0,90	0,126	1,95	0,011
0,045	0,902	0,28	0,525	0,52	0,302	0,92	0,120	2,00	0,010
0,05	0,891	0,29	0,513	0,53	0,295	0,94	0,115	2,10	0,0079
0,06	0,871	0,30	0,501	0,54	0,288	0,96	0,110	2,20	0,0063
0,07	0,851	0,31	0,490	0,55	0,282	0,98	0,105	2,30	0,0050
0,08	0,832	0,32	0,479	0,56	0,275	1,00	0,100	2,40	0,0040
0,09	0,813	0,33	0,468	0,57	0,269	1,05	0,089	2,50	0,0032
0,10	0,794	0,34	0,457	0,58	0,263	1,10	0,079	2,60	0,0025
0,11	0,776	0,35	0,447	0,59	0,257	1,15	0,071	2,70	0,0020
0,12	0,759	0,36	0,437	0,60	0,251	1,20	0,063	2,80	0,0016
0,13	0,741	0,37	0,427	0,62	0,240	1,25	0,056	2,90	0,0013
0,14	0,724	0,38	0,417	0,64	0,229	1.30	0,050	3,00	0,0010
0,15	0,708	0,39	0,407	0,66	0,219	1,35	0,045	3,25	0,00056
0,16	0,692	0,40	0,398	0,68	0,209	1,40	0,040	3,50	0,00032
0,17	0,676	0,41	0,389	0,70	0,199	1,45	0,035	3,75	0.00018
0,18	0,661	0,42	0,380	0,72	0,190	1,50	0,032	4,00	0,00010
0,19	0,646	0,43	0,371	0,74	0,182	1,55	0,028	4,50	0,00003

Entspricht z. B. die Dichte einer transparenten grauen Schicht einer halben oder einer und einer halben Elementarschicht, ist also $D = 0{,}5$ bzw. 1,5, so sind die Transparenzen dieser Schichten $T = 0{,}316$ bzw. $T = 0{,}032$.

Die Angabe der Dichte als Maß der Schwärzlichkeit eines Körpers bietet gegenüber der Transparenzangabe mehrere Vorteile: Zunächst macht sich, wie später noch ausführlich erörtert werden soll, bei der subjektiven Beurteilung von Schwärzungen vornehmlich die Dichte und nicht die Transparenz geltend, weiters ist die Dichte direkt proportional der Menge der im Körper vorhandenen lichtabsorbierenden, also schwärzenden Substanz und schließlich erhält man die Dichte mehrerer übereinanderliegender Schichten durch Addition der Einzeldichten.

Die Schwärzung einer photographischen Platte z. B. wird durch mikroskopisch kleine Silberteilchen verursacht, die Dichte ist daher an jeder Stelle proportional der Menge dieser schwärzenden Substanz. Bedeckt man das ganze Negativ mit einer transparenten Schicht von der Dichte $D = 0{,}5$, so wird die Dichte aller Töne gleichmäßig gesteigert und sie erscheinen uns in halber Helligkeit (s. S. 24).

Für die Ermittlung der Transparenzen, bzw. der Dichten hat man verschiedene Instrumente konstruiert, die man Densitometer nennt; am gebräuchlichsten sind der Martenssche Polarisations-Schwärzungsmesser und der Goldbergsche Densograph.

7. Durchscheinende Schichten. Viel komplizierter sind die Verhältnisse beim Durchgang des Lichtes durch nur durchscheinende Schichten, also solche, die das Licht nicht nur durch Absorption schwächen, sondern wegen ihrer optischen Inhomogenität auch zerstreuen. Fällt (Abb. 10) ein Lichtstrahl s auf eine solche Schicht $M N$, so wird ein Teil des Lichtes absorbiert, der Rest geht durch und erzeugt auf der Rückseite der Schicht einen leuchtenden Fleck, der genau so wie eine selbstleuchtende Fläche Licht nach allen Seiten aussendet. Der photometrische Körper (S. 5) wird daher durch eine Kugelfläche $K K$ gebildet.

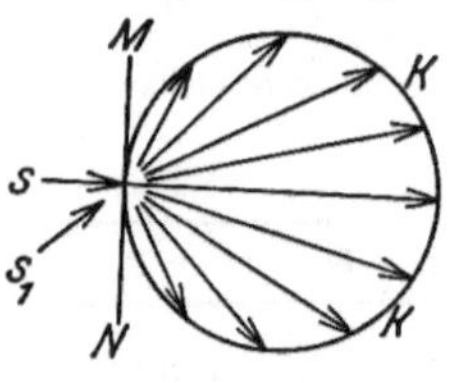

Abb. 10. Zerstreuung des Lichtes beim Passieren einer Milchglasscheibe

Das gilt aber nur von einer Schicht, die das Licht vollkommen zerstreut, wie das z. B. bei einer Milchglasplatte oder Schreibpapier der Fall ist. Hier ist es auch gleichgültig, ob das Licht in der Richtung s oder s_1 auf die Schicht fällt. Andere durchscheinende Schichten zerstreuen das Licht nicht so vollkommen, es geht dann zum Teile in unveränderter Richtung durch und wird in Form eines Rotationsellipsoids ausgebreitet (Abb. 11). Solche Schichten sind z. B. Mattglas, Seiden- oder Pauspapier usw.; noch weniger zerstreuend wirken schwach trübe opalisierende Schichten, die man ebenso gut als durchsichtig bezeichnen kann.

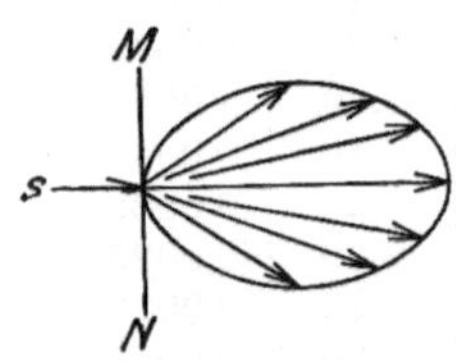

Abb. 11. Zerstreuung des Lichtes beim Passieren einer Mattglasscheibe

Eine von rückwärts beleuchtete durchscheinende Schicht beleuchtet ein vor ihr befindliches Objekt ganz so wie eine selbstleuchtende Ebene. Die Gesetzmäßigkeit, die sich dabei geltend macht, wurde bereits auf S. 7 besprochen.

Wird vor einer Lichtquelle L, Abb. 12, ein Schirm $M N$ mit der Öffnung $m n$ angebracht, so entsteht ein Lichtkegel $L l l$, und ein in P befindliches Objekt erfährt eine seiner Entfernung entsprechende Beleuchtung. Die Größe der Öffnung $m n$ ist dabei gleichgültig und zwar auch dann, wenn man ihr, um die Beleuchtungsintensität zu verringern, eine durchsichtige Grauscheibe vorschaltet.

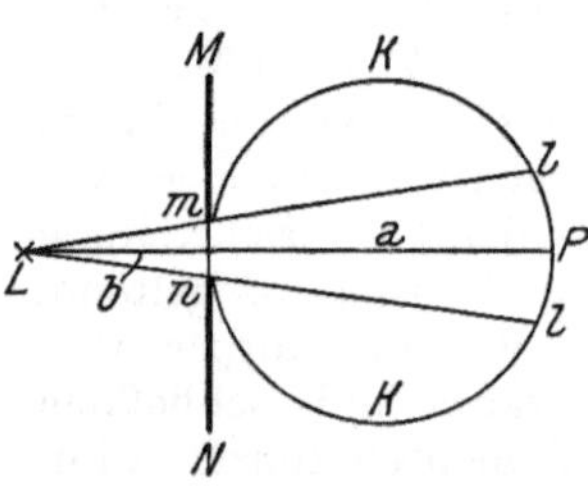

Abb. 12. Beleuchtung eines Punktes P durch eine Lichtquelle L, wenn sich vor der Öffnung $m n$ eine zerstreuende Schicht befindet

Wenn man nun eine durchscheinende Schicht, etwa ein Blatt Papier, vor $m n$ anbringt, so geht ein Teil des Lichtes beim Passieren der Schicht durch Absorption verloren und überdies wird das Licht des Strahlenkegels in eine Kugel K, also einen viel größeren Raum, ausgebreitet. So wird die Beleuchtung des Punktes P viel schwächer sein als früher.

Der Lichtverlust beim Passieren der Schicht läßt sich leicht ermitteln, wenn man ein Blatt eines lichtempfindlichen Papieres, zum Teile mit der zu prüfenden Schicht bedeckt, unter einem Goldbergschen Graukeil belichtet. Aus der Längendifferenz der Schwärzungen auf dem offenen und bedeckt gewesenen Papier läßt sich das Intensitätsverhältnis des auffallenden Lichtes zum durchgegangenen, noch nicht zerstreuten Lichte, also die Transparenz der Schicht errechnen.

In dieser Weise wurden für verschiedene durchscheinende Schichten die aus nachstehender Tabelle 3 ersichtlichen Transparenzen gefunden.

Mit Hilfe eines Graukeiles kann man, gleichfalls auf photographischem Wege, auch die Gesamtschwächung ermitteln, welche die Beleuchtung des Punktes P erfährt, wenn man bei $m\,n$ eine zerstreuende Schicht einschaltet. Die in der Tabelle 3 als „Intensitäten des zerstreuten Lichtes“ eingetragenen Zahlen ergaben sich, wenn $a = 100$ cm, $b = 10$ cm und die Öffnung $m\,n$ mit 1 qdm angenommen wurden.

Tabelle 3. Transparenzen verschiedener durchscheinender Schichten

Material	Transparenz	Intensität des zerstr. Lichtes
Mattscheibe . . .	0,86	0,70
Paraffin-Papier	0,80	0,60
Seiden-Papier	0,75	0,30
Schreib-Papier	0,40	0,10
Milchglasscheibe .	0,30	0,07

Eine zweite auf die erste aufgelegte gleiche Schicht kann natürlich nur mehr mit ihrer Transparenz zur Geltung kommen, wenn die erste Schicht schon eine vollkommene Zerstreuung des Lichtes bewirkt hat. Wenn daher ein Blatt Schreibpapier das Licht auf 0,2 abschwächt, so wird es durch zwei Blatt auf 0,04, durch drei Blatt auf 0,016 usw. abgeschwächt.

Handelt es sich um die Beleuchtung eines Raumes durch eine Lichtquelle, die von allen Seiten mit einer lichtzerstreuenden Schicht umgeben ist, so kann durch diese wohl die räumliche Verteilung des Lichtes geändert werden, die Schicht verursacht aber im wesentlichen nur einen ihrer Absorption entsprechenden Lichtverlust; so verringert z. B. eine Mattglaskugel den von einer Lampe ausgesendeten Lichtstrom um etwa 15%.

Die Helligkeit des Lichtes einer Dunkelkammerlampe mit durchsichtiger Glasscheibe ist praktisch unabhängig von der Größe dieser Scheibe; legt man aber ein Blatt Papier vor die Scheibe, so entsteht eine leuchtende Fläche, proportional zu deren Größe die Menge des von dieser Fläche ausgesendeten Lichtes ist. Es ist daher nicht zulässig, eine aus Mattglas oder farbigem Papier gebildete lichtzerstreuende Schicht, die in Verbindung mit einer kleinen Dunkelkammerlampe eine für gewisse Zwecke vollkommen passende Beleuchtung liefert, auch in Verbindung mit einer großen Lampe zu benützen, weil die lichtzerstreuende Schicht im letzteren Falle bei gleicher Lichtstärke der Lichtquelle ein viel zu helles Licht aussenden würde.

Die Zerstreuung des Lichtes spielt bei vielen photographischen Prozessen eine wichtige Rolle. Die lichtempfindlichen Schichten bestehen meist aus einer durchsichtigen Kolloidschicht, in welcher mikroskopisch kleine Teilchen eines Silbersalzes eingebettet sind, die das einfallende Licht nach allen Richtungen reflektieren, also zerstreuen. Dadurch erfährt ein „Bildpunkt“ auf einer photographischen Schicht eine Verbreiterung und zeigt nach dem Entwickeln keine glatten, sondern verwaschene Ränder. Man bezeichnet diese Erscheinung als „Diffusionslichthof“. Er ist wohl bei gewöhnlichen Negativen kaum bemerkbar, bei sehr bedeutenden Verkleinerungen von Strichzeichnungen, etwa zum Zwecke der Herstellung von Maßstäben, Skalen usw., die mikroskopischen Messungen dienen sollen, ist er aber äußerst störend; man muß in solchen Fällen kornlose Schichten benützen.

Auch das photographische Negativ, dessen Schwärzung aus mikroskopisch kleinen Silberpartikeln gebildet wird, besteht aus einer an verschiedenen Stellen verschieden stark zerstreuenden Schicht. Die dichten Stellen zerstreuen das durchfallende Licht stärker als die transparenten, fast silberfreien Teile. Das erklärt die Tatsache, daß Bilder, die man mit einem Projektions- oder Vergrößerungsapparat erhält, härter d. h. kontrastreicher sind als Kontaktkopien.

Die von der Lichtquelle kommenden Strahlen werden beim Durchgang durch die dunklen Stellen des Negativs zerstreut, es fällt daher nur ein Teil des austretenden Lichtes, das diese Stellen passiert hat, in das Projektionsobjektiv, während die silberfreien Stellen des Negativs das ganze Licht ungeändert durchlassen. Die dichten Stellen des Negativs erfahren dadurch gleichsam eine Verstärkung und so kommt es zu einer Steigerung der Kontraste.

Bei Herstellung einer Kontaktkopie macht sich dagegen nur die tatsächlich vorhandene Opazität geltend. Will man mit Hilfe eines Projektionsapparates Kopien von gleichem Charakter erzielen, so muß die Schichtseite des Negativs mit einer stark zerstreuenden Schicht, etwa einer Milchglasplatte bedeckt werden, wodurch die im Negativ vorhandenen Streuungsunterschiede verschwinden.

Die Zerstreuung, die das Licht beim Passieren trüber Schichten erfährt, muß, wie ein einfacher Versuch zeigt, auch bei Transparenzmessungen photographischer Schwärzungen beachtet werden.

Betrachtet man nämlich ein Blättchen Papier in der Durchsicht gegen eine leuchtende Fläche, etwa den Milchglasschirm einer Lampe, so nimmt die Helligkeit des Papieres in der Nähe des Schirmes, entsprechend dem Beleuchtungsgesetz, nur langsam zu, bringt man es aber in direkten Kontakt mit dem Schirm, so erscheint es viel heller. Vom Schirm etwas entfernt, macht sich nämlich die Zerstreuung des Lichtes durch das Papier geltend und es erscheint dunkler, als es entsprechend seiner Transparenz sein sollte; in unmittelbarer Berührung mit dem Milchglasschirm kann aber das Papier keine weitere Zerstreuung des schon vollkommen diffusen Lichtes bewirken, es kommt daher lediglich der Einfluß der Transparenz zur Wahrnehmung.

Die wirkliche Transparenz einer trüben Schicht kann man daher nur aus der Verdunklung erkennen, die sie auf einer leuchtenden Fläche hervorbringt; bei den zur Messung photographischer Schwärzungen bestimmten Apparaten ist daher stets eine von rückwärts beleuchtete Milchglasplatte vorgesehen, die die Unterlage für das zu prüfende Objekt bildet.

8. Weiße, schwarze und graue Körper. Von einer rauhen Oberfläche, z. B. Papier, wird das Licht diffus zurückgeworfen. Eine solche Fläche besteht, wie schon erwähnt, aus unendlich vielen mikroskopisch kleinen Partikelchen, die, von verschieden gerichteten Flächen begrenzt, das Licht nach allen möglichen Richtungen reflektieren und so zerstreuen. Bei vollkommener Zerstreuung würde jeder die Fläche treffende Lichtstrahl L (Abb. 13), wie dies auch bei durchscheinenden Schichten der Fall ist, in eine Kugelfläche zerstreut werden, wobei es gleichgültig ist, unter welchem Winkel das Licht auftrifft. Eine Fläche, die das ganze auffallende Licht in dieser Weise zurückwirft, ist als absolut weiß zu bezeichnen.

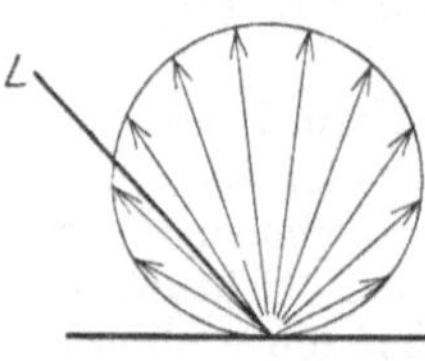

Abb. 13. Remission eines Lichtstrahles L von einer vollkommen zerstreuenden Fläche

Solche Körper gibt es allerdings nicht, da die Zerstreuung niemals eine vollkommene ist; überdies geht auch stets ein Teil des auffallenden Lichtes durch Absorption verloren.

Immerhin existieren aber weiße Körper, die dieser Forderung ziemlich gut entsprechen; Wi. Ostwald, dem wir eingehende Studien über diesen Gegenstand verdanken, empfahl zur Herstellung tunlichst rein weißer Schichten Bariumsulfat, das sich wegen seiner Farblosigkeit, Feinkörnigkeit und wegen seines hohen Lichtbrechungsvermögens für diesen Zweck besonders eignet. Man mischt frisch gefälltes Bariumsulfat mit so viel 5%iger Gelatinelösung, daß eine streichbare Tünche entsteht, trägt diese mehrmals auf weißes Zeichenpapier auf und schleift nach dem Trocknen zwei Blätter, Schicht gegen Schicht, gegeneinander ab.

Derartige matte weiße „Normalschichten“ sind von allen von OSTWALD untersuchten Körpern die weißesten; setzt man ihr Weiß gleich 100, so beträgt der Weißgehalt von

Zinkweiß	94	Zeichenpapier	86
Bleiweiß	93	Kreide	83

Alle diese Körper werden als „weiß“ bezeichnet, doch bestehen zwischen ihren Reflexionsfähigkeiten, wie man sieht, recht bedeutende Unterschiede. Der am wenigsten weiße Körper, die Kreide, reflektiert nur vier Fünftel der Lichtmenge, welche das Bariumsulfat zurückwirft.

Die Oberfläche aller weißen Körper wird, wie erwähnt, aus farblosen, durchsichtigen Teilchen gebildet: der weiße Schnee aus farblosen Eiskristallen, Bleiweiß, Kreide, die weiße Schrift auf einer Schiefertafel bestehen aus mikroskopisch kleinen transparenten Körnchen; Papier sowie Leinwand erscheinen weiß, weil sie aus einem Konglomerat von kleinen farblosen Fasern bestehen.

Werden die Poren eines solchen Körpers mit einem Medium von ungefähr gleichem Lichtbrechungsvermögen ausgefüllt, so entsteht eine durchsichtige homogene Masse, die nicht mehr weiß erscheint, wie das z. B. bei Schnee mit Wasser und Glaspulver mit Kanadabalsam der Fall ist. Papier, mit Fett getränkt, wird durchsichtig und ein mit einer weißen Schicht überzogenes Papier, sogenanntes Kreidepapier, verliert durch solche Medien die Weiße, weil die Schicht durchsichtig und der weniger weiße Papiergrund sichtbar wird.

Wenn eine Fläche das auftreffende Licht vollkommen absorbiert, so erscheint sie uns schwarz. Der schwärzeste Körper, den wir kennen, ist der schwarze Seidensamt, dann folgen die verschiedenen Arten von Ruß und Kohle, die als schwarze Pigmente Verwendung finden; sie sind aber immer noch ziemlich weit vom idealen Schwarz entfernt, was sich auch zahlenmäßig leicht konstatieren läßt.

Wir können nämlich ein zum Vergleiche geeignetes ideales Schwarz tatsächlich herstellen, wenn wir ein Kästchen von 10 bis 20 cm Seitenlänge innen mit schwarzem Samt auskleiden und in einer Wand eine verhältnismäßig kleine Öffnung anbringen. Blickt man gegen diese Öffnung, so erscheint sie vollkommen schwarz und alle schwarzen Körper sehen neben diesem Schwarz mehr oder weniger grau aus.

Es unterliegt auch keinem Anstand, das von diesen Körpern remittierte Licht, das ihre Schwärze beeinträchtigt, zu bestimmen. Nach Versuchen von WI. OSTWALD wirft der schwarze Samt etwa ½% des auffallenden Lichtes zurück, während das Remissionsvermögen von Aufstrichen, die mit den schwärzesten Pigmenten, d. i. Frankfurter- oder Pariserschwarz, und wässerigen Bindemitteln hergestellt werden, bedeutend größer ist und etwa 2% beträgt. Es ist bemerkenswert, daß wir den Unterschied zwischen solchem Schwarz und Vollschwarz sehr deutlich unterscheiden, während der Zusatz von 2% Schwarz zum reinen Weiß gar nicht merkbar ist. Die Ursache dieses gegensätzlichen Verhaltens von Schwarz und Weiß ist durch das von TH. FECHNER aufgestellte Gesetz begründet, das später ausführlich besprochen werden soll.

Daß ein schwarzes Pigment etwas weißes Licht reflektiert, wird durch die Spiegelung an der porösen, aus kleinen Pigmentpartikeln gebildeten Oberfläche verursacht, eine Erscheinung, die immer auftritt, wenn ein Lichtstrahl aus einem Mittel, hier aus der Luft, in ein anderes optisch verschiedenes, den Ruß, übergeht; sie kommt hier nur überaus deutlich zum Bewußtsein. Werden die oberflächlichen Rauhheiten durch ein dem Pigment optisch näherstehendes Medium, z. B. Wasser, Gummi, Harz usw., ausgefüllt, so wird die Lichtremission verhindert, das ganze Licht dringt in die Schicht, wird dort vernichtet und die Fläche erscheint viel dunkler. Nasse photographische Bilder, lackierte oder gummierte schwarze Flächen erscheinen daher viel schwärzer, als im trockenen oder nicht präparierten Zustande; allerdings sind sie jetzt glänzend und erscheinen daher nur schwarz, wenn man sie so betrachtet, daß das gespiegelte Licht nicht in unser Auge fällt.

Reflektiert eine farblose Fläche nicht das ganze auffallende Licht, so bezeichnen wir sie als „grau" oder auch als „schwärzlich". Mit letzterem Ausdruck verbinden wir die Anschauung, daß wir die Helligkeit eines weißen Körpers durch ein schwarzes Pigment beliebig verringern, also schwärzlich machen können; man spricht in diesem Sinne auch vom „Schwarzgehalt" eines Grautones. Setzt man die Intensität des auffallenden Lichtes gleich der Einheit und wirft die graue Fläche $\frac{1}{n}$ dieses Lichtes zurück, so repräsentiert die verschluckte Lichtmenge $1 - \frac{1}{n}$ die Schwärzlichkeit des Grautones und wir können auch sagen, daß dieses Grau aus $\frac{1}{n}$ Weiß und $1 - \frac{1}{n}$ Schwarz besteht. Die Summe von Weiß + Schwarz für jeden Grauton muß daher gleich Eins sein. Bedruckt man z. B. ein weißes Papier mit einem Netz von zarten schwarzen Linien, wie Abb. 14 vergrößert zeigt, so erscheint uns die Fläche, aus der Entfernung betrachtet, dunkler als unbedrucktes Papier, weil die schwarzen Linien kein Licht reflektieren. Ist die Breite der schwarzen Linien s und jene der Zwischenräume w, so verhält sich die Helligkeit h dieses rastrierten Papiers zu der des unbedruckten wie $\frac{w}{s+w}$. Im vorliegenden Falle ist z. B. $s = 1$ und $w = 1$ und $h = \frac{1}{2}$, der Schwarzgehalt daher $1 - 0{,}5 = 0{,}5$.

Abb. 14. Rastergrauton

Ein anderer Weg, um Grautöne von bestimmter Helligkeit zu erzeugen, besteht darin, daß man zwei aus weißem und schwarzem Papier herausgeschnittene Kreisflächen (Abb. 15) mit radialen Schnitten versieht und sie derart ineinandersteckt, daß das Schwarz S und das Weiß W in einem bestimmten Verhältnis zueinander stehen. Versetzt man die Scheibe um ihren Mittelpunkt O in rasche Rotation, so entsteht eine gleichmäßig graue Fläche. Die Mengen Schwarz und Weiß, die hier gemischt werden, hängen von der Größe der Zentriwinkel ab. In der Abbildung ist $w = 240^0$, $s = 120^0$, daher ist die Helligkeit der rotierenden Fläche $h = \frac{w}{s+w} = \frac{240}{360} = 0{,}67$.

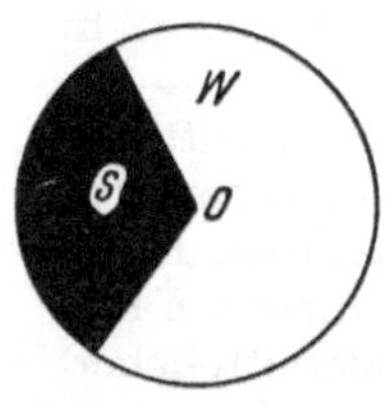

Abb. 15. Erzeugung eines Grautons durch Rotation einer schwarz-weißen Kreisfläche

Auch durch Vereinigung eines schwarzen Pigments mit einem weißen Pigment entstehen graue Mischungen, doch ist es nicht leicht, auf diesem Wege reine Grautöne, d. h. solche ohne jeden farbigen Nebenton, zu erzielen, weil fast alle schwarzen Maler- und Druckfarben bei starker Verdünnung einen Stich ins Blau oder Braun zeigen. Wi. Ostwald wählt zur Herstellung neutraler Grautöne Zinkweiß, das man mit Frankfurterschwarz mischt. Um den bläulichen Stich zu beseitigen, wird etwas Goldocker zugefügt. Als Bindemittel dient eine 1%ige Leimlösung.

Die Helligkeit einer grauen Fläche kann auch durch die Dichte einer durchsichtigen Grauschicht definiert werden, die, gegen eine weiße Fläche betrachtet, die gleiche Helligkeit hat. Erscheint uns z. B. ein graues Papier ebenso hell wie ein weißes (*W W* in Abb. 16) bei Betrachtung durch eine Grauscheibe *S* von der Dichte 0,8, so kann man den Ton des grauen Papiers durch die Dichte, oder besser die „Aufsichtsdichte“ $D = 0{,}8$ charakterisieren. Die Transparenz der Grauscheibe ist 0,16 und ebenso groß ist die Helligkeit des grauen Papiers (s. S. 11).

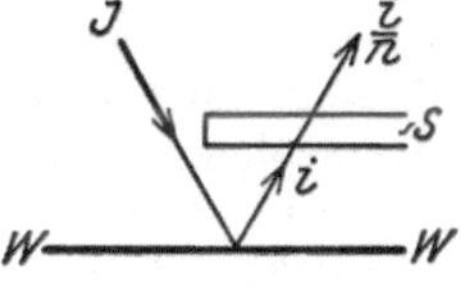

Abb. 16. Zur Definition der Aufsichtsdichte

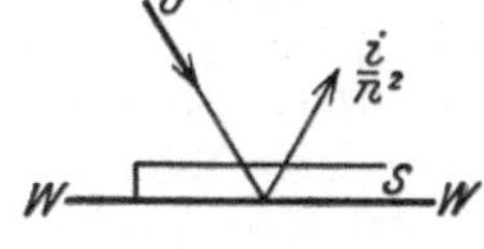

Abb. 17. Schwärzlichkeit einer auf weißem Papier liegenden Grauschicht

Legt man die Grauschicht *s* (Abb. 17) unmittelbar auf das weiße Papier, so wird das auffallende Licht *J* durch die Schicht auf $\frac{1}{n}$ restringiert, dann reflektiert und beim Durchgang durch die Grauschicht erneuert auf $\frac{1}{n}$ geschwächt. Die graue, auf dem weißen Papier liegende Schicht von der Dichte 0,8 zeigt jetzt die Helligkeit $\frac{1}{n^2} = 0{,}026$ und kann durch die Aufsichtsdichte $2\,D = 1{,}6$ definiert werden.

B. Die Empfindung des Lichtes

9. Das Auge und der Vorgang beim Sehen. Die Einrichtung des menschlichen Auges ist allgemein bekannt. Die Linse im Vereine mit den anderen lichtbrechenden Medien, besonders dem Glaskörper, entwirft von einem beleuchteten Objekt ein kleines verkehrtes Bildchen auf der aus mehreren Schichten zusammengesetzten Netzhaut. Die lichtempfindlichen Organe, zarte, zylinderförmige Stäbchen und flaschenförmige Zapfen liegen in der nahezu hintersten Schicht. In dieser Schicht wird die strahlende Energie gewisser Wellenlängen zu einer Nervenreizung verarbeitet, die zum Gehirne weitergeleitet wird und dort als Lichtempfindung zum Bewußtsein kommt.

Den Zapfen und Stäbchen kommen verschiedene Sehfunktionen zu: Erstere ermöglichen das Sehen bei hellem Licht und die Unterscheidung der Farben und Formen, während die mit einem roten Pigment, dem sogenannten Sehpurpur, versehenen Stäbchen farbenblind sind, dafür aber das Sehen bei sehr geringer Helligkeit möglich machen. Bei schwacher Beleuchtung sehen wir nur mit den Stäbchen, es verschwinden daher die Farben und alles erscheint uns in düsterem, farblosem Licht. Diese Eigentümlichkeit der beiden Netzhautelemente wird auch dadurch bestätigt, daß Tiere, die im Dunkeln gut sehen, wie der Maulwurf, die Eule, die Katze usw., in der Netzhaut vornehmlich Stäbchen besitzen. Die Netzhaut des menschlichen Auges zeigt dagegen in ihrer Mitte, der Stelle des deutlichsten Sehens, fast nur Zapfen, die hier am dichtesten angeordnet sind, gegen die Peripherie allmählich an Zahl abnehmen und durch Stäbchen ersetzt werden.

Der früher erwähnte Sehpurpur ist eine rote Substanz, die im Lichte rasch ausbleicht und im Dunkeln wieder regeneriert wird. Man hat ihr früher eine besondere Rolle beim Sehakt zugeschrieben, sie mit der lichtempfindlichen Substanz einer photographischen Platte verglichen, um so die Analogie mit der Kamera weiter auszugestalten. Davon kann wohl keine Rede sein, denn dieses Pigment fehlt gerade in der Mitte der Netzhaut, wo sich der eigentliche Sehprozeß abspielt; überdies ist auch seine Lichtempfindlichkeit nicht allzu bedeutend, denn es ist, wie Tierversuche lehren, zum Abbilden eines sonnenbeleuchteten Objektes auf der Netzhaut immerhin eine Expositionszeit von einigen Minuten erforderlich.

Der Sehpurpur scheint nur beim Vorgang der Adaptation des Auges für verschiedene Helligkeiten eine Rolle zu spielen.

Entsteht auf der Netzhaut das Bild eines Gegenstandes, so wird nur jener Teil desselben deutlich gesehen, der auf die Mitte der Netzhaut fällt, wo sich die „Netzhautgrube", befindet; alles andere sehen wir um so undeutlicher, je weiter sein Bild gegen die Peripherie zu liegt. Diese Stelle des deutlichen Sehens besitzt eine Ausdehnung von nur 1 bis 2 qmm, enthält aber über 1000 Zapfen.

Wollen wir daher ein Objekt deutlich sehen, so drehen und wenden wir das Auge so lange, bis sein Bild auf die Netzhautgrube fällt. Man „fixiert" das Objekt, man beobachtet es „direkt", während alle seitlich gelegenen, nicht fixierten Objekte „indirekt" oder „peripher" gesehen werden.

Das Auge wird, wie bereits oben erwähnt wurde, oft mit einer photographischen Kamera verglichen; es muß, rein physikalisch betrachtet, als ein recht unvollkommener optischer Apparat bezeichnet werden. Das auf die Netzhaut projizierte Bildchen ist, wie erwähnt, nur in einer Ausdehnung von 1 bis 2 qmm scharf. Da die Augenlinse eine Brennweite von etwa 20 mm besitzt, so entspricht die Ausdehnung des scharfen Bildes kaum 3°, während die photographischen Objektive mit einem Bildwinkel von über 30° konstruiert werden. Der Winkel von 3° umfaßt in der deutlichen Sehweite von 25 cm eine Fläche von 2 qcm, wir sehen daher nur ein kleines Stückchen des betrachteten Objektes ganz scharf; beim Lesen z. B. erscheinen uns die Buchstaben kaum eines Wortes gleichzeitig deutlich genug, um sie zu erkennen. Durch die Beweglichkeit unseres Auges, die es uns möglich macht, den Blick rasch nacheinander jedem einzelnen Teil des Gesichtsfeldes zuzuwenden, wird dieser Mangel vollkommen paralysiert.

Da der Abstand der Linse von der Netzhaut, ähnlich wie bei einer Kamera ohne Auszug, unveränderlich ist, so könnte man nur Objekte in bestimmter Entfernung scharf sehen, wenn das Auge nicht die Fähigkeit besitzen würde, sich der Entfernung des Objektes dadurch anzupassen, daß eine dem jeweiligen Bedürfnis entsprechende Formveränderung der Linse herbeigeführt wird. Beim Sehen in die Ferne ist die Linse abgeflacht, beim Sehen in der Nähe wird sie durch einen für diesen Zweck vorhandenen Muskel stärker gekrümmt. Man bezeichnet diesen Vorgang als „Akkommodation".

Eine weitere, für das deutliche Sehen wichtige Einrichtung unseres Auges, die wieder an die Kamera erinnert, ist die Veränderlichkeit des Pupillendurchmessers. Die Verkleinerung der Pupille steigert die Schärfe des Netzhautbildchens, wirkt also wie die Abblendung eines photographischen Objektivs; anderseits wird durch Veränderung der Pupillengröße dem Bildchen jener Grad von Helligkeit erteilt, der zum deutlichen Sehen erforderlich ist.

Bei der Betrachtung eines Objekts tasten wir es gleichsam mit den Augen ab; Teile, die unsere Aufmerksamkeit erregen, fassen wir längere Zeit ins Auge, über andere gehen wir flüchtig hinweg. Wir sehen also nicht alles, sondern nur das, was uns interessiert. Alle Eindrücke werden, sobald sie uns zum Bewußtsein kommen, seelisch verarbeitet, besonders mit früher gewonnenen Vorstellungen und Erinnerungen verknüpft und verglichen, wobei natürlich das Alter, das Temperament, der momentane Gemütszustand usw. des Beschauers eine wichtige Rolle spielen.

Diese Art des Sehens begründet auch, wenigstens zum großen Teil, den verschiedenen Eindruck, den das Gemälde und die Photographie auf uns machen.

Der Künstler trachtet die Natur so darzustellen, wie er sie sieht, und verschiedene Personen schaffen daher auch verschiedene Bilder. Er bringt nur das, was ihn besonders interessiert, was ihm schön und charakteristisch scheint; auf das will er auch die Aufmerksamkeit des Beschauers lenken, alles andere unterdrückt er oder deutet es nur an. Das photographische Objektiv bildet alles genau so ab, wie es wirklich ist, ohne die geringste Kleinigkeit zu vergessen, das Schöne und Charakteristische wird dabei vom zahlreichen Detail überwuchert und durch den Mangel an Farbe und Plastik geht die in der Natur klar wahrnehmbare Gliederung der Formen vielfach verloren (s. Nachtrag am Schlusse).

Die Photographie wird daher nie imstande sein, das von Künstlerhand geschaffene Bild zu ersetzen.

Sehr oft — und mit Erfolg — trachtet man, das photographische Bild dadurch naturwahrer zu machen, daß man nur den interessantesten, wesentlichsten Teil, z. B. den Kopf bei einem Porträt scharf, alles andere aber unscharf abbildet; würden wir die Person in der Natur betrachten, so würden wir unsere Aufmerksamkeit auch dem Kopf zuwenden, die Kleidung usw. aber nur flüchtig ansehen.

Häufig verleiht man auch dem ganzen Bilde eine mäßige Unschärfe, verringert dadurch die verwirrende Menge von störenden Details, bringt die großen Formen besser zur Geltung und kommt so dem Eindruck näher, den wir bei einem flüchtigen Blick auf das Objekt empfangen.

Allerdings muß dieses Mittel mit Vorsicht gebraucht, d. h. die Unschärfe darf nicht übertrieben werden, denn dann wirkt sie unwahr; es ist für den Beschauer geradezu peinlich, wenn er trotz der hellen Beleuchtung, die das Bild zeigt, alles nur verschwommen sieht und gar kein Detail zu erkennen vermag.

10. Die Sehschärfe. Als Sehschärfe bezeichnet man die Feinheit des Vermögens, eng benachbarte Punkte oder Linien mittels des Auges noch gesondert wahrzunehmen. Die Sehschärfe wird durch den „Gesichtswinkel" gemessen, d. i. der Winkel, den die nach beiden Punkten gezogenen Sehlinien bilden und der für das normale Auge etwa eine Minute beträgt. Die beiden Punkte sind dann, wenn sie sich in deutlicher Sehweite, d. i. 25 cm, vor dem Auge befinden, etwa 0,08 mm voneinander entfernt.

Die Sehschärfe ist wesentlich von der Beleuchtung abhängig und nimmt mit dieser in logarithmischer Progression, also anfänglich sehr rasch, dann immer langsamer zu, bleibt innerhalb eines sehr großen Helligkeitsintervalles, das dem Tageslicht entspricht unverändert und nimmt dann wieder ab. Auch zu große Helligkeiten verringern die Deutlichkeit des Sehens, wir gehen daher, um „besser zu sehen", aus der Sonne in den Schatten.

Die Beleuchtung von 1 Lux ist noch ganz ungenügend, um eine mittlere Druckschrift zu lesen; selbst für grobe Arbeiten fordert man etwa 10 Lux, während der Zeichner 50 bis 60 Lux benötigt.

11. Verlauf der Lichtempfindung. Wird die Netzhaut unseres Auges von einem Lichtstrahl getroffen, so empfinden wir ihn erst nach etwa $^1/_5$ Sekunde in voller Stärke; die Empfindung verschwindet auch mit dem Aufhören des Reizes nicht augenblicklich, sondern braucht eine gewisse Zeit zum Abklingen. Versetzt man z. B. eine aus schwarzem und weißem Papier gebildete Kreisscheibe (S. 16) in immer raschere Rotation, so unterscheidet man anfänglich deutlich die beiden Teile, dann tritt „Flimmern" ein, und schließlich entsteht eine gleichmäßig grau erscheinende Fläche. Die hiezu notwendige Zahl der Rotationen, die man als „Verschmelzungsfrequenz" bezeichnet, ist eine Funktion der Lichtstärke; bei Tageslicht sind mindestens 60 Rotationen in einer Sekunde erforderlich, damit kein Flimmern mehr bemerkbar ist, während bei schwachem Licht etwa 15 Rotationen genügen. Auch bei der Vorführung von Kinobildern wird das Flimmern bei Zunahme der Helligkeit der Bilder immer mehr bemerkbar.

12. Die Empfindlichkeit des Auges. Die Lichtempfindlichkeit unseres Auges ist sehr groß, denn wir können in einem vollkommen finsteren Raum noch ein Licht wahrnehmen, das etwa ein Millionstel der Lichtstärke einer HK besitzt, und wir sehen noch einen Stern sechster Klasse, der die gleiche Beleuchtungsstärke wie eine HK in der Entfernung von 10 Kilometern hervorbringt.

Auf eine photographische Platte sind solche Lichter zunächst ganz wirkungslos, läßt man sie aber stundenlang einwirken, so verursachen sie doch eine Veränderung in der lichtempfindlichen Schicht, die beim Entwickeln sichtbar wird.

Photographische Platten sind daher viel weniger empfindlich als die Netzhaut unseres Auges, sie besitzen aber im Gegensatz zu dieser die Fähigkeit, Lichteindrücke zu summieren; erst, wenn die einwirkende Lichtintensität unter ein gewisses Maß sinkt, würden sie auch bei noch so langer Belichtung keine Veränderung mehr erfahren. Man bezeichnet dieses für ein bestimmtes Präparat gerade noch wirksame Licht als seinen Schwellenwert.

Allerdings ist es fraglich, ob es einen solchen überhaupt gibt, denn es scheint, als ob selbst das schwächste Licht bei genügend langer Dauer der Einwirkung doch eine wahrnehmbare Veränderung der lichtempfindlichen Schicht hervorzubringen vermöge. So versuchte man z. B. eine Interferenzerscheinung photographisch abzubilden, die äußerst lichtschwach und scheinbar unter dem Schwellenwert gelegen war; der Versuch gelang aber doch bei einer Expositionszeit von 2000 Stunden! Bekanntlich erfährt die photographische Schicht auch bei vollkommenem Lichtabschluß allmählich eine Veränderung; wenn man nun annimmt, daß das Licht auf diesen Prozeß nur beschleunigend wirkt, so könnte eigentlich von einem Schwellenwert keine Rede sein.

13. Adaptation. Im Gegensatz zur photographischen Platte vermag die Netzhaut zwar die fortgesetzte Wirkung des Lichtes nicht zu summieren, aber eine andere Eigentümlichkeit unseres Auges verursacht die Erscheinung, daß schwaches Licht anfänglich gar nicht, nach einiger Zeit aber sehr deutlich wahrgenommen wird.

Es ist eine allgemein bekannte Tatsache, daß wir, in einen dunklen Raum tretend, anfänglich von den uns umgebenden Gegenständen gar nichts wahrnehmen, daß sie aber allmählich immer deutlicher sichtbar werden, bis eine bestimmte Grenze der Deutlichkeit erreicht ist. Die Empfindlichkeit unserer Netzhautgrube nimmt dabei in den ersten Minuten rasch, dann immer langsamer zu und ist nach etwa 10 Minuten ungefähr 25mal, nach 2 Stunden etwa 35mal so groß als im Anfange. Man bezeichnet diese Eigentümlichkeit als „Adaptation" des Auges; man sagt: das Auge hat sich an die Dunkelheit gewöhnt, es ist für die Dunkelheit adaptiert.

Umgekehrt: wenn wir aus einer Dunkelkammer in helles Licht treten, so macht zunächst das Gefühl der Blendung ein deutliches Sehen unmöglich und erst nach einiger Zeit hat sich das Auge an die Helligkeit gewöhnt und wir sehen wieder normal.

Die erste Anpassung des Auges an die Helligkeit geschieht durch Änderung der Pupillenweite. Im hellen Sonnenschein verengt sich die Pupille auf etwa 2 mm, in der Dunkelheit erweitert sie sich auf 10 mm, wodurch die in das Auge fallende Lichtmenge zwischen 1 und 25 variiert werden kann. Da der Unterschied zwischen Sonnenlicht und Dunkelheit einem Vieltausendfachen dieser Zahl entspricht, muß man annehmen, daß die Adaptation in der Netzhaut selbst stattfindet.

Dabei spielt auch der Sehpurpur eine wichtige Rolle: Helles Licht bleicht das Pigment, wodurch die Stäbchen unempfindlich werden, wir sehen daher nur mit den Zapfen; treten wir in einen dunklen Raum, so sehen wir anfänglich nichts, weil die Zapfen für schwaches Licht nicht empfindlich sind, der Sehpurpur wird aber langsam regeneriert und die Stäbchen erlangen dadurch allmählich ihre Empfindlichkeit.

Die Adaptation unserer Augen geht ganz automatisch vor sich, daher kommen uns die sehr bedeutenden Helligkeitsschwankungen, die sich fast fortwährend um uns ereignen, fast gar nicht zum Bewußtsein. Die Beleuchtungsstärke kann sich innerhalb sehr bedeutender Grenzen ändern, ohne daß der Eindruck auf das Auge ein anderer wird.

Aus diesem Grunde sind wir aber auch nicht imstande, die in einem Raume herrschende Helligkeit abzuschätzen. Wenn wir uns längere Zeit in einem mäßig gut beleuchteten Raum aufgehalten haben, so scheint es uns vielleicht, als ob hier Tageshelle herrschen würde, denn wir sehen alle Objekte mit größter Deutlichkeit, können anstandslos kleine Schriften lesen usw. Treten wir aber ins Freie, so werden wir durch die Lichtfülle im ersten Moment geblendet und erkennen, wie sehr wir uns bei der Beurteilung der Helligkeit getäuscht haben. Nach kurzer Zeit tritt Helladaptation unserer Augen ein und jetzt sehen wir auch nicht besser als früher in dem vielleicht nur $^1/_{1000}$ so hell beleuchteten Raume.

Wir können eben die absolute Intensität eines Lichtes nicht beurteilen, sondern vermögen nur gleichzeitig vorhandene Helligkeiten zu vergleichen; dies gilt allgemein für jede Lichterscheinung.

Betrachten wir z. B. ein vom Tageslicht beleuchtetes graues Papier durch ein innen geschwärztes Rohr, das wir dicht an unser Auge halten, so erscheint uns nach kurzer Zeit die graue Fläche weiß, denn unser Auge paßt sich der Helligkeit derart an, daß wir das Urteil über die tatsächliche, objektive Intensität des vom Papier remittierten Lichtes vollkommen verlieren.

Aus gleichem Grunde erscheint uns weißes Papier bei Mondbeleuchtung weiß, obwohl es weniger Licht aussendet als schwarzer Samt im Sonnenlicht. Es ist also objektiv schwärzer als der Samt, wir sehen es aber doch weiß, weil unser Auge für das schwache Mondlicht adaptiert ist.

Besondere Schwierigkeiten bietet bekanntlich die Bemessung der Expositionszeit bei photographischen Aufnahmen, was gleichfalls durch diese Eigentümlichkeit unserer Augen begründet ist. Wir sind innerhalb sehr weiter Grenzen nicht imstande, die Intensität der Beleuchtung richtig zu beurteilen, während die photographische Platte die tatsächliche Intensität des Lichtes empfindet. So kann es vorkommen, daß wir zehn- oder zwanzigmal zu kurz oder zu lang belichten. Auch der erfahrene Photograph kann die wirkliche Intensität des Lichtes nicht erkennen, sondern schließt aus verschiedenen Beobachtungen und Erwägungen, wie Jahres- und Tageszeit, Witterung, Bewölkung, Zustand der Atmosphäre usw., auf die vorhandenen Lichtverhältnisse und vermeidet so allzu grobe Expositionsfehler.

Die Fähigkeit unserer Augen, sich der jeweiligen Helligkeit anzupassen, erklärt auch die Tatsache, daß der Eindruck, den z. B. ein Gemälde auf uns macht, von der Beleuchtung unabhängig ist.

Wir sehen eben die Natur und das Bild mit verschieden adaptierten Augen und, wenn der Maler das Verhältnis der Helligkeiten so wiedergibt, wie sie die Wirklichkeit zeigt, so kann ein Bild auch bei Kerzenbeleuchtung den Eindruck einer sonnigen Landschaft hervorrufen.

Allerdings liegen die diesbezüglichen Verhältnisse nicht ganz so einfach, denn die sonnige Landschaft zeigt ganz enorme Helligkeitskontraste, die sich mit den Pigmenten, die man zu ihrer Nachbildung benützt, auch nicht annähernd wiedergeben lassen.

E. GOLDBERG, dem wir eingehende Untersuchungen auf diesem Gebiete verdanken, hat z. B. gezeigt, daß die weißen Wolken am Firmament vielleicht 100000mal so hell sind, als z. B. das Innere einer im Schatten liegenden Toreinfahrt, und doch sehen wir beide gleich deutlich. Wir tasten eben jedes Objekt mit den Augen ab, wobei sich die Pupillen automatisch erweitern und verengen und die Empfindlichkeit der Netzhaut gleichzeitig zu- und abnimmt.

Eine kontrastwahre Abbildung eines solchen Objektes auf Papier ist natürlich ganz ausgeschlossen, denn das zur Zeichnung dienende schwarze Pigment kontrastiert mit dem weißen Papier nur etwa im Verhältnisse 1 : 60.

Auch die Abbildung solcher Objekte mit Hilfe des photographischen Objektivs bietet in dieser Beziehung keinen Vorteil: die Helligkeitsgegensätze im Negativ sind zwar größer, etwa 1 : 200, beim Kopieren gehen sie aber auf den Schwarz-Weißkontrast des Papierbildes zurück.

Es unterliegt keinem Anstande, transparente Glasdiapositive mit dem Kontrastumfang der Negative herzustellen, doch bringen uns solche Bilder der Wahrheit nicht näher, denn sie werden als unschön und „hart" empfunden. Wir betrachten sie nämlich mit gleichbleibender Pupillenöffnung und unveränderter Adaptation, also anders als das natürliche Objekt und so vermag unser Auge nur einen beschränkten Helligkeitsumfang, der, wie später noch gezeigt werden soll, etwa zwischen 1 und 60 liegt, zu beherrschen. Helleres Licht blendet und das tiefe Schwarz unterscheidet sich nicht mehr von einem noch tieferen Schwarz.

Objekte mit großen Helligkeitsgegensätzen müssen also stets mit verringertem Kontrast, mit verkürzter Helligkeitsskala abgebildet werden, bei photographischen Arbeiten ist es daher wichtig, zu entscheiden, wo diese Verkürzung vorgenommen werden soll, damit die Ähnlichkeit mit der Natur tunlichst wenig geschädigt wird.

E. GOLDBERG ist der Ansicht, daß es sich in den meisten Fällen empfehlen wird, die hellen Teile des Bildes besonders gut wiederzugeben, während die Schatten, die von weniger Bedeutung sind, eventuell auch detaillos bleiben können. Man würde also die Expositionszeit den hellen Teilen, den Lichtern, des Objektes entsprechend zu bemessen haben.

H. KÜHN, ein Altmeister auf dem Gebiete der bildmäßigen Photographie, trachtet das Problem durch Verkürzung der Mitteltonskala zu lösen. Es werden zwei Negative nacheinander mit verschiedenen Expositionszeiten angefertigt und übereinander kopiert. Das kurz belichtete Negativ zeigt detaillierte Lichter, das lang exponierte dagegen reiche Zeichnung in den Schatten; beide zusammen geben daher eine Kopie, in der die hellen und dunklen Teile des Bildes auf Kosten der Mitteltöne bevorzugt sind.

Auch der Künstler verfährt ähnlich, indem er die ihm zur Verfügung stehende Tonskala für das „Bildwichtige" aufbraucht und das Nebensächliche ohne Details beläßt.

14. Wahrnehmung von Helligkeitsunterschieden. Eine besondere Art des Sehvermögens bezieht sich auf die Unterscheidung von Helligkeiten, wie z. B. beim Vergleich und bei der Beurteilung von verschieden hellen grauen Flächen. Auch hier macht sich, genau so wie bei der Sehschärfe, die Stärke der Beleuchtung geltend; am günstigsten verhält sich das Tageslicht, bei dem wir überhaupt in jeder Beziehung am besten sehen. Handelt es sich um das Erkennen sehr feiner Helligkeitsunterschiede, so ist dazu eine besonders ausgewählte Beleuchtung erforderlich. Bei der Sensitometrie photographischer Platten muß z. B. der Beginn einer allmählich verlaufenden Schwärzung aufgesucht und abgelesen werden, was am besten durch Betrachten der Platte gegen ein vom Tageslicht beleuchtetes weißes Papier geschieht, denn bei Betrachtung der Platte direkt gegen den Himmel oder bei schwacher künstlicher Beleuchtung wird die erste Spur der Schwärzung nicht gesehen.

Daß eine zu helle Beleuchtung für das Erkennen von Helligkeitsunterschieden nicht günstig ist, erkennt man deutlich bei der Betrachtung weißer Wolken durch ein Grauglas. Es werden nämlich auf den Wolkenflächen Abschattierungsdetails sichtbar, die bei der Betrachtung ohne Glas nicht zu erkennen waren.

15. Objektive und subjektive Helligkeit. Soll das Aussehen grauer Flächen von verschiedener Helligkeit so geändert werden, daß jede um das gleiche Maß heller bzw. dunkler erscheint, so lehrt die Erfahrung, daß wir die Helligkeit der verschiedenen Flächen nicht etwa um einen jedesmal gleich großen Betrag vergrößern bzw. verringern müssen, sondern daß das Maß der Intensitätsänderung proportional der Helligkeit der zu verändernden Fläche gewählt werden muß. Die Helligkeit sehr heller Flächen muß also wesentlich verringert werden, wenn ihre Helligkeit merkbar abnehmen soll, während dunkle Flächen schon bei sehr geringer Helligkeitsabnahme noch dunkler erscheinen. Es ist dies ein Spezialfall des von FECHNER aufgestellten psychophysischen Gesetzes, das für alle Sinneswahrnehmungen gilt und auf Grund der im Leben gemachten Erfahrungen eigentlich ganz selbstverständlich erscheint. Damit z. B. ein Gewicht von 100 g beim Aufheben merkbar schwerer erscheint, müssen wir 10 g zulegen; damit das Gleiche bei einem Gewicht von 1000 g der Fall ist, genügen nicht 10 g, sondern man wird, wenn man die Gewichtszunahme in gleicher Stärke empfinden soll, die proportionale Masse, also 100 g, zufügen müssen. Diese Erkenntnis vermittelt den Zusammenhang zwischen dem beim Aufheben verschiedener Gewichte ausgeübten Reiz auf die druckempfindlichen Nerven und der zugehörigen Größe der Empfindungen. Die gleiche Gesetzmäßigkeit gilt auf allen Sinnesgebieten, daher auch für die Empfindung des Lichtes.

Ein einfacher Versuch ist in dieser Beziehung sehr lehrreich: Man legt Streifen eines dünnen Papiers stufenförmig (gleiche Stufenhöhen) übereinander und betrachtet die so gebildete Skala etwa gegen ein Fenster im durchfallenden Licht, wobei es zweckmäßig ist, beiderseits der übereinander liegenden Papiere Streifen von schwarzem Papier anzubringen, um blendendes Seitenlicht abzuhalten. Eine solche Papierskala erscheint uns gleichmäßig abgestuft, d. h. sie erscheint von einer Stufe zur nächsten um gleich viel dunkler. Bezeichnet man die Dichte des Papiers in der Durchsicht mit d, so verhalten sich die Dichten der einzelnen Stufen wie $d : 2d : 3d : 4d \ldots$ und die Intensitäten der durchgelassenen Lichter wie $\frac{1}{n} : \frac{1}{n^2} : \frac{1}{n^3} : \frac{1}{n^4} \ldots$

Da uns die Skala gleichmäßig abgestuft erscheint, so entspricht das, was wir empfinden, dem Verhältnis der Dichten und nicht jenem der durchgelassenen Lichter, die den Reiz auf die Netzhaut ausüben. Daraus müssen wir schließen, daß sich die Empfindungen im arithmetischen Verhältnis ändern, wenn der Reiz im geometrischen Verhältnis zu- oder abnimmt. Da $d = \log \frac{1}{n}$ ist (S. 10), so ergibt sich für das FECHNERsche Gesetz die meist übliche folgende Fassung: Die Helligkeiten werden proportional den Logarithmen ihrer Intensitäten empfunden.

16. Der Graukeil. Denkt man sich die Papierskala aus einer sehr großen Zahl von Stufen mit nur geringen Dichtendifferenzen gebildet, so entsteht eine uns homogen und gleichmäßig erscheinende Abschattierung, wie sie ein aus transparentem Material hergestellter Graukeil zeigt.

In Abb. 18 ist der Querschnitt durch einen solchen Keil gezeichnet; seine Dichte nimmt von der Spitze o gegen die Basis gleichmäßig zu, seine Helligkeit gleichmäßig ab.

Die Zunahme der Dichte pro Zentimeter Keillänge $d_1 - d = k$, wird als Keilkonstante bezeichnet. Je größer k, desto „steiler" ist der Keil. Fällt auf den Keil Licht von der Intensität $J = 1$, so ist das an irgend einer Stelle a durchgelassene Licht i_1 durch die Gleichung $d_1 = \log \frac{1}{i_1}$ gegeben; kennt man die Keilkonstante, so läßt sich die Transparenz i jedes beliebigen Punktes ermitteln. Für den Punkt a ist z. B. $ao \times k = d_1 = \log \frac{1}{i_1}$, wobei i_1 aus der Tabelle 2, S. 11, entnommen werden kann.

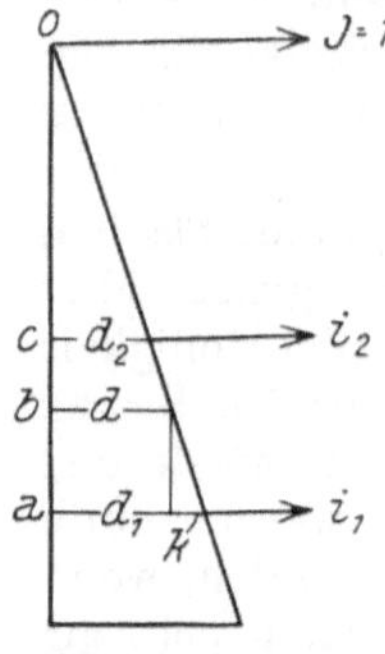

Abb. 18. Optische Eigentümlichkeiten eines transparenten Graukeiles

Auch das Verhältnis der von zwei Keilpunkten a und c durchgelassenen Lichtmengen i_1 und i_2 ist leicht zu errechnen, wenn man den Abstand ac kennt, denn es ist $d_1 = \log \frac{1}{i_1}$, $d_2 = \log \frac{1}{i_2}$, daher $d_1 - d_2 = \log \frac{i_1}{i_2}$ und $d_1 - d_2 = k \times ac$.

War z. B. $k = 0{,}40$ und $ac = 1{,}7$ cm, so ist:

$$k \times ac = 0{,}68 = d_1 - d_2 \text{ und daher } \frac{i_1}{i_2} = 0{,}21.$$

Soll uns der Keil an der Basis schwarz erscheinen, so darf er hier nicht mehr als etwa 0,02 des auffallenden Lichtes durchlassen (S. 15), muß also die Maximaldichte $d = D = 1{,}80$ besitzen. Steigert man die Keildichte noch weiter, so nimmt die Schwärzung kaum noch merkbar zu, das FECHNERsche Gesetz ist eben für derartig lichtschwache Töne nicht mehr gültig.

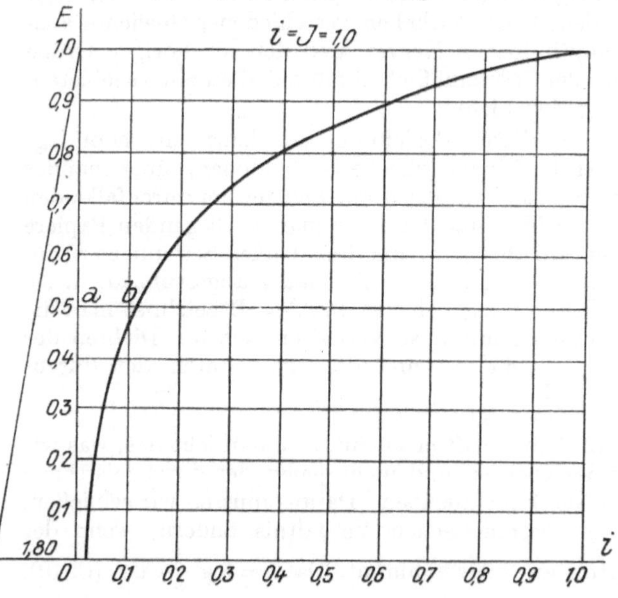

Abb. 19. Graphische Darstellung des FECHNERschen Gesetzes

17. Die Empfindungskurve. Entspricht in Abb. 19 $i = J = 1{,}0$ der Intensität des auffallenden Lichtes, und ist die Dichte D an der Basis $= 1{,}80$, so besitzt der Keil in der Mitte bei a die Dichte 0,90 und läßt daher nur Licht von der Intensität $ab = 0{,}126$ durch. Dieses durchgelassene Licht verursacht aber eine Helligkeitsempfindung von der Größe $Oa = E = 0{,}5$, denn die Mitte des Keils erscheint uns halb so hell als die Stelle $E = 1{,}0$ (Abb. 19). Errechnet man in dieser Weise für eine Anzahl Keilpunkte die durchgelassenen Lichtintensitäten und trägt sie, wie ersichtlich, senkrecht zum Keil als Abszissen auf, so ergibt sich durch Verbindung dieser Punkte eine Kurve, welche die Abnahme der Lichtintensitäten i bei gleichmäßiger Zunahme der Dichten zeigt. Da wir die Intensitäten des durchgelassenen Lichtes im Verhältnis der Dichten empfinden, so vermittelt diese „Empfindungskurve“ auch den Zusammenhang zwischen dem von einem Lichte ausgeübten Reiz — also der objektiven Lichtstärke (Helligkeit) — und der dadurch hervorgerufenen Empfindung. Sie umfaßt die objektiven Helligkeiten von Schwarz 0,016 bis Weiß 1,0, also eine Helligkeitsskala zwischen 1 und 60, das ist ungefähr jener Bereich, für den das FECHNERsche Gesetz zutrifft. Die Gültigkeit dieses Gesetzes ist nämlich nicht nur, wie schon bemerkt, nach unten zu begrenzt, auch bei intensiven Helligkeiten werden die Unterschiede von objektiv gleichen Helligkeitsstufen immer undeutlicher empfunden.

Um die relativen Empfindungsstärken für verschiedene Lichter zu ermitteln, sucht man ihre Intensitäten auf der Abszissenachse (in Abb. 19) auf, die zugehörigen Kurvenordinaten entsprechen dann den Empfindungen derselben.

Ein Vergleich von Helligkeiten, die man nicht gleichzeitig, sondern hintereinander empfindet, z. B. also die Empfindung für die Änderung, welche die Beleuchtung eines Raumes durch Zu- oder Abschalten von Lampen erfährt, ist höchst unsicher, weil bei solchen Beobachtungen die Adaptation der Augen eine sehr wichtige Rolle spielt.

In voller Reinheit macht sich das FECHNERsche Gesetz bei der Beurteilung grauer Körper geltend, vorausgesetzt, daß sie, was ja immer der Fall ist, von verschiedenen hellen Objekten umgeben sind. Wir vergleichen dann unwillkürlich ihre Helligkeit mit den dunkelsten und hellsten Stellen der Umgebung, also mit Schwarz und Weiß, wobei die herrschende Beleuchtungsstärke und der dadurch bedingte Adaptationszustand unserer Augen keinerlei Rolle spielt.

So erklärt sich z. B. die Tatsache, daß man einem weißen Pigment ziemlich viel Schwarz zufügen kann, ohne daß es seine Reinheit merklich ändern würde, während ein schwarzes Pigment schon durch eine Spur Weiß seine tiefe Schwärze verliert. Fügt man z. B. einem weißen Pigment etwa 10% Schwarz zu, so daß seine objektive Helligkeit von 1,0 auf 0,9 herabgesetzt wird, so sinkt, wie die Kurve in Abb. 19 zeigt, die Helligkeitsempfindung nur von 1,0 auf 0,98, was kaum merkbar ist; setzt man aber einem schwarzen Pigment etwa 10% eines weißen zu, so erscheint uns die Mischung grau und sieht aus, als ob sie aus gleichen Teilen Schwarz und Weiß bestünde.

Vergleicht man weiters eine graue Fläche, welche die Hälfte des auftreffenden Lichtes zurückwirft, also etwa eine rotierende Papierscheibe, die aus gleichen Teilen Schwarz und Weiß besteht, mit einer schwarzen und weißen Fläche, so unterliegt es keinem Zweifel, daß das Grau der rotierenden Fläche dem Weiß viel näher steht als dem Schwarz. Es ist kein Grau, das in der Mitte zwischen Schwarz und Weiß liegt, und wir entnehmen aus der Kurve in Abb. 19, daß ein Grau von der objektiven Helligkeit 0,5 den Eindruck macht, als ob es die subjektive Helligkeit 0,85 hätte, also 85% Weiß enthalten würde. Die Kurve zeigt weiter, daß Grau, das uns in der Mitte zwischen Schwarz und Weiß liegend erscheint, nur etwa 12% Weiß enthalten darf, also durch eine Kreiselmischung von 43^0 Weiß mit 317^0 Schwarz erhalten wird.

Aus dem FECHNERschen Gesetz oder vielmehr aus der beschränkten Gültigkeit desselben erklärt sich weiters auch das verschiedene Aussehen unserer Umgebung bei sehr heller und sehr schwacher Beleuchtung.

Bei großer Helligkeit, z. B. im direkten Sonnenlicht, sehen wir alle Gegenstände fast gleich hell; sie machen den Eindruck des Flächenhaften, weil die Abschattierung, die ihnen Plastik verleiht, nicht erkennbar ist; bei sehr schwacher Beleuchtung dagegen erscheinen uns alle dunklen Objekte gleich dunkel und detaillos.

Damit ist dem Maler ein wichtiges Hilfsmittel geboten, um uns in seinen Bildern einmal glühenden Sonnenschein, ein anderes Mal matte Mondbeleuchtung vorzutäuschen; in gleicher Weise macht sich auch die Beleuchtung der aufgenommenen Objekte in photographischen Bildern geltend: Bei grellem Licht fehlt die Plastik, bei schwachem Licht entstehen detaillose Schatten. Allerdings läßt sich der photographische Prozeß dahin beeinflussen, daß das Bild in dieser Beziehung nicht der Wahrheit entspricht. Es ist eine bekannte Tatsache, daß man bei kurzer Belichtung Bilder mit detaillosen Schatten erhält, die den Eindruck machen, als wären sie bei Mondbeleuchtung aufgenommen.

Bei Einwirkung des Lichtes auf eine photographische Platte treten Erscheinungen auf, die in voller Übereinstimmung mit dem FECHNERschen Gesetz stehen. Die Dichte der entstandenen Schwärzungen ist, wie der mittlere Teil der Schwärzungskurve einer photographischen Platte zeigt, proportional den Logarithmen der wirksam gewesenen Lichter. Von einer oberen und unteren Helligkeitsgrenze angefangen, nimmt die Empfindlichkeit der Platte für Lichtunterschiede immer mehr ab, sie unterscheidet die hellen Lichter nicht von den hellsten und die dunklen nicht von den dunkelsten — die Endstrecken der Schwärzungskurven sind flach gestaltet.

Die photographische Schicht empfindet das Licht so wie unser Auge, sonst könnte ja die Photographie die Natur nicht so abbilden, wie wir sie sehen.

18. Grauskalen. Will man aus grauen Papieren eine gleichmäßig abgestufte Skala bilden, so muß jeder Ton gegenüber dem vorhergehenden und folgenden gleiche Differenzen der Aufsichtsdichten (S. 17) zeigen.

WI. OSTWALD benützt bei der Herstellung einer solchen Grauskala für die beiden Endtöne matte Aufstriche von Barytweiß und Frankfurterschwarz und teilt den Helligkeitsabstand 0,02 bis 1,00, entsprechend den Aufsichtsdichten 1,70 und 0,00 in 25 Stufen, die mit den Buchstaben A bis Z bezeichnet werden.

Die Dichtendifferenz von einer Stufe zur nächsten beträgt daher $\frac{1,7}{24} = 0,0708$ und die Aufsichtsdichten entsprechen der aus nachstehender Tabelle ersichtlichen arithmetischen Reihe.

Tabelle 4. Die OSTWALDsche Grauleiter

Nummer des Grautones . .	0	1	2	3	4	5	. . .	21	22	23	24
Bezeichnung . .	*a*	*b*	*c*	*d*	*e*	*f*	. . .	*w*	*x*	*y*	*z*
Aufsichtsdichte	0,000	0,071	0,142	0,213	0,284	0,354	. . .	1,488	1,560	1,629	1,700
Helligkeit (Weißgehalt)	100	85	72	61	52	44	. . .	3,2	2,8	2,3	2,0
Schwarzgehalt	—	15	28	39	48	56	. . .	96,8	97,2	97,7	98,0

Aus den Aufsichtsdichten ergeben sich mit Hilfe der Tabelle 2 auf S. 11 die Helligkeiten bzw. der Weißgehalt der Grautöne, ihre Ergänzung auf Eins entspricht ihrem Schwarzgehalt. Die Helligkeiten bilden eine geometrische Reihe von der Form: $1, \varkappa, \varkappa^2, \varkappa^3 \ldots$, in welcher $\varkappa$ den Wert 0,85 besitzt.[1]

Solche Grauskalen leisten ausgezeichnete Dienste, um die Helligkeit nicht nur von grauen, sondern, wie später noch gezeigt werden soll, auch von farbigen

[1] Derartige Grauskalen hat E. DETLEFSEN in Wismar schon 1905 bei seinen Messungen der Blumenfarben benützt. Er teilte den Abstand zwischen Zinkweiß und Elfenbeinschwarz in 20 Stufen und gab für $\varkappa$ den Wert 0,82 an.

Objekten zahlenmäßig zu ermitteln. Ostwald hat ihr zu diesem Zwecke eine sehr praktische Form gegeben. Es werden etwa 0,8 cm breite Streifen der grauen Papiere, Abb. 20, in ebenso breiten Abständen voneinander an zwei Kartonstreifen befestigt, so daß eine Art Leiter entsteht, deren Sprossen von einer im Tone gleichmäßig dunklei werdenden Grauskala gebildet werden. Wi. Ostwald bezeichnet diese Einrichtung als „logarithmische Leiter". Um die Helligkeit eines Gegenstandes zu ermitteln, legt man die Grauleiter darüber und sucht die mit dem Gegenstand gleich hell erscheinende Stufe auf, was auch bei farbstichigem Grau, z. B. photographischen Tönen, leicht gelingt; man achte darauf, daß der Gegenstand auf der einen Seite zwischen den dunkleren Sprossen hell hervortritt, auf der anderen Seite aber die Zwischenräume dunkler erscheinen als die Graustreifen.

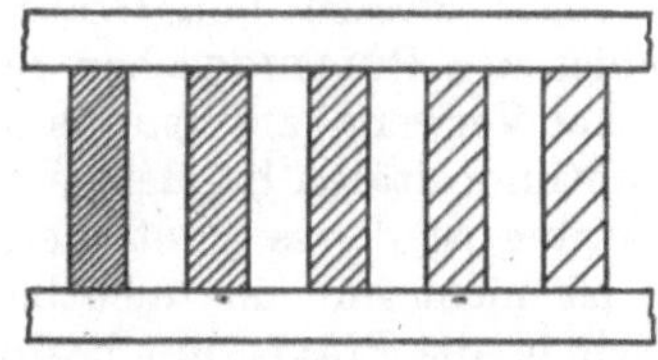
Abb. 20. Ostwaldsche Grauleiter

Die Aufsichtsdichte ergibt sich aus der Nummer der Graustufe multipliziert mit 0,071. Aus der Tabelle 2 auf S. 11 kann man die Menge des remittierten Lichtes, also die Weißlichkeit bzw. Helligkeit des Grautones entnehmen. Das Grau *i* bildet z. B. die achte Stufe, daher ist die Aufsichtsdichte eines grauen Papiers von gleichem Aussehen wie diese Stufe $D = 8 \times 0{,}071 = 0{,}568$ und die gesuchte Helligkeit $H = 27$.

19. Das Stufenphotometer. Ungleich sicherer und genauer lassen sich die Helligkeiten von Grauschichten, gleichgültig, ob sie transparent oder undurchsichtig sind, mit Hilfe des von C. Pulfrich konstruierten „Stufenphotometers" ermitteln.

Wie die Abb. 21 zeigt, besteht das Stufenphotometer aus einem auf unendlich eingestellten monokularen Doppelfernrohr mit einem Achsenabstand der beiden Objektive O_1 und O_2 von 60 mm und einem Okular *Ok*, das auf die Trennungslinie *T* einer aus der Abbildung ersichtlichen Prismenkombination eingestellt ist. Blickt man in das Okular, so sieht man zwei in der Trennungslinie *T* zusammenstoßende Halbkreise, deren Helligkeit von den wirksamen Objektivöffnungen abhängt.

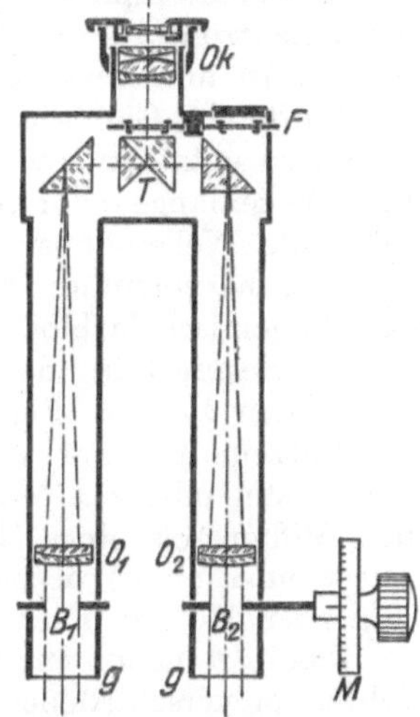

Abb. 21. Stufenphotometer von C. Zeiss nach C. Pulfrich

Unter O_1 ist eine kleine quadratische Blende angebracht; unterhalb O_2 befindet sich eine ebensolche Blende, deren Größe sich aber meßbar verändern läßt. Dies geschieht mittels zweier rechtwinkelig ausgeschnittener Spaltbacken *b* (Abb. 22), die mit Hilfe einer Mikrometerschraube zueinander hin oder voneinander weg bewegt werden können, wodurch die quadratische Öffnung der Blende B_2 verkleinert oder vergrößert wird. In der Nullstellung der Meßtrommel der Mikrometerschraube entspricht die Öffnung der Blende B_2 genau derjenigen der festen Blende B_1; nach einer Drehung der Trommel um 360° ist die Blende ganz geschlossen, ihre Öffnung ist gleich Null.

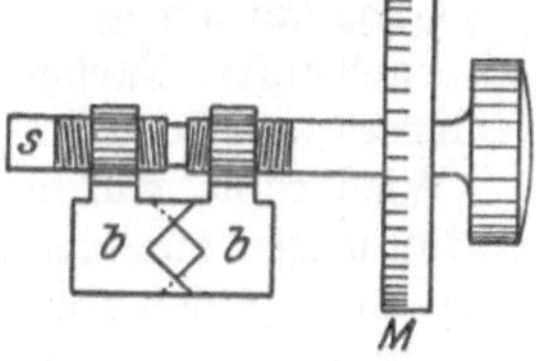

Abb. 22. Veränderliche Blende des Stufenphotometers

Die jeweilige Öffnung der Blende B_2 kann an der Teilung der Meßtrommel *M* abgelesen werden, doch entspricht diese Teilung nicht etwa den Größen der Öffnungen, sondern so wie bei der logarithmischen Grauskala gleichen Empfindungsstufen.

Legt man z. B. unter B_1 ein graues und unter B_2 ein weißes Papier und stellt mit Hilfe der Meßschraube auf gleiche Helligkeiten ein, so kann man an der Trommelteilung die Helligkeit der Graufläche, also des von ihr reflektierten Lichtes ablesen. Man erhält dabei die gleiche Zahl, die man mit der Grauskala finden würde.

Das Messen von Grautönen bedeutet nur ein ganz kleines Anwendungsgebiet des PULFRICHschen Stufenphotometers. Es ist ein Instrument von vielfacher Verwendbarkeit, das überall, wo es sich um einen präzisen Vergleich von Lichtintensitäten handelt, vorzügliche Dienste leistet. Von ganz besonderer Bedeutung ist dieses Photometer für den Vergleich und das Messen von Farben; es ist nicht nur ein unentbehrlicher Studienbehelf geworden, sondern hat sich auch in die Praxis mit bestem Erfolge bewährt.

II. Die Farbe

Alle Lichtempfindungen des Auges werden, wie schon oben erwähnt wurde, durch elektromagnetische Schwingungen mit den Wellenlängen zwischen 0,0004 bis 0,00076 mm hervorgerufen.

Trifft ein Gemisch aller dieser Wellen gleichzeitig die Netzhaut unserer Augen, so entsteht eine farblose Lichtempfindung, während Strahlen von nur einer Wellenlänge oder auch Strahlengemische, in welchen verschiedene, aber nicht alle Wellenlängen vertreten sind, im allgemeinen die Empfindung von Farben hervorrufen. Nur ausnahmsweise kann auch in solchen Fällen das Strahlengemisch farblos erscheinen.

Bei Besprechung der Farben ist es oft notwendig, Wellenlängen anzugeben; es ist daher zweckmäßig, für diese kleinen Zahlen eine bequeme Ausdrucksform zu benützen. Man hat als Einheit für die Wellenlängen des Lichtes entweder ein Tausendstel oder ein Millionstel eines Millimeters oder auch den zehnten Teil eines Millionstels eines Millimeters gewählt, die man mit μ bzw. $\mu\mu$ bez. ÅE. (Ångström-Einheit) bezeichnet, man schreibt daher statt 0,0006 mm entweder 0,6 μ oder 600 $\mu\,\mu$ (auch 600 mμ) oder 6000 ÅE.

Farben nennt man die qualitativ verschiedenen Empfindungen, die Lichter von verschiedener Wellenlänge im Auge hervorrufen; die gleichen Bezeichnungen dienen auch zur Charakterisierung dieser Lichter. Ein Licht von der Wellenlänge 600 $\mu\,\mu$ verursacht z. B. eine ganz bestimmte Empfindung, die wir als „Rot“ bezeichnen. Dieses Licht nennen wir gleichfalls „rot“. Da Körper, die farbloses Licht zurückwerfen, weiß genannt werden, so spricht man auch von „weißem“ Licht, eine Bezeichnung, die im Gegensatze zu farbigem, z. B. rotem oder grünem Licht, allgemein gebräuchlich ist.

Ganz unrichtig ist es, wenn man Körper, die man zum Färben benützt, also Farbstoffe, Farben nennt, doch hat sich diese Bezeichnung allgemein eingebürgert und wird im praktischen Leben wohl auch weiter beibehalten werden.

Wiederholt wurde die Frage erörtert, ob auch „Schwarz“ den Farbenempfindungen zuzuzählen ist, ob man es also als Farbe zu betrachten hat. Diese Frage ist lediglich für den Physiologen von Interesse, sonst aber ohne jede Bedeutung; es ist nicht zulässig, dem sprachlich wohldefinierten Begriff „Farbe“ eine andere Bedeutung zu geben. Wenn Schwarz eine Farbe wäre, dann müßte man eine graue Wand, einen Kupferstich, eine Photographie usw. auch als farbig bezeichnen, was geradezu widersinnig klingen würde. Der Ausdruck „bunt“, den man für die Bezeichnung aller Farben, mit Ausschluß des Schwarz, vorgeschlagen hat, ist in der deutschen Sprache für mehrfarbige Objekte mit lebhaftem Kolorit bereits vergeben. Es scheint daher geboten, den im praktischen Leben üblichen Unterschied zwischen „farbig“ und „farblos“ überall, auch in der Wissenschaft, beizubehalten.

„Schwarz“ ist, wenn es allein auftritt, die Bezeichnung für vollkommenen Lichtmangel und lichtschwaches Weiß oder lichtschwache Farben werden als „schwärzlich“ bezeichnet, weil auch die Zumischung eines schwarzen Pigmentes zu einem weißen oder farbigen Pigment eine Verringerung der Helligkeit verursacht.

Wir unterscheiden einfaches oder homogenes und zusammengesetztes Licht. Ersteres besteht aus Strahlen von nur einer Wellenlänge, es kann daher niemals farblos sein: gewisse glühende Metalldämpfe strahlen solches Licht aus. Bringt man etwas Kochsalz in eine nicht leuchtende Flamme, so entsteht ein praktisch einfaches gelbes Licht, in gleicher Weise kann man mit Lithium- und Thalliumsalzen homogenes rotes bzw. grünes Licht herstellen. Alles Licht dagegen, dem wir im täglichen Leben begegnen, das uns künstliche Lichtquellen liefern, oder das wir z. B. mit Zuhilfenahme farbiger Gläser herstellen, besteht aus einem Gemisch von Strahlen verschiedener Wellenlänge, es ist also gemischtes Licht.

Um die Zusammensetzung eines Lichtes kennen zu lernen, läßt man es ein Glasprisma passieren, wobei die Strahlen verschiedener Wellenlängen verschieden stark gebrochen und dadurch gesondert werden.

Das Sonnenlicht wird in dieser Weise zu einem geschlossenen farbigen Band, dem bekannten Spektrum ausgebreitet. Läßt man irgend ein anderes Licht auf das Prisma fallen, so entsteht ein Spektrum von anderem Aussehen; durch Vergleich dieses Spektrums mit jenem des weißen Lichtes läßt sich der Unterschied in der Zusammensetzung beider Strahlengemische konstatieren.

Auch mit Hilfe von sogenannten Beugungsgittern, d. s. Glas- oder Metallplatten, in die äußerst feine parallele Linien — 1000 und mehr auf 1 mm Breite — eingeritzt sind, läßt sich das Licht ähnlich wie mit dem Prisma in ein Spektrum ausbreiten, das man als Beugungs- oder Gitterspektrum zum Unterschiede vom prismatischen oder Dispersionsspektrum bezeichnet.

Selbstleuchtende Körper, die farbiges Licht aussenden, sind relativ selten. Das farbige Licht, dem wir begegnen, wird zumeist aus weißem Licht in Verbindung mit K ö r p e r n gebildet. Viele Körper besitzen nämlich die Eigentümlichkeit, einen Teil der farbigen Strahlen zu absorbieren und den Rest zurückzuwerfen oder, wenn der Körper transparent ist, durchzulassen. Die einfachen farbigen Strahlen befinden sich in weißem Lichte gewissermaßen im Gleichgewicht; wenn der Körper einen Teil dieser Strahlen verschluckt, so wird das Gleichgewicht gestört und das früher weiße Licht erscheint nun farbig. Wir haben die Empfindung, daß es sich hier um eine spezifische Eigenschaft des Körpers handelt und nennen ihn daher „farbig“. Ein Blatt Papier, das z. B. alle auffallenden Strahlen mit Ausnahme der roten absorbiert, diese aber zurückwirft, wird als „rot“ bezeichnet. Eine Glasscheibe verwandelt das durchfallende weiße Licht in rotes, wenn sie alle Strahlen mit Ausnahme der roten absorbiert; das macht den Eindruck, als ob das weiße Licht durch die rote Scheibe gefärbt worden wäre.

Werden alle Strahlen des weißen Lichtes gleich stark absorbiert, so wird das zurückgeworfene oder durchgelassene Licht nur geschwächt, es bleibt aber farblos und der Körper erscheint uns grau.

A. Das Spektrum und seine Farben

20. Das Prismen- und das Gitterspektrum. Das Spektrum besteht aus einer unendlichen Zahl von verschiedenen Farben, die wohl eine stetige Reihe bilden, in der aber die einzelnen Farben verschieden große Räume einnehmen. Rot, Orange, Grün, Blau und Violett treten sehr deutlich hervor, während die zwischenliegenden Farben Gelb und Blaugrün weniger bemerkbar sind.

Das mit einem Gitter gewonnene Spektrum zeigt die gleiche Farbenfolge wie das Prismenspektrum, doch ist die räumliche Ausdehnung der Farben eine ganz andere. Im Gitterspektrum sind die roten Farben breit auseinandergezogen, die blauen dagegen auf einen engen Raum zusammengedrängt, während das prismatische Spektrum eine schmale rote, dafür aber eine ausgedehnte blaue Zone besitzt.

Zwischen Wellenlänge und Farbe besteht ein unveränderlicher Zusammenhang; jeder Farbe im Spektrum entspricht eine bestimmte Wellenlänge. Das Licht einer bestimmten Wellenlänge verursacht in unserem Auge stets eine ganz bestimmte Farbenempfindung; da die Farbenverteilung in beiden Spektren

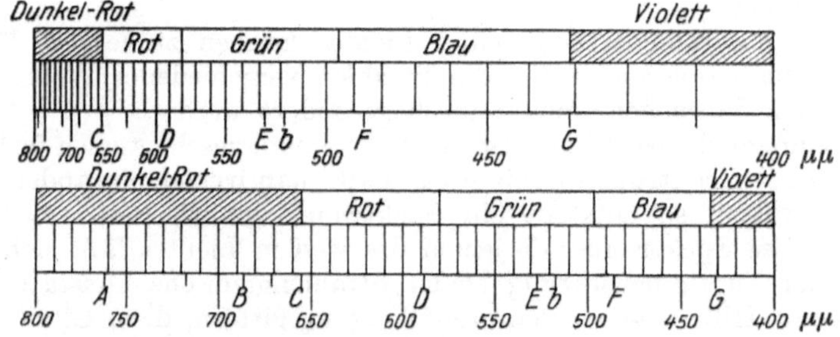

Abb. 23. Wellenlängenskalen und Verteilung der Farben im Prismenspektrum (oben) und im Gitterspektrum (unten)

eine verschiedene ist, so müssen auch ihre Wellenlängenskalen verschieden aussehen. Im Gitterspektrum werden, wie sich aus seiner Entstehung ergibt, gleichen Wellenlängenunterschieden gleiche Skalenintervalle entsprechen, die Wellenlängenskala wird daher — unabhängig von der Beschaffenheit des Gitters — stets eine gleichmäßige Teilung aufweisen. Aus diesem Grunde betrachtet man das Gitterspektrum als „Normalspektrum". (Siehe L. GREBE, Spektrumphotographie, im vorliegenden Band dieses Handbuches.)

Im Prismenspektrum sind die den gleichen Wellenlängendifferenzen entsprechenden Skalenintervalle in der roten Zone sehr klein und werden gegen Violett zu immer größer, wobei auch die Substanz, aus der das Prisma besteht, eine nicht unwesentliche Rolle spielt.

Abb. 23 zeigt die Wellenlängenskalen der beiden Spektren.

Ein wichtiges Hilfsmittel zur Kennzeichnung der Wellenlängen und Farben sowie überhaupt zur Orientierung im Spektrum sind die FRAUNHOFERschen Linien.

Bei genauer Betrachtung des Sonnenspektrums sieht man nämlich eine große Zahl senkrecht zu seiner Längsrichtung verlaufender sehr feiner schwarzer Streifen, die ganz unregelmäßig über das ganze Spektrum verteilt sind. Jeder Linie kommt eine ganz bestimmte Wellenlänge zu, es entspricht ihr daher eine bestimmte im Sonnenspektrum (scheinbar) fehlende Spektralfarbe.

FRAUNHOFER hat die deutlichsten dieser Linien mit Buchstaben bezeichnet; aus nachstehender Tabelle sind ihre Wellenlängen sowie das Spektralgebiet, in dem sie liegen, zu entnehmen.

Abb. 23 zeigt, wie verschieden diese Linien in den beiden Spektren liegen.

Die Lichtstärke der Farben in einem Spektrum hängt offenbar von den Räumen ab, die sie einnehmen; daher wird im Prismenspektrum die rote Farbe im Verhältnis zur blauen viel heller erscheinen als im Gitterspektrum. In Abb. 23 ist die grüne Zone zwischen den Linien E und b in beiden Spektren gleich groß;

Tabelle 5. Die wichtigsten FRAUNHOFERschen Linien

Bezeichnung	λ in $\mu\mu$ und Farbe	Bezeichnung	λ in $\mu\mu$ und Farbe
A	760 } dunkelrot	b	517 grün
B	687 } dunkelrot	F	486 blaugrün
C	656 rot	G	431 dunkelblau
D	589 orange	h	410 } violett
E	527 grün	H	397 } violett

nimmt man an, daß die Intensität dieser Strahlen gleich ist, so werden, wie aus einem Vergleich der Wellenlängenskalen hervorgeht, die roten Strahlen bei C im Gitterspektrum nur etwa ein Drittel, die blauen aber zweimal so lichtstark sein als im Prismenspektrum.

Vergleicht man in dieser Weise auch die anderen Farben und setzt die Farbenintensität in allen Teilen des Gitterspektrums gleich der Einheit — in Abb. 24 wird die Intensität des Gitterspektrums durch die Gerade I wiedergegeben —, so zeigt die Kurve C die relativen Intensitäten im Prismenspektrum. Das spektrale rote Licht $\lambda = 600\,\mu\mu$ im Prismenspektrum ist z. B. 1,7mal so hell als im Gitterspektrum.

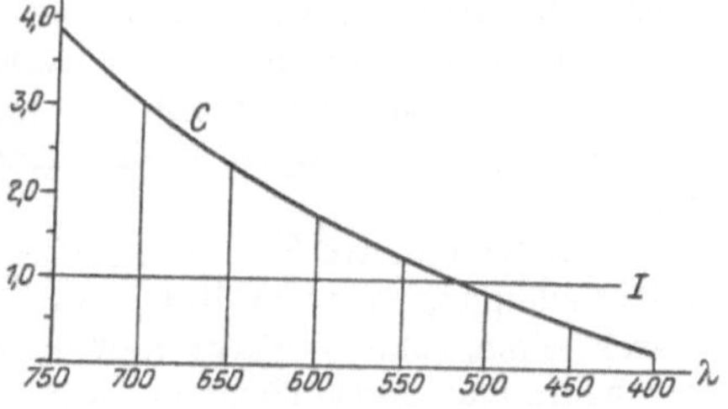

Abb. 24. Intensitätsverhältnisse im Prismen- und Gitterspektrum

Eine photographische, besonders eine farbenempfindliche Platte wird daher nach der Exposition in einem Prismenspektrographen einen anderen Verlauf der Schwärzungen, d. h. eine andere Schwärzungskurve, und vielleicht auch eine etwas verschiedene Lage der Schwärzungsmaxima zeigen, als wenn man sie im Spektrum eines Gitters belichtet hätte. Wenn man annimmt, daß die photographischen Schwärzungen proportional den wirksam gewesenen Lichtintensitäten sind, so ist mit Hilfe der aus der Abb. 24 sich ergebenden Helligkeitsverhältnisse die Transformation der Schwärzungskurve, die für ein Prismenspektrum gefunden wurde, zur Kurve für ein Normalspektrum oder auch umgekehrt leicht möglich, doch sind dabei, da das Reziprozitätsgesetz der Photochemie nicht ganz zutrifft, ziemlich bedeutende Fehler unvermeidlich.

21. Die Farben des Spektrums. Farbenmischung, Grundfarben. Wiederholt wurde die Frage nach der Zahl der Farben im Spektrum erörtert. NEWTON, dem wir die Zerlegung des Lichtes mit dem Prisma verdanken, unterscheidet sieben Spektralfarben: Rot, Orange, Gelb, Grün, Blau, Indigo und Violett. Bei dieser Feststellung ließ er sich aber weniger durch die Beobachtung, als durch die vorgefaßte Meinung leiten, daß zwischen den Tönen und den Farben eine Analogie bestehen müsse. Diese hypothetische Anschauung hat man längst fallen gelassen und es besteht kein Grund, diese Teilung des Spektrums weiter beizubehalten; allerdings wird auch noch heute allgemein von den sieben Regenbogenfarben gesprochen.

Die Frage nach der Zahl der Farben im Spektrum ist überhaupt ohne jede Bedeutung; bei Benützung geeigneter Vorrichtungen kann man etwa 200 verschiedene Farben unterscheiden, anderseits scheint ein kurzes Spektrum, wie es uns ein Taschenspektroskop zeigt, überhaupt nur aus drei Farben, Rot, Grün und Blau, zu bestehen. Sie stoßen dicht aneinander und nur eine kaum merkbare gelbliche Färbung zwischen Rot und Grün und ein ziemlich schroffer Übergang zwischen Blau und Grün trennen die drei Teile. Dem Blau folgt wohl noch eine Violettzone, die jedoch wegen ihrer sehr geringen Lichtstärke wenig auffallend ist. Besitzt das Handspektroskop eine Wellenlängenskala, so kann man ohne Schwierigkeiten die Grenzen zwischen den drei Farben mit $\lambda = 580\,\mu\mu$ und $\lambda = 495\,\mu\mu$ ablesen.

Die drei Teile des Spektrums zeigen zwar keine ganz einheitliche Farbe, immerhin sind aber die Unterschiede innerhalb einer Zone nicht allzu bedeutend; am auffallendsten erscheinen die Differenzen in der Blauzone, die aber zum großen Teil durch Helligkeitsunterschiede bedingt sind; weniger unterscheiden sich die Farben in der roten und fast gar nicht die in der grünen Zone.

Wie man sieht, entspricht einer gleichmäßigen Zu- und Abnahme der Wellenlängen durchaus keine gleichmäßige Änderung der Farben; alle Strahlen zwischen 760 bis 580 $\mu\mu$ rufen eine fast gleiche Rotempfindung hervor, ebenso hängt der Farbton in der Grün- und Blauzone nur wenig von der Wellenlänge ab. Man bezeichnet daher diese drei Teile als unempfindliche Zonen, im Gegensatz zu den dazwischenliegenden Gebieten, deren Farbe bei jeder noch so geringen Änderung der Wellenlänge variiert.

Strahlen, deren Wellenlängen größer als 760 $\mu\mu$ sind, die also jenseits des spektralen Rot liegen, verursachen auf der Netzhaut unserer Augen keinen Reiz mehr, sie gehören dem weiten Gebiete der Wärmestrahlen an; jene Gruppe, die den noch sichtbaren Strahlen zunächst gelegen ist, wird als „ultrarot" bezeichnet. Sie vermögen auch unter Umständen chemische Wirkungen hervorzurufen.

An das violette Ende des Spektrums schließen sich die ultravioletten Strahlen mit Wellenlängen unter 400 $\mu\mu$ an, die gleichfalls nicht mehr sichtbar sind, sich durch chemische Wirksamkeit bemerkbar machen und lebhafte Fluoreszenzerscheinungen hervorbringen können, also Eigentümlichkeiten zeigen, die an diejenigen der Röntgenstrahlen erinnern.

Mit den Spektralfarben sind die möglichen Farbenempfindungen nicht ganz erschöpft, denn die zwischen Rot und Blau liegenden Töne, die wir Karmin und Purpur nennen, fehlen im Spektrum. Die beiden Endfarben des Spektrums Rot und Violett zeigen nebeneinandergestellt keinen stetigen Übergang, doch läßt sich die bestehende Lücke durch eine Mischung von Rot und Violett ausfüllen. Es ist ja auch selbstverständlich, daß die Farben des Spektrums keine in sich selbst zurückkehrende Reihe bilden können, denn sie entsprechen einem Ausschnitt aus der langen Reihe elektromagnetischer Schwingungen und müssen einen linearen Charakter tragen.

Zwei gleiche spektrale Lichter können sich außer durch die verschiedenen Stärken, mit der sie auf unser Auge wirken, auch dadurch unterscheiden, daß das eine weniger farbenkräftig, weißlicher, erscheint als das andere, weil es weißes Licht beigemischt enthält. Man spricht dann von verschiedener „Sättigung", oder auch von verschiedener „Reinheit" der Farbe.

Die Spektralfarben sind die sattesten Farben, die wir kennen: durch weißes Licht verlieren sie ihre Sättigung, sie sind mit Weiß „verunreinigt".

Die Eigentümlichkeiten spektraler Lichter hängen daher von drei Veränderlichen ab, die ihr Aussehen bedingen, und zwar:

1. von der Qualität der Farbe, also vom Farbton;
2. von der Intensität oder Stärke des Lichtes und
3. von der Sättigung oder Reinheit.

Alle Farben eines Normalspektrums sind von gleicher Intensität und gleicher Reinheit.

Werden zwei Farben des Spektrums vereint, indem man sie z. B. auf eine weiße Fläche übereinander fallen läßt, so entsteht eine zusammengesetzte Farbe, die sehr verschieden aussehen kann.

Vereint man zwei Farben, die im Spektrum nicht allzuweit voneinander abstehen, so entsteht immer eine Farbe, die bezüglich des Tones einer zwischenliegenden Spektralfarbe gleichkommt; nur das aus den Endfarben Rot und Blau entstehende Purpur ist im Spektrum nicht vorhanden. Neben der neuen Farbe entsteht oft auch mehr oder weniger Weiß, so daß die Farbensumme weniger satt ist als die entsprechende Spektralfarbe; in dieser Beziehung kann folgende Regel als ungefähr zutreffend angesehen werden: Teilt man das Spektrum bei den Linien *E b* in zwei Hälften, so geben die in jedem dieser Teile gelegenen Farben untereinander vereint eine satte Zwischenfarbe, gehören die Farben aber verschiedenen Hälften an, so entstehen Farben, die reichlich Weiß enthalten.

Von größter Wichtigkeit ist die Erkenntnis, daß eine aus zwei einfachen Farben entstandene Mischfarbe sich in jeder Beziehung genau so verhält wie die gleich aussehende Spektralfarbe. Aus Rot 610 $\mu\mu$ und Grün 540 $\mu\mu$ entsteht z. B. ein reines Gelb. Dieses Gelb sieht genau so aus wie das spektrale Gelb 578 $\mu\mu$ und gibt mit anderen Farben auch gleich aussehende Mischfarben.

Unser Auge ist daher nicht imstande, eine einfache Farbe von einer zusammengesetzten zu unterscheiden. Das Resultat einer Vereinigung von farbigen Lichtern hängt lediglich von ihrem Aussehen und nicht von ihrer Zusammensetzung ab: gleich aussehende Farben geben gleich aussehende Mischfarben. Dieser Satz gilt ganz allgemein für die Vereinigung einer beliebigen Zahl von spektralen Farben und daher auch für die Vereinigung von ganzen Teilen des Spektrums.

Summiert man die Farben in jeder der drei früher angegebenen Spektralzonen, so ergibt sich ein Rot, Grün und Blau, das im Aussehen den Spektralfarben $\lambda = 610, 540$ und $475\,\mu\mu$ entspricht; dabei ist es gleichgültig, ob man die Farben jenseits der *C*- und *G*-Linie mit berücksichtigt oder nicht, denn diese Teile sind so lichtschwach, daß sie neben den sehr hellen roten, grünen und blauen Strahlen gar nicht in Betracht kommen. Entfallen die beiden Endstücke, die in Abb. 23 schraffiert sind, so besteht das Spektrum lediglich aus drei ziemlich homogen gefärbten Zonen, die im Normalspektrum nahezu gleiche Ausdehnung aufweisen. Wie später gezeigt werden soll, bilden diese drei Spektralzonen die Elemente, aus welchen alle Körperfarben, also fast die ganze uns umgebende Farbenwelt aufgebaut ist; die oben festgelegten drei Farben: Rot, Grün und Blau können daher als „Grundfarben" angesehen werden.

Gewisse Farbenpaare im Spektrum neutralisieren sich gegenseitig derart, daß ein vollkommen farbloses Licht, also Weiß entsteht, man nennt sie Komplementär- oder Gegenfarben.

Verschiedene Forscher haben sich mit der experimentellen Ermittlung komplementärer Farbenpaare befaßt, sind aber zu nicht ganz übereinstimmenden Resultaten gekommen. So wurde z. B. als Gegenfarbe zum Gelb $\lambda = 578\ \mu\mu$ gefunden von:

Wi. Ostwald	$\lambda = 455\,\mu\mu$	Frey.........	$\lambda = 473\,\mu\mu$
König	$\lambda = 465\,\mu\mu$	Helmholtz ...	$\lambda = 480\,\mu\mu$

Zu ganz zuverlässigen Resultaten führt der von V. GRÜNBERG angegebene rechnerische Weg.

Schon H. HELMHOLTZ hatte folgendes gezeigt: wenn man die Wellenlängen λ und λ_1 zweier Gegenfarben, wie aus Abb. 25 ersichtlich, in ein Koordinatensystem so einträgt, daß die Werte von λ die Abszissen und die Werte λ_1 die Ordinaten bilden, so entsteht eine Kurve, die einer gleichseitigen Hyperbel entspricht.

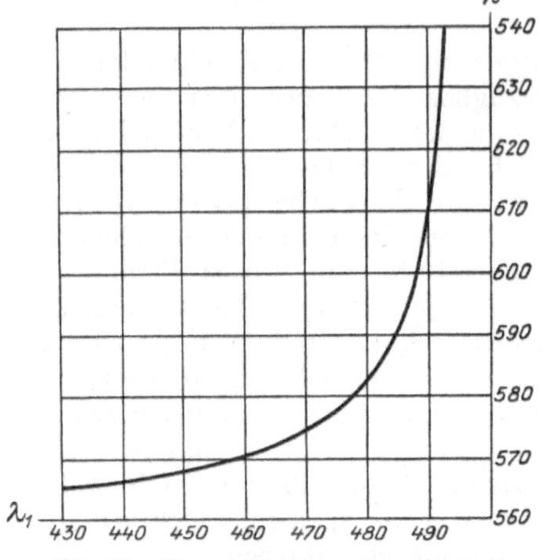

Abb. 25. Kurve der Komplementärfarben

V. GRÜNBERG hat für diese Hyperbel die Gleichung

$$(\lambda - 559)\,(498 - \lambda_1) = 424$$

aufgestellt, in der λ die Wellenlänge der langwelligen und λ_1 die der kurzwelligen Komponente bedeutet.

Mit Hilfe dieser Gleichung kann man zu jeder gegebenen Wellenlänge die zugehörige komplementäre berechnen. Da die so gewonnenen Zahlen einer für das ganze Spektrum geltenden Gleichung entsprechen, so müssen sie als richtig angesehen werden, während aus einigen Versuchen ermittelte Zahlen unsicher sind. Das komplementäre Blau zum oben erwähnten Gelb $\lambda = 578\,\mu\mu$ entspricht daher, wie man mit Hilfe der Gleichung findet, der Wellenlänge 476 $\mu\mu$.

Es gibt eine unendliche Zahl von komplementären Farbenpaaren, denn jedem Lichtstrahl von bestimmter Wellenlänge entspricht ein anderer, der ihn farblos macht; nur die Strahlen der Grünzone haben im Spektrum keine Komplementärfarben, sondern vereinen sich mit Purpur, also mit Rot + Blau, zu Weiß.

Da, wie schon oben betont wurde, das Resultat einer Farbenmischung lediglich vom Aussehen der Komponenten abhängt, so vereinen sich auch beliebig zusammengesetzte Lichter mit einfachen oder gleichfalls zusammengesetzten Lichtern zu Weiß, wenn sie im Aussehen komplementären Farben gleichen. Dabei kommt nur der Farbton in Betracht, denn die Intensität und Sättigung der Lichter beeinflussen lediglich die quantitativen Verhältnisse der Mischung.

22. Die Farbenhelligkeit. Die Bezeichnung „Helligkeit" wird bei farbigen Lichtern in zweifachem Sinne benützt. Lichter gleicher Farbe erscheinen uns verschieden hell, wenn die Energie der Strahlung verschieden groß ist; der Ausdruck „Helligkeit" wird dann für die Stärke oder Intensität des Lichtes im subjektiven Sinne gebraucht; anderseits hängt die Helligkeit eines Lichtes auch wesentlich von der Farbe ab — gelbes Licht erscheint uns heller als blaues — man spricht in diesem Falle von der „spezifischen" Farbenhelligkeit.

Sie wird durch die Eigentümlichkeit der Netzhaut bedingt, die am empfindlichsten für Strahlen mittlerer Wellenlänge, also für Gelb und gelbliches Grün ist; daher erscheinen uns diese Farben am hellsten. Gegen beide Seiten des Spektrums nimmt die Helligkeit der Farben ab und für Lichtwellen unter 400 $\mu\mu$ und über 760 $\mu\mu$ ist unser Auge vollkommen unempfindlich.

Die spezifische Helligkeit der Farben des Spektrums wurde wiederholt gemessen. Trägt man ihre relativen Werte als Ordinaten in den zugehörigen Punkten einer Wellenlängenskala auf, so ergibt sich die in Abb. 26 ersichtliche

Kurve. Sie gilt für das Normalspektrum, für ein Prismenspektrum wäre ihre Form natürlich eine andere.

Die Fläche der Kurve repräsentiert die Gesamthelligkeit des weißen Lichtes vor der spektralen Zerlegung; teilt man sie, entsprechend den Wellenlängen $\lambda = 578\,\mu\mu$ und $495\,\mu\mu$, in die drei Flächen R, G und B, so definieren die Größen derselben die spezifische Helligkeiten der drei Grundfarben. Setzt man die Größe der ganzen Fläche, also die Helligkeit des weißen Lichtes vor der Zerlegung, gleich 100, so ergeben sich für die Größen der drei Teilflächen R, G und B, also für die spezifischen Helligkeiten der Grundfarben, die Zahlen:

Weiß.....	100	es verhalten sich daher die Helligkeiten von Blau : Grün : Rot ungefähr wie 1 : 7 : 5.
Rot......	38	
Grün.....	54	
Blau.....	8	

Die Kenntnis der Grundfarbenhelligkeiten ist von wesentlicher Bedeutung, denn es wird dadurch möglich, Probleme photographischer Natur zu lösen, welchen man sonst ratlos gegenüberstehen würde.

Benützt man statt des Sonnenlichtes eine andere Lichtquelle zur Bildung des Spektrums, so entsteht ein mehr oder weniger unvollständiges Farbenband. Gewisse Spektren zeigen überhaupt nur einzelne Linien.

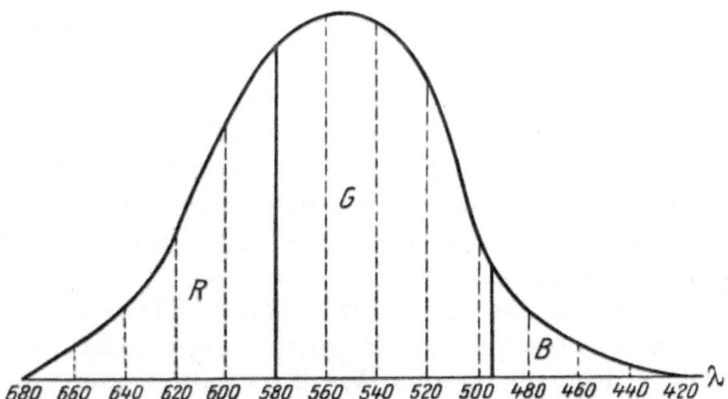

Abb. 26. Helligkeitskurve des Normalspektrums. Die Flächen R, G und B entsprechen den Helligkeiten der drei Grundfarben

Alle glühenden festen oder flüssigen Körper, z. B. Metalle oder Kohle, daher auch Glühlampen, Kerzen usw., liefern ein kontinuierliches Spektrum, ähnlich demjenigen des Sonnenlichts, nur reicht es weniger weit gegen das violette Ende als dieses. Das Spektrum einer Glühlampe endet schon bei der G-Linie, während das des Sonnenlichtes weit in die ultraviolette Zone reicht.

Glühende Gase dagegen, z. B. die leuchtenden Dämpfe einer Quecksilberlampe, bilden ein nur aus Linien bestehendes Spektrum. Das Licht einer Bogenlampe zeigt ein kontinuierliches, durch die glühenden Kohlen gebildetes Spektrum, das von einem Linienspektrum überlagert wird; letzteres gehört dem Lichtbogen an, der aus glühenden Gasen besteht.

B. Die Körperfarben

Die Empfindung der Farben wird durch farbige Lichter hervorgebracht, die, wie schon oben erwähnt wurde, zumeist aus farblosem oder beinahe farblosem Licht unter dem Einfluß gewisser Körper, die man als farbig bezeichnet, entstanden sind.

Fällt weißes Licht auf einen farbigen Körper auf, so wird ein Teil des weißen Lichtes in farbiges Licht verwandelt, ein Teil wird unverändert zurückgeworfen und ein Teil wird vollkommen verschluckt (absorbiert).

Die Gegenwart von weißem Licht und die verringerte Helligkeit infolge von Absorption macht sich bei der Wahrnehmung einer Körperfarbe als Weißlichkeit und Schwärzlichkeit geltend; analog wie bei grauen Tönen können wir auch von einem Weiß- und Schwarzgehalt der Körperfarben sprechen. Der Farbton, die Weißlichkeit und die Schwärzlichkeit sind die drei Veränderlichen, die das Aussehen jeder Körperfarbe bestimmen.

Die Weißlichkeit einer Körperfarbe hängt von der Menge des weißen Lichtes ab, die das Pigment zurückwirft, wobei es gleichgültig ist, ob dieses weiße Licht aus allen Strahlen des Spektrums oder nur aus komplementären Teilen desselben besteht. Als Maß für die Menge des weißen Lichtes dient dessen Helligkeit, wobei man annimmt, daß eine weiße Fläche, die genau so wie der farbige Körper beleuchtet wird, Licht von der Helligkeit Eins remittiert. Ist daher im Strahlengemisch, das ein farbiger Körper zurückwirft, weißes Licht von etwa $^1/_2$ oder $^1/_4$ dieser Helligkeit vorhanden, so bezeichnet man den Weißgehalt dieser Farbe mit $^1/_2$ oder $^1/_4$.

Die Schwärzlichkeit wird, wie bereits erwähnt, durch einen Lichtverlust infolge von Absorption verursacht; auch diese kann sich entweder gleichmäßig über das ganze Spektrum oder nur über komplementäre Teile desselben erstrecken, in beiden Fällen können uns die Farben gleich schwärzlich erscheinen.

Setzt man die Menge des auffallenden weißen Lichtes gleich der Einheit und bezeichnet f diejenige Menge desselben, die in farbiges Licht verwandelt wird, bezeichnet ferner w die Menge weißen Lichtes, das der Körper zurückwirft, so ist der Rest $s = 1 - (w + f)$ jener Lichtanteil, der durch die Absorption verloren geht. Das auf den Körper fallende Licht wird also in drei Teile f, w und s zerlegt. Neben dem Farbenton ist dieses Teilungsverhältnis für das Aussehen der Farbe maßgebend.

Farben, die von schwärzlichen Körpern ausgehen, z. B. von Farbstoffen, welchen ein schwarzes Pigment beigemischt ist, bezeichnet man als „unrein“, gleichgültig, ob sie auch Weiß enthalten oder nicht. Der Ausdruck Reinheit hat also bei Körperfarben eine andere Bedeutung als bei den Spektralfarben, die man als unrein bezeichnet, wenn ihnen weißes Licht beigemischt ist.

Durch Weiß werden die Farben gleichsam „verdünnt“, ihre Sättigung wird verringert und es ist gleichgültig, ob man zu diesem Zweck dem von einem farbigen Körper ausgehenden Lichte weißes Licht zufügt oder einen Farbstoff mit einem weißen Pigment mischt.

Farben, die kein Weiß enthalten, sind ebenso wie Schwarz vollkommen gesättigt; man kann das Maß ihrer Sättigung gleich der Einheit setzen, während reines Weiß die Sättigung Null besitzt. Die Sättigung einer Farbe liegt also zwischen Null und Eins und wird durch die Menge Farbe + Schwarz in der Lichtmengeneinheit definiert, sie entspricht dem Ausdrucke $f + s = 1 - w$.

Besitzt z. B. die Farbe eines roten Pigmentes die Zusammensetzung:

$$50 \text{ Farbe} + 20 \text{ Weiß} + 30 \text{ Schwarz},$$

so sagen uns diese Zahlen, daß die Hälfte des auffallenden weißen Lichtes, dessen Intensität mit 100 HK angenommen werden soll, durch Absorption der Grün- und Blaustrahlen als rotes Licht übrig bleibt, daß weißes Licht von 20 HK remittiert und weißes Licht von 30 HK durch Absorption vernichtet wird. Der Weiß- bzw. Schwarzgehalt beträgt 20 bzw. 30% und die Sättigung ist 0,8.

Farben, die mehr oder weniger Weiß enthalten, sogenannte „hellklare“ Farben, werden durch die Bezeichnung: hell, blaß oder weißlich vor dem Namen der Farbe gekennzeichnet, z. B. gehören hellgrün, blaßgrün, weißlichgrün, aber auch rosarot und fleischrot hieher.

Mischungen der Farben mit Schwarz werden „dunkelklar“ genannt; man spricht z. B. von dunkelrot und dunkelgrün. Das durch einen Schwarzgehalt verdunkelte Gelbrot ruft eine eigene Empfindung hervor, welche an die reine Farbe kaum mehr erinnert; man bezeichnet daher das schwärzliche Gelbrot mit einem eigenen Namen, nämlich mit „Braun“. Eigentümlich ist es auch, daß das schwärzliche Gelb grünlich aussieht; es wird „Gelboliv“ genannt.

Der auf Seite 21 erörterte Einfluß der Adaptation unserer Augen auf den durch graue Flächen hervorgerufenen Eindruck macht sich auch bei Betrachtung schwärzlicher Körperfarben in vollstem Maße geltend. Blickt man z. B. auf ein braunes Papier durch ein innen geschwärztes Rohr, so erscheint es uns, so lange noch die Erinnerung an die Farbe vorhält, braun, bald aber schwindet dieser Eindruck und wir sehen die Fläche gelbrot. Noch deutlicher kann man diese Erscheinung beobachten, wenn man ein braunes Glas in der Durchsicht durch das Rohr betrachtet.

Aber auch die Farben verblassen, wenn man sie in dieser Weise betrachtet, infolge Ermüdung der Netzhaut und erscheinen allmählich weißlicher — eine Erscheinung, die später noch besprochen werden soll.

Der Zustand unserer Augen beeinflußt daher im hohen Grade die Wahrnehmung der Farben; nur wenn Licht von verschiedener Farbe und verschiedener Helligkeit abwechselnd in unser Auge fällt, so daß dieses sich einem bestimmten Reiz nicht anpassen kann, ist es für alle Farben gleich empfindlich.

In dieser Weise betrachten wir stets die uns umgebenden Körper, denn wir sehen sie gleichzeitig mit anderen weißen oder farbigen Objekten; unwillkürlich und unbewußt vergleichen wir sie untereinander und so zeigen sie jenes Aussehen, das ihnen allgemein zugeschrieben wird. Wi. Ostwald bezeichnet daher die Körperfarben als „bezogene“ Farben, weil wir sie mit Bezug auf Weiß und andere Farben beurteilen.

23. Absorptionskurven. Die Zusammensetzung des Lichtes, das ein Körper durchläßt oder zurückwirft, erkennen wir aus seinem Spektrum, dessen Art für alles, was mit der Farbe des Körpers zusammenhängt, maßgebend ist.

Wenn man ein aus weißem Licht gebildetes Spektrum auf einen farbigen Körper, z. B. auf ein farbiges Papier auffallen läßt oder mit einem Spektroskop gegen eine farbige Fläche oder durch eine transparente farbige Schicht, z. B. eine rote Glasplatte, blickt, so sehen wir ein Spektrum, in welchem einzelne Stellen mehr oder weniger verdunkelt, d. h. mit verschieden dichten Schatten belegt erscheinen. Diese Teile entsprechen jenen Strahlengattungen, die der farbige Körper, das Papier oder das Glas, absorbiert hat.

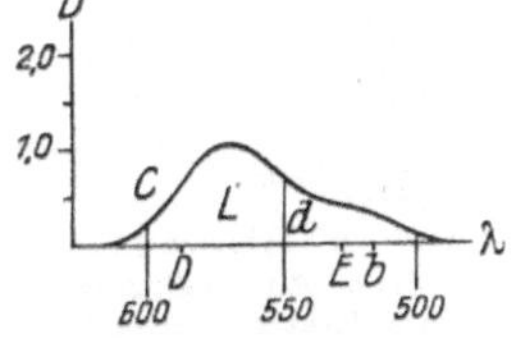

Abb. 27. Absorptionskurve einer Rhodaminschichte

Die Absorptionsverhältnisse einer Körperfarbe werden mit Hilfe eigener Instrumente, die man S p e k t r a l p h o t o m e t e r nennt, ermittelt und am besten graphisch dargestellt, indem man über einer Wellenlängenskala die Intensitäten der „Schatten“ als Ordinaten aufträgt, wodurch man, wie Abb. 27 zeigt, eine Kurve C erhält, die als „Absorptionskurve“ bezeichnet wird. Die Kurve C kann man sich als obere Grenzlinie eines Querschnittes durch das aus einer grauen durchscheinenden Masse hergestellte Relief L denken. Ein solches, auf das Spektrum aufgelegt, würde die gleichen Verdunkelungen hervorbringen wie der farbige Körper vor dem Spalt des Spektroskops. Die Ordinaten der Kurven sind daher „Dichten“. Kennt man den Dichtenmaßstab D, so läßt sich die Dichte und daher auch die Transparenz des Reliefs an jeder beliebigen Stelle ermitteln. Die so gefundenen Zahlen entsprechen den von dem farbigen Körper durchgelassenen oder zurückgeworfenen spektralen Lichtern.

Die Farbe des Körpers wird durch die Zone der nicht absorbierten Strahlen des Spektrums bestimmt; je schmäler diese ist, desto weniger lichtstark, desto schwärzlicher erscheint uns die Farbe des Körpers. Reicht diese Zone über komplementäre Teile des Spektrums, so entsteht Weiß und die Farbe ist wenig gesättigt.

Die Absorptionskurve in Abb. 27 entspricht einer mit Rhodamin gefärbten Gelatineschicht. Der Wellenlänge $\lambda = 550\,\mu\mu$ kommt z. B. die Dichte 0,8 zu, das Relief besitzt also an dieser Stelle die Transparenz $T = 0{,}158$. Damit ist gesagt, daß dieser rote Körper nur etwa ein Sechstel des gelbgrünen Lichtes der angegebenen Wellenlänge durchläßt und den Rest, also fünf Sechstel, absorbiert.

Aus der Kurve erkennen wir weiters, daß das Maximum der Absorption bei $\lambda = 560\,\mu\mu$ liegt, daß hier die Transparenz immer noch fast ein Zehntel beträgt und daß alle Strahlen $> 620\,\mu\mu$ und $< 490\,\mu\mu$ die Farbstoffschicht ungehindert passieren. Unter diesen Strahlen befinden sich reichlich solche, die sich zu Weiß vereinen; da sich die Absorption lediglich auf die spektrale Grünzone erstreckt, so handelt es sich um einen Körper von weißlicher purpurroter Farbe.

Wie man sieht, gewährt das Absorptionsspektrum bezw. die Absorptionskurve einen vollen Einblick in alle optischen Eigentümlichkeiten einer Körperfarbe.

Das gilt aber nur für Absorptionskurven, die nach photometrisch gemessenen Werten konstruiert sind. Meist werden die in einem Spektroskop sichtbaren Absorptionsschatten lediglich dem Gefühle nach in Kurvenform dargestellt, wobei wir unwillkürlich zwar auch einen Querschnitt durch das Absorptionsrelief zeichnen, doch resultiert dabei immer nur eine recht unvollkommene schematische Darstellung, die nur eine ganz ungefähre Orientierung über die Absorptionsverhältnisse des Körpers gestattet.

Erwähnt sei, daß die Absorptionskurven für ein Gitter- und Prismenspektrum wohl verschieden gestaltet sind, daß aber die Ordinaten für die gleichen Wellenlängen in beiden Spektren die gleichen sind, denn der Absorptionsverlust, den ein Licht beim Passieren eines Körpers erleidet, ist unabhängig von seiner Intensität. Hier liegen also die Verhältnisse günstiger als bei der Transformation spektraler Intensitätskurven, bei denen man die Energieverteilung in beiden Spektren berücksichtigen muß (S. 31).

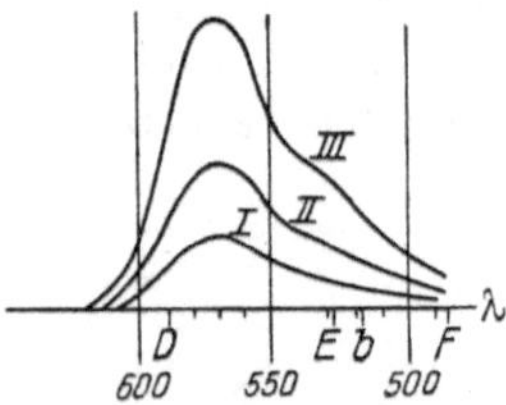

Abb. 28. Absorptionskurven für verschiedene Konzentrationen eines Farbstoffes, und zwar eines schmalbandigen Rot aus der Gruppe der Teerfarbstoffe

Eine Schicht mit der zwei- oder dreifachen Farbstoffmenge kann als eine Vereinigung von zwei- oder drei übereinanderliegenden Schichten einfacher Farbstoffmenge betrachtet werden; da sich die Absorption jeder derselben durch ein über dem Spektrum liegendes Relief ersetzen läßt, so entspricht die Absorption der ganzen Schicht einem Relief von zwei- oder dreifacher Höhe. Steigert man daher die Farbstoffkonzentration auf das Zwei-, Drei-, ... $n$fache, so wachsen die Ordinaten der Absorptionskurve im gleichen Verhältnis, also auf das Zwei-, Drei-, ... $n$fache. Entspricht die Kurve I in Abb. 28 einer gewissen Farbstoffmenge, so gelten für den zwei- und vierfachen Farbstoffgehalt die Kurven II und III.

24. Die charakteristischen Absorptionsspektren verschiedener Körperfarben. Mit Zunahme der Farbstoffmenge nimmt nicht nur die Dichte der Schatten zu, auch die Breite des Absorptionsbandes wächst, und zwar vornehmlich gegen

Blau hin. Diese einseitige Ausbreitung der Absorption ist allen Körperfarben eigen und wird durch die allgemeine Form der Absorptionskurven bedingt. Mit ganz seltenen Ausnahmen fallen nämlich die Kurven gegen Rot zu mehr oder weniger steil ab, während sie gegen das blaue Ende des Spektrums flach verlaufen. Aus den Kurven Abb. 28 ist diese Eigentümlichkeit deutlich zu erkennen, sie ist auch die Ursache, warum es keine satten und reinen blauen und grünen Körperfarben gibt, also Farben, die lediglich aus allen im weißen Lichte vorhandenen blauen bzw. grünen Strahlen bestehen.

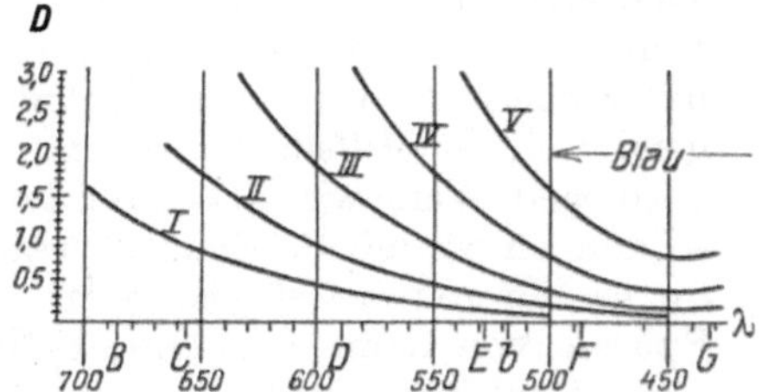

Abb. 29. Absorptionskurven von Berlinerblauschichten

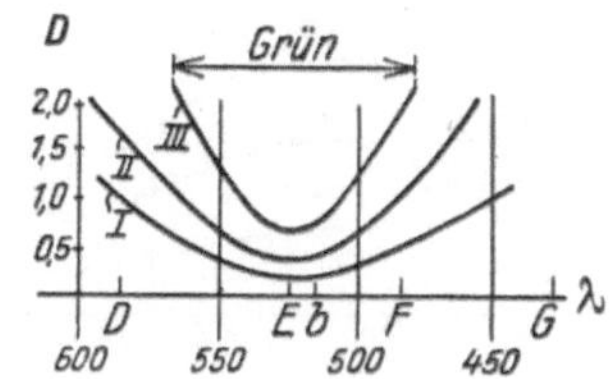

Abb. 30. Absorptionskurven grüner Farbstoffe

In Abb. 29 sind z. B. Absorptionskurven einer blauen Körperfarbe — Berlinerblau — ersichtlich; die Kurve I entspricht einer wenig satten, sehr weißlichen Farbe mit grünlichem Stich, da das von dem Körper zurückgeworfene Licht neben den blauen auch einen Teil der grünen Strahlen enthält. Steigert man die Farbstoff-Konzentration, so resultieren die Kurven II, III und IV, die Sättigung nimmt zu, der Grünstich geht allmählich verloren, die Farbe wird immer reiner blau, gleichzeitig entsteht aber über der Blauzone ein immer dichter werdender Absorptionsschatten, der die Helligkeit der reflektierten Blaustrahlen wesentlich verringert. Wie der Dichtenmaßstab zeigt, werden bei den Konzentrationen IV und V nur mehr ein Drittel bzw. ein Zehntel der im auffallenden weißen Licht enthaltenen Blaustrahlen reflektiert, die Farbe macht daher bei höherer Konzentration einen unreinen, schwärzlichen Eindruck.

Grüne Körperfarben verhalten sich in dieser Beziehung, wie Abb. 30 zeigt, noch ungünstiger: Das Grün I ist stark weißlich, II ziemlich satt, aber schon schwärzlich, III ist ein sehr lichtschwaches, trübes, dunkles Grün.

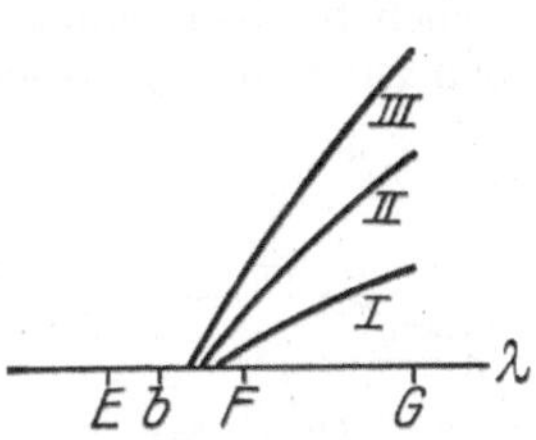

Abb. 31. Absorptionskurven gelber Farbstoffe

Ganz andere Verhältnisse zeigen die aus Abb. 31 ersichtlichen Absorptionskurven eines gelben Farbstoffes. Sie fallen gegen Rot hin steil ab; auch bei voller Sättigung wird das ganze spektrale Rot und Grün ungeschwächt zurückgeworfen bzw. durchgelassen.

Ähnliche Formen zeigen auch, wie aus Abb. 28, S. 38, ersichtlich ist, die Kurven zahlreicher roter Farbstoffe, die auch bei hoher Konzentration die spektralen Rotstrahlen fast ungehindert passieren lassen. Die Absorption im Blau nimmt bei diesen Farbstoffen mit zunehmender Konzentration rasch zu, Lösungen derselben erscheinen uns daher im verdünnten Zustande purpurrot, im konzentrierten aber zinnoberrot.

Schmale, sehr dichte Absorptionsschatten sind für lichtstarke, reine Farben charakteristisch, sie sind eine Eigentümlichkeit zahlreicher künstlicher Teerfarbstoffe, während die Farben aller sonstigen natürlichen und künstlichen Farbstoffe, auch der aus pulverigen Pigmenten bestehenden Malerfarben, durch breite, allmählich verlaufende Schwärzungen charakterisiert sind. Die

Kurven in Abb. 32 entsprechen z. B. einem lichtechten Malerfarbstoff von ähnlich purpurroter Farbe wie der Teerfarbstoff Abb. 28; während dieser aber schmalbandig ist und daher ein äußerst feuriges Aussehen hat, erscheint uns die Malerfarbe unrein, schwärzlich, denn ihr Absorptionsband überlagert das ganze Spektrum.

Wie aus diesen Erörterungen hervorgeht, gibt es nur eine einzige reine und satte Körperfarbe u. zw. Gelb, eine Körperfarbe, die wir auch im Mineralreiche allgemein verbreitet finden. Sie ist einer großen Zahl chemischer Individuen eigen, wie den Chromaten, den Pikraten usw. und wird durch die gelbe Quecksilberlinie $\lambda = 578\ \mu\mu$ definiert. Gelb ist die einzige Farbe, die wir stets mit Sicherheit ohne Zuhilfenahme irgend welcher Hilfsmittel zu erkennen vermögen. Wenn wir ein Gelb erblicken, so können wir mit Bestimmtheit sagen, ob es ein reines Gelb ist oder ob es Spuren von Grün oder Rot enthält. Das ist bei Rot, Grün, Blau usw. nicht der Fall, denn die Begriffe, die wir mit diesen Bezeichnungen verbinden, sind ziemlich unbestimmt.

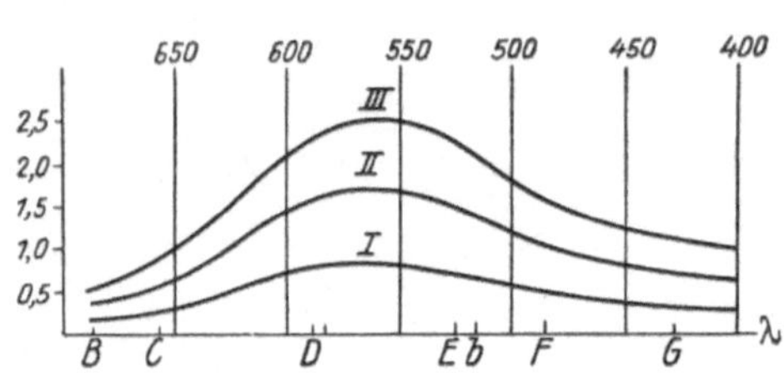

Abb. 32. Absorptionskurven eines lichtechten roten Malerfarbstoffes von schwärzlichem Aussehen

25. Absorptionsspektren grauer Körper. Einige Erörterungen erfordert noch das Absorptionsspektrum der Grautöne.

Ein Körper erscheint uns grau, wenn er alle Strahlen des weißen Lichtes gleichmäßig geschwächt reflektiert, seine Absorptionskurve entspricht also einer geraden Linie parallel zur Abszissenachse mit einer Ordinate gleich der Aufsichtsdichte des Grautones.

Ein ganz gleiches Grau kann aber auch durch Vereinigung von zwei Körperfarben hervorgebracht werden, die so beschaffen sind, daß ihre Mischung zwei sich zu Weiß ergänzende Strahlengruppen reflektiert. So erhält man z. B. durch Vereinigung eines gelben mit einem blauvioletten Farbstoff eine Mischfarbe, die den roten und blaugrünen Teil des Spektrums, also zwei komplementäre Strahlengruppen, reflektiert und uns daher farblos, also grau erscheint.

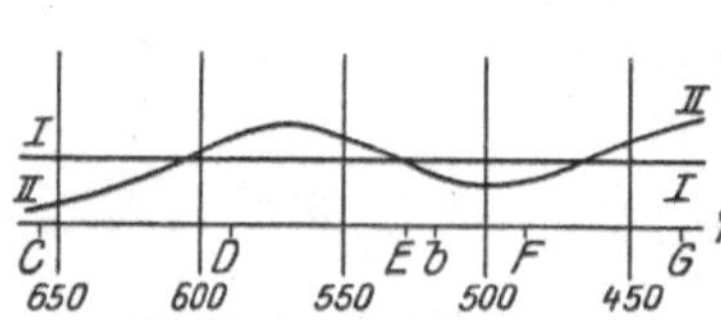

Abb. 33. Absorptionskurven von echtem Grau (I) und unechtem Grau (II)

Der Verfasser hat dieses Grau, im Gegensatze zu dem gewöhnlichen oder „echten“ Grau, als „unechtes“ Grau bezeichnet, während WI. OSTWALD die Bezeichnungen „einfaches“ bzw. „zweifaches“ Grau vorzieht.

Die Absorptionskurven beider Grautöne sind aus Abb. 33 ersichtlich. Das echte Grau besitzt die Gerade I als Absorptionskurve, die Kurve II zeigt dagegen die Absorptionsverhältnisse einer aus Filterblau + Filtergelb gebildeten „unechten“ grauen Schichte.

Auf gleiche Art ist auch ein dreifaches Grau möglich, also eine Schicht, die uns farblos erscheint, weil sie drei sich zu Weiß ergänzende Strahlengruppen durchläßt; das ist z. B. bei den Farbrasterplatten der Fall. Die Autochromplatte sowie die Agfa-Farbenplatte sind mit einem dichten Netz von sehr kleinen roten, grünen und blauen Elementen bedeckt, die je eine der drei Spektralzonen durchlassen, aber nicht die *ganzen* Zonen, sondern nur ihre Mitten. Das von der Platte durchgelassene Licht besteht daher nicht aus allen Strahlen des Spektrums, sondern nur aus drei gesonderten Teilen desselben und entspricht daher einem unechten Grau.

Wie später gezeigt werden soll, unterscheidet sich das unechte Grau bei farbiger Beleuchtung wesentlich vom echten Grau; es kann dieser Umstand dazu benutzt werden, um die Farblosigkeit eines Lichtes zu konstatieren, überdies ist er auch für die Praxis der Photographie mit Farbrasterplatten von einiger Bedeutung.

26. Die Mischung von Körperfarben. Bisher wurde wiederholt von der Vereinigung oder der Mischung von Farben gesprochen, wobei es sich stets um einen Vorgang handelte, durch welchen Lichter verschiedener Farbe gleichzeitig in unser Auge gelangen. Eine solche Mischung, die man als additiv bezeichnet, ist selbstverständlich immer heller als jede ihrer Komponenten; mit jedem farbigen Licht, das man weiter zufügt, nimmt die Helligkeit der Mischung zu. Enthalten die vereinten Lichter komplementäre Strahlengattungen, so wird die Mischung weißlich aussehen; bei passender Wahl der Farben kann auch eine farblose Mischung, also Weiß entstehen.

Nicht verwechseln darf man diese Mischung farbiger Lichter mit der substantiellen Mischung von Farbstoffen, wobei es gleichgültig ist, ob man diese trocken (als Pulver) oder in einem Bindemittel verteilt (als Aquarell- oder Ölfarben), oder in einer Flüssigkeit gelöst vereint. Das Resultat bleibt stets das gleiche; die gleiche Mischfarbe wird auch erhalten, wenn man die zu mischenden Farbstoffe in transparenten Schichten, etwa in Form von farbigen Gläsern oder Gelatinefolien, übereinander legt.

Charakteristisch für eine Farbstoffmischung ist es, daß sie im Gegensatz zur Mischung farbiger Lichter immer weniger hell aussieht als ihre Komponenten und daß durch Zusatz weiterer Farbstoffe die Mischung immer dunkler wird, so daß schließlich Schwarz entsteht. Aus diesem Grunde bezeichnet man diese Farbstoffmischung auch als „subtraktive“ Farbenmischung.

27. Additive Farbenmischung. Für diese Art der Farbenmischung gelten alle Gesetze, die bei der Mischung von Spektralfarben resultieren. Das Licht, das ein Körper durchläßt oder remittiert, besteht ja aus einer mehr oder weniger breiten Zone des Spektrums und verhält sich daher bei der Mischung mit anderen Lichtern genau so wie die einfachen Strahlen des Spektrums von gleicher Farbe. Das spektrale Rot und Grün vereinen sich z. B. zu einem Gelb, das ebenso satt ist wie das Gelb des Spektrums; ebenso geben zwei Körperfarben von gleichem Aussehen wie diese Spektralfarben, also Zinnoberrot und Gelbgrün gemischt, ein Gelb, das nicht mehr Weiß enthält, als in den Farben, aus welchen es entstanden ist, schon enthalten war.

Dieses Verhalten farbiger Lichter bei Mischung derselben ist für die Dreifarbenprojektion, das Photochromoskop usw. von Wichtigkeit, denn sie lehrt uns, daß die spektralen Eigenschaften der Filter, die man bei diesem Verfahren benützt, ohne jeden Einfluß auf das Resultat sind; man hat also lediglich ihren Farbton und ihre Sättigung zu beachten.

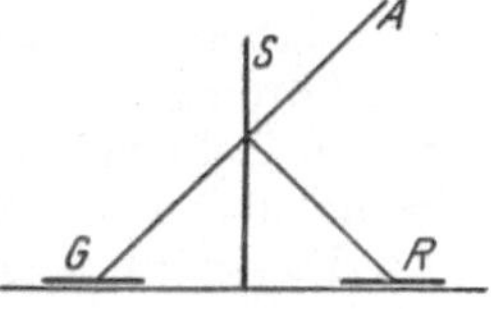

Abb. 34. Der LAMBERTsche Spiegel

Die additive Vereinigung der von zwei Körpern reflektierten oder durchgelassenen Lichtstrahlen ist nicht ohneweiters möglich, sondern fordert gewisse Einrichtungen. Zur Mischung des Lichtes, das von zwei farbigen Papieren reflektiert wird, benützt man am einfachsten den LAMBERTschen Spiegel, eine vertikal stehende gewöhnliche oder besser schwach versilberte Glasplatte *S*, vgl. Abb. 34. Legt man vor diese Platte z. B. ein rotes Papier *R* und hinter die Scheibe ein grünes Papier *G*, so nimmt ein in *A* befindliches Auge die von *G* ausgesendeten grünen und gleichzeitig die vom Glase reflektierten roten Strahlen wahr, wodurch die Empfindung „Gelb“ hervorgerufen wird.

Wi. Ostwald benützt zur additiven Vereinigung der Aufstrichfarbe von Papieren seinen „Pomi“ (Polarisations-Farbenmischer) genannten Farbenmischapparat, der auf Verwendung eines geradsichtigen Kalkspatprismas und eines darüber gesetzten drehbaren Nicol-Prismas beruht; das auf S. 27 beschriebene Stufenphotometer ist für solche Zwecke besonders brauchbar.

Zur Mischung von Lichtern, die man mit Hilfe transparenter Schichten, z. B. farbiger Glasplatten, erhält, gibt es gleichfalls verschiedene Wege. Man kann z. B. zwei Lampen benützen, welchen man die beiden Glasplatten vorgeschaltet hat und deren Licht man auf einen weißen Schirm fallen läßt. Die von den roten und grünen Strahlen getroffene Stelle reflektiert beide Strahlengattungen und erscheint uns daher gelb. Verändert man die Helligkeiten der beiden Lampen, so läßt sich jede zwischen Rot und Grün liegende Farbe, also ein stetiger Übergang von Rot über Orange, Gelb, Gelbgrün zum Grün herstellen.

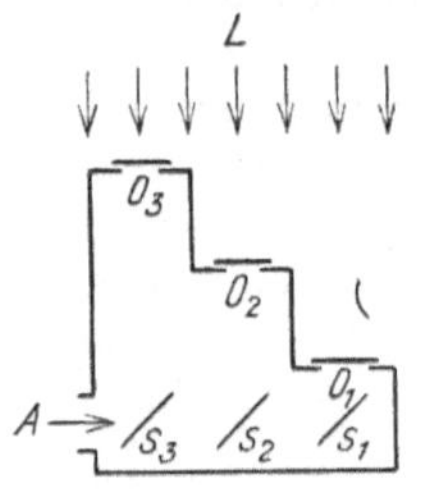

Abb. 35. Farbenmischung im Photochromoskop

Oder man vereint das Licht durch Spiegelung etwa in folgender Weise: Ein stufenförmig gestaltetes Kästchen (Abb. 35) besitzt bei O_1, O_2 und O_3 drei Öffnungen, die mit Glasplatten, etwa von der Farbe der drei Grundfarben, bedeckt sind und auf die das weiße Licht L fällt. Unter diesen Öffnungen befindet sich bei s_1 ein gewöhnlicher Spiegel, während bei s_2 und s_3 halbversilberte Glasplättchen angebracht sind, die einen Teil des auffallenden Lichtes spiegelnd reflektieren, den Rest aber durchlassen. Blickt man bei A in das Kästchen, so sieht man die den drei bei O_1, O_2, O_3 befindlichen Glasplatten entsprechende Mischfarbe; schwächt man das durch die Öffnungen O in den Apparat einfallende Licht etwa durch verschiebbare Graukeile, so kann man durch Verstellen derselben alle denkbaren Zwischenfarben sichtbar machen.

Dieses Prinzip der additiven Farbenmischung findet beim Photochromoskop Verwendung und wurde vom Verfasser auch für die Konstruktion eines Farbenmischapparates benützt (s. S. 63).

Ein vielfach gebrauchtes Mittel zum Studium additiver Farbenmischungen besteht in der Benützung des schon früher beschriebenen Kreisels. Man schneidet aus farbigen Papieren Kreisscheiben, versieht sie mit einem radialen Schnitt und steckt zwei oder auch mehrere so ineinander, daß jede einen bestimmten Teil der Kreisfläche einnimmt. Bei rascher Rotation entsteht dann die additive Mischfarbe; aus einem roten und grünen Papier entsteht Gelb, aus zinnoberrotem und blauem Papier Violett; wenn man das Flächenverhältnis der beiden farbigen Sektoren ändert, kann man alle zwischen Rot und Grün bzw. Rot und Blau liegenden Übergangsfarben erhalten.

Haben die beiden Papiere komplementäre Farben, z. B. Ultramarinblau und Chromgelb, so sollte die rotierende Fläche weiß erscheinen und zwar sollte sie die Helligkeit weißen Papiers zeigen. Das ist aber nicht der Fall, die Kreiselfläche erscheint vielmehr immer dunkelgrau.

Das wird leicht verständlich, wenn man beachtet, daß die von beiden Papieren ausgesendeten Strahlen nur ausreichen würden, um die halbe Kreiselfläche rein weiß erscheinen zu lassen; da aber bei der Rotation dieses Weiß auf eine doppelt so große Fläche verteilt wird, so kann nur ein Weiß von halber Helligkeit, also Grau entstehen. Aus dem gleichen Grunde ist das aus 180^0 Rot und 180^0 Grün gebildete Gelb im Vergleiche zu seinen Komponenten lichtschwach und macht den Eindruck einer schwärzlichen Farbe. Dazu kommt noch, daß die meisten Körperfarben an und für sich schwärzlich sind und die farbigen Papiere bei weitem nicht den ganzen, im weißen Lichte vorhandenen Farbanteil zurückwerfen, was eine weitere Helligkeitsverringerung des Grau bzw. des Gelb zur Folge hat.

Eine im Prinzip ähnliche Methode, um Körperfarben additiv zu mischen, besteht darin, daß man sie in Form kleiner Punkte oder Striche dicht nebeneinander setzt; man macht von diesem Verfahren in der Malerei, bei der Gobelinfabrikation und in der Drucktechnik vielfachen Gebrauch. Sind die farbigen Elemente so klein, daß wir sie einzeln nicht mehr unterscheiden können, so vereinigen sich die von ihnen reflektierten Strahlen in unserem Auge zu additiven Farbenmischungen, welche besonders zart, duftig und scheinbar transparent wirken. Es fehlt eben den so entstandenen Farben das schmutzende Schwarz, das, wie später gezeigt werden soll, eine Begleiterscheinung der meisten Farbstoffmischungen ist. Zinnober und Ultramarin geben ein zartes, reines Violett, aus nebeneinander liegendem Rot und Grün entsteht ein lebhaftes durchsichtiges Gelb.

Die Pracht der Gobelins, die eigentümlichen Schönheiten der pointillistischen Malerei sind zum Teil durch diese Art der Mischfarbenbildung bedingt und auch bei der mehrfarbigen Autotypie machen sich in den zarten Tönen, in denen die Farbenpunkte nebeneinanderliegen, die Vorzüge der additiven Farbenmischung geltend.

Die von A. und L. Lumière gefundene Lösung des Problems der Photographie in natürlichen Farben, bisher die einzige, die man als gelungen bezeichnen kann, basiert auf additiver Mischung kleiner Farbstoffelemente. Sie benützen eine Glasplatte, die mit dicht aneinanderliegenden, mikroskopisch kleinen, transparenten roten, grünen und blauen Farbstoffkörnern überzogen ist, wobei das Mischungsverhältnis derselben so gewählt wurde, daß sich die Farben im „Gleichgewicht" befinden, die Platte daher in der Durchsicht farblos grau aussieht. Deckt man die eine oder die andere Sorte der Elemente ganz oder teilweise ab, so wird das Gleichgewicht gestört und es entsteht Farbe. In dieser Weise lassen sich alle Mischfarben der genannten drei Farben hervorbringen, was zwangläufig durch den photographischen Prozeß besorgt wird.

Die Bildung der Mischfarben ist hier, obwohl sie ganz ähnlich wie am Kreisel entstehen, vollkommen korrekt.

Allerdings läßt der Farbraster nur etwa $^1/_{10}$ des auffallenden Lichtes durch, er erscheint uns daher als graue Schicht von der Dichte Eins. Ebenso unrein, ebenso grau, sind auch alle entstehenden Farben, und das Farbrasterbild macht daher den Eindruck eines vollkommen reinen transparenten Farbenbildes, das mit einer Grauschicht von der Dichte Eins überdeckt ist. Wird es in der Durchsicht so betrachtet, daß sich die hellere Umgebung nicht störend bemerkbar macht, so wird dieses Grau als reines Weiß empfunden und alle Farben kommen in voller Pracht und Reinheit zur Geltung.

Bei Aufsichtsbildern ist eine solche Betrachtung nicht möglich, daher machen Papierbilder, die nach einem solchen Verfahren hergestellt werden, immer den Eindruck, als ob sie mit einer grauen Schmutzschicht überzogen wären.

Damit uns eine Fläche rein rot, grün, gelb usw. erscheint, muß sie die gleiche Menge farbiger Strahlen remittieren wie eine weiße Fläche, und das ist bei der Autochromplatte der Fall. Rot, Grün und Blau werden zwar nur durch je ein Drittel der farbigen Elemente gebildet, sind also eigentlich lichtschwach, da sie aber alle im Weiß vorhandenen farbigen Strahlen durchlassen, machen sie — im Vergleiche mit diesem Weiß — den Eindruck voller Reinheit. Das gleiche gilt auch vom Gelb, das man durch Abdecken der blauen Elemente erhält und das aus allen im weißen Licht enthaltenen Rot- und Grünstrahlen besteht, während die aus Rot und Grün bestehende Kreiselscheibe im Vergleich mit einer Weißscheibe nur die Hälfte dieser Strahlen zurückwirft und uns aus diesem Grunde schwärzlich erscheint.

28. Subtraktive Farbenmischung. Auch bei der Mischung von Farbstoffen liegt die Mischfarbe meist zwischen den Farben der beiden Komponenten, doch treten hier zuweilen auffallende Abweichungen von dieser Regel auf. Das sind aber keineswegs unerklärliche Unregelmäßigkeiten, denn auch die Farbstoffmischung vollzieht sich streng gesetzmäßig, doch sind für das Resultat solcher Mischungen nicht wie bei der Mischung von Lichtern die Farben der Komponenten, sondern ihre Absorptionsspektren maßgebend.

Fällt weißes Licht durch eine transparente farbige Schicht, so wird bei seinem Durchgang ein Teil Strahlen vernichtet. Durchsetzt der übriggebliebene Rest eine zweite, andersfarbige Schicht, so wird wieder ein Teil der Strahlen absorbiert; die so entstandene Farbe hat offenbar ein Absorptionsspektrum, das man erhält, wenn man die Absorptionsspektren der beiden Schichten vereint, d. h. ihre „Schatten" addiert.

Die gleiche Farbe entsteht, wenn die beiden farbigen Körper in fein verteiltem Zustande gemischt werden. Das weiße Licht fällt auf die transparenten Teilchen und dringt in ihr Inneres. Nach mehrfacher Reflexion tritt es aus und gelangt dann wieder in andere Teilchen; in jedem Teilchen wird ein Teil der Strahlen absorbiert, geradeso, als wenn das Licht eine große Zahl von unendlich dünnen farbigen Schichten durchsetzen würde.

Um die subtraktive Mischfarbe zweier Körperfarben zu ermitteln, denkt man sich ihre Absorptionsspektren übereinandergelegt. Man erhält also die Absorptionskurve der Mischung, wenn man die Absorptionskurven der Bestandteile durch Addition der Ordinaten vereint. Dabei können die Absorptionsschatten so nebeneinander fallen, daß sie sich gegenseitig gar nicht beeinflussen oder sie kommen übereinander zu liegen, wobei sie sich ganz oder teilweise überdecken.

Im ersten Falle, dem wir bei der Mischung von Pigmenten mit schmalbandigen Absorptionsspektren begegnen, entspricht die entstehende Mischfarbe immer einer Farbe, die zwischen den beiden Komponenten liegt und die sich mit dem Mischungsverhältnis stetig ändert. Dabei kann die Mischfarbe auch rein sein, denn bei der subtraktiven Mischung entsteht zwar immer eine weniger „helle" Mischfarbe, die aber keineswegs schwärzlich sein muß. Purpurrot und Gelb geben z. B. ein reines Zinnoberrot.

Werden dagegen farbige Körper mit breiten Absorptionsschatten subtraktiv gemischt, so können unerwartete Erscheinungen auftreten. So geben z. B. Zinnober und Ultramarin additiv gemischt Purpurrot, während bei der subtraktiven Mischung der beiden Farbstoffe Braun entsteht. Das ist leicht verständlich, wenn man beachtet, daß diesen Pigmenten die aus Abb. 36 ersichtlichen breiten Absorptionsbänder R und B zukommen, daß daher die Absorptionskurve $R + B$ der Mischung entspricht. Wie ersichtlich, reflektiert sie nur etwas Rotorange, erscheint uns schwärzlich, und zwar braun. Auch aus Grün und Rot entsteht Braun und man kann ganz allgemein sagen, daß bei der subtraktiven Mischung breitbandiger Pigmente immer reichliche Mengen Schwarz gebildet werden.

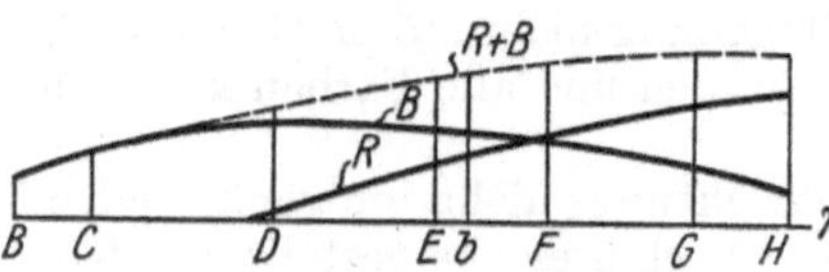

Abb. 36. Subtraktive Mischung von Ultramarin B mit Zinnober R

Als Beispiel für den Unterschied einer additiven und subtraktiven Farbenmischung wird oft angeführt, daß gelbe und blaue L i c h t e r sich als komplementär zu Weiß vereinen, während aus solchen F a r b s t o f f e n eine grüne Mischfarbe entsteht. Dieser Unterschied ist zum größten Teil durch die verschiedenen Anschauungen bedingt, die man mit dem Begriffe „Gelb“ und „Blau“ verbindet, denn passend gewählte blaue und gelbe Farbstoffe, z. B. Ultramarin und Chromgelb, geben auch subtraktiv gemischt farblose Mischungen; um Grün zu erzielen, muß man als Blau ein grünlich-blaues Pigment, z. B. Berlinerblau, benutzen. Zutreffend ist aber die Tatsache, daß sich die Lichter Blaugrün und Gelb additiv immer nur zu einem sehr weißlichen Grün vereinen, während die (subtraktive) Mischung von Pigmenten gleicher Farbe ein sattes, lebhaftes Grün zeigt.

29. Die Grundfarben. Bei zahlreichen Problemen der Photographie drängt sich die Frage nach den „Grundfarben“ auf, womit wir jene einfachen Farbenqualitäten bezeichnen, die einzeln oder vereint das Kolorit aller Körper bilden, aus welchen sich daher auch alle Körperfarben nachbilden lassen.

Daß die Annahme solcher Grundfarben berechtigt ist, lehrt die Erfahrung, denn wir wissen, daß sich aus rotem, grünem und blauem Licht die verschiedensten farbigen Mischungen erzielen lassen; es ist auch allgemein bekannt, daß der Maler eigentlich nur drei Pigmente braucht, um alle wünschenswerten Farbeneffekte hervorzubringen.

Die Erfahrung lehrt, daß die Beschaffenheit dieser Grundfarben wesentlich davon abhängt, ob die Bildung der Mischfarben mit Hilfe von farbigen Lichtern oder durch Mischung von Farbstoffen erfolgt, und man kennt auch ungefähr die in beiden Fällen am besten entsprechenden drei Grundfarben; die Meinungen über ihre genaue Beschaffenheit sind noch geteilt.

Es unterliegt keinem Zweifel, daß bei der Photographie auf Farbrasterplatten und überall, wo Farben additiv gemischt werden, nur das Farbensystem: Rot, Grün und Blau brauchbar ist, doch werden mit diesen Bezeichnungen recht verschiedene Begriffe verbunden, denn das Grün kann z. B. gelblich oder bläulich sein und statt Blau wird sehr oft Violett als eine der drei Grundfarben bezeichnet.

Noch mehr differieren die Anschauungen über die Grundfarben, wenn die Nachbildung der Farben durch Mischung von drei Farbstoffen erfolgen soll; man spricht dann zwar stets von den Grundfarben: Rot, Gelb und Blau, aber ersteres schwankt zwischen Zinnoberrot und Purpur und als Blau benützt man einmal ein Reinblau, ein anderes Mal wieder ein Blau, das dem Grün nahesteht.

30. Die physiologischen Grundfarben. Vielfach hat man versucht, das Grundfarbenproblem, gestützt auf die YOUNG-HELMHOLTZsche Theorie des Farbensehens, vom physiologischen Standpunkt zu lösen.

Diese Theorie geht von der Annahme aus, daß die Netzhaut des Auges drei verschiedene Nervenelemente enthält, die, einzeln gereizt, die Empfindungen Rot, Grün und Blau dem Bewußtsein vermitteln. Werden alle drei Komponenten in gleicher Stärke erregt, so entsteht die Empfindung „Weiß“ und das Zusammenwirken von zwei oder aller drei Komponenten in verschiedenen Intensitätsverhältnissen erzeugt alle möglichen Mischfarbenempfindungen.

Daraus hat man gefolgert, daß die Grundfarben so gewählt werden müssen, daß jede derselben nur eine der drei Nervengattungen zu erregen vermag, denn dann lassen sich durch Mischung derselben alle möglichen Farbenempfindungen hervorrufen. Die Grundfarben sollen daher den drei Elementarempfindungen: Rot, Grün und Blau entsprechen.

Eine solche Deduktion würde ein völliges Verkennen der tatsächlichen Verhältnisse bedeuten, denn die YOUNG-HELMHOLTZsche Theorie konnte ja erst aufgestellt werden, als man erkannt hatte, daß sich alle Farben aus nur drei Elementen mischen lassen. Dabei ist die Wahl dieser Elemente ganz willkürlich, man hätte drei ganz beliebige Farben wählen können, aus welchen sich Weiß zusammensetzen läßt, man hat aber Rot, Grün und Blau deshalb gewählt, weil sich erfahrungsgemäß aus diesen Farben alle anderen am besten mischen lassen. Gestützt auf diese Erfahrung hat man dann angenommen, daß sich in unserem Auge rot-, grün- und blauempfindliche nervöse Elemente befinden, und so war ein Weg gefunden, um die große Mannigfaltigkeit der Farbenempfindungen in einfacher Weise zu erklären.

Unter solchen Umständen ist es wohl nicht zulässig, aus der Young-Helmholtzschen Theorie wieder zurück auf die Beschaffenheit der drei Grundfarben zu schließen, doch wäre es immerhin möglich, daß Versuche auf dem physiologischen Gebiete des Farbensehens zu einer besseren Präzisierung der drei gesuchten Farben führen könnten. Tatsächlich beschäftigten sich zahlreiche Forscher mit diesem Problem, wobei sie sich bemühten, jene drei Farben zu ermitteln, aus welchen sich alle Spektralfarben nachbilden lassen. Diese Farben wären als die Grundfarben zu betrachten.

Dabei zeigte es sich, daß man mit drei, dem Spektrum direkt entnommenen Farben dieser Forderung, wenn auch die Sättigung der Mischfarben berücksichtigt wird, überhaupt nicht ganz zu entsprechen vermag, man war daher zu der Annahme von übersatten Grundfarben (Urfarben) gezwungen, aus welchen die Spektralfarben entstehen sollen.

Diese nur in der Theorie bestehenden Urfarben existieren tatsächlich nicht, sind also keine Grundfarben im obigen Sinne. Dazu kommt noch, daß verschiedene Forscher bei ihren Versuchen zu recht verschiedenen Resultaten bezüglich der Farbtöne der Urfarben kamen.

Als Rot wird ziemlich übereinstimmend das äußerste Rot des Spektrums gewählt, nur F. Exner benutzte ein außerhalb desselben liegendes Purpur; das Grün schwankt zwischen Gelbgrün $\lambda = 540\,\mu\mu$ (Helmholtz) und Blaugrün $\lambda = 505\,\mu\mu$ (König und Dieterici) und als dritte Grundfarbe wurde ein grünstichiges Blau $\lambda = 482\,\mu\mu$ (Grünberg), Reinblau und auch Violett angenommen.

Die Young-Helmholtzsche Theorie bietet uns daher keinerlei Anhaltspunkte zur Ermittlung der Grundfarben, die oberwähnten Urfarben sind nicht das, was wir suchen, sie sind nicht jene bestimmt definierten, zur Verfügung stehenden Elemente, die wir brauchen, um eine Körperfarbe von bestimmtem Farbenton, bestimmter Sättigung und bestimmter Reinheit nachzubilden.

31. Die drei Spektralzonen als Elemente der Körperfarben. Die Farbe aller Körper entsteht aus weißem Licht; da dieses, wie die Farbenverteilung im Spektrum lehrt, fast nur aus roten, grünen und blauen Strahlen besteht, so müssen diese drei Komponenten als die fast alleinigen Bestandteile aller Körperfarben angesehen werden. Diese Annahme erfährt durch die Eigentümlichkeit der Absorptionsspektren der Körperfarben eine weitgehende Unterstützung. Alle Absorptionsspektren zeigen nämlich weiche, sehr flach verlaufende Abschattierungen und es gibt keinen Körper, der nur eine ganz schmale Spektralzone, etwa nur das spektrale Gelb oder Blaugrün, absorbieren oder zurückwerfen, bzw. durchlassen würde, er verdankt vielmehr seine Farbe fast immer den Strahlen der ganzen Rot-, Grün- oder Blauzone oder doch größeren Bruchstücken derselben.

So kann man diese drei Spektralzonen, bzw. die aus je einer ganzen Zone gebildeten Mischfarben als jene drei Grundfarben betrachten, in welche alle Körperfarben zerlegt und aus welchen sie wieder aufgebaut werden können. Sie können als Zinnoberrot, Gelbgrün und Ultramarinblau bezeichnet werden, entsprechen, wie schon auf S. 33 bemerkt wurde, den Wellenlängen $\lambda = 610$, 540 und $475\,\mu\mu$, besitzen die relativen Helligkeiten 38, 54, 8 und geben additiv vereint ein weißes Licht von der Intensität 100, das der Intensität jenes Lichtes gleichkommt, aus welchem sie durch spektrale Zerlegung entstanden sind. Als Quantitätseinheiten der drei Grundfarben sind somit die Intensitäten zu betrachten, mit welchen sie sich zu weißem Licht vereinen. Es sind also drei im Gegensatz zu den physiologischen Grundfarben wohldefinierte Farben, die aus eben diesem Grunde die Lösung verschiedener Probleme ermöglichen. Wenn der dabei eingeschlagene Weg theoretisch gewiß nicht als einwandfrei bezeichnet werden kann, so führt er doch zu praktisch brauchbaren Resultaten.

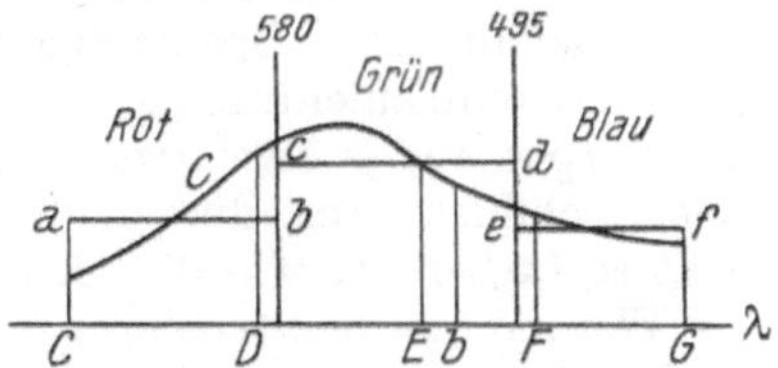

Abb. 37. Ersatz einer Absorptionskurve C durch eine stufenförmig gebrochene Linie $a\ b\ c\ d\ e\ f$

Ersetzt man, wie Abb. 37 zeigt, das Absorptionsrelief C einer Körperfarbe in den drei Spektralzonen durch die gleichmäßig dicken Schichten ab, cd und ef von solcher Dichte, daß die Lichtstrahlenabsorption in diesen Schichten und den entsprechenden Teilen des Absorptionsreliefs die gleiche ist, so wird die Farbe des Körpers keine wesentliche Änderung erfahren. Jede der drei Schichten läßt dann die mittlere Zonenfarbe, also eine Grundfarbe, durch, und so tritt an Stelle der spektral äußerst kompliziert zusammengesetzten Farbe des Körpers eine trichromatische Mischfarbe von gleichem Aussehen.

Daß der Ersatz der Absorptionskurve durch die stufenförmig gebrochene Linie zulässig ist, lehrt uns die Farbrasterplatte. Die Farben des Originals werden hier in die drei Grundfarben umgesetzt, wobei sich der oberwähnte Vorgang abspielt, und die Farbenwiedergabe ist von geradezu verblüffender Vollkommenheit, natürlich vorausgesetzt, daß der Prozeß mit Verständnis und Sorgfalt ausgeführt wurde. Dies gilt aber selbstverständlich nur für Körperfarben und nicht etwa für einfache Spektralfarben. So wird z. B. Chromgelb von der Farbrasterplatte tadellos wiedergegeben, während die gelbe Natriumlinie, weil sie der roten Spektralzone angehört, zinnoberrot abgebildet wird.

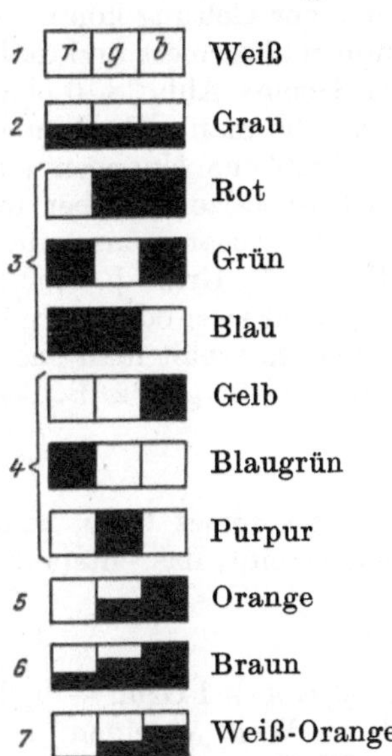

Abb. 38. Schematische Darstellung der Körperfarben

Der Ersatz der Absorptionskurve durch eine gebrochene Linie ermöglicht eine einfache und überaus charakteristische Darstellung der Körperfarben.

Reflektiert ein Körper (Abb. 38, 1) die Strahlen aller drei Zonen, wird also keine Strahlengattung absorbiert, so erscheint er weiß und seine Farbe wird durch die Summe der drei ungeschwächten Grundfarben charakterisiert; reflektiert er aber die Strahlen gleichmäßig abgeschwächt wie in Abb. 38, 2, so bezeichnen wir ihn als grau.

Wenn von einem Körper, wie in Abb. 38, 3, nur die Strahlen e i n e r Zone reflektiert werden, so erscheint er rot, grün oder blau, seine Farbe entspricht dann einer der drei Grundfarben; werden zwei Zonen reflektiert, so entstehen die aus Abb. 38, 4 ersichtlichen Mischfarben:

Rot + Grün = Gelb
Grün + Blau = Blaugrün,
Blau + Rot = Purpur.

Diese drei Farben bilden neben den Grundfarben, die man als primäres Farbensystem bezeichnen kann, ein zweites, wohldefiniertes sekundäres System.

Das aus den Strahlen der drei Spektralzonen gebildete Rot, Grün und Blau sind die reinsten und sattesten Farben, die wir kennen; sie umfassen je ein Drittel des Spektrums, während der Strahlenbereich der sekundären Farben zwischen zwei komplementären Farben liegt und daher zwei Dritteln des Spektrums entspricht. Das von einem gelben Körper zurückgeworfene Licht besteht z. B. aus allen im weißen Lichte vorhandenen roten und grünen Strahlen und entspricht somit einer Spektralzone, die vom äußersten Rot bis zu dem diesen Strahlen komplementären Blaugrün $\lambda = 495\,\mu\mu$ reicht. Ebenso werden Blaugrün und Purpur aus je zwei zwischen komplementären Strahlen liegenden Spektralzonen gebildet; aus diesem Grunde erscheinen uns diese Farben heller und nicht so farbensatt wie die Grundfarben Rot, Grün und Blau.

Werden nur die Strahlen von zwei Spektralzonen, jedoch in ungleicher Menge reflektiert, so kommen alle zwischen diesen beiden Farben liegenden Mischfarben zustande, wie z. B. das aus 5 in Abb. 38 ersichtliche Orange, welches aus 1 Teil Rot und $^1/_2$ Teil Grün besteht.

Alle bisher besprochenen Farben zeigen die für Körperfarben denkbar größte Sättigung und Reinheit. Ist in den von einem Pigment zurückgeworfenen Strahlen keine der drei Spektralzonen ganz vertreten, so erscheint es gerechtfertigt, die Farbe als schwärzlich zu bezeichnen. Dabei ist es gleichgültig, ob diese Zonen gleichmäßig geschwächt oder durch ein Absorptionsband so verengt sind, daß sie nur mit einem Teil ihrer Strahlen, die aber volle Intensität besitzen, zur Geltung kommen. In beiden Fällen werden komplementäre Strahlengruppen absorbiert und dadurch wird ein schwärzliches Aussehen hervorgerufen. Das Schema Abb. 38, 6 charakterisiert z. B. ein schwärzliches Orange, also jene Farbe, die man als „Braun" bezeichnet.

Weißliche Nuancen entstehen dann, wenn der Körper die Strahlen aller drei Spektralzonen, aber in ungleicher Menge zurückwirft. Aus Abb. 38, 7 ist z. B. die Zusammensetzung eines weißlichen Orange zu entnehmen, das aus 1 Rot + $^2/_3$ Grün + $^1/_3$ Blau besteht.

Sollen zwei oder mehrere Farben, bzw. farbige Lichter additiv vereint werden, so erhält man das Resultat der Mischung durch Addition der Strahlenkomplexe. So gibt z. B. Rot + Grün

ein sattes reines Gelb, während sich Gelb mit Blaugrün zu einem weißlichen Grün vereint, das entsprechend dem Schema:

aus ½ Rot + 1 Grün + ½ Blau besteht; da gleiche Teile der drei Grundfarben sich zu Weiß vereinen, so besteht die gebildete Mischfarbe aus 1 Grün + + 3 Weiß (s. S. 52). Die Mischfarben, die bei der subtraktiven Vereinigung von Farbstoffen entstehen, lassen sich leicht feststellen, indem die Summe der Abschattungskomplexe ermittelt wird.

Mischt man z. B. einen roten mit einem grünen Farbstoff, so entsteht, wie folgendes Schema andeutet, ein Gelb, das mit Schwarz verunreinigt ist, während ein gelber Farbstoff mit einem blaugrünen eine grüne Mischfarbe von lebhaftem reinem Aussehen liefert.

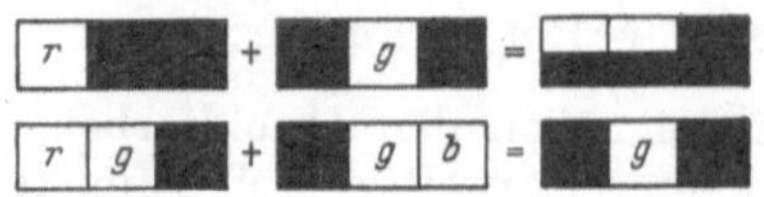

Will man mit drei Farben bei additiver Mischung tunlichst reine und satte Mischfarben erzielen, so müssen Pigmente gewählt werden, die den drei Grundfarben in Abb. 38, 3 entsprechen, denn andere Pigmente würden weißliche Mischtöne ergeben. Für Farbstoffmischungen, wie sie z. B. der Maler benutzt, wären aber solche Pigmente ganz unbrauchbar, für diese Zwecke kommt nur das sekundäre Farbensystem Abb. 38, 4 in Betracht.

32. Metamere Farben. Der eben erörterte überaus einfache spektrale Bau der Körperfarben bildet die Norm, doch gibt es auch Körperfarben, die aus einzelnen Stücken der Spektralzonen gebildet werden und es kann vorkommen, daß solche Farben trotz verschiedener spektraler Zusammensetzung doch ganz gleich aussehen.

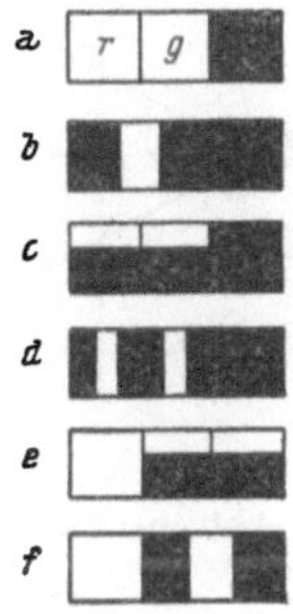

In Abb. 39 zeigt z. B. *a* in schematischer Darstellung das reine satte Gelb, *b* entspricht einer Farbe, die lediglich aus den spektralen gelben Strahlen gebildet ist, die zwar ebenso satt, aber äußerst lichtschwach, also schwärzlich aussehen wird.

Den gleichen Eindruck kann auch ein rein gelber Körper hervorbringen, wenn man, wie aus *c* ersichtlich, die Rot- und Grünstrahlen gleichmäßig abschwächt, dem Körper also z. B. ein schwarzes Pigment zumischt oder ihn mit einer Grauschicht überdeckt. Das gleiche trübe Gelb zeigt auch ein Körper *d*, der nur die Strahlen einer schmalen Rot- und Grünzone remittiert.

Abb. 39. Metamere Farben

Genau so können gleich aussehende weißliche Körperfarben von verschiedener spektraler Beschaffenheit sein, wie das z. B. bei dem weißlichen Rot *e* und *f* in Abb. 39 der Fall ist; ähnliche Unterschiede bezüglich der spektralen Beschaffenheit zeigt auch das auf Seite 40 besprochene echte und unechte Grau.

Man bezeichnet solche gleich aussehende Farben von verschiedener optischer Struktur nach Wi. Ostwald als „metamere" Farben; sie sind aber nur unter den schwärzlichen und weißlichen Farben möglich, während die reinen satten Körperfarben von ganz bestimmter, stets gleicher spektraler Beschaffenheit sind.

Bemerkt muß noch werden, daß wir Farben, die aus einer oder mehreren schmalen Spektralzonen gebildet sind, die also dem Typus *b*, *d* oder *f* in Abb. 39 entsprechen, im gewöhnlichen Leben fast niemals begegnen. Mit Hilfe besonderer Apparate lassen sie sich zwar aus den Spektralfarben leicht herstellen, durch Mischung von Farbstoffen aber, und mögen diese auch noch so schmalbandig sein, gelingt dies nur sehr unvollkommen, denn die Verschiedenheit der optischen Konstitution wird durch die Unschärfe der Absorptionsgrenzen zum großen Teil verwischt.

C. Die Farbengeometrie

Die Farben lassen sich auf Grund gewisser Merkmale in linearen Reihen, Flächen oder Körpern von bestimmter Gestalt aneinanderreihen, wodurch Farbengebilde entstehen, die unser Verständnis für den systematischen Zusammenhang der Farben unterstützen und aus denen sich Gesetzmäßigkeiten entnehmen lassen, die wir sonst nicht zu erkennen vermögen.

33. Der Farbenkreis. Als Farbenkreis bezeichnet man die Anordnung der Farben auf dem Umfange eines Kreises, wobei jeder Farbton gegenüber dem benachbarten den gleichen Unterschied aufweisen muß, so daß der ganze Kreis in bezug auf seine Färbung gleichmäßig abgestuft erscheint.

Strenge genommen, läßt sich ein solcher Farbenkreis, wenn er korrekt sein soll, nur aus vollkommen reinen und satten Farben bilden, denn ein etwa vorhandener Schwarz- oder Weißgehalt verändert das Aussehen der Farben derart, daß wir bei Beurteilung des Farbtones groben Täuschungen ausgesetzt sind.

Trotzdem läßt sich ein ungefähr richtiger Kreis mit Hilfe von Körperfarben relativ leicht herstellen, denn wir verfügen über eine genügende Zahl der verschiedensten Pigmente und besitzen in den HERINGschen Grundfarben vier im Farbenkreis gelegene Fixpunkte, welche die Anordnung der Farbenreihe wesentlich erleichtern. Es sind das die vier Farben: Gelb, Blau, Rot und Grün, von welchen sich je zwei zu Weiß vereinen lassen und die einheitliche, d. h. solche Empfindungen hervorbringen, die nicht im geringsten an eine andere Farbe erinnern. Sie müssen daher im Farbenkreis (Abb. 40) symmetrisch, also je 90⁰ voneinander abstehend, in den mit H bezeichneten Stellen angeordnet werden. Diese vier Farben sind leicht zu ermitteln, denn ein reines Gelb läßt sich, wie schon auf Seite 40 bemerkt wurde, mit voller Sicherheit als solches erkennen und das dazu komplementäre Blau, das weder rot noch grünstichig ist, wird durch Ultramarin repräsentiert.

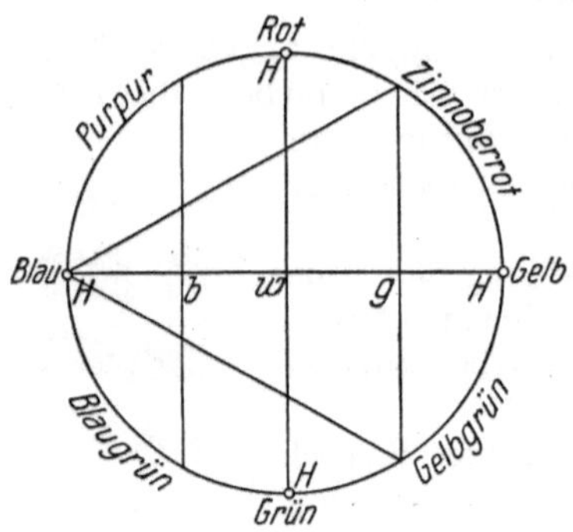

Abb. 40. Der Farbenkreis. H sind die Orte der HERINGschen Grundfarben

Die dritte HERINGsche Grundfarbe ist ein neutrales Grün, das sich zwar nicht direkt wie das Gelb, aber mit Hilfe einer Farbenreihe, die einen stetigen Übergang von Gelbgrün zu Blaugrün darstellt, unschwer auf folgende Art finden läßt: alle diese Farben enthalten Grün und das neutrale Grün liegt in dieser Reihe offenbar dort, wo die Mitempfindung von Gelb eben aufgehört und die von Blau noch nicht begonnen hat. Das so ermittelte Grün entspricht dem spektralen Grün $\lambda = 510\,\mu\mu$, liegt also in der Nähe der b-Linie.

Die vierte Farbe ist das zu diesem Grün komplementäre Rot; es ist weder gelb- noch blaustichig und entspricht ungefähr der Farbe, die das Eosinblau zeigt. Das äußerste spektrale Rot ist im Vergleiche mit diesem Rot gelbstichig.

Versucht man nun die vier zwischen diesen Fixpunkten liegenden Quadranten mit Farbentönen derart auszufüllen, daß der gewünschte gleichmäßige Farbenübergang resultiert, wobei man mit der Anordnung der vier Punkte H die Forderung festhält, daß sich die diametral gegenüberliegenden Farben additiv zu Weiß vereinen lassen, so findet man, daß beiden Forderungen nicht entsprochen werden kann. Den dunklen, uns ziemlich gleich erscheinenden Blautönen steht nämlich die Reihe der komplementären hellen, sehr differenten Orange-, Gelb- und Gelbgrüntöne gegenüber; dazu kommt noch, daß wegen der Schwärzlichkeit aller blauen Körperfarben die Möglichkeit ihrer Unterscheidung weiter verringert wird, während bei den gegenüberliegenden sehr reinen gelben Farbstoffen der geringste Unterschied im Farbenton bemerkbar ist.

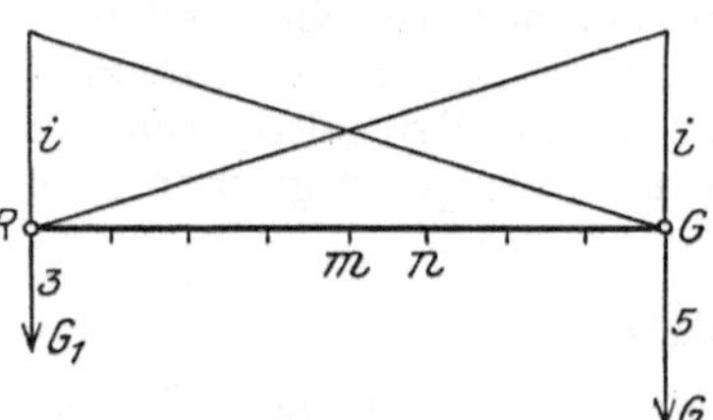

Abb. 41. Mischlinie zweier Farben

Ein gleichmäßiger Übergang der Farbtöne läßt sich daher mit Komplementarität nicht vereinen und der Farbenkreis kann nur der einen oder der anderen Bedingung entsprechen.

34. Mischlinien und Mischflächen. Werden längs einer Geraden $R\,G$ (Abb. 41) zwei beliebige Farben, z. B. Rot und Grün, derart aufgebracht, daß ihre Intensitäten i mit der Entfernung von den Endpunkten stetig und proportional abnehmen und denkt man sich in jedem Punkte der Geraden die entsprechende Mischfarbe gebildet, so bezeichnet man die Gerade als „Mischlinie" zwischen R und G, also im vorliegenden Falle zwischen Rot und Grün. Sind die Ausgangsintensitäten beider Farben gleich groß, so entsteht in der Mitte m der Geraden Gelb und $m\,G$ enthält eine stetige Folge von grünlichgelben Farben, während auf der Strecke $m\,R$ der allmähliche Übergang von Gelb zu Rot gebildet wird.

Die Entfernung irgend einer Mischfarbe von R bzw. G ist umgekehrt proportional den Quantitäten der gemischten Farben; bringt man diese daher als Gewichte G und G_1 in den Punkten G und R an, so liegt die Mischfarbe im Schwerpunkt zwischen beiden Komponenten. Vereint man z. B. 3 Teile R mit 5 Teilen G, verhalten sich also die Lichtstärken von $R : G = 3 : 5$, so liegt die diesem Verhältnis entsprechende Mischfarbe im Punkte n, denn $\overline{n\,G} : \overline{n\,R} = 3 : 5$.

Mischt man in dieser Weise im Farbenkreis (Abb. 40) diametral gegenüberliegende Farben, so entsteht im Kreismittelpunkt Weiß; jeder Halbmesser bildet eine Mischlinie zwischen Weiß und der Umfangsfarbe. Daher enthält die Kreisfläche alle denkbaren weißlichen Farben, wobei alle gleich weit vom Zentrum entfernten Farben von gleicher Sättigung sind.

Eine solche Kreisfläche bildet eine „Mischfläche", in der, wie aus ihrer Entstehung hervorgeht, die oben erwähnte Schwerpunktskonstruktion überall anwendbar sein sollte.

Wenn man daher zwei beliebige Punkte des Umfanges oder des Innern miteinander verbindet, so muß die Mitte dieser Strecke jene Mischfarbe zeigen, die durch Vereinigung gleicher Mengen der an den Endpunkten gelegenen Farben entsteht. Verbindet man zwei 120^0 voneinander abstehende Punkte des Kreisumfanges, z. B. die als Zinnoberrot und Gelbgrün bezeichneten Stellen, so zeigt sich, daß die Mischfarbe, die bei der additiven Vereinigung von gleichen Mengen dieser Farben entsteht, in g liegt, daß sie also einem weißlichen, in der Mitte zwischen dem Umfangsgelb und Weiß gelegenen Gelb entspricht. Ebenso müßte bei der Vereinigung von Blau mit Grün bzw. Rot weißliches Blaugrün bzw. weißlicher Purpur entstehen, die gleichfalls nur halb so gesättigt wären, wie die Farben am Kreisumfang. Das ist aber nicht der Fall, vielmehr haben tatsächliche Mischversuche gezeigt, daß aus Rot und Grün, aus Grün und Blau und aus Blau und Rot Farben gemischt werden können, die ebenso satt sind wie die sattesten Körperfarben, die wir kennen.

Andererseits erhält man aber durch Mischen von Purpur + Blaugrün tatsächlich ein Blau b von halber Sättigung, wie es der Farbenkreis verlangt; das gleiche gilt von den Mischungen Gelb + Blaugrün und Gelb + Purpur.

Der farbigen Kreisfläche, die auch als „kreisförmige Farbentafel" bezeichnet wird, fehlen also charakteristische Eigentümlichkeiten einer Mischfläche und die Überlegung lehrt uns, daß diese Unstimmigkeiten durch die trichromatische Zusammensetzung aller Körperfarben verursacht werden.

Das Gelb besteht nämlich aus Rot + Grün, die Mischung dieser Farben muß daher ein Gelb geben, das ebenso satt ist wie die satteste gelbe Körperfarbe, der wir jemals begegnet sind, muß also in der Mitte der Verbindungslinie zwischen Rot und Grün liegen. Entsprechendes gilt auch für Blaugrün und Purpur. Rückt man die Farben Gelb, Blaugrün und Purpur in die Verbindungslinie ihrer Komponenten, so entsteht aus der kreisförmigen Farbentafel ein Farbendreieck mit den Grundfarben Zinnoberrot, Grün und Blau in den Ecken, welches alle Eigentümlichkeiten einer Mischfläche besitzt. Der Farbenkreis ist nur als eine in sich geschlossene Anordnung aller möglichen Farbtöne anzusehen, es ist aber nicht zulässig, ihn als Mischfläche zu betrachten.

35. Das additive Farbendreieck. Denkt man sich in den Ecken eines gleichseitigen Dreiecks (Abb. 42) die drei Grundfarben angebracht und die Dreiecksfläche zu einer Mischfläche ausgebildet, so muß sich, da die drei Farben vereint Weiß ergeben, im Innern des Dreiecks in gleicher Entfernung von seinen Ecken, also im Schwerpunkt *w*, eine weiße Stelle befinden.

Das Dreieck umschließt alle durch Mischung der drei Grundfarben entstehenden Farben, es umfaßt somit alle uns bekannten reinen Farbentöne sowie ihre weißlichen Abkömmlinge; alle darin enthaltenen Farben stehen in streng systematischem Zusammenhang, überall gilt das Gesetz der Schwerpunktskonstruktion. In den Dreiecksseiten liegen alle satten Farben: in der Seite Rot-Blau alle purpurroten und violetten Mischfarben, zwischen Blau und Grün alle blaugrünen Mischfarben und die Seite Grün-Rot enthält alle Übergangsfarben von Grün über Gelb zu Rot.

Die drei, in den Eckpunkten schematisch dargestellten Grundfarben bestehen aus je einer Spektral z o n e, also einem Farbenelement; ihre Mischfarben Gelb *Gl*, Blaugrün *Bg* und Purpur *P*, die in der Mitte der Dreiecksseiten liegen, sind aus

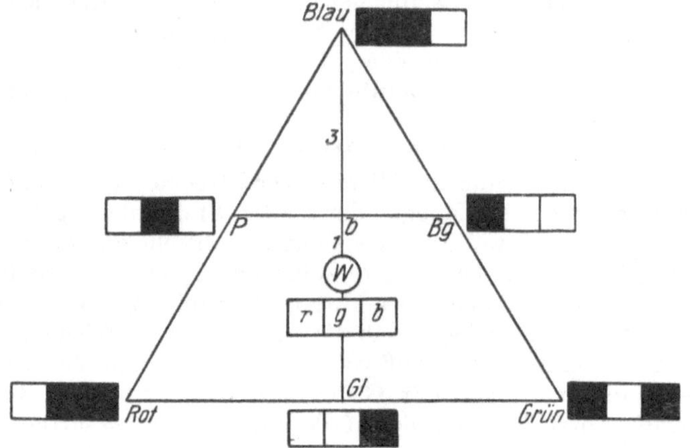

Abb. 42. Additives Farbendreieck

zwei, Weiß *W* ist aus drei solchen Elementen zusammengesetzt. Die Farbenelemente sind als gleichwertig zu betrachten, jedes entspricht einer Intensitäts- oder Helligkeitseinheit; Gelb, Purpur und Blaugrün bestehen aus zwei Elementen und müssen dem Weiß näherstehen, also gleichsam auf einem kürzeren Hebelarm wirken, wenn bei der Vereinigung mit Blau, Grün bzw. Rot, welchen die Intensitäten Eins entsprechen, Weiß entstehen soll.

Jede beliebige in der Dreiecksfläche gezogene Strecke bildet eine Mischlinie zwischen den in ihren Endpunkten liegenden Farben und je näher eine Mischfarbe dem Punkte *W* liegt, desto weißlicher ist sie. Mischt man daher zwei Farben, die verschiedenen Dreiecksseiten angehören, so können nur weißliche Mischfarben entstehen. So gibt z. B. Purpur *P* mit der gleichen Menge Blaugrün *Bg* vereint die in *b* liegende Farbe, die aus 3 Weiß und 1 Blau besteht; der Punkt *b* liegt tatsächlich auch von Blau dreimal so weit entfernt als vom Weiß. Das Gleiche gilt von den additiven Mischungen Gelb mit Blaugrün, bzw. Gelb mit Purpur.

Ganz ähnlichen Verhältnissen begegnen wir bei den einfachen Farben des Spektrums. Sie bilden keine in sich zurückkehrende Reihe, man muß vielmehr, um eine solche zu erhalten, zwischen die beiden Endfarben eine stetig verlaufende Reihe von Violett- und Purpurtönen einschalten.

Aus den so ergänzten Spektralfarben läßt sich keine kreisförmige Mischfläche mit Weiß im Mittelpunkte bilden, denn Gelbgrün und die Endfarbe Rot geben vereint ein Gelb, das ebenso satt ist wie das spektrale Gelb; überdies sind das Rot und Blau viel farbensatter als die Gegenfarben Blaugrün und Gelb, sie müssen daher entfernter von Weiß angebracht werden.

Den Spektralfarben entspricht daher ebenso wie den Körperfarben eine Mischfläche in Dreiecksform; aus Mischversuchen ergab sich für dieses Dreieck die aus der Abb. 43 ersichtliche Form. Die Übereinstimmung zwischen Theorie und Praxis ist eigentlich selbstverständlich, denn, wie schon wiederholt betont wurde, hängt das Resultat einer additiven Farbenmischung lediglich vom Aussehen der Komponenten ab und es ist gleichgültig, ob diese einfach oder zusammengesetzt sind.

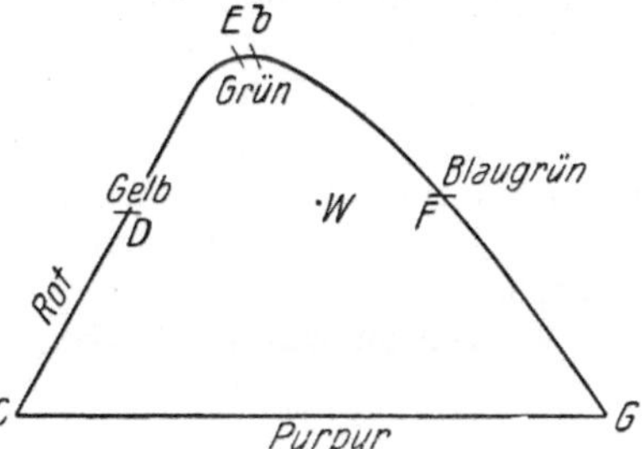

Abb. 43. Das Dreieck der Spektralfarben

Die Abb. 43 zeigt gewisse Abweichungen von der reinen Dreiecksform. Die eine Dreiecksspitze ist abgerundet, daher lassen sich aus den beiden Endfarben C und G und dem mittleren Grün $E\,b$ alle anderen Farben zwar sehr annähernd, aber nicht ganz genau ermischen; besonders gilt das, wie die gekrümmte Dreieckseite zeigt, vom spektralen Blaugrün.

Der gleichen Erscheinung begegnen wir auch bei den Körperfarben, denn aus einem blauen und grünen Pigment erhalten wir bei additiver Farbenmischung nicht ganz jenes satte Blaugrün, das gewissen Teerfarbstoffen eigen ist, es mag daher auch im allgemeinen zutreffen, daß das aus den Körperfarben Rot, Grün und Blau gebildete Grundfarbensystem hochgestellten Forderungen nicht zu entsprechen vermag. Doch sind diese Mängel nur gering und überall, wo es sich um die Lösung von Problemen handelt, die der Praxis angehören, kann das gewählte Farbendreieck als vollkommen richtig betrachtet werden.

36. Die Farbenpyramide. Im Farbendreieck Abb. 42 sind alle reinen und alle weißlichen Körperfarben enthalten. Sollen auch die schwärzlichen Farben berücksichtigt, also alle drei Farbenreihen zu einem gemeinsamen System vereint werden, so ist das nur durch Zuhilfenahme der dritten Dimension möglich, wodurch ein körperliches Gebilde, ein „Farbenkörper" entsteht.

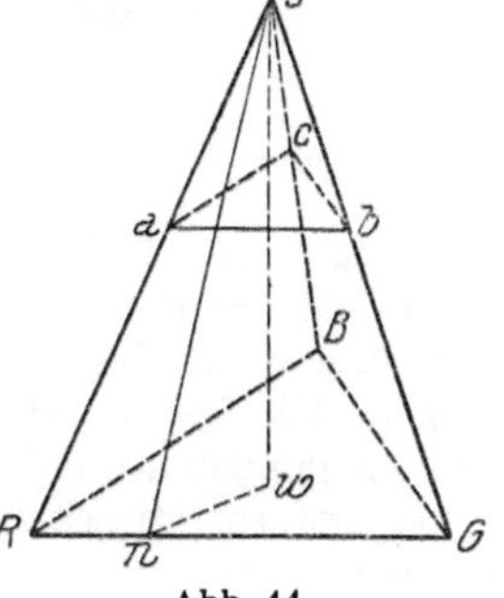

Abb. 44. Farbenpyramide

Es sei in Abb. 44 $R\,G\,B$ das Farbendreieck; errichtet man in seinem Schwerpunkt w, der dem Weiß entspricht, eine Senkrechte, auf der wir uns das Schwarz s angebracht denken, so entsteht durch Verbindung dieses Punktes mit den Ecken des Dreiecks eine Pyramide, welche die Gesamtheit aller Körperfarben einschließt. Jede von der Spitze zur Basis gezogene Gerade ist dabei als Mischlinie gedacht und enthält die Mischungen der reinen oder weißlichen Farben mit Schwarz. Die Symmetrieachse $w\,s$ besteht aus den Abstufungen zwischen Weiß und Schwarz, enthält also alle Grautöne; auf den drei Seitenflächen befinden sich alle dunkelklaren Farben, während das Innere der Pyramide mit den trüben Farben, also solchen, die gleichzeitig Schwarz und Weiß enthalten, ausgefüllt ist. Eine senkrecht zu $s\,w$ gelegte Ebene schneidet die Pyramide in einem Dreieck $a\,b\,c$, das ähnliche Eigenschaften wie das Basisdreieck besitzt, jedoch befinden sich in seinen Ecken Dunkelrot, Schwarzblau und Dunkelgrün; statt Weiß enthält es Grau, statt Gelbgrün Oliv, statt Orange Braun usw.

Führt man einen Schnitt durch *s w*, so entsteht ein Dreieck *s w n*, das eine Mischfläche zwischen Schwarz, Weiß und der Farbe *n* repräsentiert und von E. HERING als Nuancierungsdreieck, von WI. OSTWALD als farbgleiches Dreieck bezeichnet wurde.

Die Pyramide enthält, wie gesagt, alle Körperfarben, ihr Farbenumfang ist aber viel größer, denn zahlreiche ihrer Farben können zwar aus Spektralfarben gemischt werden, existieren aber als Körperfarben nicht. Mit Ausnahme des Gelb und gewisser gelblicher sowie bläulicher Abkömmlinge des Rot müssen die Farben aller Körper als schwärzlich bezeichnet werden; die Farben, welche die Basis der Pyramide bilden, sind aber hier als ebenso rein angenommen wie das Gelb, und so kommt es, daß wir sehr vielen Pyramidenfarben in der Praxis nicht begegnen.

37. Das subtraktive Farbendreieck. Handelt es sich um die geometrische Dar-

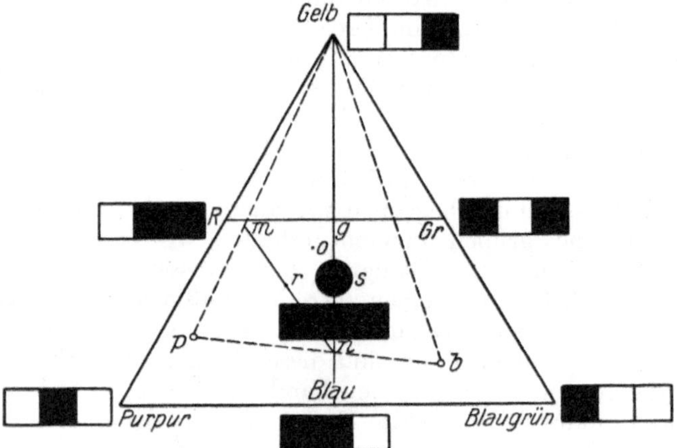

Abb. 45. Das subtraktive Mischdreieck

stellung von Farbstoffmischungen, so müssen in den Ecken des Dreiecks (Abb. 45) die Farben des sekundären Systems, also Gelb, Blaugrün und Purpur angebracht werden, da sich nur mit diesen reine Substanzmischungen erzielen lassen. Die Quantitäten, also die Gewichte der drei Farbstoffe, sind so zu wählen, daß sie gemischt ein Schwarz ergeben, welches bei Zusatz von Weiß ein neutrales Grau liefert; dieses Schwarz hat man sich im Schwerpunkt *s* angeordnet zu denken.

In den Dreiecksseiten liegen die reinen Mischfarben: Zwischen Gelb und Purpur befinden sich Gelborange, Zinnoberrot und Rotorange, zwischen Gelb und Blaugrün liegen alle denkbaren Grüntöne und der Übergang von Blaugrün zu Purpur wird durch Grünlichblau, Ultramarinblau und Violett gebildet. Die Dreiecksseiten enthalten also reine Mischfarben, während das Innere mit schwärzlichen, jedoch satten, also dunkelklaren Farben ausgefüllt ist; ihr Gehalt an Schwarz ist um so größer, je näher sie dem Schwerpunkte *s* liegen. Farben, die verschiedenen Dreiecksseiten angehören, geben Mischungen, die viel Schwarz enthalten; so geben Grün und Rot ein Gelb *g*, das mit der dreifachen Menge Schwarz verunreinigt ist.

Bei den subtraktiven Mischungen ist das Schwarz das farbenbildende Element; durch Zufügen von Schwarz wird das weiße Licht farbig und die Menge und Lage des Schwarz ist maßgebend für die entstehende Farbe. So kann das Schwarz als Farbenmaß und daher auch als Maß für die Gewichtsmenge eines Farbstoffes aufgefaßt werden.

Die oben definierten Gewichtsmengen der drei Farbstoffe an den Ecken entsprechen dann je einer Schwarzeinheit, die Gewichtsmengen der Farbstoffe in der Mitte der Dreiecksseiten je zwei Schwarzeinheiten; das Schwarz im Schwerpunkt repräsentiert drei dieser Einheiten. Betrachtet man das Mischdreieck von diesem Gesichtspunkt, so ist es klar, daß Rot, Grün und Blau, die mehr Schwarz enthalten, dem Schwerpunkte des Dreiecks näher liegen müssen.

Der gesetzmäßige Verlauf der subtraktiven Farbenmischung ist, wie schon oben erwähnt wurde, an die Bedingung gebunden, daß die Absorptionsbänder der drei Grundfarben nur über je eine Spektralzone reichen. Es müssen also Farbstoffe mit schmalen Absorptionsbändern gewählt werden; doch machen sich auch bei diesen oft Abweichungen geltend, die man eben in Kauf nehmen muß.

Die strenge Gesetzmäßigkeit, die bei der additiven Mischung herrscht, könnte nur mit Farbstoffen erreicht werden, deren Absorption auch bei zunehmender Konzentration nur auf eine Spektralzone beschränkt bliebe.

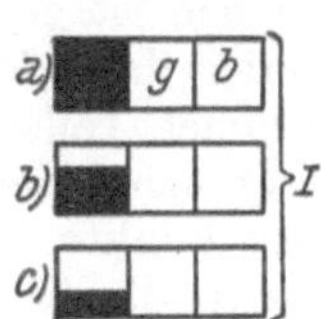

Die gelben Körperfarben entsprechen tatsächlich dieser Forderung, denn ihre Absorption erstreckt sich auch bei verschiedenen Sättigungsgraden nur auf die Blauzone. Bei den blaugrünen Farbstoffen sollte in gleicher Weise die Absorption lediglich auf die Rotzone beschränkt sein, also dem Schema Abb. 46 I *a* entsprechen; bei abnehmender Sättigung müßte das Absorptionsband allmählich an Dichte verlieren, wie dies I *b* und I *c* ersichtlich machen. Die blaugrünen Farbstoffe zeigen aber die aus II ersichtlichen Absorptionsverhältnisse. Schon bei geringer Farbenintensität II *d* reicht das Absorptionsband etwas in die grüne Zone und nimmt die Sättigung zu, so breitet es sich, wie aus II *e* und *f* ersichtlich, weiter aus: die Farbe wird immer mehr blau und schwärzlich.

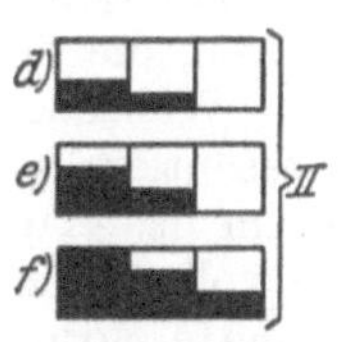

Abb. 46. Ausbreitung der Absorptionsbänder mit zunehmender Sättigung der Farbstoffe

Ganz ähnlich verhält sich auch das Purpurrot, das sich mit zunehmender Sättigung immer mehr dem Zinnoberrot nähert und dabei schwärzlich wird. Die Absorptionsbänder dieser Farbstoffe breiten sich mit zunehmender Sättigung immer mehr aus; es können daher solche Farbstoffe nur schwärzliche Mischfarben bilden.

Ein relativ sehr günstiges Grundfarbensystem wird durch die Farbstoffe Filtergelb, Erythrosin und Patentblau gebildet. Der Versuch lehrt, daß man diese Farbstoffe im Gewichtsverhältnis 1 : 0,5 : 0,2 mischen muß, um ein neutrales Schwarz zu erzielen, daß also diese Zahlen die Quantitätseinheiten der in den Ecken des Farbendreiecks gedachten Grundfarben bilden.

Aus 1,0 Filtergelb + 0,5 Erythrosin erhält man ein feuriges Zinnoberrot, 0,5 Erythrosin + 0,2 Patentblau geben ein brillantes Ultramarinblau und aus Gelb und Blau läßt sich ein Grün mischen, das dem reinsten Grün, das wir an Körpern beobachten können, gleichkommt.

Mit solchen drei Farbstoffen können daher alle Körperfarben, auch solche von hoher Sättigung und Reinheit, nachgebildet werden. Sie sind zwar von den oben erwähnten Mängeln, die den streng systematischen Verlauf der Mischungen stören, nicht ganz frei, doch werden die dadurch entstehenden Farbenfehler in der Praxis nur wenig bemerkbar.

Viel ungünstiger liegen die Verhältnisse, wenn man mit Hilfe von drei Druck- oder Malerfarben alle Körperfarben nachzubilden versucht. Diese pulverförmigen, in Firnis verteilten Pigmente sind, besonders wenn man auch die Forderung stellt, daß sie lichtecht sein müssen, mit Ausnahme des Gelb, stets von trübem, schwärzlichem Aussehen. Da es ein lichtechtes, reines Blaugrün und Purpurrot nicht gibt, so ist man gezwungen, ein zu wenig grünstichiges und dabei recht schmutziges Blau — etwa Berlinerblau — und ein zu wenig bläuliches Purpurrot, z. B. Krapplack, zu verwenden.

Diese beiden Farben liegen im Farbendreieck Abb. 45 etwa in b und p und beherrschen zusammen mit reinem Gelb, über das wir auch in dieser Klasse von Farbstoffen verfügen, den vom Dreieck Gelb, b, p eingeschlossenen Raum; es lassen sich also mit diesen drei Farbstoffen nur die in diesem Raum befindlichen Farben nachbilden.

Die breiten, das ganze Spektrum überdeckenden Absorptionsbänder solcher Farbstoffe fallen beim Mischen übereinander, wodurch Unregelmäßigkeiten entstehen müssen. Man kann zwar alle vom Dreieck Gelb, b, p umschlossenen Farben durch Mischung herstellen, aber der systematische Zusammenhang der Farben ist gestört, das Gesetz der Schwerpunktskonstruktion ist nicht in allen Teilen der Mischfläche gültig. Mischt man z. B. das Rot m mit dem Blau n zu gleichen Teilen, so sollte ein schwärzliches Purpur r entstehen, tatsächlich wird aber beim Mischen von Zinnober und Ultramarin ein Braun gebildet, das etwa dem Punkte o (Abb. 45) entspricht (s. auch S. 44). Allerdings unterliegt es keinem Anstand, dieses schwärzliche Purpurrot in anderer Weise, z. B. aus $p + s$, zu bilden; daß es aber aus $m + n$ nicht entsteht, ist eine jener Unvollkommenheiten, die der subtraktiven Farbenmischung vielfach anhaften.

Während das additive Farbendreieck eine einwandfreie Mischfläche repräsentiert, zeigt das subtraktive Farbendreieck mancherlei Unregelmäßigkeiten, denn das Aussehen der Mischfarben steht mit ihrer Bildung nicht immer in vollem Einklange; dies ist bei der Farbenmischung, die der Maler auf der Palette vornimmt, ohne Bedeutung, bei gewissen Methoden der Dreifarbenphotographie jedoch in hohem Grade störend.

38. Wahl der Farben für die Zwecke der Dreifarbenphotographie. Die theoretische Grundlage der Dreifarbenphotographie läßt sich mit wenig Worten skizzieren: Man zerlegt das Kolorit des Originals in die drei Grundfarben und baut es aus diesen wieder auf. Die Zerlegung erfolgt auf photographischem Wege, indem man das Original dreimal, und zwar derart photographiert, daß jedesmal nur die Strahlen je einer Spektralzone zur Wirkung gelangen, was sich leicht erreichen läßt, wenn man dem photographischen Objektiv bei einer Aufnahme eine rote, bei der zweiten eine grüne und bei der dritten eine blaue Glasscheibe vorschaltet.

So erhält man drei gewöhnliche Negative, deren Schwärzungen den wirksam gewesenen roten, grünen und blauen Strahlen entsprechen, während die Schwärzungen in den Kopien, die nach diesen Negativen angefertigt werden, den nicht wirksam gewesenen blaugrünen, purpurroten bzw. gelben Farbenanteil des Originals darstellen.

Verwandelt man daher die Schwärzungen der drei Negative in die drei Grundfarben und vereint die so entstandenen Farbenbilder auf additivem Wege, so muß ein dem Original gleiches Gesamtbild entstehen.

Man führt diesen Prozeß in der Weise durch, daß man nach den Negativen gewöhnliche Diapositive herstellt, die, mit einer roten, grünen und blauen Glasplatte bedeckt, übereinander projiziert werden. Das mit der roten Platte bedeckte Positiv zeigt alle im Negativ geschwärzten Stellen transparent rot und sendet die gleichen roten Strahlen aus, die bei der Herstellung des Negativs, vom Original kommend, auf der photographischen Platte in Form eines Silberniederschlages festgehalten wurden. Ebenso wirken die beiden andern, mit der grünen und blauen Platte bedeckten Positive; die Projektionswand wirft daher ein Gemisch farbiger Strahlen zurück, das ebenso zusammengesetzt ist wie das vom Original reflektierte Strahlengemisch.

Statt durch Projektion kann man die drei Bilder auch durch Spiegelung vereinen, wie dies beim Photochromoskop der Fall ist.

Die Farbstoffmischung erfolgt hier auf additivem Wege und es muß, wenn die Negative und Positive nicht mit verschiedenen Tonwiedergabefehlern behaftet sind, auf diese Art ein dem Original ganz gleiches Farbenbild entstehen. Die drei Aufnahmefilter sollen je eine der drei Spektralzonen tunlichst vollständig durchlassen, dagegen ist die spektrale Beschaffenheit der drei farbigen Projektionsscheiben ganz gleichgültig, sie müssen nur im Aussehen den Grundfarben entsprechen; auch ihre Transparenz spielt keine Rolle, da man die Intensität der Beleuchtungen passend wählen kann.

Eine andere Methode der Dreifarbenphotographie, welche die Herstellung materieller Farbenbilder anstrebt, beruht auf der Nachbildung des Originals durch Übereinanderlegen von drei transparenten Teilbildern. Da es sich dabei um eine subtraktive Farbenmischung handelt, so müssen die Teilbilder in den Farben Blaugrün, Purpur und Gelb angefertigt werden, was leicht ausführbar ist, da man einfach nach den Negativen Kopien in diesen Farben herzustellen hat.

Dabei kann das Pigmentverfahren oder ein Abklatschverfahren mit photographisch hergestellten Gelatinedruckformen benützt werden, wie das bei der Pinatypie, der Diachromie, dem Jos-Pe-Verfahren usw. der Fall ist, oder es werden die Teilbilder mit Hilfe photomechanisch erzeugter Druckformen übereinander gedruckt. Dieser „Dreifarbendruck“ ist für die Illustrationstechnik von größter Bedeutung und das einzige der photographischen Dreifarbenverfahren, das in der Praxis festen Fuß fassen konnte.

Auch diese Prozesse wären theoretisch fast ebenso einwandfrei wie die oben besprochene Dreifarbenprojektion, wenn uns im Tone richtige und reine Grundfarben zur Verfügung stehen würden. Der photographische Prozeß zerlegt das Kolorit des Originals in die reinen Grundfarben, man muß daher auch solche zum Aufbau des Bildes benützen. Ein schwärzliches Grün, etwa eine Mischung von Gelb mit Berlinerblau wird in die drei Komponenten: Gelb, Blaugrün und Purpur zerlegt, wobei letzteres notwendig ist, um der Farbe die im Original vorhandene Schwärzlichkeit zu verleihen, denn die Mischung Blaugrün + Gelb wäre zu rein. Verwendet man aber als eine der Grundfarben Berlinerblau statt des reinen Blaugrün, so entsteht durch den Rotzusatz ein übermäßig hoher Schwarzgehalt und aus dem trüben Grün des Originals grünliches dunkles Grau.

Bei der Verwendung schwärzlicher Grundfarben entsteht also ein zu hoher Schwarzgehalt in allen Mischfarben; dazu kommen noch die oben besprochenen Unregelmäßigkeiten, die sich bei der Mischung breitbandiger Pigmente geltend machen.

Bei der Pinatypie und den ähnlichen Verfahren benützt man daher Farben, die den richtigen Grundfarben nahestehen, und erzielt damit bei genügender Übung und Geschicklichkeit auch recht gute Resultate. Etwa vorkommende Mißerfolge sind größtenteils dem ungleichen Charakter der Negative und Tonwiedergabefehlern zuzuschreiben, die beim Kopieren oder bei der Herstellung der Teilbilder entstehen.

Ganz eigentümlich sind diese Verhältnisse beim Dreifarbendruck. Der Praktiker lehnt nämlich die richtigen Grundfarben ab und benützt lieber neben reinem Gelb ein tiefes, fast schwärzliches, zu wenig grünstichiges Blau sowie ein nicht ganz reines, zu wenig bläuliches Rot und beseitigt die durch diese

Farbenwahl entstehenden Fehler durch Retusche der Negative und Druckplatten.

Die von der Theorie geforderten Farben sind nämlich so rein und feurig, daß an der Bildung aller in einer Reproduktion vorkommenden Farben alle drei Komponenten beteiligt sind, wobei aus zwei Farben der Farbenton entsteht, während die dritte für die Schwärzung maßgebend ist. Ein solcher Aufbau des Kolorits ist selbstverständlich für jeden Dosierungsfehler äußerst empfindlich; besonders bemerkbar ist das bei schwärzlichen Mischungen. So ist ein neutrales Grau mit diesen Farben kaum zu erzielen, denn die geringste Abweichung in der Farbenintensität eines Abdrucks verursacht eine Störung des „Gleichgewichts" und die eine oder die andere Farbe macht sich unerwünscht bemerkbar.

Aus diesen und anderen Gründen werden beim Dreifarbendruck die auch sonst üblichen trüben Druckfarben den theoretisch richtigen reinen Grundfarben mit Recht vorgezogen.

Zahlreiche Mischfarben dürfen nur aus zwei Grundfarben bestehen; so darf man z. B. Grün nur durch Übereinanderdruck von Gelb und Blau bilden und die Zumischung von Rot, die nur bei Verwendung der idealen Grundfarben gerechtfertigt wäre, muß durch Retusche des Negativs oder der Rotdruckform verhindert werden.

Meist macht sich im Dreifarben-Zusammendruck ein Überschuß an Rot bemerkbar, der durch den zu geringen Grünstich der blauen Druckfarbe verursacht wird und gleichfalls durch Überarbeitung des entsprechenden Negativs und der Druckplatte beseitigt werden muß.

Auf diese Weise sind im Dreifarbendruck recht zufriedenstellende Resultate leichter und sicherer zu erreichen, als wenn man, um die Retusche teilweise zu vermeiden, Druckfarben benützen würde, die den theoretischen Forderungen zwar näher stünden, aber immer noch weit entfernt wären, ihnen gerecht zu werden.

In das Gebiet der Dreifarbenphotographie gehört auch die Dreifarben-Rasterphotographie, die hauptsächlich mit Hilfe der Lumièreschen Autochrom- und der Agfa-Farbenplatte geübt wird. Die Farben der Rasterelemente entsprechen den drei Grundfarben des additiven Systems, die Mischfarben entstehen auf additivem Wege, der ganze Prozeß ist vollkommen zwangläufig. Wurde die Expositionszeit richtig bemessen, so muß bei passender Behandlung ein farbenrichtiges Bild entstehen.

D. Definieren und Messen der Farben

Wissenschaftlich einwandfrei wird eine Farbe nur durch ihr Spektrum definiert, aus dem wir die Art und Menge jener einfachen Strahlen ersehen, die an der Bildung der Farbe beteiligt sind, gleichgültig, ob es sich dabei um das von einem selbstleuchtenden Körper ausgesendete oder das von einem farbigen Körper reflektierte Licht handelt.

Das Emissions- oder Absorptionsspektrum gewährt uns zwar einen Einblick in die innere Beschaffenheit der Farbe, gibt aber einen ganz ungenügenden Aufschluß über ihr Aussehen, das uns im gewöhnlichen Leben wohl hauptsächlich interessiert.

Man benützt daher zur Definition einer Farbe besser jene Eigentümlichkeiten, die bei jeder Farbenempfindung deutlich unterschieden werden; das ist bei den Körperfarben der Farbton, die Weißlichkeit und die Schwärzlichkeit.

Zur Ermittlung dieser drei variablen Größen bieten sich uns zwei verschiedene Wege: Entweder bestimmt man sie direkt durch Vergleich der vorgelegten Körperfarbe mit einer Farbton- und einer Grauskala oder man ermittelt die Grundfarbenzusammensetzung und aus dieser indirekt den Farbton, sowie den Schwarz- und Weißgehalt der Körperfarbe.

Das direkte Vergleichsverfahren wurde von Wi. Ostwald eingehend studiert und der Praxis zugänglich gemacht, während die auf Messung der Grundfarben beruhende Methode in analytischer Form von L. Bloch und in synthetischer Form vom Verfasser ausgebildet wurde.

39. Der chromatische Schwerpunkt. Ein Farbton läßt sich am einfachsten durch die Wellenlänge einer gleich aussehenden Spektralfarbe definieren. Man ermittelt zu diesem Zwecke die Wellenlänge jener Stelle eines Spektrums, die den gleichen Farbton besitzt wie die vorgelegte Körperfarbe.

Durch Angabe der Wellenlänge ist ein Farbton vollkommen sicher bestimmt und jederzeit leicht reproduzierbar: diese Farbendefinition ist für Violett und Purpur selbstverständlich nicht brauchbar, da diese Töne im Spektrum fehlen.

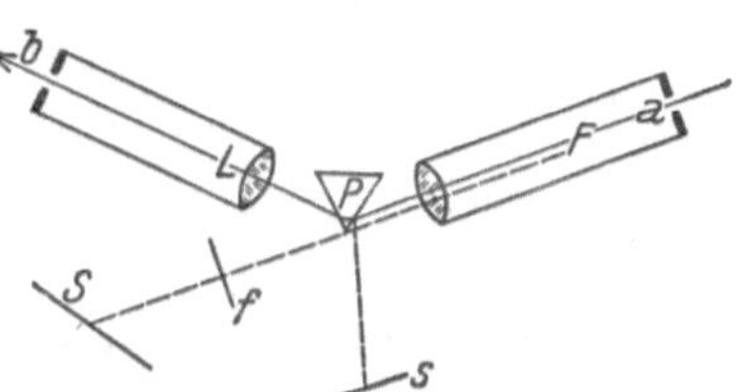

Abb. 47. Apparat zur Ermittlung des chromatischen Schwerpunktes von Körperfarben

Eine einfache Einrichtung, die den Vergleich von Körperfarben mit den Farben des Spektrums ermöglicht, ist in Abb. 47 schematisch dargestellt.

Man entfernt bei einem Spektroskop das Okular des Fernrohres F und setzt an Stelle desselben einen engen Spalt a, durch den man gegen das Prisma P blickt; dieses wurde derart verschoben, daß seine Kante durch die Mitte des Gesichtsfeldes geht. Das Kollimatorrohr mit der Linse L und seinem gegen eine weiße Lichtquelle gerichteten Spalt b bleibt ungeändert. Blickt man durch den Spalt a in den Apparat, so sieht man die brechende Fläche des Prismas, die das halbe Gesichtsfeld ausfüllt, mit nur einer Spektralfarbe beleuchtet; beim Drehen des Prismas oder des Fernrohres erscheinen in der einen Gesichtsfeldhälfte nacheinander die einzelnen Farben entsprechend ihrer Anordnung im Spektrum. In der anderen Hälfte des Gesichtsfeldes sieht man den weißen, vom Tageslicht beleuchteten Schirm S, auf dem die zu untersuchende farbige Fläche angebracht ist. Transparente Schichten, z. B. farbige Gläser werden bei f vor dem weiß beleuchteten Schirm aufgestellt.

Verstellt man das Fernrohr (oder das Prisma) derart, daß beide Hälften des Gesichtsfeldes gleichartig gefärbt erscheinen, so entspricht die eingestellte Spektralfarbe der Farbe des Körpers; aus der dazu notwendig gewesenen Verstellung des Fernrohrs (oder Prismas) kann die Wellenlänge der eingestellten Spektralfarbe (durch Ablesung an einer Skala) ermittelt werden.

Die verschiedene Helligkeit der Farben läßt sich durch Änderung der Breite des Schlitzes b ausgleichen. Da die Körperfarben immer weißlicher als die Spektralfarben sind, so mischt man den letzteren, um einen sicheren Vergleich zu ermöglichen, weißes Licht zu, das man mit Hilfe eines Schirmes s auf die Prismenfläche lenkt.

Man bezeichnet die so gefundene Spektralfarbe als „chromatischen Schwerpunkt" der Körperfarbe, denn sie entspricht jener Farbe, die sich ergibt, wenn man den ganzen, die Körperfarbe bildenden spektralen Strahlenkomplex zu einer Mittelfarbe vereint. In dieser Weise findet man den chromatischen Schwerpunkt z. B.

für Chromgelb bei $\lambda = 578\,\mu\mu$
„ Zinnober bei $\lambda = 610\,\mu\mu$
„ Ultramarinblau bei $\lambda = 476\,\mu\mu$ usw.

40. Der Ostwaldsche Farbenkreis. Wi. Ostwald benützt zur Definition einer Farbe ihre Lage im Farbenkreis; er geht dabei von der Ansicht aus, daß die Farbenanordnung im Kreise eine unveränderliche und bestimmte ist und sich jederzeit wieder herstellen läßt. Diese Anschauung dürfte kaum zutreffend sein, da man aus den auf S. 50 bereits erörterten Gründen bei der tatsächlichen Konstruktion eines Farbenkreises immer zu Kompromissen gezwungen ist, wodurch die Farbenanordnung an einzelnen Stellen des Kreises eine ziemlich willkürliche wird.

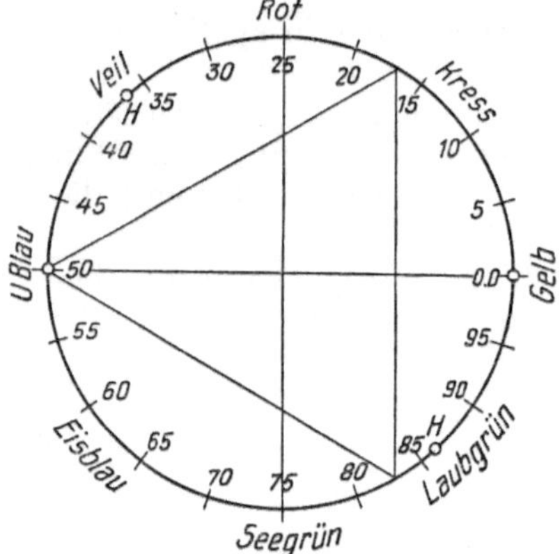

Abb. 48. Der Ostwaldsche Farbenkreis

Wi. Ostwald teilt den Farbenkreis (Abb. 48[1]) in 100 gleiche Teile — Stufen —, die von Gelb über Rot, Blau und Grün beziffert werden; mit jeder dieser Ziffern ist daher ein bestimmter Farbton bezeichnet.

Das reine Gelb trägt die Bezeichnung 00 und das komplementäre U-Blau (Ultramarin) entspricht daher der Zahl 50.

Die von Gelb je 90° abstehenden Farben: Rot und Seegrün, die mit 25 und 75 bezeichnet sind, sollten dem Heringschen Rot und Grün entsprechen, denn sie liegen gleich weit vom Gelb und Blau entfernt und dürften daher keiner dieser beiden Farben ähnlich sehen. Das ist aber nicht der Fall, denn 75 ist, wie schon der Name „Seegrün" sagt, ein stark bläuliches Grün, etwa der F-Linie des Spektrums entsprechend, die Gegenfarbe 25 muß daher ein gelbliches Rot sein.

Das Heringsche Grün und Rot liegen an den mit *H* bezeichneten Stellen.

Diese Mängel des Farbenkreises mußten in Kauf genommen werden, um den Forderungen: „Gleichmäßig abgestufte Farbentöne und diametral gelegene Gegenfarben" tunlichst zu entsprechen.

Wenn auch der Ostwaldsche Farbenkreis kein absolutes, jederzeit reproduzierbares Farbensystem bildet, so macht er es doch möglich, hundert verschiedene Farbentöne, die in einem gewissen Zusammenhang stehen, mit Zahlen zu bezeichnen, und tatsächlich hat sich diese Art der Farbendefinition in der Praxis eingebürgert und leistet hier die besten Dienste.

Die hundert Farben des Kreises sind als Karten mit mattem Farbenaufstrich im Format 3 : 6 oder 4 : 5,7 cm erhältlich und ermöglichen die Ermittlung der Farbennummer, die irgend einer vorgelegten Farbe entspricht. Dabei ist allerdings ein direkter Vergleich der Karten mit dem Objekt nicht möglich, da die Karten tunlichst satte und reine Aufstriche zeigen, während die zu prüfenden Farben mit reichlichen Mengen Schwarz und Weiß verunreinigt sein können, wodurch der wirkliche Farbton nur unsicher zu erkennen ist.

Wi. Ostwald sucht daher zunächst mit Hilfe seines Farbenmischapparates „Pomi" (s. S. 42) jene Karte auf, deren Farbe sich mit der zu bestimmenden Farbe zu reinem Grau ergänzt, und stellt ihre Nummer fest; die diametral gegenüberliegende, also um 50 verschiedene Nummer, ist die des gesuchten Farbtones.

41. Ermittlung des Schwarz- und Weißgehaltes nach Ostwald. Die Menge von Schwarz und Weiß in einer Körperfarbe ermittelt Wi. Ostwald mit Hilfe

[1] Die Bezeichnungen „Kress" und „Veil" benützt Ostwald statt Orange und Violett.

seiner Grauleiter (S. 27) und geht dabei von folgender Überlegung aus: Läßt man auf ein Blatt Papier mit farbigem Aufstrich ein Spektrum fallen, so wird es eine Stelle geben, an welcher die Farbschicht am hellsten und eine zweite Stelle, an der sie am dunkelsten erscheint. An der hellsten Stelle befindet sich jene Spektralfarbe, die mit der Körperfarbe übereinstimmt, während die dunkelste Stelle den Ort der Gegenfarbe anzeigt.

Wäre die Farbe des Aufstriches ganz rein, so müßte die hellste Stelle ebenso hell erscheinen wie ein weißes Papier an Stelle des farbigen; erscheint sie dunkler, so ist die Farbe unrein. Das Maß der Schwärzlichkeit entspricht dem Schwarzgehalt der Farbe.

Bei der praktischen Ausführung solcher Messungen benützt man nicht ein über das zu prüfende Objekt gelagertes Spektrum, sondern betrachtet das Objekt gleichzeitig mit der darüberliegenden Grauleiter nacheinander durch eine farbige Scheibe von gleicher, bzw. von komplementärer Farbe.

Hätte man z. B. an der hellsten Stelle die Graustufe *e*, an der dunkelsten die Graustufe *i* gefunden, so ist der Schwarzgehalt der Farbe $s = 1{,}0 - 0{,}52 = 0{,}48$ und der Weißgehalt $w = 0{,}27$. Mit Hilfe dieser beiden Zahlen läßt sich auch die Menge der vom Körper remittierten reinen Farbe ermitteln, denn $f = 1 - (w + s) = 1 - 0{,}75 = 0{,}25$ (S. 36).

WI. OSTWALD gab sieben Filter von verschiedener Farbe an, die schmale Zonen des Spektrums durchlassen und der Farbe des Objektes entsprechend als Paß- und Sperrfilter benützt werden. Für ein gelbes Objekt z. B. verwendet er ein gelbes Filter als Paßfilter zur Ermittlung der Schwärzlichkeit und ein blaues Filter als Sperrfilter, um den Weißgehalt zu bestimmen.

Besonders brauchbar für solche Messungen ist das Stufenphotometer (Abb. 21, S. 27), das bei F eine drehbare Scheibe mit den sieben Filtern trägt, die sich nach Bedarf in das Gesichtsfeld des Apparates einschalten lassen. Man legt den farbigen Körper unter die feste Blende B_1, verändert die Öffnung der Blende B_2 derart, daß die beiden Hälften des Gesichtsfeldes gleich erscheinen und liest die Helligkeit des gebildeten Grautones an der Meßtrommel ab.

Mit Hilfe der beiden Filter wird die Absorptionskurve der Körperfarbe an zwei Stellen abgetastet; da das Resultat ganz von der Form der Kurve abhängt, so kann es vorkommen, daß für metamere Farben, obwohl sie ganz gleich aussehen, verschiedene Weiß- und Schwarzwerte gefunden werden.

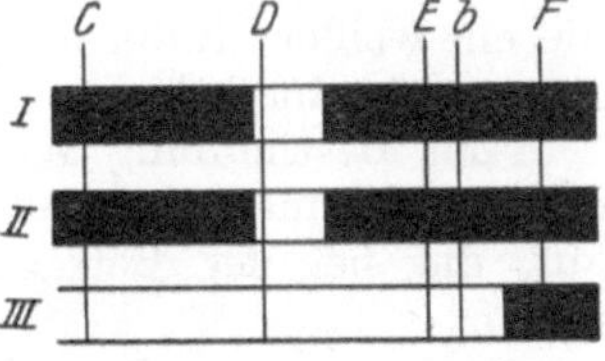

Abb. 49. Ermittlung des Schwarzgehaltes von zwei gelben Pigmenten *II* und *III* mit Hilfe des Paßfilters *I*

Auch das nachstehende Beispiel zeigt, daß die OSTWALDsche Filtermethode nicht als einwandfrei bezeichnet werden kann. In Abb. 49 sei *I* jenes gelbe Filter, welches als Paßfilter bei Ermittlung des Schwarzgehaltes gelber Pigmente gebraucht wird. Es besitze eine ideal gestaltete, scharf begrenzte schmale Durchlässigkeitszone. Blickt man durch dasselbe auf eine Körperfarbe *II* von ganz gleicher spektraler Beschaffenheit, etwa auf ein zweites solches Filter, so erscheint uns dieses ebenso hell, als wenn wir gegen eine weiße Fläche blicken würden. Wir finden also für diese Farbe, obwohl sie bei normaler Betrachtung derart dunkel und schwärzlich aussieht, daß sie niemand als Gelb bezeichnen würde, doch den Schwarzgehalt Null.

Das gleiche Resultat gibt aber auch das Gelb *III* in Abb. 49, das alle roten und grünen Strahlen des Spektrums remittiert und uns daher bei normaler Betrachtung rein gelb erscheint.

Das Verfahren versagt also in diesem Falle vollkommen und es ist leicht, verschiedene andere Fälle zu konstruieren, die es als fehlerhaft erscheinen lassen.

42. Bezeichnung der Farben. Da sich der Farbton durch eine Ziffer, Weißlichkeit und Schwärzlichkeit durch die beiden Buchstaben der gefundenen Grautöne bezeichnen lassen, so kann jede beliebige Körperfarbe durch drei Zeichen eindeutig gekennzeichnet werden. Als erstes Zeichen wird stets die Nummer des Farbtones angegeben, dann folgt der Buchstabe, welcher die Weißlichkeit, und schließlich jener, der die Schwärzlichkeit anzeigt.

So bedeutet 87 *i e* ein trübes Gelbgrün, denn 87 liegt in der Mitte zwischen Gelb und Grün; *i* entspricht, wie im obigen Beispiel erörtert wurde, 0,27 Weiß, während aus *e* auf einen Schwarzgehalt 0,48 geschlossen werden muß.

In dieser Weise ermöglicht das Ostwaldsche Verfahren eine Definition jeder Körperfarbe. Man kann sich jedoch aus den Ziffern und Buchstaben nur eine ganz ungefähre Vorstellung über das Aussehen der Farbe bilden; eine Reproduktion derselben nach diesen Angaben ist ausgeschlossen. Diesem Mangel soll der Farbenatlas abhelfen, der aus einer systematisch zusammengestellten Sammlung von 680 Farbenkarten besteht, die alle Kombinationen bestimmter Farbtöne mit Weiß und Schwarz umfassen. Obwohl im Farbenatlas nur 24 Farbentöne und weniger als die Hälfte der Grautöne miteinander kombiniert wurden, reicht dieser für die Praxis doch vollkommen aus. Jede Farbenkarte ist mit den entsprechenden Kennzahlen versehen und die ganze Sammlung gewährt dem Künstler und Techniker einen tiefen Einblick in die Welt der Farben; sie bietet ihnen die Möglichkeit, dem jeweiligen Zwecke entsprechende Farben auszuwählen, sie passend zu kombinieren, auf ihre gemeinsame Wirkung zu prüfen usw.

E. Die Definition der Körperfarben durch die Grundfarben

43. Das analytische Verfahren. Um die Grundfarbenzusammensetzung einer Körperfarbe zu ermitteln, benützt man drei Filter, die je eine der drei Spektralzonen tunlichst vollständig durchlassen.

Betrachtet man den Körper, dessen Farbe zu definieren ist, z. B. durch ein solches Rotfilter, so wird er um so heller erscheinen, je mehr Strahlen der roten Spektralzone er aussendet; das Maß seiner Helligkeit, im Vergleich mit jener, die ein weißer durch das Rotfilter betrachteter Körper zeigt, entspricht dem Rotanteil seiner Farbe.

Zur Bestimmung der Helligkeiten kann z. B. die Ostwaldsche Grauleiter dienen, die man auf das zu prüfende Objekt legt; man sucht jene Graustufe auf, die bei der Betrachtung durch die Filter so hell wie das Objekt erscheint.

Hätte man z. B. gefunden, daß der Körper unter dem Rot-, Grün- und Blaufilter die Helligkeiten 0,5, 0,4 und 0,2 zeigt, so remittiert er ein Lichtgemisch, das aus

$$0{,}5 \text{ Rot} + 0{,}4 \text{ Grün und } 0{,}2 \text{ Blau}$$

besteht; diese Zahlen definieren eindeutig seine Farbe.

E. Detlefsen dürfte 1905 von diesem Verfahren zuerst Gebrauch gemacht haben, um Blumenfarben in einfacher Weise durch Zahlen zu definieren, wobei er als Vergleichsobjekt die S. 26 erwähnte logarithmische Grauskala benützte.

Später hat L. Bloch diese Methode der Grundfarbenmessung weiter ausgebildet und einen Apparat konstruiert, bei welchem an Stelle der Grauskala eine weiße Fläche benützt wird, der durch einen meßbar verstellbaren Beleuchtungsspalt jeder beliebige Helligkeitsgrad erteilt werden kann.

Sehr geeignet für solche Messungen ist das PULFRICHsche Stufenphotometer, wenn man die OSTWALDschen Paß- und Sperrfilter durch die drei Grundfarbenfilter ersetzt.

44. Das synthetische Verfahren. Für die meisten Zwecke der Technik ist die bloße Definition einer Farbe nicht genügend, vielmehr erscheint es wünschenswert, daß sich die Farbe auf Grund ihrer Kennzahlen jederzeit und an jedem Orte objektiv herstellen läßt.

Bei der synthetischen Methode der Grundfarbenmessung benützt man einen Farbenmischapparat, der die additive Vereinigung der drei Grundfarben in beliebigen Mengenverhältnissen gestattet. Mit Hilfe eines solchen Apparates läßt sich jede Körperfarbe nachbilden; kennt man die zu diesem Zwecke notwendige Helligkeit des roten, grünen und blauen Lichtes, so kann jederzeit die gleiche Grundfarbenmischung wieder hergestellt, also die gleiche Körperfarbe wieder sichtbar gemacht werden.

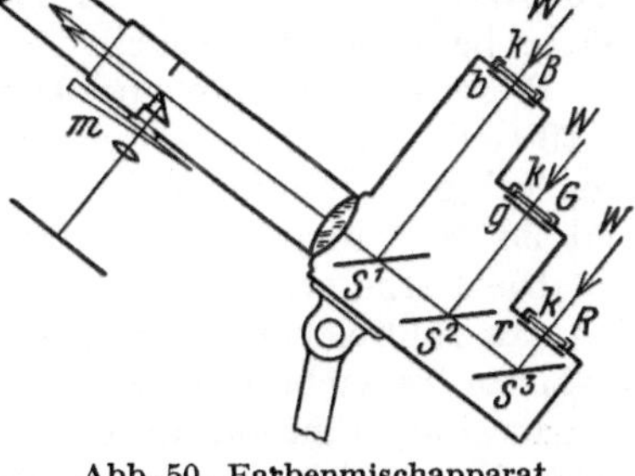

Abb. 50. Farbenmischapparat nach A. HÜBL

Aus Abb. 50 ist die Einrichtung eines vom Verfasser konstruierten Farbenmischapparates ersichtlich.

Ein stufenförmig gestaltetes Kästchen besitzt bei R, G und B Öffnungen, die mit den drei Lichtfiltern[1] bedeckt sind, und enthält bei S_1, S_2 und S_3 drei als Spiegel wirkende, schwach versilberte Glasplättchen. Blickt man durch das auf die Öffnungen eingestellte Fernrohr in den Apparat, so gelangt ein Gemisch von roten, grünen und blauen Strahlen in unser Auge. Bei passender Wahl der Helligkeiten erscheint das Gesichtsfeld weiß.

Über den drei Öffnungen R, G und B sind drei verschiebbare GOLDBERGsche Graukeile angebracht, welche das auf die Filter fallende weiße Licht beliebig abzuschwächen gestatten, so daß sich durch Verschieben der Keile jede beliebige Mischung aus den drei Lichtern herstellen läßt. Um die Farbe dieser Lichtmischung mit der Farbe eines beliebigen Objektes vergleichen zu können, ist in der Bildebene des Fernrohres ein kleines Prisma vorgesehen, durch welches die vom Objekt ausgehenden Strahlen in unser Auge reflektiert werden. Wir sehen so das halbe Gesichtsfeld in der Farbe des Objektes und können durch Verschieben der drei Keile die zweite Hälfte des Gesichtsfeldes in gleicher Farbe einstellen.

Die dabei notwendige Verschiebung der Keile wird an drei Millimetermaßstäben jeweils abgelesen; aus diesen Zahlen läßt sich die Helligkeit der drei Grundfarben errechnen, die man zur Definition der Farbe benützt.

Um die Zeichnung leichter verständlich zu machen, ist das Objekt unter der Rohrachse gezeichnet; tatsächlich liegt es seitwärts derselben, auch das Reflexionsprisma ist dementsprechend angeordnet.

Der Apparat ist für die Untersuchung undurchsichtiger Körper und transparenter Schichten gleich gut geeignet. Es ist auch möglich, die Farbe eines ent-

[1] An die Filter wird lediglich die Forderung gestellt, daß sie Lichter von der Farbe der drei Grundfarben durchlassen; sie können daher enge Öffnungen, d. h. Durchlässigkeitsbereiche besitzen, während das früher erwähnte analytische Verfahren Filter erfordert, die je eine der drei Spektralzonen umfassen.

fernten Objektes zu bestimmen, wenn man sein Bild mit Hilfe einer Linse auf das Vergleichsprisma projiziert; auch die Zusammensetzung farbiger Lichter kann mit Hilfe dieses Apparates anstandslos ermittelt werden.

45. Auswertung der Meßresultate. Aus der Grundfarbenzusammensetzung, die man für eine Körperfarbe gefunden hat, kann, wie schon oben erwähnt wurde, auch ihr Weiß- und Schwarzgehalt leicht abgeleitet werden.

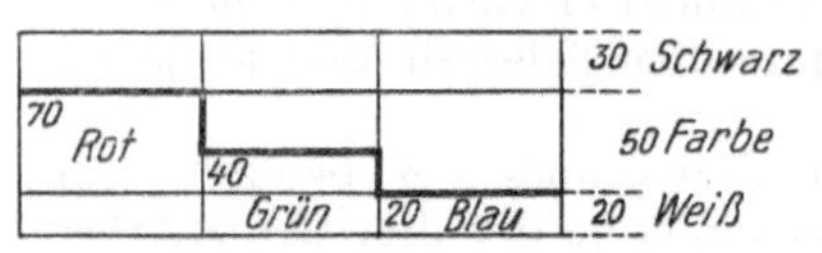

Abb. 51. Graphische Darstellung einer Körperfarbe

Hätte man z. B. für den Rot-, Grün- und Blaugehalt der Farbe eines Papiers die Zahlen 70, 40 und 20 gefunden und trägt man diese Werte in der aus Abb. 51 ersichtlichen Weise nebeneinander auf, so erhält man eine graphische Darstellung dieser Körperfarbe, welche deren Eigentümlichkeiten leicht übersehen läßt.

Gleiche Mengen der drei Farben geben Weiß, daher remittiert das Papier 0,20 Weiß, also den fünften Teil jenes farblosen Lichtes, das eine rein weiße Fläche bei gleicher Beleuchtung zurückwerfen würde.

Weiters sieht man aus Abb. 51, daß die Farbe aus 50 Rot + 20 Grün = = 20 Gelb + 30 Rot besteht, also einem Rotorange entspricht. Da keine der drei farbigen Komponenten gleich der Einheit ist, so ist die Farbe schwärzlich und ihr Schwarzgehalt ist 100 — 70 = 30.

Die Farbe besteht daher aus 50 Rotorange + 20 Weiß + 30 Schwarz.

Aus zahlreichen Messungen mit diesem Apparat hat sich die schon auf S. 40 erwähnte Tatsache ergeben, daß es nur gelbe Körper gibt, die rein und satt gefärbt sind, während die roten Pigmente, auch wenn sie der Gruppe der Teerfarbstoffe angehören, mit zunehmender Sättigung schwärzlich werden und daß alle blauen und besonders grünen Farbstoffe mit mindestens 50% Schwarz verunreinigt sind.

Diese Eigentümlichkeit der Körperfarben muß man sich bei der Photographie farbiger Objekte stets vor Augen halten, denn ihr hoher Schwarzgehalt macht sich bei jeder Art der photographischen Abbildung deutlich bemerkbar und oft ist sie die Ursache gewisser Mängel, die man an unrichtiger Stelle zu beheben sucht.

Oft klagt z. B. der Landschaftsphotograph über ungenügend helle Abbildung der grünen Vegetation und vielfach trachtet man diese Erscheinungen durch die mangelhafte Sensibilisierung der Platten zu erklären. Man hat bessere Grünsensibilisatoren gesucht und das Pinaflavol gefunden — die erwähnten Mängel blieben aber bestehen.

Sie liegen eben darin, daß jedes Körper-Grün und -Blau, auch wenn sie einen scheinbar reinen Eindruck machen, doch 60 bis 75% Schwarz enthalten und man daher mit keiner photographischen Platte imstande ist, solche Objekte heller abzubilden als Grautöne, die 25 bis 40% Weiß zurückwerfen.

Allerdings erscheint es kaum glaublich, daß ein lebhaftes, brillantes Grün oder Blau so große Mengen Schwarz enthält; diese Tatsache läßt sich nur dadurch erklären, daß uns ein wirklich reines Grün und Blau als Körperfarbe ganz unbekannt ist, daß wir also nicht in der Lage sind, in dieser Beziehung Vergleiche anzustellen. Im Farbenmeßapparat lassen sich die reinen Farben neben den Körperfarben einstellen und da sehen wir erst, wie stumpf und schwärzlich letztere sind.

Alle Körper reflektieren nebst der Farbe auch etwas weißes Licht, dessen Menge auch bei scheinbar ganz satten Farben zwischen 2 und 10% schwankt; das ist die Ursache dafür, daß sich z. B. rote und gelbe Objekte bei der Photographie mit gewöhnlichen Platten nicht ganz indifferent verhalten. Zum großen Teil wird dieses weiße Licht von der Oberfläche der Farbstoffschicht zurückgeworfen; durch Glänzendmachen der Oberfläche, Lackieren, Gummieren, Naßmachen usw. läßt sich dieses Licht beseitigen (S. 16).

Die nachstehende Tabelle 6 zeigt den Gehalt einiger Pigmente, die als Druckfarben Verwendung finden und sich durch besondere Reinheit und Brillanz auszeichnen, an Farbe, Weiß und Schwarz.

Tabelle 6. Gehalt verschiedener Pigmente an Farbe, Weiß und Schwarz

Pigment	Farbe	Weiß	Schwarz
Reines Chromgelb	96	4	0
Feuriger Zinnober	61	4	35
Brillantes Purpurrot ...	30	7	63
Reines Ultramarin.....	38	2	60
Lebhaftes Grün	24	12	64

F. Die Helligkeit der Körperfarben

Jede Farbenwahrnehmung ist mit einer Helligkeitsempfindung verbunden, die als eine spezifische Eigentümlichkeit der Farben anzusehen ist und der die farbigen Körper ihr mehr oder weniger helles Aussehen verdanken.

Die Helligkeit einer Körperfarbe wird durch den Vergleich mit einer gleich beleuchteten weißen Fläche bestimmt; wir bezeichnen z. B. die Helligkeit eines roten Körpers mit 0,33, wenn er ein Drittel so hell aussieht wie ein weißer Körper, wobei es gleichgültig ist, ob beide im Sonnenlicht oder bei Kerzenlicht betrachtet werden.

Ein Vergleich von zwei farbigen Körpern gestattet keine auch nur annähernde Zahlenangabe über ihre relativen Farbenhelligkeiten; oft ist es sogar recht schwierig, zu entscheiden, welche von zwei Farben überhaupt die hellere ist. Wir können zwar mit Sicherheit behaupten, daß ein gelber Körper heller als ein blauer aussieht, ratlos stehen wir aber der Aufgabe gegenüber, wenn es sich z. B. um den Vergleich eines hellroten und reingrünen Pigments handelt.

Es ist selbstverständlich, daß keine Körperfarbe so hell wie Weiß aussehen kann, denn alle Farben entstehen aus dem weißen Licht durch Absorption der einen oder anderen Strahlengattung, der farbige Körper reflektiert daher stets nur einen Teil des auffallenden Lichtes.

Die Helligkeiten der drei Grundfarben lassen sich, wie auf S. 35 gezeigt wurde, aus der spektralen Helligkeitskurve ermitteln, die Helligkeiten eines roten, grünen und blauen Körpers verhalten sich wie 38 : 54 : 8, vorausgesetzt, daß jeder die Strahlen einer Spektralzone vollkommen reflektiert. Reflektiert ein Körper zwei dieser Zonen, so ist seine Helligkeit gleich der Summe der Komponentenhelligkeiten; Gelb besitzt daher die Helligkeit $38 + 54 = 92$, es ist die hellste unter den satten Körperfarben, ist aber weniger hell als Weiß, dem die Helligkeit 100 zukommt.

Kennt man die Zusammensetzung einer Körperfarbe in bezug auf die drei Grundfarben, weiß man also, daß sie aus $r + g + b$ Teilen der roten, grünen und blauen Grundfarbe besteht, so ist ihre Helligkeit

$$H = 38\,r + 54\,g + 8\,b.$$

Wie Wi. Ostwald gezeigt hat, läßt sich die Helligkeit einer Körperfarbe auch durch Vergleich mit einer Grauskala ziemlich genau messen. Man legt die Grauleiter (S. 27) auf die zu prüfende farbige Fläche und vergleicht die in den Zwischenräumen zwischen ihren Sprossen sichtbare Farbe mit den sie einschließenden Graustufen. Bei einiger Übung findet man mit ziemlicher Sicherheit jene benachbarten zwei Grautöne, von welchen uns der eine heller, der andere dunkler als die zu untersuchende Farbe erscheint, zwischen denen also die gesuchte Farbenhelligkeit liegt.

Daß man mit beiden Verfahren die gleichen Resultate erhält, zeigen die nachstehenden Zahlen, die für einige Farben der Farbentafel für photographische Zwecke (herausgegeben vom Werk „Höchst", I. G. Farbenindustrie A. G. [Agfa]) erhalten wurden:

Tabelle 7. Farbenhelligkeit verschiedener Farben der Höchster Farbentafel für photographische Zwecke

	Grundfarben-zusammensetzung			Farbenhelligkeit gefunden		Helligkeits-empfindung
	Rot	Grün	Blau	durch Rechnung	mit der Grauleiter	
Dunkelrot .	27	3	5	0,13	0,10	0,48
Zinnober ..	42	2	3	0,18	0,15	0,55
Gelb	90	90	5	0,83	0,85	0,97
Blau	2	12	40	0,11	0,13	0,50
Violett ...	13	4	22	0,09	0,08	0,40

Das sehr einfache Verfahren zur Bestimmung der Farbenhelligkeiten mit Hilfe der Grauleiter kann in der photographischen Praxis zur Ermittlung der tonrichtigen Filter benützt werden. Bei der Photographie farbiger Objekte strebt man eine helligkeitswahre Abbildung der Farben an; um eine solche Abbildung zu erzielen, muß man ein die Plattenempfindlichkeit korrigierendes Filter benützen, das man als „tonrichtig" bezeichnet. Die Frage nach der Beschaffenheit dieses Filters wird wesentlich vereinfacht, wenn man berücksichtigt, daß die Farbe aller Körper nur aus den drei Grundfarben besteht und daß ein Filter, das diese Farben tonrichtig abbildet, auch alle anderen Körperfarben in helligkeitswahre Grautöne umsetzen wird. Man wählt daher drei Papiere von satter roter, grüner und blauer Farbe, ermittelt ihre Helligkeiten, legt sie auf ebenso helle graue Papiere und sucht nun ein Filter, das die farbigen und grauen Papiere gleich hell abbildet. Dies ist das gesuchte tonrichtige Filter.

Für die Ermittlung der Helligkeit des Lichtes, das von transparenten farbigen Schichten, z. B. von Dunkelkammerscheiben, durchgelassen wird, dienen besondere Photometer; man kann sie aber auch aus der Grundfarbenzusammensetzung des Lichtes errechnen. Ungefähre Zahlen ergeben sich durch einen Vergleich der Scheibe mit verschiedenen Grautönen von bekannter Transparenz, wobei man ähnlich verfährt, wie bei Helligkeitsbestimmungen farbiger Flächen mit der Grauleiter. Man benützt eine transparente Grauskala, die man durch stufenförmiges Übereinanderlegen von Graufolien gebildet hat, und betrachtet diese knapp neben der zu prüfenden Scheibe gegen eine gleichmäßig beleuchtete Fläche, etwa ein von rückwärts beleuchtetes Papier. So läßt sich erkennen, welche Skalenstufe heller und welche dunkler aussieht; dazwischen liegt jener Grauton, der die gesuchte Helligkeit der farbigen Scheibe charakterisiert.

46. Subjektive Empfindung der Farbenhelligkeiten. Bei der Beurteilung eines Grautones macht sich nicht die objektive durch den Weißgehalt bedingte Helligkeit, sondern eine logarithmische Funktion derselben geltend (S. 23). Die gleichen Verhältnisse müssen auch bei der Beurteilung der Farbenhelligkeiten bestehen.

Grautöne von der Helligkeit der Grundfarben zeigen das objektive Helligkeitsverhältnis:

$$\text{Blau} : \text{Grün} : \text{Rot} : \text{Weiß} = 8 : 54 : 38 : 100;$$

tatsächlich empfunden werden aber diese Helligkeiten im Verhältnis

$$40 : 85 : 78 : 100 \text{ oder annähernd wie } 1 : 2 : 2 : 2{,}5.$$

Der zwischen den Grundfarben bestehende Helligkeitsunterschied ist daher ziemlich gering und die sehr verschiedene Helligkeit, die wir bei den Körperfarben beobachten, wird zum größten Teil durch ihren verschiedenen Schwarzgehalt bedingt. Blau erscheint uns viel dunkler als Gelb, weil es im Gegensatz zu diesem stets reichliche Mengen Schwarz enthält; ein reines, nicht grünstichiges Blau, das etwa halb so hell wäre als Gelb, kommt als Körperfarbe nicht vor.

Beim Vergleiche der in der Tabelle 7 angegebenen Körperfarben nehmen wir nicht die objektiven Helligkeiten wahr, wir empfinden vielmehr die Helligkeiten entsprechend den in der letzten Kolonne (Helligkeitsempfindung) der Tabelle angeführten Verhältniszahlen.

Auch für die Mischung der Körperfarben mit Schwarz und Weiß hat das FECHNERsche Gesetz volle Gültigkeit. Sie verhalten sich dabei analog wie ebenso helle Grautöne. Das Aussehen eines Blau von der Helligkeit 0,1 ändert sich also durch einen Zusatz von Schwarz oder Weiß ebenso wie ein gleich helles Grau, dem man die gleiche Menge Schwarz oder Weiß zufügt.

Die Tatsache, daß ein Zusatz von Schwarz zu hellen Farben bei weitem nicht in dem seiner Menge entsprechenden Maße empfunden wird, ist für die Mal- und Drucktechnik von größter Bedeutung. Beim Mischen von Farbstoffen, gleichgültig, ob dies auf der Palette oder durch Übereinanderdruck in der Presse erfolgt, wird fast immer mehr oder weniger Schwarz gebildet, das die Mischfarbe unrein macht. Dieses Schwarz wird aber entsprechend dem FECHNERschen Gesetz nur zum Teil empfunden, die Farbe erscheint uns daher reiner, als sie tatsächlich ist. Dies ist auch die Ursache, warum uns grüne und blaue Körperfarben, obwohl sie meist über 50% Schwarz enthalten, doch recht rein erscheinen und keineswegs erkennen lassen, daß sie in der Mitte zwischen Reingrün und Schwarz stehen.

47. Die Sehschärfe bei farbigem Licht und das Purkinjesche Phänomen. Die Helligkeit des weißen Lichtes ist, wie oben (S. 19) besprochen wurde, von wesentlichem Einfluß auf die Sehschärfe. Dies trifft auch bei farbigen Lichtern zu, doch wird die Sehschärfe nicht nur durch die Helligkeit, sondern auch durch die Farbe in hohem Grade beeinflußt. Bezeichnet man die Sehschärfe bei weißem Licht mit 1, so ist sie

bei gleich hellem rotem Licht nur etwa $^1/_2$
„ „ „ grünem „ „ „ $^1/_4$
„ „ „ blauem „ „ „ $^1/_6$

Diese eigentümliche Erscheinung sucht man durch die ungleiche Zahl der rot-, grün- und blauempfindlichen Elemente in der Netzhaut zu erklären. Die rotempfindlichen Elemente sind zahlreicher und liegen näher aneinander, als die in geringerer Zahl vorhandenen blauen; wenn daher nur die roten oder nur die blauen Elemente die Empfindung vermitteln, so müssen verschiedene Sehschärfen zustande kommen.

Die Netzhaut besitzt eine gewisse Ähnlichkeit mit dem Raster einer Autochromplatte. Auch hier sind die drei Farbenelemente nicht in gleicher Zahl vertreten, vielmehr ist die Zahl der grünen Körner viel größer als die der roten. Die Platte muß daher schwarze zarte Linien auf grünem Grunde schärfer abbilden als solche auf rotem Grunde.

Als hellste Stelle in einem Spektrum gilt das Gelbgrün; diese Angabe ist für ein lichtstarkes Spektrum auch zutreffend, verringert man aber allmählich dessen Helligkeit, so wandert die hellste Stelle immer weiter gegen Blaugrün und das früher relativ zu Blau sehr helle Rot erscheint schließlich dunkler als das Blau. In Abb. 52 sind diese Verhältnisse graphisch dargestellt: Die Kurve h entspricht der Helligkeitsverteilung in einem lichtstarken, die Kurve d jener in einem lichtschwachen Spektrum. Die gleichen Kurven gelten auch für Körperfarben. Wie man sieht, wird die relative Helligkeit eines zinnoberroten Pigmentes — Ordinate a — bei weitgehender Herabsetzung der Beleuchtung auf etwa ein Zehntel verringert, während die relative Helligkeit eines blauen Körpers, etwa Ultramarin, wie die Ordinate b zeigt, auf das Fünffache steigt. Die Kurven zeigen demnach, daß diese Helligkeitsveränderung der Farben ganz allgemein gilt, daß also jedes Licht größerer Wellenlänge bei herabgesetzter Intensität dunkler erscheint als ein solches von kürzerer Wellenlänge. Verringert man z. B. allmählich die Intensität eines roten und eines ebenso hellen orangegelben Lichtes, so wird ersteres rascher an Helligkeit verlieren, also dunkler erscheinen als das Orangelicht.

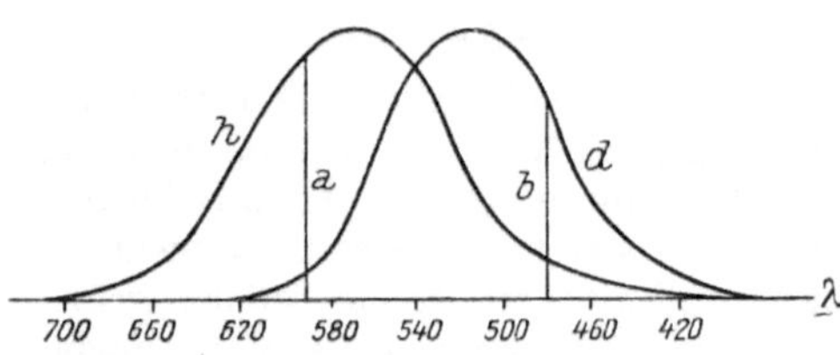

Abb. 52. Kurven der Helligkeitsverteilung für ein lichtstarkes und ein lichtschwaches Spektrum

Mit Verringerung der Lichtstärke erscheinen uns die Farben immer weniger gesättigt; schließlich geht jede Farbenwahrnehmung verloren, so daß in einem sehr lichtschwachen Spektrum nurmehr Helligkeitsunterschiede empfunden werden.

Das PURKINJEsche Phänomen, d. i. die Abhängigkeit der relativen Farbenhelligkeit von der Beleuchtungsstärke ist nicht etwa durch die objektive Veränderung der Farben bedingt, denn das Helligkeitsverhältnis Rot : Blau bleibt bei gleichbleibender Beleuchtung ungeändert, wenn man beiden Farben gleiche Mengen Schwarz zufügt, ein Versuch, der sich am Farbenkreisel leicht ausführen läßt.

Die Ursache des Phänomens liegt in dem verschiedenen von der Lichtstärke abhängigen Adaptationszustand unserer Augen (S. 20 ff). Das Tagessehen wird lediglich durch die farbentüchtigen Zapfen vermittelt, welchen die Empfindlichkeitskurve h entspricht, während beim Sehen im Dunkeln auch die farbenblinden Stäbchen mit der Empfindlichkeitskurve d in Aktion treten.

Auch die objektive Helligkeitsverteilung im Spektrum ist stets die gleiche, sie scheint uns nur verschieden, je nachdem wir das Spektrum mit hell oder dunkel adaptierten Augen betrachten.

Da die Netzhautgrube, die Fovea centralis, also die Stelle des deutlichsten Sehens, stäbchenfrei ist und nur Zapfen enthält (S. 18), so kann die Erscheinung nicht auftreten, wenn die farbigen Felder so klein sind, daß ihre Abbildung nur auf diese Stelle der Netzhaut beschränkt ist. Tatsächlich zeigen ein rotes und blaues Feld, die nur etwa $1\frac{1}{2}^0$ des Gesichtsfeldes einnehmen, unabhängig vom Adaptationszustand der Augen stets das gleiche Helligkeitsverhältnis: Rot heller als Blau.

Das PURKINJEsche Phänomen macht sich auch bei Betrachtung einer Landschaft insofern geltend, als bei hellem Licht die gelben und roten Töne wegen ihrer Helligkeit besonders hervortreten und das Kolorit beherrschen, während bei schwachem Mondlicht die blauen Farben heller werden und sich überall bemerkbar machen. Aus diesem Grunde läßt auch der Maler, um eine sonnenbeleuchtete Landschaft darzustellen, die roten und gelben Töne vorherrschen, will er uns aber eine Nachtstimmung vortäuschen, so muß er die bläulichen Farben dominieren lassen.

48. Das Sehen in der Dunkelkammer. Über das Sehen in der photographischen Dunkelkammer, die mit farbigem Licht beleuchtet ist, verdanken wir H. ARENS und J. EGGERT sehr interessante Mitteilungen.

Benutzt man zur Beleuchtung des Raumes abwechselnd eine Rot- und eine Grünscheibe von solcher Durchlässigkeit, daß das Rot- und Grünlicht von etwa gleicher Helligkeit sind, und gestattet ersteres noch das Lesen einer Druckschrift mittlerer Größe auf vielleicht einen Meter Entfernung, so müssen wir beim Grünlicht diese Entfernung auf $^1/_2$ oder $^1/_3$ verringern, wenn wir die Buchstaben ebenso deutlich sehen wollen.

Betrachten wir dagegen Objekte, die weiter von der Lichtquelle entfernt sind, so erscheinen uns diese bei grüner Beleuchtung überraschend deutlich, während wir sie bei rotem Licht überhaupt nicht mehr sehen. Noch auffallender ist der Unterschied zwischen Rot- und Blaulicht; auch wenn man die Rotbeleuchtung mit einer gleich hellen Orangebeleuchtung vergleicht, kann man das bessere „Ausleuchten" des Raumes durch das Orangelicht beobachten.

Diese Tatsachen werden verständlich, wenn man berücksichtigt, daß das Lesen der Druckschrift in geringer Entfernung von der Lichtquelle bei Helladaptation erfolgt und die dabei sich ergebenden Unterschiede durch die Abhängigkeit der Sehschärfe von der Lichtfarbe bedingt werden, daß aber beim Betrachten entfernter Objekte Dunkeladaptation eintreten muß, weil das in unser Auge fallende Licht nur sehr schwach ist, dann aber entsprechend dem PURKINJEschen Phänomen die grün oder blau beleuchteten Objekte heller erscheinen müssen als die rot beleuchteten.

Bei rotem Licht sehen wir also sehr deutlich die Veränderungen der Platte im Entwickler, können uns aber in der Dunkelkammer nur schwer orientieren; bei grünem Licht läßt sich der Entwicklungsprozeß weniger gut kontrollieren, dafür erscheint aber der Raum heller erleuchtet. Orangelicht steht etwa in der Mitte zwischen Rot- und Grünlicht.

49. Die Erscheinungen des Kontrastes. Es ist eine bekannte Tatsache, daß ein graues Objekt, z. B. eine aus grauem Papier geschnittene Scheibe, auf schwarzem Grunde heller aussieht als auf weißem, daß also die Helligkeit der Umgebung das Aussehen des Grautons beeinflußt.

Man nennt diese Erscheinung den „simultanen" Helligkeitskontrast; eine ähnliche Erscheinung, die wir als „Nachbild" (auch als „sukzessiven" Kontrast) bezeichnen, tritt beim zeitlichen Hintereinander von Helligkeitswahrnehmungen auf.

Der simultane Kontrast wird sehr deutlich bemerkbar, wenn graue Felder von verschiedener Helligkeit dicht, aber nicht ganz scharf aneinanderstoßen, man kann daher solche Kontrasterscheinungen oft an photographischen Bildern, die aus homogenen Mitteltönen bestehen, beobachten.

Kopiert man z. B. eine durch stufenförmiges Übereinanderlegen von dünnem Papier gebildete Skala auf einem lichtempfindlichen Papier, so erhält man eine Reihe nebeneinanderliegender Grautöne, die eigenartig abschattiert aussehen. Jede Stufe erscheint nämlich auf der Seite der nächst dunkleren heller und auf der Seite der nächst helleren dunkler als in der Mitte. Daß es sich dabei lediglich um eine subjektive Empfindung handelt, erkennt man leicht, wenn man die Graustufen durch schwarze Linien trennt, weil dann die scheinbare Abschattierung vollkommen verschwindet.

Eine an photographischen Bildern oft beobachtete Erscheinung sind lichte Säume, welche die Konturen dunkler Objekte auf hellem Grunde begleiten. Im Negativ erscheinen diese Säume dunkler als der Grund; vielfach glaubt man, daß es sich um eine Entwicklungserscheinung handelt, was aber nicht der Fall ist, denn auch gezeichnete oder gedruckte breite schwarze Linien zeigen den lichten Saum. Solche Kontrasterscheinungen sind bei Röntgenaufnahmen sehr beachtenswert, da sie zu falschen Deutungen Anlaß geben können.

Sind die sich beeinflussenden Flächen farbig, so treten neben den Helligkeitskontrasten auch Farbenkontraste auf, wobei sich die Tendenz zur Entstehung von Komplementärfarben geltend macht. Eine graue Papierscheibe auf gelbem Grund sieht bläulich, auf grünem Grund rötlich aus. Setzen wir zwei farbige Felder nebeneinander, so wird jedes gegen die Komplementärfarbe des anderen hin geändert; sind beide komplementär, so steigern sie gegenseitig ihre Brillanz, stehen sie einander nahe, so verlieren beide an Farbe und Glanz.

Für die Erscheinungen des sukzessiven Kontrastes mag folgender Versuch als charakterisierendes Beispiel dienen: Wenn man einen Streifen weißen Papiers auf schwarzem Grunde einige Zeit fixiert und dann rasch entfernt, so sehen wir die vom Streifen gedeckt gewesene Stelle dunkler als ihre Umgebung; bei dem gleichen Versuch mit einem schwarzen Streifen auf weißem Grunde erscheint uns die Stelle des Streifens heller als die Umgebung. Man bezeichnet diese Erscheinungen auch als „negative" Nachbilder. Bedingt sind sie durch die Ermüdung des Sehorgans. Beim Fixieren des hellen Objektes ermüdet die Netzhautstelle, auf die dessen Bild fällt. Wenn nun Licht von einer gleichmäßig beleuchteten Fläche die Netzhaut trifft, so wird die ermüdete Stelle nicht so stark erregt, als der übrige, mehr ausgeruhte Teil der Netzhaut. Diese Stelle erscheint uns daher im Vergleich zu den übrigen Teilen des Gesichtsfeldes dunkel. Führt man den oben erwähnten Versuch zur Erzielung einer sukzessiven Kontrasterscheinung mit einem Streifen farbigen Papiers auf einer farblosen Unterlage aus, so erscheint nach der Entfernung des Streifens diese Stelle komplementär gefärbt. Jede Farbe erzeugt ein Nachbild in der Komplementärfarbe auf ihrer Unterlage; ist diese farblos, so kommt die Farbe des Nachbildes rein zur Geltung, ist die Unterlage farbig, so entsteht die entsprechende Mischfarbe.

Die Kontrasterscheinungen spielen bei Betrachtung unserer Umgebung eine überaus wichtige Rolle. Unser Blick gleitet über Objekte von verschiedener Helligkeit und verschiedener Farbe; diese werden daher auf Teilen der Netzhaut abgebildet, die unmittelbar vorher von anderen Helligkeiten und anderen Farben getroffen wurden, wodurch uns die Gegenstände vielfach anders erscheinen, als sie tatsächlich sind. Auch bei ruhiger Betrachtung macht sich bei Objekten verschiedener Helligkeit und Farbe empfindungsgemäß eine gegenseitige Einwirkung geltend. So ist z. B. die Helligkeit und Größe eines Kartons als Unterlage für ein photographisches Bild von großem Einfluß auf sein Aussehen; im allgemeinen macht eine schwarze Unterlage das Bild brillanter, plastischer, während es auf weißem Grunde flacher, monotoner wirkt. Blicken wir gegen eine ausgedehnte farbige Fläche, so sehen wir auf der Fläche befindliche und benachbarte Objekte mit der Komplementärfarbe überzogen. Eine Photographie auf grünem Karton erscheint uns daher rotstichig und ein Gemälde verliert in einem Raum mit grellfarbiger Tapete alle Schönheit des Kolorits.

Sowohl Helligkeits- als auch Farbenkontraste treten nur unter bestimmten Verhältnissen auf, der Maler ist daher oft gezwungen, derartig subjektive Erscheinungen im Gemälde objektiv darzustellen. Wo z. B. Sonnenstrahlen, die durch das grüne Laub der Bäumes fallen, den Boden treffen, entstehen Lichtflecken von rosenroter Farbe — eine Kontrasterscheinung, die in einem Bild wegen der zu geringen Leuchtkraft der Farben nicht wahrzunehmen ist. Der Künstler malt daher die Lichtflecke mit rötlicher Farbe, um die Illusion des Sonnenlichtes im Walde hervorzubringen.

Merkwürdigerweise übertrifft das farbige Autochrombild in dieser Beziehung jedes Gemälde, denn es zeigt alle Kontrasterscheinungen ebenso vollkommen, wie wir sie in Wirklichkeit beobachten. Die Sonnenflecke im grünen Wald erscheinen uns in diesen Bildern deutlich rot, und selbst die bekannte Erscheinung der farbigen Schatten läßt sich mit der Autochromplatte wiedergeben.

Für diese seltsame Tatsache fehlt uns bisher eine Erklärung, doch dürfte sie mit der Transparenz dieser Bilder in der Durchsicht und ihrer eigentümlichen Struktur zusammenhängen.

G. Tageslicht und künstliche Beleuchtung

Die Bezeichnung eines Lichtes als „weiß" oder „farblos" ist zwar allgemein gebräuchlich, doch ist es keineswegs leicht, diese Eigenschaft zutreffend zu definieren.

Unser Auge vermag in dieser Beziehung keine Entscheidung zu treffen, denn es besitzt die Fähigkeit, sich der jeweiligen Beleuchtung derart anzupassen, daß wir ihre Farbe nach kurzer Zeit gar nicht mehr wahrnehmen, sie daher für farblos halten.

Meist betrachtet man jenes Licht als weiß, das von weißen Wolken reflektiert wird, während das Tageslicht bei trübem Wetter rotstichig ist und der blaue Himmel ein stark bläuliches Licht aussendet. Das direkt von der Sonne ausgestrahlte Licht müssen wir als farblos annehmen, beim Passieren der Atmosphäre wird es aber mehr oder weniger rötlich und unterscheidet sich in dieser Beziehung stets vom weißen Wolkenlicht.

Nimmt man an, daß das rein weiße Licht aus gleichen Mengen der drei Grundfarben besteht, so enthält das Tageslicht bei trübem Wetter einen Überschuß von 10 bis 15% Rotorange und das blaue Himmelslicht etwa den gleichen Überschuß an blauen Strahlen.

Auch das Sonnenlicht kann bis zu 20% überschüssiges Rot enthalten; einen noch höheren Rotgehalt besitzt das Licht in geschlossenen Räumen, da der braune Fußboden und die meist ebenso gefärbten Möbel reichlich rotes Licht reflektieren.

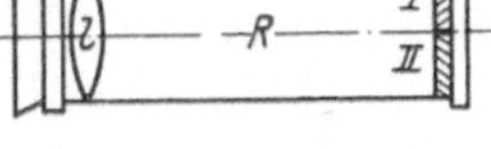

Abb. 53. Der Lichtprüfer

Alle diese Lichter empfinden wir als farblos, kommt aber ihre objektive Beschaffenheit in Frage, so machen sich die Unterschiede gegenüber der Tageslichtfarbe sehr deutlich bemerkbar. Bei der Sensitometrie farbenempfindlicher Platten erhält man bei Benützung von Tageslicht zu verschiedenen Zeiten ganz verschiedene Resultate und die Rotempfindlichkeit einer Platte kann im Atelier zwei- bis dreimal so groß sein als im Freien bei klarem Wetter.

Ein kleines Instrument, der vom Verfasser angegebene „Lichtprüfer", ermöglicht es, die wirkliche Farbe der uns jeweilig umgebenden Beleuchtung zu erkennen.

Der Lichtprüfer besteht aus zwei verschiedenen Graufolien I und II (Abb. 53), einer echt grauen und einer unecht grauen (S. 40), die nebeneinander in einem etwa 8 cm langen Rohr R angeordnet sind und durch eine Lupe l betrachtet werden.

Bei weißem Licht erscheinen die beiden Hälften des Gesichtsfeldes gleich farblos grau, sind im Lichte aber mehr rote als blaue Strahlen vorhanden, so ergänzen sich die von der Unechtgraufolie durchgelassenen Strahlen nicht mehr zu Weiß, sondern bilden eine rötliche Mischfarbe, die Folie erscheint uns daher rot, während die daneben befindliche Echtgraufolie unter allen Verhältnissen farblos bleibt. Ist das Licht blaustichig, so macht sich der Mangel an roten Strahlen geltend und wir sehen daher ein halbes Gesichtsfeld in grünlich-blauer Farbe.

Wir vergleichen bei der Benützung dieses Instruments lediglich die rote Zone des Spektrums mit der blaugrünen und schließen aus dem Verhältnis der Intensitäten dieser Strahlengattungen auf die Farbe des Lichtes, was offenbar nur dann zulässig ist, wenn es sich um ein Licht handelt, das alle Strahlen des weißen Lichtes in kontinuierlichem Zusammenhang enthält, wie dies bei allen Temperaturstrahlern der Fall ist.

Für die Beurteilung eines von glühenden Dämpfen ausgesendeten Lichtes (Moore-Licht, Quecksilberlicht), das durch ein Linienspektrum charakterisiert ist, kann der Lichtprüfer nicht benutzt werden.

Bemerkenswert ist noch, daß unser Auge bei einem aus Rot und Blaugrün zusammengesetzten Weiß gegen das geringste Vorherrschen einer der beiden Komponenten außerordentlich empfindlich ist und daß der Fixationspunkt der Unechtgraufolie von einem runden Fleck umgeben erscheint, welcher auch bei weißem Licht rötlich aussieht. Dem Flecke entspricht, in das Auge hineinprojiziert, die Fovea centralis. Sein rötliches Aussehen ist der gelben Färbung derselben zuzuschreiben. Ihr gelbes Pigment absorbiert hier etwas von den blauen Strahlen; dadurch macht sich ein geringer Überschuß an Rot geltend.

Die Kenntnis der Tageslichtfarbe ist z. B. bei Gemäldeaufnahmen mit Autochromplatten von Bedeutung, denn ein stärkerer Rot- oder Blaustich des Bildes macht sich störend bemerkbar. Prüft man das Licht vor der Aufnahme, so kann man das Filter so wählen, daß der genannte Fehler vermieden wird.

50. Die Farbe künstlicher Lichter. Alle künstlichen Lichtquellen senden, wenn man von der Lumineszenz absieht, ein Licht aus, dessen Farbe, wie schon auf S. 3 erwähnt wurde, von der Temperatur des glühenden Körpers abhängt und das im Vergleich mit dem weißen Tageslicht als rot oder orange bezeichnet werden muß. Aber auch diese Lichter machen als Raumbeleuchtung den Eindruck der Farblosigkeit und wir erkennen ihre wirkliche Farbe nur dann, wenn wir Gelegenheit haben, sie mit weißem Licht zu vergleichen, was etwa in nachstehender Weise geschehen kann.

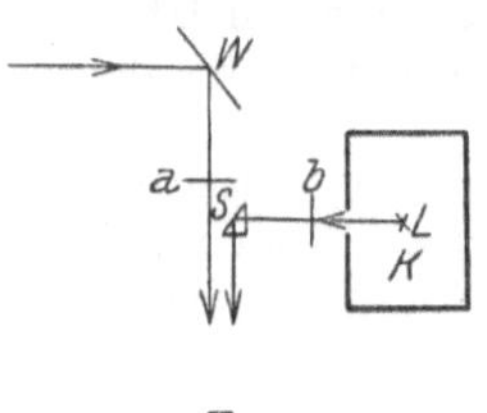

Abb. 54. Vorrichtung zur Prüfung der Farbe künstlicher Lichter

Bei W (Abb. 54) befindet sich ein weißer Schirm oder auch ein Spiegel, auf den das Licht des weiß bewölkten Himmels fällt; in s ist ein kleiner Spiegel oder ein rechtwinkliges Glasprisma angebracht, das die Strahlen der zu untersuchenden Lichtquelle L, die in einem Kasten K eingeschlossen ist, gegen das Fernrohr F reflektiert.

Ordnet man das Prisma derart an, daß es das halbe Gesichtsfeld des Fernrohrs ausfüllt, während die andere Hälfte des Gesichtsfeldes von der weißen Fläche W beleuchtet wird, so ist die verschiedene Farbe der im Fernrohr sichtbaren, dicht aneinanderschließenden Halbkreisflächen sehr auffallend erkennbar. Die mit dem künstlichen Licht beleuchtete Hälfte erscheint intensiv rot und wir halten es kaum für möglich, daß uns ein derartig rotes Licht farblos erscheinen kann.

Mit Hilfe dieser Einrichtung ist es auch möglich, eine transparente rotgelbe Schicht, etwa aus Glas, Gelatine usw. zu ermitteln, die, bei weißem Licht betrachtet, eine dem künstlichen Lichte gleiche Farbe zeigt. Man benutzt zu diesem Zwecke eine Anzahl roter und gelber Glasscheiben oder Gelatinefolien von verschieden intensiver Färbung und ermittelt jene Kombination von Schichten, die, bei *a* vor den weißen Schirm gestellt, die beiden Teile des Gesichtsfeldes gleich erscheinen läßt.

Solche Schichten können als „Äquivalentfilter" bezeichnet werden. Benutzt man als färbende Substanzen für die roten und gelben Schichten die beiden Farbstoffe Echtrot und Filtergelb, so erhält man für verschiedene Lichtquellen Äquivalentfilter von folgender Zusammensetzung:

Hefnerlampe:	Filtergelb	1,2 +	Echtrot	0,35
Halbwattlampe:	„	0,70 +	„	0,22
Bogenlampe:	„	0,35 +	„	0,13

Die hinter den Farbstoffnamen stehenden Zahlen geben die „Farbstoffdichte" an, d. i. die Farbstoffmenge in Gramm, die in einem Quadratmeter der farbigen Schicht enthalten ist (S. 78).

Die Farbe der künstlichen Lichter läßt sich genau so wie die der Körper durch ihre Grundfarbenzusammensetzung definieren, also durch die Menge der roten, grünen und blauen Strahlen, die vereint werden müssen, um den gleichen Farbeneindruck hervorzurufen wie diese Lichter.

Man benützt zu diesem Zwecke den auf S. 63 beschriebenen Apparat und erhält für die Zusammensetzung verschiedener Lichter die aus nachstehender Tabelle ersichtlichen Zahlen.

Tabelle 8. Grundfarbenzusammensetzung verschiedener künstlicher Lichter

Lichtquelle	I			II		
	Rot	Grün	Blau	Rot	Gelb	Weiß
Weißes Tageslicht..	100	100	100	—	—	100
Hefnerlampe	100	35	4	65	31	4
Halbwattlampe	100	56	14	44	42	14
Bogenlampe	100	60	40	40	20	40
Magnesiumlicht	100	71	60	29	11	60

Unter I sind die gefundenen Quantitäten der Grundfarben, also ihre relativen Helligkeiten angegeben. Wenn man in der auf S. 64 angegebenen Weise aus diesen Zahlen die in den Lichtern vorhandene Menge Rot, Gelb und Weiß ermittelt, so ergeben sich die unter II eingetragenen Zahlen.

Das Hefnerlicht besteht, wie man sieht, fast ausschließlich aus gelblichroten Strahlen, es enthält nur 4% weißes Licht; das Äquivalentfilter zeigt dementsprechend ungefähr die Farbe einer reifen Apfelsine. Die gleiche Färbung besitzt auch das Licht einer offenen Gasflamme, einer Kerze, einer Öl- oder Petroleumlampe usw.

Weniger gefärbt ist das Licht der gasgefüllten Halbwattlampe, die sich etwas günstiger als die Vakuum-Metallfadenlampe verhält, doch ist dieses Licht mit 14% Weißgehalt immerhin auch von ziemlich intensiver rotgelber Farbe. Auch das Licht der Bogenlampen, die mit gewöhnlicher Kohle brennen, ist deutlich rotorange, obwohl es uns im Vergleiche mit anderen künstlichen Lichtern meist rein weiß und zuweilen sogar bläulich erscheint.

Günstiger als alle diese Lichtquellen verhält sich das brennende Magnesium, das ein dem rötlichen Tageslicht ganz ähnliches Licht aussendet. Das brennende Magnesium ist zwar kein reiner Temperaturstrahler, besitzt aber ein fast kontinuierliches Spektrum und verdient als Tageslichtersatz bei sensitometrischen Versuchen vollste Beachtung.

51. Das Aussehen farbiger Gegenstände bei künstlicher Beleuchtung. Ein farbiger Gegenstand ändert bekanntlich mit der Farbe der Beleuchtung sein Aussehen und die Überlegung lehrt, daß sich die gleiche Veränderung seines Kolorits auch hervorbringen läßt, wenn man das weiß beleuchtete Objekt durch ein dem Lichte äquivalentes Filter betrachtet.

Bei Kerzenlicht sieht also ein farbiger Gegenstand so aus, als wenn man ihn bei Tageslicht durch ein gelbrotes Glas ansehen würde; die Betrachtung muß aber dabei so erfolgen, daß wir das weiße Licht nicht irgendwie nebenbei wahrnehmen können. Eine solche Betrachtungsweise läßt sich leicht z. B. durch Verwendung einer dicht anschließenden Brille erreichen.

Auf diese Art geht nach kurzer Zeit die Erinnerung an das früher gesehene Weiß verloren und unser Auge ist derart umgestimmt, daß uns weiße und graue Objekte ebenso farblos wie bei weißem Licht erscheinen. Die Veränderungen der Farben bleiben aber bestehen und jede Farbe wird so aussehen, als wenn man sie mit dem Farbstoff des Äquivalentfilters subtraktiv gemischt hätte.

Blau erscheint daher schwärzlich, Blaugrün zu grün, Purpur zu rot, helles Blaugrün grau, Gelb und Orange weiß usw.

Trotzdem sind die Veränderungen, die ein vielfarbiges Objekt in seinem Gesamteindruck bei künstlichem Licht erleidet, nicht allzu auffallend und es ist eine bekannte Tatsache, daß wir Gemälde beim Lichte von Bogenlampen und selbst auch bei demjenigen hochkerziger Halbwattlampen betrachten können, ohne daß uns die durch das rotgelbe Licht verursachten Veränderungen des Kolorits besonders stören würden.

Wesentlich anders liegen aber die Verhältnisse, wenn es sich um die Betrachtung oder den Vergleich einzelner Farbentöne handelt, wie das in der Technik der Färberei, Druckerei usw. vielfach notwendig ist. Bei künstlichem Licht ist man bei einer derartigen Beurteilung von Farben bekanntlich den gröbsten Täuschungen ausgesetzt und es kann vorkommen, daß zwei bei künstlichem Licht gleich aussehende Farben bei Tageslicht ganz verschieden erscheinen.

Man war daher vielfach bemüht, die künstlichen Lichter durch Vorschalten von blauen Gläsern weiß zu machen, was wohl möglich ist, aber mit einem ganz enormen Lichtverlust erkauft werden muß.

Derartige Weiß- oder Tageslichtfilter lassen sich mit Hilfe der auf S. 72 angegebenen Einrichtung leicht ermitteln: man hat lediglich eine Blauscheibe zu suchen, die, bei *b* in den Strahlengang des künstlichen Lichtes geschaltet, die beiden Gesichtsfeldhälften des Fernrohres gleich weiß erscheinen läßt (Abb. 54).

Ein so ermitteltes Filter macht für unser Auge das Licht zwar weiß, doch ist es fraglich, ob es tatsächlich alle Strahlen des Spektrums in gleicher Menge enthält, denn es könnten ja, wie das beim unechten Grau der Fall ist, gewisse komplementäre Strahlengruppen geschwächt oder im Überschuß vorhanden sein, ohne daß die Farblosigkeit des Lichtes geschädigt würde.

Für die Beurteilung farbiger Körper sind solche Mängel des Weißlichtfilters meist ganz unschädlich, in gewissen Fällen aber, z. B. bei der Sensitometrie farbenempfindlicher Platten, muß ein Licht gefordert werden, das uns nicht nur weiß erscheint, sondern auch eine dem weißen Tageslicht gleiche spektrale Zusammensetzung besitzt.

Wie schon erwähnt, ist die Benützung eines Blaufilters zum Weißmachen des Lichtes immer mit einem sehr bedeutenden Lichtverlust verbunden, denn das Filter muß so viel rote und grüne Strahlen absorbieren, daß der Rest gleich dem Gehalt des Lichtes an Blaustrahlen ist.

Aus dem Licht einer Halbwattlampe, das aus 100 Rot + 56 Grün + 14 Blau besteht, kann nur ein aus je 14 Teilen Rot, Grün und Blau bestehendes Weißlicht gebildet werden, es müssen daher 86% der roten und 75% der grünen Strahlen vernichtet werden. Berücksichtigt man weiters die unvollkommene Transparenz aller Blaufilter, so ergibt sich, daß das Weißmachen des Lichtes mit einem Verlust von 80 bis 90% an Helligkeit verbunden ist.

Die in der Praxis benützten Tageslichtlampen, wie die Solal-, Nival-, Vericol-, die TB-Lampe usw., senden ein Licht aus, das nicht ganz farblos ist, dessen Rot- und Grüngehalt vielmehr im Interesse tunlichster Helligkeit nur mehr oder weniger weit herabgesetzt ist, wodurch bei diesem Licht immerhin eine wesentlich bessere Farbenunterscheidung möglich wird als bei unkorrigiertem Licht.

Statt die Tageslichtfilter der Lichtquelle vorzuschalten, kann man sie auch in einer Brille gefaßt benützen, was den Vorteil hat, daß sich die kleinen Gläser der Brille sehr sorgfältig abstimmen lassen. In dieser Beziehung verdient besonders die „Luminabrille" Beachtung, denn, wenn auch das gebildete Weiß in spektraler Beziehung nicht ganz einwandfrei ist, so sehen wir durch die Brille doch alle mit einer 200 Wattlampe beleuchteten farbigen Körper genau so, wie sie uns bei weißem Tageslicht erscheinen.

Eine eigentümliche Erscheinung zeigen Autochrom- und andere Dreifarbenrasterbilder bei der Beleuchtung mit künstlichem Licht. Ein Dreifarbenraster läßt nämlich nicht alle Strahlen des weißen Lichtes gleichmäßig durch, sondern entspricht einem nicht ganz echten Grau, kann daher bei Tageslicht vollkommen farblos erscheinen, bei künstlichem Licht aber einen mehr oder weniger deutlichen Rotstich zeigen, der das Kolorit des Bildes schädigen, unter Umständen sogar vollkommen zerstören kann. Das hängt selbstverständlich von der verschieden roten Farbe des künstlichen Lichtes ab; beim Licht einer Kerze, Petroleumlampe usw. zeigt ein Autochrombild überhaupt fast keine Farben, sondern nur trübe rötliche Töne; auch die Halbwattlampe ist für die Beleuchtung solcher Bilder unbrauchbar, beim Lichte einer Bogenlampe dagegen zeigen sie ein ganz zufriedenstellendes Aussehen.

Dabei läßt sich die Erscheinung beobachten, daß die Bilder in der Projektion reinere Farben zeigen, als wenn man sie im durchfallenden Lichte einer Bogenlampe betrachtet. Die dicken Kondensorlinsen sind nämlich stets bläulich gefärbt und das genügt, um den bei diesem Lichte nur schwach auftretenden Rotstich zu beseitigen.

52. Die Photographie farbiger Gegenstände bei künstlicher Beleuchtung. Bei einer Aufnahme mit gewöhnlicher, also nur blau empfindlicher Platte hängt die Helligkeit, in der farbige Körper abgebildet werden, lediglich von der Menge der blauen Strahlen ab, die sie reflektieren. Es ist daher gleichgültig, ob man bei der Aufnahme weißes Tageslicht oder das orangerote Licht von Glühlampen benützt, die Abbildung der Farben bleibt stets die gleiche.

Ganz anders liegen die Verhältnisse bei Verwendung einer farbenempfindlichen Platte, die nicht nur durch die blauen, sondern auch durch die roten und grünen Strahlen eine Veränderung erfährt. In diesem Falle ist die Farbe der Beleuchtung nicht mehr gleichgültig, vielmehr wird neben der Beschaffenheit der Platte der Rot-, Grün- und Blaugehalt des Lichtes für die Abbildung der Farbentöne maßgebend sein.

Der Einfluß der Beleuchtung wird dabei durch die Beschaffenheit des korrespondierenden Äquivalentfilters in sinnfälliger Weise demonstriert. Das Äquivalentfilter bildet aus weißem Licht das farbige Licht; photographiert man daher ein Gemälde bei einer Beleuchtung mit Halbwattlampen, so erhält man die gleiche Farbenumsetzung, als wenn man das Bild bei Tageslicht mit einem aus Filtergelb 0,7 + Echtrot 0,22 bestehenden Filter photographiert hätte.

Ein solches Filter steigert die Farbenempfindlichkeit der Platte, weil der gelbe Farbstoff die Wirksamkeit der blauen Strahlen erheblich restringiert, andererseits drückt es aber auch wegen seines Rotgehaltes die Plattenempfindlichkeit für Grün.

Die Farbenempfindlichkeit einer photographischen Platte ist daher bei künstlicher Beleuchtung eine andere als bei Tageslicht; der diesbezügliche Unterschied kann auf Grund der oben angegebenen Zusammensetzung der künstlichen Lichter leicht ermittelt werden.

Bezeichnen v_r und v_g die Farbenempfindlichkeiten einer photographischen Platte bei Tageslicht für rotes und grünes Licht, verhalten sich also ihre Empfindlichkeiten für die rote, grüne und blaue Grundfarbe wie $v_r : v_g : 1{,}0$ und sind R, G und B der Rot-, Grün- und Blaugehalt eines künstlichen Lichtes, so wird die Empfindlichkeit dieser Platte diesem Helligkeitsverhältnis der drei Komponenten entsprechend verändert; ihre Farbenempfindlichkeit wird daher $R \,.\, v_r : G \,.\, v_g : B$ sein (s. S. 80).

Die Farbenempfindlichkeit v einer orthochromatischen Platte, die bei Tageslicht mit 0,25 ermittelt wurde, beträgt beim Lichte einer Halbwattlampe $v = 1{,}0$, denn es ist $0{,}25 \,.\, 56 : 1{,}0 \,.\, 14 = 14 : 14$; bei einer Beleuchtung mit Bogenlicht ist $v = 0{,}38$. Soll daher ein farbiges Objekt tonrichtig abgebildet werden, so muß der Platte bei Tageslicht ein viel dunkleres Gelbfilter vorgeschaltet werden als bei künstlichem Licht.

Wenn die Sensitometrie für eine panchromatische Platte bei Tageslicht

die Rotempfindlichkeit $v_r = 0{,}2$,
die Grünempfindlichkeit $v_g = 0{,}3$

und das Rot-Grünverhältnis $f = \dfrac{v_r}{v_g} = 0{,}67$

ergeben hätte, so würde man bei Benützung von künstlichen Lichtquellen für die Farbenempfindlichkeit die nachstehenden Werte finden:

$$\text{Hefnerlampe } \left.\begin{matrix} v_r = 5{,}0 \\ v_g = 2{,}6 \end{matrix}\right\} f = 1{,}9, \qquad \text{Halbwattlampe } \left.\begin{matrix} v_2 = 1{,}5 \\ v_g = 1{,}3 \end{matrix}\right\} f = 1{,}2,$$

$$\text{Bogenlampe } \left.\begin{matrix} v_2 = 0{,}5 \\ v_g = 0{,}4 \end{matrix}\right\} f = 1{,}2.$$

(Vgl. hiezu Bd. IV. dieses Handbuches, Abschnitt Sensitometrie von F. FORMSTECHER.)

53. Die Bedeutung der ultravioletten und ultraroten Strahlen. Im Tageslicht sind stets auch unsichtbare ultraviolette Strahlen enthalten, die bei den photographischen Prozessen eine mehr oder weniger bedeutende Rolle spielen. Ihre Menge ist sehr verschieden und von der Beschaffenheit der Atmosphäre abhängig. Ihre photographische Wirksamkeit hängt wesentlich von der Art der lichtempfindlichen Substanz ab, auf die sie einwirken, denn Chlorsilberschichten sind z. B. für ultraviolettes Licht viel empfindlicher als Schichten von Bromsilber.

Fällt das an einem hellen Tage herrschende Licht direkt auf eine photographische Bromsilberplatte, wie das z. B. bei Verwendung einer Lochkamera der Fall ist, so beteiligen sich die ultravioletten Strahlen zu etwa 30% an der Entstehung des Bildes, müssen die Lichtstrahlen aber zuerst ein photographisches Objektiv passieren, so werden die ultravioletten Strahlen fast ganz von den Glaslinsen absorbiert und kommen kaum zur Geltung.

Die Ultraviolettdurchlässigkeit aller Gläser ist eine recht beschränkte und selbst sogenannte Uviolgläser lassen im Vergleiche mit den gewöhnlichen Gläsern das Ultraviolett zwar reichlicher, aber doch nur in geringer Menge durch. Die Benützung von Uviolgläsern bietet daher beim Bau photographischer Objektive, wie Versuche von C. Zeiss in Jena gezeigt haben, keinerlei Vorteil.

Die künstlichen Lichtquellen senden, soweit sie reine Temperaturstrahler sind, fast gar keine ultravioletten Strahlen aus, und auch das Licht der gasgefüllten Halbwattlampe ist von diesen Strahlen fast frei, dagegen ist im Lichte der Bogenlampen, besonders aber in jenem der Quecksilberdampflampen, reichlich Ultraviolett enthalten.

Da die verschiedenen Körper die ultravioletten Strahlen teils verschlucken, teils reflektieren, teils aber auch in sichtbares Licht verwandeln, so könnte man glauben, daß die Gegenwart der ultravioletten Strahlen von Einfluß auf die Abbildung farbiger Objekte sein müsse. Das ist aber nicht der Fall, denn auch bei einer Beleuchtung, die reichlich Ultraviolett enthält, und selbst bei Benützung eines Quarzobjektivs wird ein farbiges Objekt nicht merklich anders abgebildet, als bei einem Licht, das frei von diesen Strahlen ist.

Ihr Einfluß auf die photographischen Prozesse wird meist weit überschätzt; gewöhnlich ist ihre Gegenwart in keiner Weise bemerkbar und nur selten, wenn es sich z. B. um photographische Aufnahmen beim Lichte von Quecksilberdampflampen handelt, können sie unliebsame Störungen hervorrufen. In solchen Fällen ist es zweckmäßig, dem Objektiv ein Filter vorzuschalten, das keine Ultraviolettstrahlen durchläßt, also etwa eine Scheibe aus den in neuerer Zeit hergestellten Glassorten, die auch das langwellige Ultraviolett vollkommen absorbieren.

Viel auffallender machen sich die ultraroten Strahlen bemerkbar, doch haben wir in der Praxis keine Gelegenheit, ihren Einfluß auf die Abbildung farbiger Objekte zu beobachten, da die gebräuchlichen Platten, auch wenn sie panchromatisch sensibilisiert sind, nicht die geringste Empfindlichkeit für diese Strahlengattung besitzen.

Es macht aber keine Schwierigkeiten, photographische Platten, etwa mit Kryptocyanin für Ultrarot zu sensibilisieren; da sehr viele Objekte diese Strahlen zurückwerfen, so werden sie von solchen Platten oft in Helligkeiten abgebildet, die mit ihrer Farbe in gar keinem Zusammenhange stehen. So erscheinen fast alle Teerfarbstoffe, die roten, die grünen sowie die blauen, auf mit Kryptocyanin sensibilisierten Platten gleich hell, ebenso auch Ultramarin, während Berlinerblau und Grünspan unwirksam wie Schwarz sind. Bei Landschaftsaufnahmen wird das Grün der Vegetation wie Weiß abgebildet, das ganze Bild macht überhaupt einen ganz ungewohnten Eindruck. Man benützt Filme, die für Ultrarot sensibilisiert sind, zuweilen bei Kinoaufnahmen, um besondere Effekte zu erzielen.

H. Die Lichtfilter

Auf vielen Gebieten der Wissenschaft und Technik benötigt man Lichter von bestimmter Farbe, eventuell auch von bestimmter spektraler Zusammensetzung, zu deren Herstellung man farbige transparente Schichten benützt, durch die man das Tageslicht oder das Licht einer künstlichen Lichtquelle fallen läßt. Man bezeichnet solche farbige Schichten als „Lichtfilter", weil sie ähnlich einem Filter, das feste Partikel aus einer Flüssigkeit sondert, einen Teil der

Strahlen aus dem Lichte durch Absorption abtrennen und nur den Rest passieren lassen.

Farbige Gläser sind als Lichtfilter nur selten brauchbar, da es kaum möglich ist, Glasmassen von ganz bestimmter Farbe oder gar von bestimmten spektralen Eigentümlichkeiten herzustellen. Für die Anfertigung von Lichtfiltern kommen daher fast ausschließlich Farbstoffe, und zwar Teerfarbstoffe in Betracht, die seit etwa zwanzig Jahren von den Farbwerken in Höchst a. M. chemisch rein, eigens zur Herstellung von Filtern angefertigt werden.

Erst auf diese Art ist es möglich geworden, Lichtfilter für alle möglichen Zwecke mit großer Vollkommenheit herzustellen. Man erhält jetzt auf Grund bestimmter Vorschriften stets Schichten von genau gleichen Eigenschaften, was früher, als man nur über die unreinen Farbstoffe für Färbereizwecke verfügte, keineswegs der Fall war. Eine damals gegebene Vorschrift für ein Lichtfilter war vollkommen wertlos.

Die Anfertigung der Filter erfolgt meist in der Weise, daß man einen Farbstoff oder ein Gemisch von mehreren Farbstoffen einer wässerigen Gelatinelösung zusetzt und mit dieser Flüssigkeit horizontal liegende Glasplatten übergießt. Nach dem Trocknen sind die Platten mit einer gleichmäßigen, vollkommen transparenten und recht widerstandsfähigen farbigen Gelatineschicht überzogen, die man durch Überziehen mit Zaponlack auch gegen Feuchtigkeit ziemlich unempfindlich machen kann.

Einen ganz sicheren Schutz der Gelatineschicht gewährt nur das Aufkitten einer dünnen, farblosen Glasplatte mit Hilfe von Kanadabalsam.

54. Farbstoffdichte. Die Intensität der Färbung hängt selbstverständlich von der Konzentration des Farbstoffes in der Gelatinelösung und der Menge Gelatinelösung ab, die auf die Flächeneinheit der Glasplatte aufgegossen wird. Aus diesen Daten kann man die Menge des Farbstoffes in Gramm ermitteln, die in einem Quadratmeter Filterfläche enthalten ist; die so errechnete Zahl wird als „Farbstoffdichte“ bezeichnet.

Die Einführung dieses Begriffes macht es möglich, die Zusammensetzung eines Filters in überaus einfacher Weise zu bezeichnen. Man gibt die Dichte stets als Zahl hinter dem Namen des Farbstoffes an.

Patentblau 0,4 + Filtergelb 5,0 + Toluidinblau 0,4

definiert z. B. ein Grünfilter, dessen Schicht pro Quadratmeter 0,4 g Patentblau, 5,0 g Filtergelb und 0,4 g Toluidinblau enthält.

Auf Grund dieser Zahlen läßt sich eine Vorschrift zur Herstellung dieses Filters leicht ermitteln, denn erfahrungsgemäß benötigt man etwa 7 ccm Gelatinelösung zum Übergießen von 1 qdm Glasfläche, wobei die Lösung etwa 6% Gelatine enthalten soll.

Will man Filterfolien herstellen, so gießt man die Farbstoffgelatinelösung auf eine mit Kollodium überzogene Glasplatte und kann die Gelatineschicht nach dem Trocknen als Folie abziehen.

Zuweilen benützt man farbige Flüssigkeiten, meist wässerige Farbstofflösungen in planparallelen Küvetten als Lichtfilter und bezeichnet den Farbstoffgehalt in 10 Liter Flüssigkeit als Farbstoffdichte, da dieses Flüssigkeitsquantum, als 1 cm dicke Schicht gedacht, eine Fläche von 1 qm decken würde.

Damit ist aber keineswegs gesagt, daß feste und flüssige Schichten von gleicher Farbstoffdichte auch die gleiche Färbung besitzen, denn die Farbstoffe zeigen in flüssiger und fester Lösung — und als solche in fester Lösung müssen die gefärbten Gelatineschichten aufgefaßt werden — zwar die gleichen oder doch sehr ähnliche Absorptionskurven, doch liegen die der festen Schicht 5 bis

15 $\mu\mu$ der Wellenlängenskala weiter gegen Rot zu als jene der wässerigen Farbstofflösung.

Gelbe und rote Flüssigkeiten müssen daher reicher an Farbstoff sein als Trockenfilter, während blaue Farbstoffe in fester Lösung ausgiebiger sind als in wässeriger. Einem Bengalrosa-Trockenfilter von der Dichte 1,0 entspricht als gleichwertiger Ersatz ein Wasserfilter von der Dichte 5,0, einem aus Tartrazin 3,0 bestehenden Gelatinefilter ein Flüssigkeitsfilter 13,0 usw.

Bildet man aus verschieden konzentrierten Farbstofflösungen, die man in Küvetten von passender Weite einfüllt, Flüssigkeitsfilter von gleicher Dichte, so können ihre Absorptionsverhältnisse oft recht verschieden sein. Während z. B. ein Bengalrosa-Gelatinefilter von der Dichte 1,0 genau jene Absorption zeigt, die zehn übereinandergelegten Schichten von der Dichte je 0,1 eigen ist, unterscheidet sich das Absorptionsspektrum einer Lösung dieses Farbstoffes 1 : 1000 in einer Küvette von 1 cm Weite wesentlich von jenem, das eine zehnmal so starke Lösung in einer Küvette von 1 mm Weite zeigt.

Es ist also keineswegs zulässig, ein trockenes Gelatinefilter durch eine Wasserlösung gleicher Farbstoffdichte zu ersetzen und weiters hat man zu beachten, daß auch bei gleichbleibender Farbstoffdichte die Eigentümlichkeiten des Filters durch die Weite der Küvette beeinflußt werden können. Dieser Umstand ist jedoch nur bei sehr verdünnten Farbstofflösungen bemerkbar und macht sich daher in der Praxis kaum jemals geltend.

55. Physikalische Eigenschaften der Filterfarbstoffe. Alle optischen Eigentümlichkeiten einer Farbstoffschicht sind aus ihrer photometrisch ermittelten Absorptionskurve zu entnehmen, denn diese bietet uns nicht nur ein klares Bild über den Zusammenhang, der zwischen Absorption und Wellenlänge besteht, sondern gestattet auch die Bestimmung des chromatischen Schwerpunktes, also des Farbtones, und des Rot-, Grün- und Blaugehaltes, aus denen wir uns die Farbe gebildet denken können. Für die Ermittlung der Grundfarbenzusammensetzung benützt man, ebenso wie für die Bestimmung des Farbtons, einfachere, leichter ausführbare Verfahren, die bereits oben besprochen wurden.

Die Absorptionskurve aller Körperfarben zeigt einen allmählichen Verlauf; aus diesem Grunde sind sogenannte monochromatische Filter nur für die drei Grundfarben, und selbst da nur annähernd, möglich. Ganz ausgeschlossen ist es aber, die spektralen Gelb- oder Blaugrünstrahlen mit Hilfe von Filtern zu isolieren.

Wegen der unscharf begrenzten Absorptionsschatten vermag man auch nicht für die Grenzen der von einem Filter durchgelassenen Spektralzonen bestimmte eindeutige Wellenlängenzahlen anzugeben, denn bei der Betrachtung des Filters mit dem Spektroskop hängt die Weite der Filteröffnung wesentlich von der Spaltbreite ab. Ein Grünfilter läßt z. B. bei eng gestelltem Spalt die Strahlen der Wellenlängen 515 bis 535 $\mu\mu$ durch, wird der Spalt aber weit geöffnet, so reicht die Filteröffnung von 490 bis 540 $\mu\mu$.

Diese Eigentümlichkeit der Filter macht sich auch bei ihrem Gebrauche in der Praxis geltend. Fällt z. B. gedämpftes Tageslicht auf irgendeine mit dem Grünfilter bedeckte lichtempfindliche Schicht, so werden nur die mittleren Grünstrahlen wirksam sein, denn die Intensität der gelbgrünen und blaugrünen Strahlen ist so gering, daß man sie praktisch als nicht vorhanden betrachten kann; fällt aber Sonnenlicht auf das Filter, so wird die Intensität dieser Strahlen auf das vielleicht Hundertfache gesteigert und nun können sie sich sehr deutlich bemerkbar machen.

Von großer Bedeutung für ein Filter ist seine Lichtdurchlässigkeit oder Farbentransparenz.

Eine blaue Farbstoffschicht z. B. ist für die blauen Strahlen keineswegs vollkommen durchlässig, sie werden vielmehr beim Passieren der Schicht ähnlich geschwächt, wie das weiße Licht, wenn es durch eine transparente graue Schicht geht. Um die Transparenz der Blauschicht zu definieren, denkt man sich die gleichen blauen Strahlen aus dem weißen Licht isoliert und vergleicht ihre Intensität J mit jener Intensität i, welche diese Strahlen nach dem Durchgang durch die Schicht zeigen. Die Filtertransparenz ist dann $\frac{i}{J}$.

Handelt es sich um die Transparenz für die blauen, violetten und ultravioletten Strahlen, so läßt sich aus ihrer chemischen Wirkung auf die Filtertransparenz schließen. Chlorsilber wird bekanntlich durch diese Strahlen geschwärzt, doch lehrt die Erfahrung, daß diese Veränderung im direkten weißen Licht etwa dreimal so rasch erfolgt, als wenn man das Chlorsilber mit der Blauscheibe bedeckt hat. Dieses Filter besitzt also keine vollkommene Transparenz, sondern läßt nur den dritten Teil der wirksamen Strahlen durch.

Meist interessieren uns die Transparenzen für die Strahlen der drei Spektralzonen; für diese „Grundfarbentransparenzen" gelten selbstverständlich die gleichen Zahlen, welche die Zusammensetzung der Filterfarbe definieren. Wenn z. B. für eine gelbrote Schicht die Grundfarbenzusammensetzung: 70 Rot + 40 Grün + 20 Blau gefunden wurde, so besagen diese Zahlen, daß die Rot-, Grün- und Blautransparenz dieser Schicht den Zahlen 0,7, bzw. 0,4 und 0,2 entspricht (s. S. 9).

Bei Besprechung der Körperfarben (S. 39) wurde gezeigt, daß es zahlreiche gelbe und rote Farbstoffe gibt, deren Absorptionskurve gegen das rote Ende des Spektrums steil abfällt, während die Absorptionsschatten aller blauen und grünen Farbstoffe gegen Blau zu ganz allmählich verlaufen; es lassen sich daher recht transparente Rot- und Gelbfilter herstellen, während alle grünen und blauen Filter nur ein lichtschwaches Strahlengemisch durchlassen.

Die Transparenzen der Filter, die man zur Isolierung der drei Grundfarben benützt, hängen zum Teil wohl von den verwendeten Farbstoffen ab. Man kann als Mittelwerte etwa folgende Zahlen annehmen:

Rotfiltertransparenz	0,50	Blaufiltertransparenz	0,25
Grünfiltertransparenz	0,20	Gelbfiltertransparenz	0,90

Die verschiedene Durchlässigkeit der Filter muß bei allen Versuchen berücksichtigt werden, da die gewonnenen Resultate sonst leicht unrichtig gedeutet werden könnten.

Die Farbenempfindlichkeit einer photographischen Platte ermittelt man meist in der Weise, daß man sie gleichzeitig unter einem roten, grünen, blauen und gelben Filter belichtet und aus den entstandenen Schwärzungen auf ihre relative Rot- und Grünempfindlichkeit schließt.

Ein Versuch ergab z. B. nachstehende Zahlen für die Empfindlichkeitsverhältnisse einer panchromatischen Platte:

$$\frac{\text{Rot}}{\text{Blau}} = 0{,}16, \quad \frac{\text{Grün}}{\text{Blau}} = 0{,}16 \quad \text{und} \quad \frac{\text{Gelb}}{\text{Blau}} = 1{,}00.$$

Aus diesen Zahlen müßte man schließen, daß die Platte gleiche Rot- und Grünempfindlichkeit besitzt und daß ihre Gelbempfindlichkeit etwa dreimal so groß ist als die Rot- und Grünempfindlichkeit zusammen, was offenbar nicht möglich ist.

Berücksichtigt man aber die Filtertransparenzen, so ist

$$\frac{\text{Rot}}{\text{Blau}} = 0{,}16\,\frac{0{,}25}{0{,}50} = 0{,}08 \qquad \frac{\text{Grün}}{\text{Blau}} = 0{,}16\,\frac{0{,}25}{0{,}20} = 0{,}20$$

$$\frac{\text{Gelb}}{\text{Blau}} = 1{,}00\,\frac{0{,}25}{0{,}90} = 0{,}28.$$

Die Platte besitzt also keineswegs gleiche Rot- und Grünempfindlichkeit, vielmehr ist letztere bedeutend größer und die Gelbempfindlichkeit entspricht, wie es sein muß, der Summe ihrer Rot- und Grünempfindlichkeit.

Die oben erwähnten Grundfarbenfilter sollen das Spektrum in drei scharf begrenzte Teile zerlegen, man wird daher zu ihrer Herstellung Farbstoffe mit tunlichst steil abfallenden Absorptionskurven benützen. Auch für andere Filter kommen meist die schmalbandigen Farbstoffe in Betracht, doch sind, wenn es sich um die Bildung eines breiten, stetig verlaufenden Absorptionsbandes durch Kombination mehrerer Farbstoffe handelt, Pigmente mit allmählich verlaufenden Absorptionsschatten nicht zu entbehren.

56. Chemische Eigenschaften der Filterfarbstoffe. Für die Anfertigung von Filtern sind im allgemeinen die sauren Farbstoffe den basischen vorzuziehen, weil sie der Einwirkung des Lichtes meist besser widerstehen und sich untereinander mischen lassen. Es gibt zwar unter den sauren Farbstoffen auch solche, die im Lichte bald ausbleichen, viele können aber als vollkommen lichtecht angesehen werden.

Bemerkenswert ist es, daß diese sauren Farbstoffe meist nur in trockenen Gelatineschichten einen hohen Grad von Lichtechtheit aufweisen, während sie, ohne Bindemittel auf Papier aufgetragen oder in Firnis verteilt, im Lichte rasch ausbleichen. Das ist z. B. bei zahlreichen Farbstoffen der Eosingruppe der Fall, die wegen ihrer geringen Haltbarkeit im Lichte in der Färberei wie auch im Buch- und Steindruck kaum verwendet werden, während sie farbige Gelatineschichten liefern, die ausgezeichnet lichtecht sind.

Oft schützt man, wie schon erwähnt, die Gelatineschicht der Lichtfilter durch Aufkitten einer Glasplatte. Dieser Vorgang ist zuweilen bedenklich, da gewisse Farbstoffe in Berührung mit dem Kanadabalsam nach längerer Zeit vollkommen ausbleichen, und zwar nicht nur im Lichte, sondern auch bei Aufbewahrung der Filter im Dunkeln.

Besonders die basischen Farbstoffe zeigen diese Erscheinung und selbst intensiv gefärbte, mit Kanadabalsam verkittete Schichten von Methylenblau, Kristallviolett usw. werden nach einigen Jahren vollkommen farblos.

Mischt man die wässerigen Lösungen eines sauren Farbstoffes mit einem basischen, so entsteht oft durch Vereinigung der Farbstoffsäure mit der Farbstoffbase ein unlöslicher Niederschlag. Aber auch wenn die Mischung klar bleibt, können sich die beiden Farbstoffe gegenseitig beeinflussen und die entstandene Mischfarbe kann dann der zwischen beiden Komponenten liegenden Mittelfarbe nicht ganz gleichkommen.

Ein wesentlicher Unterschied zwischen sauren und basischen Farbstoffen besteht auch in ihrem Verhalten gegen Gelatineschichten. Bringt man nämlich eine solche (etwa auf Glas befindliche) Schicht, gleichgültig ob sie mit Formalin, Chromalaun usw. gehärtet ist oder nicht, in die Lösung eines sauren Farbstoffes, so wird sie intensiv gefärbt und hält den Farbstoff so fest, daß er sich nicht mehr auswaschen läßt. Durch Zusatz einer schwachen Säure, z. B. Essigsäure, wird der Prozeß der Gelatinefärbung unterstützt, während alkalische Körper, etwa Borax, die Färbung verhindern.

Basische Farbstoffe färben nur bei Gegenwart von schwachen Alkalien und besitzen überdies im Gegensatz zu den sauren Farbstoffen eine ausgesprochene Verwandtschaft zu Kollodiumschichten, die sie intensiv anfärben.

Das Verhalten der Gelatine gegen Farbstofflösungen benützt man zuweilen zur Anfertigung farbiger Scheiben, bei welchen es auf eine genaue Abstimmung der Färbung nicht ankommt. Eine unbrauchbar gewordene photographische Platte wird ausfixiert, gewaschen und mit Formalin gehärtet, dann in eine angesäuerte Farbstofflösung gebracht, in der man sie ½ bis 1 Stunde beläßt, und schließlich mit Wasser abspült. Dieses Verfahren ist besonders zur Anfertigung von gelben, orangefarbigen und hellroten Dunkelkammerscheiben brauchbar.

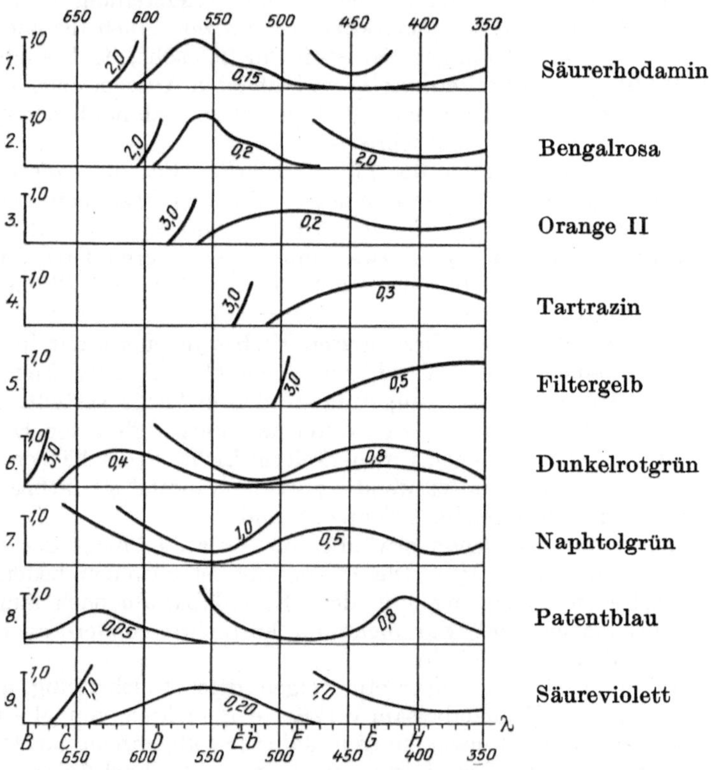

Abb. 55. Absorptionskurven von Farbstoffschichten verschiedener Farbe und Dichte

57. Rotfilter. Für die Herstellung von Rotfiltern stehen uns zahlreiche Farbstoffe zur Verfügung, und zwar sowohl schmalbandige als auch solche mit breiter, allmählich verlaufender Absorptionskurve. Alle lassen aber auch mehr oder weniger blaue Strahlen durch und müssen daher stets mit einem gelben Farbstoff kombiniert werden.

Soll das Filter die roten Strahlen möglichst scharf abgrenzen, so benützt man am besten Säurerhodamin oder Bengalrosa, deren Absorptionskurven aus Abb. 55, 1 und 2, ersichtlich sind. Die Bezifferung der Kurven bedeutet die Farbstoffdichte. Beide Farbstoffe sind recht lichtecht und von feurigem reinen Aussehen; Bengalrosa ermöglicht je nach Farbstoffdichte die Abgrenzung der roten Spektralzone bei ungefähr .580 bis 595 $\mu\mu$, während Säurerhodamin die Herstellung von Filtern gestattet, welche die Rotstrahlen bei den Wellenlängen 595 bis 610 $\mu\mu$ ziemlich scharf abschneiden.

Von besonderer Wichtigkeit ist das Filter, das die gesamten Strahlen der Rotzone durchläßt, also die Isolierung der roten Grundfarbe ermöglicht. Dieser Forderung entspricht recht gut eine Kombination aus:

Bengalrosa 1,5 + Tartrazin 2,0.

Das gleiche Filter erhält man durch Baden einer gelatinierten Platte in einer angesäuerten Lösung von Kristallponceau.

Soll die Absorption des Filters schon zwischen 570 und 580 $\mu\mu$ beginnen, so benützt man zu seiner Herstellung am besten Eosin, dessen Kurve steil gegen Rot zu abfällt. Ein aus Eosin 3,0 und Filtergelb 5,0 bestehendes Filter ist von orangeroter Farbe und läßt alle Strahlen der Rotzone ganz ungehindert passieren.

Für Rotfilter, die nur Strahlen von größerer Wellenlänge als 610 $\mu\mu$ durchlassen sollen, muß man violette oder grüne Farbstoffe benützen. Sehr brauchbar ist in dieser Beziehung das Säureviolett Abb. 55, 9, das je nach der Farbstoffdichte die Rotzone von 615 bis 640 $\mu\mu$ angefangen durchläßt und das Dunkelrotgrün Abb. 55, 6, das die Isolierung einer ganz schmalen, nur das äußerste Rot umfassenden Strahlenzone ermöglicht. Das Säureviolett wird mit Tartrazin kombiniert, während man das Dunkelrotgrün am besten als separat gegossenes Filter benützt, das mit der oben erwähnten Bengalrosa-Tartrazinscheibe vereint wird.

Das vom Grundfarbenfilter durchgelassene rote Licht ist von zinnoberroter Farbe und besitzt etwa 0,4 der Intensität des auffallenden weißen Lichtes. Verringert man allmählich die Breite der Filteröffnung, indem man die Absorptionsgrenze gegen das rote Spektralende verschiebt, so ändert sich die Farbe des Lichtes nicht allzu bedeutend, seine Helligkeit nimmt aber, wie nachstehende Zahlen zeigen, rasch ab:

Filteröffnung	Helligkeit	Filteröffnung	Helligkeit
580—700 $\mu\mu$	0,40	640—700 $\mu\mu$	0,03
600—700 $\mu\mu$	0,25	660—700 $\mu\mu$	0,007
620—700 $\mu\mu$	0,13	680—700 $\mu\mu$	0,003

Obige Zahlen sind für die Beurteilung der roten Dunkelkammerbeleuchtung von einigem Wert.

58. Orange- und Gelbfilter. Ein sehr gut brauchbarer Farbstoff für die Herstellung solcher Filter ist das Orange II (Abb. 55, 3), das sich auch zum Anfärben ausfixierter photographischer Platten sehr gut eignet.

Wie aus dem Absorptionsspektrum zu entnehmen ist, läßt der Farbstoff nicht nur ultraviolette, sondern auch zwischen *G* und *H* gelegene Violettstrahlen durch und muß daher stets mit einem gelben Farbstoff kombiniert werden.

Orangescheiben eignen sich, wie das Agfa-Röntgenfilter 114 zeigt, ausgezeichnet für die Beleuchtung von Dunkelkammern, wenn lediglich mit nur blauempfindlichen Platten, wie sie für Röntgenaufnahmen in Verwendung stehen, gearbeitet wird.

Zur Anfertigung von Gelbfiltern verfügen wir über eine Reihe von besonders reinen Farbstoffen, von denen das „Filtergelb“ wegen seiner Transparenz, Lichtbeständigkeit, leichten Wasserlöslichkeit usw. besonders brauchbar ist.

Mit Filtergelb gefärbte Gelatineschichten zeigen die aus Abb. 55, 5, ersichtlichen Absorptionskurven; wie man sieht, lassen solche Gelbschichten keine ultravioletten Strahlen durch. Die Intensität der blauen Strahlen wird durch die

Gelbfilter entsprechend ihrer Farbstoffdichte verringert, und zwar restringiert eine Filtergelbschicht von der

Dichte 0,5 den Blaugehalt des weißen Lichtes auf 0,30
„ 1,0 „ „ „ „ „ „ 0,10
„ 2,0 „ „ „ „ „ „ 0,04
„ 4,0 „ „ „ „ „ „ 0,00

Fast alle photographischen Gelbscheiben werden mit Filtergelb hergestellt. Helle, sogenannte Momentfilter besitzen die Farbstoffdichte 0,5, mittelstarke und tonrichtige Filter die Dichten 1,0 bzw. 3,5.

Ein dem Filtergelb ganz ähnlicher Farbstoff ist das Pyrazolgelb, dessen Absorptionskurve jedoch etwas steiler gegen Grün zu abfällt und daher in schwach gefärbten Schichten einen deutlichen Grünstich zeigt.

Ein anderer gelber Farbstoff, der vielfach benützt wird, ist Tartrazin mit den aus Abb. 55, 4, ersichtlichen Absorptionskurven. Die Absorptionsgrenze des Tartrazins liegt in der Grünzone, Schichten von höherer Dichte sind daher rotstichig; bemerkenswert ist ihre beträchtliche Durchlässigkeit für Ultraviolett. Diese Durchlässigkeit macht sich besonders bei geringer Dichte bemerkbar und kann in manchen Fällen unangenehme Störungen hervorrufen.

Tartrazinscheiben liefern daher bei Benützung von Tageslicht, das reichlich ultraviolette Strahlen enthält, eine nur unsichere, gelbe Dunkelkammerbeleuchtung, sie sind aber in Verbindung mit künstlichen Lichtquellen, z. B. elektrischen Glühlampen, anstandslos brauchbar. Solche Gelbscheiben werden in Dunkelkammerlampen vielfach benützt und für diese Zwecke am einfachsten durch Baden einer ausfixierten photographischen Platte in einer 1 bis 2%igen Tartrazinlösung, die man mit etwas Essigsäure versetzt hat, hergestellt.

Auch bei der Landschaftsphotographie benützt man zuweilen Tartrazinschichten als Kontrastfilter, wenn eine tunlichst klare Abbildung der bläulich verschleierten Ferne angestrebt wird.

59. Grün- und Blaugrünfilter. Wegen der spektralen Eigentümlichkeiten aller grünen Farbstoffe besitzen alle Grünfilter eine nur geringe Transparenz; im allgemeinen verhalten sich Blau-Gelbmischungen in dieser Beziehung günstiger als an und für sich grüne Farbstoffe.

Ein Filter, das die Grünzone tunlichst vollständig durchläßt, besteht aus

Patentblau 0,7 + Tartrazin 2,5.

Es besitzt auch nur eine geringe Grüntransparenz, nämlich 0,20, läßt also nur ein Fünftel der im weißen Lichte vorhandenen grünen Strahlen durch.

Das durch ein solches Filter fallende grüne Licht ist mit etwas Rot verunreinigt, ein Mangel, der sich aber durch einen kleinen Zusatz von Toluidinblau fast vollständig beheben läßt.

Soll das Grünfilter auch das Ultraviolett vollkommen absorbieren, so muß es mit einer Berlinerblauschichte kombiniert werden.

Von den grünen Farbstoffen sind das schon oben erwähnte Dunkelrotgrün, Abb. 55, 6, und das Naphtolgrün, Abb. 55, 7, beachtenswert, da sie sich, gerade weil sie schwärzlich und sehr lichtecht sind, für die Herstellung von Dunkelkammerscheiben sehr gut eignen.

Das Dunkelrotgrün[1] ist überhaupt ein interessanter Farbstoff. Er läßt nämlich außer den grünen auch reichlich rote Strahlen durch, die aber bei geringer

[1] Dieser grüne Farbstoff ist im Handel unter dem wenig passenden Namen „Dunkelrot für Dunkelkammerlicht" erhältlich.

Dichte sich gar nicht bemerkbar machen. Mit zunehmender Dichte verringert sich die Durchlässigkeit für Grün rascher als jene für Rot und das Grün verwandelt sich in ein weißliches Gelb, das allmählich über Orange in Rot übergeht. Bei Tageslicht tritt etwa bei der Dichte 10 das Gleichgewicht zwischen Grün und Rot ein, während beim Lichte einer elektrischen Glühlampe die Schicht schon bei der Dichte 6 gelblichweiß erscheint.

Das Naphtolgrün (Abb. 55, 7) zeigt volle Endabsorption im Rot und wird aus diesem Grunde bei der Herstellung von grünen Dunkelkammerscheiben als Zusatz zum Dunkelrotgrün benützt.

Blaugrünfilter können entweder die ganze blaue und grüne Spektralzone oder nur die schmale homogen gefärbte Blaugrünzone bei der Linie *F* durchlassen. Beide Filter sind von ganz gleichem Farbton und gleich satter Farbe; während die Helligkeit des ersteren etwa 60% von derjenigen des weißen Lichtes beträgt, besitzt das homogene Blaugrünfilter eine nur sehr geringe Helligkeit und sieht daher schwärzlich aus.

60. Blaufilter. Die beste Durchlässigkeit für die blauen Strahlen besitzen Filter, die mit Kristallviolett hergestellt sind und die Helligkeit der durchfallenden blauen Strahlen nur auf etwa die Hälfte restringieren. Doch ist dieser Farbstoff von basischer Natur und daher nicht zu empfehlen.

Etwas weniger transparent, dafür aber viel besser haltbar sind Filter mit Säureviolett (Abb. 55, 9) oder Patentblau (Abb. 55, 8), die man benützt, je nachdem das durchgelassene blaue Licht auch das spektrale Violett enthalten soll oder nicht.

Die erste Forderung erfüllt ein Filter bestehend aus

Säureviolett 2,5 + Toluidinblau 1,0,

wobei das Toluidinblau nur den Zweck hat, die Rottransparenz des Säureviolетts zu restringieren, denn das Toluidinblau absorbiert fast das gesamte sichtbare Rot des Spektrums.

Um die Blaustrahlen ohne Ultraviolett zu isolieren, kann man folgendes Blaufilter benützen:

Patentblau 1,0 + Säurerhodamin 3,0.

Es läßt etwa 30% der blauen Strahlen durch und ist komplementär zu einer satt gefärbten Filtergelbschicht.

Alle mit blauen Teerfarbstoffen, also auch mit Toluidinblau, hergestellten Filter sind für das äußerste Rot mehr oder weniger durchlässig; sollte diese Eigentümlichkeit aus irgendeinem Grunde unerwünscht sein, so vereint man die Filter mit einer Berlinerblaugelatinefolie von der Dichte 0,5 bis 0,8, die sich mit Hilfe einer Lösung von 0,5 g dieses Farbstoffes mit 0,1 g Oxalsäure in 100 ccm Wasser leicht herstellen läßt.

61. Ultraviolettfilter. Zuweilen ist es erforderlich, die ultravioletten Strahlen aus einem Lichtgemisch zu beseitigen; für diesen Zweck eignen sich verschiedene Substanzen, wie Chinin, Aeskulin usw. Besonders empfehlenswert für solche Zwecke sind die vollkommen farblosen 1 bis 2%igen Lösungen von Chininsalzen in einer 1 cm weiten Küvette, eventuell auch Gelatineschichten, die das leichtlösliche Chininchlorhydrat reichlich enthalten.

Solche Schichten zeigen einen schwach gelblichen Stich oder nehmen doch einen solchen im Lichte bald an und absorbieren dann auch das sichtbare Violett. Das gleiche gilt in noch viel höherem Maße für Gelatine-Aeskulinschichten, und zwar auch dann, wenn man das Aeskulin mit etwas Essigsäure in der Gelatine löst.

Filter, welche lediglich die ultravioletten Strahlen durchlassen und alle sichtbaren absorbieren, also UV-Paßfilter, lassen sich mit Hilfe bestimmter gelber Farbstoffe herstellen; besonders brauchbar ist zu diesem Zwecke das grünlichgelbe Nitrosodimethylanilin, das man entweder als wässerige Lösung oder in Form von Gelatineschichten benützt. Es läßt aber auch alle roten und grünen Strahlen durch; man kombiniert daher die Gelatineschicht mit einer Küvette aus Uviolglas, die mit einer Lösung von Kupfersulfat gefüllt ist (C. Zeisssches UV-Filter).

62. Graufilter. Wie schon oben besprochen wurde, unterscheidet man zwischen echtem und unechtem Grau.

Echtgraufilter, die alle Strahlen des Spektrums gleichmäßig geschwächt durchlassen, stellt man am besten mit Hilfe der flüssigen Tusche von Günther Wagner her, der man, um neutralgraue Schichten zu erzielen, etwas von einem roten und blauen Farbstoff, z. B. Echtrot und Toluidinblau zufügt.

Unechtgraufilter erhält man durch Mischung von schmalbandigen Pigmenten, deren Farben sich zu Weiß ergänzen. Man benützt also gelbe und rötlichblaue oder rote und blaugrüne Farbstoffe, kann aber auch mit Hilfe von drei Farbstoffen, etwa Filtergelb, Patentblau und Erythrosin, neutrale Unechtgrauschichten herstellen.

Wie diese Ausführungen zeigen, lassen sich zwar mit Hilfe von Filtern Lichter von jeder beliebigen Farbe herstellen, wir sind aber nicht imstande, auch ihre spektrale Zusammensetzung den jeweiligen Zwecken entsprechend zu beeinflussen. Wie schon oben bemerkt wurde, gibt es keine Filter mit scharf begrenzten Öffnungen und daher auch keine Filter zur scharfen Isolierung der den Grundfarben entsprechenden Spektralzonen.

Es ist sehr wichtig, sich diese Unvollkommenheit der Filter stets vor Augen zu halten, da sonst Erscheinungen, die wir bei Versuchen mit farbigen Lichtern beobachten, leicht falsch gedeutet werden können.

Infolge plötzlicher Erkrankung war es mir leider nicht möglich, den vorliegenden Beitrag fertigzustellen. Herr Dr. Ing. M. Zippermayr unterzog sich dieser Arbeit in bereitwilligster Weise, wofür ich ihm an dieser Stelle meinen besten Dank zum Ausdruck bringen möchte.

A. Hübl.

Nachtrag zu Abschnitt 9, Seite 19 oben.

Bei photographischen Bildern, die mit kleiner Brennweite aufgenommen wurden, macht sich noch ein weiterer Mangel bemerkbar. Innerhalb der mit ruhendem Auge scharf gesehenen Fläche, dem „Schärfekreis“, können wir nämlich auf dem Bilde weit mehr Details scharf ausnehmen, als dies in der Natur möglich ist. Die vom Betrachten in der Natur her gewohnte Empfindung läßt uns daher die Ausmaße der Objekte in einer stark verkleinerten Abbildung verhältnismäßig zu klein erscheinen. Wir neigen dazu, sie zu unterschätzen und das Bild macht einen unwahren Eindruck. Die Verhältnisse bessern sich, wenn wir entweder den „Schärfekreis“ des Auges verkleinern, indem wir ein Vergrößerungsglas benützen, oder wenn wir den Schärfekreis ungeändert lassen und dafür die Abbildung im entsprechenden Verhältnisse vergrößern.

Literatur

AUBERT, H.: Physiologische Optik, Handbuch d. ges. Augenheilkunde, begr. von A. GRAEFE und TH. SAEMISCH, 1. Aufl. Leipzig: W. Engelmann. 1876.

BLOCH, L.: Lichttechnik. München und Berlin: R. Oldenbourg. 1918.

EDER, J. M.: Ausf. Handb. d. Phot., Bd. 1, Teil 3: Die Phot. bei künstl. Licht, Spektrumphotographie, Aktinometrie, 3. Aufl. Halle a. S.: W. Knapp. 1912, sowie die übrigen Bände dieses Handbuches.

GOLDBERG, E.: Aufbau des photographischen Bildes, Teil I: Helligkeitsdetails, 2. Aufl. Enz. d. Phot. u. Kinematographie, Heft 99. Halle a. S.: W. Knapp. 1925.

HELMHOLTZ, H. v.: Handbuch der physiologischen Optik, 3. Aufl. Mit Zusätzen von A. GULLSTRAND, W. NAGEL und JOH. v. KRIES. Hamburg und Leipzig: Leop. Voss. 1909 bis 1926.

HERING, E.: Grundzüge der Lehre vom Lichtsinn, Handb. der ges. Augenheilkunde, begr. von A. GRAEFE und TH. SAEMISCH, fortgeführt von C. HESS, Bd. 3, Physiologische Optik, 2. Aufl. Berlin: Julius Springer. 1925.

HÖGNER, P.: Lichtstrahlung und Beleuchtung, Elektrotechnik in Einzeldarstellungen, herausgegeb. von G. BENISCHKE. Braunschweig: Fr. Vieweg & Sohn A. G. 1906.

HÜBL, A.: Die Dreifarbenphotographie, 4. Aufl. Enz. d. Phot., Heft 26. Halle a. S.: W. Knapp. 1921.

— Die Lichtfilter, 3. Aufl. Enz. d. Phot. und Kinematographie, Heft 74. Halle a. S.: W. Knapp. 1927.

— Die Theorie und Praxis der Farbenphotographie mit Autochrom- und anderen Rasterfarbenplatten, 5. Aufl. Enz. d. Phot., Heft 60. Halle a. S.: W. Knapp. 1921.

LUMMER, O.: Grundlagen, Ziele und Grenzen der Beleuchtungstechnik. München und Berlin: R. Oldenbourg. 1918.

OSTWALD, WI.: Die Farbenlehre, Bd. 1 bis 5. Leipzig: Unesma G. m. b. H. 1918ff.

PAULI, W. E., und R. PAULI: Physiologische Optik. Jena: G. Fischer. 1918.

SCHAUM, K.: Photochemie und Photographie, Handb. d. angewandt. phys. Chemie in Einzeldarstellungen, herausgegeb. von G. BREDIG, Bd. 9. Leipzig: Joh. Ambr. Barth. 1908.

UPPENBORN, F., B. MONASCH: Lehrbuch der Photometrie. München und Berlin: R. Oldenbourg. 1912.

Spektrumphotographie

Von

L. Grebe, Bonn

Mit 55 Abbildungen und 8 Tafeln

I. Allgemeines

Die Spektrumphotographie ist eines der wichtigsten Hilfsmittel zur Untersuchung von Spektren. Im Gegensatz zu der okularen Beobachtung gestattet sie, die erzeugten Aufnahmen wiederholt zu betrachten und Messungen an ihnen zu beliebiger Zeit und beliebig oft auszuführen. Die photographische Spektroskopie ist es vornehmlich gewesen, welche die für die moderne Physik grundlegenden Vorstellungen über den Atombau hat vermitteln helfen, und es gibt kaum ein Gebiet, wo der Wert der wissenschaftlichen Photographie so klar zutage tritt, als auf dem hier erwähnten.

Der Besprechung der spektralphotographischen Apparate und Methoden sollen einige Bemerkungen über Spektren überhaupt vorausgeschickt werden.

Man unterscheidet zwei grundsätzlich verschiedene Typen von Spektren, die im allgemeinen durch die Strahlung fester und flüssiger leuchtender Körper einerseits, durch die Strahlung von Gasen anderseits repräsentiert werden. Bei den ersteren wird ein ausgedehnter Bezirk kontinuierlich von Wellenlängen erfüllt, während im anderen Falle eng begrenzte Wellenlängengebiete auftreten, die sich im Spektralapparat als Linien darstellen. Die beiden genannten Spektraltypen werden als kontinuierliche und diskontinuierliche Spektren bezeichnet. Je nach der Anordnung der Spektrallinien in den diskontinuierlichen Spektren unterscheidet man noch Linien- und Bandenspektren. Die genannten Spektraltypen können sämtlich entweder in Emission oder in Absorption auftreten. Demgemäß spricht man von Emissions- und Absorptionsspektren. Zur Erzeugung von Absorptionsspektren benötigt man ein kontinuierliches Spektrum als Untergrund, aus dem die Absorptionsgebiete ausgelöscht werden. Für die photographischen Spektren kommt als Quelle dieses kontinuierlichen Spektrums in Betracht: Die Glühlampe für das sichtbare Gebiet und das nahe Ultraviolett, die NERNSTlampe für Spektren, die weiter nach dem Ultraviolett liegen, für das äußerste Ultraviolett ein Funke zwischen Aluminiumelektroden unter Wasser mit parallel geschalteter Kapazität und vorgeschalteter Luftfunkenstrecke oder, noch weiter ins Ultraviolett reichend, das kontinuierliche Spektrum, das von einer Wasserstoff-GEISSLERröhre geliefert wird.

Die Gesetzmäßigkeiten in den Spektren und ihre Zusammenhänge mit atomaren und molekularen Vorgängen sind in neuerer Zeit weitgehend aufgeklärt worden. Zuerst gelang es, die Gesetze der kontinuierlichen Emission aufzufinden, die ein durch Temperatursteigerung zum Leuchten gebrachter fester oder flüssiger Körper liefert. Das erste dieser für die Temperaturstrahlung geltende Gesetz ist das sogenannte KIRCHHOFFsche, welches lautet: Das Verhältnis von Emissions- und Absorptionsvermögen ist für alle Körper bei derselben Temperatur dasselbe. Dabei ist das Emissionsvermögen die Strahlungsenergie einer bestimmten Wellenlänge, die in einer bestimmten Richtung ausgesendet wird, und das Absorptionsvermögen der Bruchteil einer in entgegengesetzter Richtung auf den Körper auftreffenden Strahlung der gleichen Wellenlänge, der in dem Körper absorbiert wird. Bezeichnen wir die beiden Größen mit E und A, so gilt

$$\frac{E}{A} = e,$$

wo e nur von der Temperatur und der Wellenlänge, aber nicht von der Natur des betrachteten Körpers abhängig ist. Für den Fall, daß $A = 1$ ist, d. h. also, daß der betrachtete Körper bei der betrachteten Temperatur und Wellenlänge alles einfallende Licht absorbiert, gilt $E = e$, und diese Beziehung ist immer erfüllt, wenn der Körper bei jeder Temperatur und Wellenlänge alles auffallende Licht absorbiert. Einen solchen Körper nennt man „absolut schwarz" und e ist das Emissionsvermögen des absolut schwarzen Körpers. Die Untersuchung der Größe e als Funktion der Temperatur und der Wellenlänge, die in experimenteller Beziehung an die Namen STEFAN, PASCHEN, LUMMER, PRINGSHEIM, RUBENS u. a., in theoretischer an diejenigen von BOLTZMANN, Lord RAYLEIGH, PLANCK und andere geknüpft ist, hat zur vollständigen Lösung dieser Aufgabe geführt. Es gilt für die Gesamtstrahlung des absolut schwarzen Körpers, d. i. für die gesamte Energie, die von der Oberflächeneinheit pro Sekunde ausgestrahlt wird, das sogenannte STEFAN-BOLTZMANNsche Gesetz

$$G = \sigma \,.\, T^4,$$

wo T die absolute Temperatur und σ eine Konstante bedeutet ($\sigma = 5{,}75 \,.\, 10^{-12}$ Watt cm^{-2} grad^{-4}).

Für die Strahlungsintensität bei der Wellenlänge λ gilt die PLANCKsche Strahlungsgleichung

$$E_{\lambda T} = \frac{c_1}{\lambda^5}\left(e^{\frac{c_2}{\lambda T}} - 1\right)^{-1}.$$

Darin sind c_1 und c_2 Konstanten, λ die Wellenlänge und T die absolute Temperatur. Aus der Beziehung folgt, daß das Produkt aus dem Wellenlängenwert der maximalen Energie und der absoluten Temperatur konstant ist

$$\lambda_{\max} \,.\, T = \text{Const.} \quad (\text{Const.} = 2880\,\mu \,.\, \text{grad}),$$

das sogenannte WIENsche Verschiebungsgesetz.

Die Gesetzmäßigkeiten in den Linien- und Bandenspektren sind erst in neuester Zeit im Anschluß an die Theorie von BOHR aufgeklärt worden. Die Linienspektren werden von zum Leuchten angeregten Atomen ausgesandt. Nach der BOHRschen Theorie sind die im Atom anzunehmenden Elektronen an gewisse „Energieniveaus" gebunden, zwischen denen sie Sprünge ausführen können. Ein Übergang zu höherem Energieniveau entspricht einer Absorption, ein solcher zu einem tieferen einer Emission. Die absorbierte, bzw. emittierte Wellenlänge ergibt sich aus der Beziehung

$$h \,.\, \nu = W_1 - W_2,$$

wo h eine universelle Konstante, das sogenannte PLANCKsche Wirkungsquantum ($h = 6{,}55 \,.\, 10^{-27}$ erg. sec.), und ν die Schwingungszahl, also $\nu = \frac{c}{\lambda}$ (c = Lichtgeschwindigkeit, λ Wellenlänge) ist. Die Energieniveaus W_1 und W_2 heißen auch Terme und die Aufsuchung der Spektralterme für jede Spektrallinie ist heutzutage die Hauptaufgabe der Spektroskopie geworden; eine große Anzahl von Spektren sind in dieser Weise gedeutet. Die Beziehungen zwischen den Termen führen auf die Gesetze der Serienspektren. Auch die Tatsache, daß das gleiche Atom verschiedener Spektra fähig ist, ist durch die Bohrschen Vorstellungen verständlich geworden. Außer den Elektronenkonfigurationen und den dazugehörigen Niveauanordnungen, die im vollständig mit Elektronen besetzten, also elektrisch neutralen Atom möglich sind, können durch Abtrennung eines oder mehrerer Elektronen, also durch Bildung niederer oder höherer Ionisierungsstufen gänzlich andersartige Bildungsbedingungen für die Energieniveaus auftreten und deshalb ganz andere Spektren entstehen. Man unterscheidet deshalb das Spektrum des neutralen Atoms von dem des einmal, zweimal, dreimal usw. ionisierten Atoms. Das erste heißt auch wegen seiner einfachsten experimentellen Erzeugungsmöglichkeit „Bogenspektrum", während die anderen „Funkenspektren" genannt werden. Damit ist natürlich nicht gesagt, daß im wirklichen Spektrum des elektrischen Lichtbogens nicht Linien des ionisierten und im Funkenspektrum nicht solche des neutralen Atoms vorkommen könnten.

Die Bandenspektra gehören im Gegensatz zu den Linienspektren nicht dem Atom, sondern dem Molekül an. Die Mannigfaltigkeit an Linien ist bei ihnen besonders groß und das Zusammentreten zu Gruppen sehr augenfällig. Auch hier ist die Bohrsche Theorie zur Erklärung sehr fruchtbar gewesen. Schwarzschild, Lenz, Kratzer u. a. haben die Theorie der Bandenspektren unter der Annahme der Bohrschen Frequenzbedingung entwickeln können. Die Berechnung der Energieniveaus gestaltet sich dabei komplizierter, weil zu den Übergängen in den Elektronenbahnen noch solche in den Schwingungsbewegungen der das Molekül zusammensetzenden Atome und in den Rotationsbewegungen des Gesamtmoleküls hinzukommen.

Wir geben im folgenden einige Zahlen für die Wellenlängen von Spektrallinien, die als Bezugslinien für rohere Spektralmessungen Verwendung finden können. Für genauere Messungen werden die in dem entsprechenden Abschnitt dieser Abhandlung tabellarisch zusammengestellten besonderen Normalen aus dem Eisenspektrum verwendet. Wir geben aus diesem Grunde hier die Linien nur in Zehnmillionsteln des Millimeters, d. i. in ganzen Ångströmschen Einheiten an, während die Normalen tatsächlich noch die Tausendstel dieser Einheit enthalten.

Tabelle 1. Die wichtigsten Fraunhoferschen Linien des Sonnenspektrums

Bezeichnung	Wellenlänge	Element	Bezeichnung	Wellenlänge	Element
U	2948	Eisen	*f*	4326	Eisen
T	3021		*d*	4384	
S	3100		*F*	4861	Wasserstoff
R	3180		b_4	5168	Magnesium
Q	3287		b_3	5169	Eisen
P	3361	Calcium	b_2	5173	Magnesium
O	3441		b_1	5184	
N	3581	Eisen	*E*	5270	Eisen
M	3728		D_2	5890	Natrium
L	3816		D_1	5896	
	3821		*C*	6563	Wasserstoff
K	3934	Calcium	*B*	6867 (Bande)	Sauerstoff der Luft
H	3969		*a*	7186	
g	4227		*A*	7594	
G	4308				

Tabelle 2. Die Hauptlinien des Wasserstoffspektrums (GEISSLERrohr)

$\lambda = 6563$ (Rot)	$\lambda = 3970$ (Violett)
4861 (Grün)	3889 } Ultraviolett
4340 (Indigo)	3835 } Ultraviolett
4102 (Violett)	

Tabelle 3. Einige Hauptlinien in Flammenspektren (BUNSENbrenner)

1. Lithium:	$\lambda = 6708$	(Rot)	4. Rubidium:	$\lambda = 4216$	} Violett
	6104	(Orange)		4202	} Violett
2. Natrium:	$\lambda = 5896$	} Gelb	5. Caesium:	$\lambda = 6213$	} Orange
	5890	} Gelb		6010	} Orange
3. Kalium:	$\lambda = 7669$	} Ultrarot		5640	Grün
	7665	} Ultrarot		4593	} Blau
	4047	} Volett		4556	} Blau
	4044	} Volett	6. Thallium	$\lambda = 5351$	Grün

Tabelle 4. Wellenlänge der verschiedenen Spektralfarben

(Die Grenzen sind je nach den Beobachtern sehr verschieden)

Ultraviolett ..... unter	3970	Gelb	5750 bis 5900
Violett	3970 bis 4240	Orange	5900 „ 6250
Indigo	4240 „ 4550	Rot	6250 „ 7230
Blau	4550 „ 4920	Ultrarot	über 7230
Grün	4920 „ 5750		

Eine wesentliche Erweiterung erfuhr das der Spektralphotographie zugängliche Wellenlängengebiet, als es gelang, das Gebiet der Röntgenstrahlen spektrographischer Forschung zu erschließen. Dies geschah im Jahre 1912 durch die Entdeckung von LAUE, FRIEDRICH und KNIPPING, durch welche die Brauchbarkeit der Kristalle zur Erzeugung von Röntgenstrahleninterferenzen und damit zur Erzeugung von Röntgenspektren festgestellt wurde. Es ergab sich dann sehr bald, daß die Gesetzmäßigkeiten der Röntgenspektren viel einfacher sind, als die der optischen Spektren. Eine Röntgenröhre ist ein Apparat, in dem durch Aufprall schneller Elektronen auf die Antikathode die Emission bewirkt wird. Untersucht man das Spektrum dieser Emission, so findet man, daß es aus einem kontinuierlichen Anteil und einem Linienspektrum besteht. Das kontinuierliche Spektrum zeigt am kurzwelligen Ende einen plötzlichen Abfall; die hier also bestehende Grenze rückt mit zunehmender Röhrenspannung nach kürzeren Wellen. Für die Wellenlänge dieser kurzwelligen Grenze gilt das Gesetz von DUANE und HUNT

$$e \,.\, V = h \,.\, \nu,$$

wo e die Ladung des Elektrons, V die Röhrenspannung, ν die Schwingungszahl der Grenze und h das PLANCKsche Wirkungsquantum ist. ν hängt mit der Wellenlänge λ durch die Beziehung

$$\nu = \frac{c}{\lambda}$$

zusammen, wo c die Lichtgeschwindigkeit ist. Führt man für e, h und c ihre Werte ein, mißt λ in ÅNGSTRÖMschen Einheiten und V in Kilovolt, so wird diese Gleichung für das kurzwellige Ende des kontinuierlichen Röntgenspektrums

$$V \,.\, \lambda = 12{,}34.$$

Die spektroskopische Bestimmung der kurzwelligen Grenze eines Röntgenspektrums kann also zur Bestimmung der maximalen Spannung dienen, die an der Röhre gelegen hat, und umgekehrt.

Von der kurzwelligen Grenze steigt das kontinuierliche Spektrum zu einem Maximum an, um dann nach längeren Wellen hin allmählich zu verlaufen. Die Gesamtintensität des kontinuierlichen Spektrums ist dem Quadrat der Röhrenspannung proportional.

Über das kontinuierliche Spektrum lagert sich ein Linienspektrum, das für das Material der Antikathode charakteristisch ist, und deshalb auch charakteristisches Spektrum genannt wird. Es besteht im allgemeinen aus mehreren Gruppen von Linien, die in verschiedenen Wellenlängengebieten liegen. Die kurzwelligste Gruppe bildet das sogenannte K-Spektrum, eine langwelligere wird durch das L-Spektrum erfüllt; bei schwereren Elementen gibt es noch ein wieder langwelligeres M- und ein noch weiteres N-Spektrum. Die allgemeine Anordnung des Spektrums erscheint bei allen Elementen die gleiche, nur rücken alle Gruppen nach kürzeren Wellen, wenn die Ordnungszahl des als Antikathode verwendeten Elements im periodischen System der Elemente steigt. Für die stärkste Linie des K-Spektrums, die sogenannte K_{α_1}-Linie, ist diese zuerst von Moseley aufgefundene Gesetzmäßigkeit in Tab. 5 dargestellt.

Tabelle 5. Wellenlängen von Röntgen-K_{α_1}-Linien für verschiedene Elemente (nach Moseley)

13	Al	8,364 ÅE	25	Mn	2,111 ÅE	40	Zr	0,794 ÅE
14	Si	7,142 „	26	Fe	1,946 „	41	Nb	0,750 „
17	Cl	4,750 „	27	Co	1,798 „	42	Mo	0,721 „
20	Ca	3,368 „	28	Ni	1,662 „	44	Ru	0,638 „
22	Ti	2,758 „	29	Cu	1,549 „	46	Pd	0,584 „
23	V	2,519 „	30	Zn	1,445 „	47	Ag	0,560 „
24	Cr	2,301 „	39	Y	0,838 „			

Die Werte liefern eine einfache Gesetzmäßigkeit, nämlich Proportionalität zwischen der Wurzel aus der Schwingungszahl der Linie und der Ordnungszahl des betreffenden Elementes im periodischen System. Auch in der Abb. 1 auf S. 93, wo nach Siegbahn und Friman die K-Spektren einer Reihe von Elementen dargestellt sind, tritt diese Gesetzmäßigkeit deutlich zu Tage. Eine ähnliche Beziehung gilt auch für die L-, bzw. M-Spektren und schon Moseley konnte zeigen, daß die Hauptzüge der experimentellen Resultate durch die Bohrsche Atomtheorie richtig dargestellt werden. Im weiteren Verlauf ist die Röntgenspektrographie auch für die Entwicklung der spektroskopischen Theorie der optischen Spektrographie als bedeutsames Glied zur Seite getreten.

A. Prismenspektrographen

1. Prinzip. Ein Spektroskop kann für photographische Spektralaufnahmen dadurch eingerichtet werden, daß das Fernrohr durch eine photographische Kamera ersetzt wird. Als Spektrographen kommen also alle die Einrichtungen in Betracht, die auch als Spektroskope Verwendung finden, dazu aber auch besondere Anordnungen, die lediglich für die photographische Spektraluntersuchung in Frage kommen. Hier werden alle Methoden, die eine spektrale Zerlegung zusammengesetzten Lichtes bewirken können, verwendet.

2. Prismenapparate für das sichtbare Spektralgebiet. Der älteste Spektralapparat ist das Prisma. Dieses wurde von NEWTON bei der Entdeckung der spektralen Zerlegung des Lichtes gebraucht und später von KIRCHHOFF und BUNSEN zu ihrem klassischen Spektralapparat benutzt, der außer dem Prisma ein Kollimatorrohr, ein Fernrohr und ein Skalenrohr enthält. Die vom Spalt Sp (Abb. 2) ausgehenden Strahlen werden durch die Kollimatorlinse L_1 parallel gemacht, durchsetzen das Prisma P nahe unter dem Minimum der Ablenkung und werden durch die Fernrohrlinse L_2 in deren Brennebene zu Spaltbildern wieder vereinigt. Im sichtbaren Spektralbereich erfahren die roten Strahlen die geringste, die violetten die stärkste Brechung. In der Brennebene der Fernrohrlinse entsteht also ein Spektrum, das um so länger ist, je stärker die Dispersion des Prismas P gewählt wird. Über dem Spektrum erscheint ein Bild einer Skala, weil die bei Beleuchtung von ihr ausgehenden Strahlen durch die Linse des Skalenrohres S parallel gemacht, am Prisma P gespiegelt und durch die Fernrohrlinse L_2 wieder in der Brennebene des Fernrohres vereinigt werden. Aus dieser Anordnung entsteht nun sofort ein Spektrograph, wenn das Fernrohrokular entfernt und in die Brennebene des Objektivs die photographische Platte gebracht wird (Abb. 3). Das Objektiv und die Kassette werden dann meist durch einen Balgauszug miteinander verbunden.

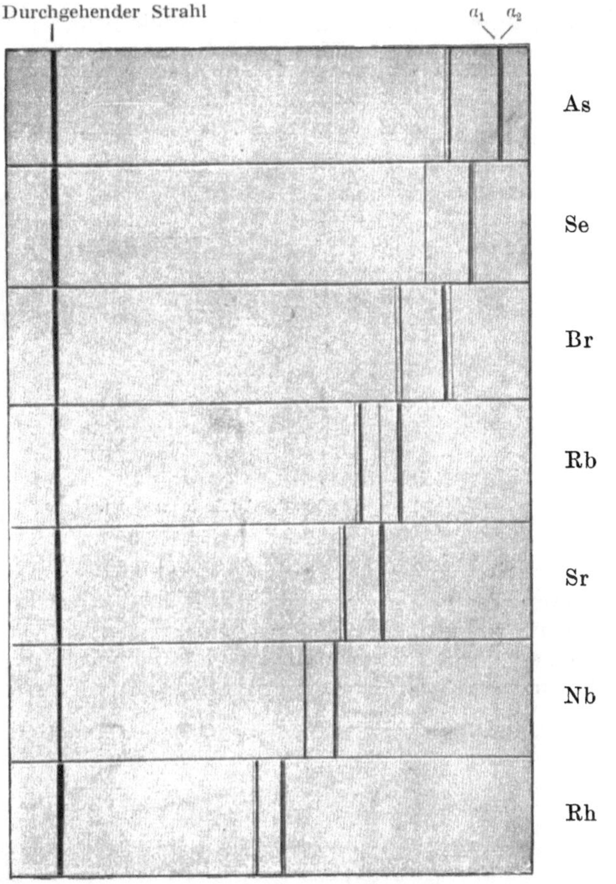

Abb. 1. K-Reihe einiger Elemente (nach SIEGBAHN und FRIMAN)

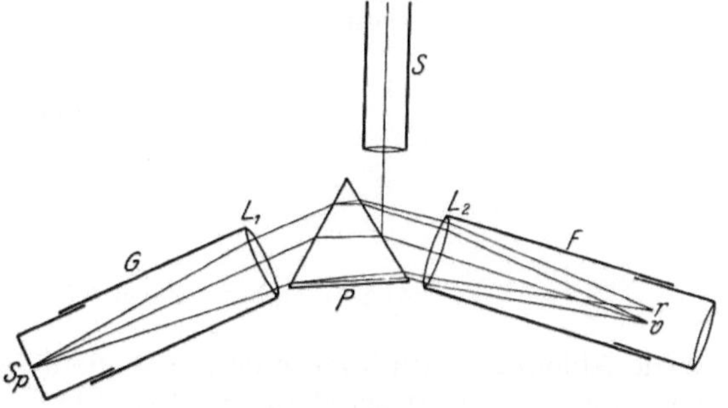

Abb. 2. Schema des BUNSEN-KIRCHHOFFschen Spektralapparates

Die Prismenspektrographen für das sichtbare Spektrum und das nahe anschließende Ultraviolett sind meist mit achromatischen Objektiven ausgerüstet. Die Ebene des erzeugten Spektrums steht dann senkrecht zur Achse des abbildenden Objektivs. Streng genommen ist allerdings die Fläche, auf der das

Spektrum entsteht, keine Ebene, sondern dieser nur mehr oder weniger vollkommen angenähert. Man muß deshalb die Platte oft über einer Zylinderoberfläche, deren konkave Seiten nach dem Prisma liegt, krümmen und infolgedessen besonders dünne gekrümmte Glasplatten oder Filme als Träger der photographischen Schicht verwenden.

Abb. 3. Ausführungsform eines Spektrographen

Statt eines einzigen Prismas kann man zur Steigerung der Dispersion deren mehrere verwenden. Einen Apparat dieser Art zeigt Abb. 4. Vielfach benutzt man für das sichtbare Spektralgebiet sogenannte geradsichtige Prismen (à vision directe). Sie bestehen (Abb. 5) aus einem Flintglasprisma F, das mit zwei Crownglasprismen Cr_1 und Cr_2 verkittet ist. Die Wirkung des Systems ist so,

Abb. 4. Spektralapparat mit mehreren Prismen

daß die Ablenkung für eine mittlere Wellenlänge gerade aufgehoben wird, die Dispersion aber erhalten bleibt, weil sie für das Flintglas bei gleicher Brechung viel größer ist, als für Crownglas. Für schnell auszuführende Spektralaufnahmen mit Einstellung durch Visieren sind diese geradsichtigen Apparate sehr bequem. Zwischen diesen geradsichtigen Apparaten und denen mit einfachen Prismen gibt es Zwischenstufen, die dann vorliegen, wenn die Geradsichtigkeit des verkitteten Prismas nicht vollständig ist. Das sogenannte Rutherfurdsche

Prisma (Abb. 6), das vielfach verwendet wird, ist wie das eben besprochene zusammengesetzt, doch ist der Winkel der Crownglasprismen nicht auf volle Geradsichtigkeit berechnet, vielmehr stehen ihre Endflächen zur Strahlenrichtung so, daß die Strahlen, die in das Flintglasprisma mit seinem großen brechenden Winkel eingetreten sind, auch wieder austreten können, während sie sonst an der Austrittsfläche des Flintglasprismas total reflektiert werden würden. Ein Spektralapparat, der mit derartigen Prismen, deren Zahl nicht auf 3 beschränkt bleiben muß, ausgerüstet ist, erscheint in Abb. 6 und 7 dargestellt.

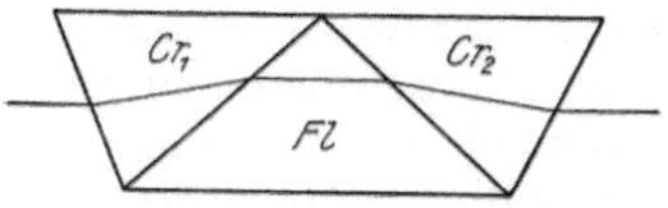

Abb. 5. Geradsichtiges Prisma

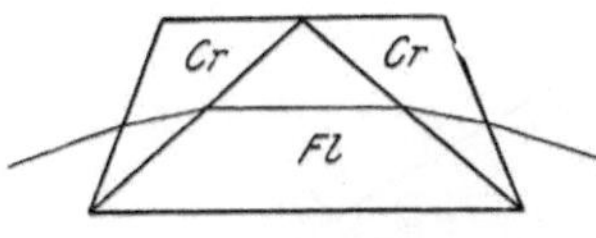

Abb. 6. Rutherfurdsches Prisma

3. Besondere Prismenformen. Eine vielfach verwendete, von der gewöhnlichen Form abweichende Prismenart sind die von Abbe angegebenen Prismen mit fester Ablenkung. Besonders ein Prisma mit fester Ablenkung von 90° wird bei Spektralapparaten oft benutzt. Es ist von

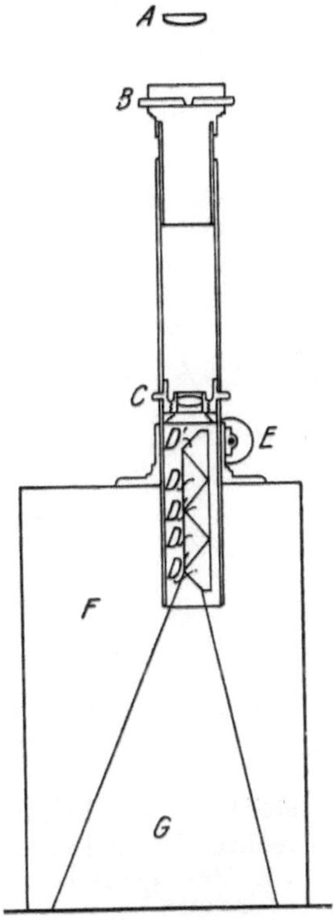

Abb. 7. Spektralapparat nach Steinheil mit aus fünf Teilen zusammengesetztem geradsichtigem Prismensatz. D' Crownglasprismen, D Flintglasprismen, F Kamera, E Einstellschraube des Spektroskops, A Kondensorlinse

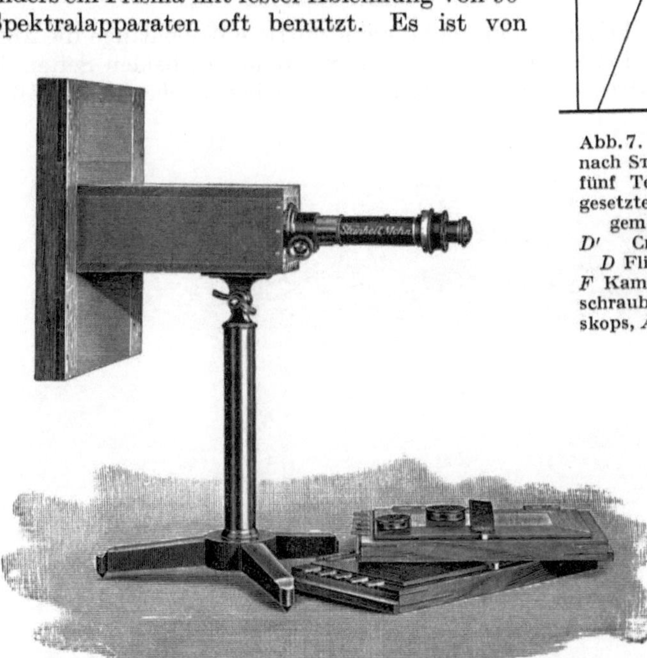

Abb. 8. Spektralapparat nach Steinheil mit geradsichtigem Prismensatz (s. Abb. 7)

Ad. Hilger in London sowie von Broca und Pellin neu beschrieben worden und wird von verschiedenen optischen Werkstätten zum Bau von Spektroskopen und Spektrographen angewendet. Die Wirkungsweise ist aus Abb. 9 ersichtlich. Das Prisma kann aus drei Teilen ABC, ACD und BDE zusammengesetzt gedacht werden, deren Winkel die in der Abb. 9 angegebenen Größen haben. Fällt ein Lichtstrahl ab unter einem solchen Winkel α ein, daß der Brechungswinkel dem Strahlengang $b\,c$ entspricht, so ist der Winkel des gebrochenen Strahles gegen die Prismenfläche AB 60° und der Strahl trifft unter 45° auf die Fläche AD. Hier wird er, wenn das Prisma aus Flintglas besteht, total reflektiert und trifft auf die Prismenfläche BE wieder unter dem Winkel von 60°. Der Winkel des austretenden Strahles $d\,e$ gegen die Prismenfläche ist also wieder α und der Winkel des austretenden Strahles gegen den einfallenden 90°. Ist das einfallende Licht nicht monochromatisch und stellt man das Prisma so ein, daß für eine mittlere Wellenlänge die Ablenkung dem rechten Winkel entspricht, so liegt das Spektrum zu beiden Seiten der Richtung $d\,e$. Für spektroskopische Arbeiten mit visueller Beobachtung läßt man Kollimator und Fernrohr feststehen und kann durch Drehen des Prismas den Einfallswinkel α verändern. Der gezeichnete Strahlengang wird dann immer einer bestimmten Wellenlänge entsprechen. Man kann das Abbesche Prisma auch mit anderen Ablenkungswinkeln konstruieren. So zeigt Abb. 10 ein Abbesches

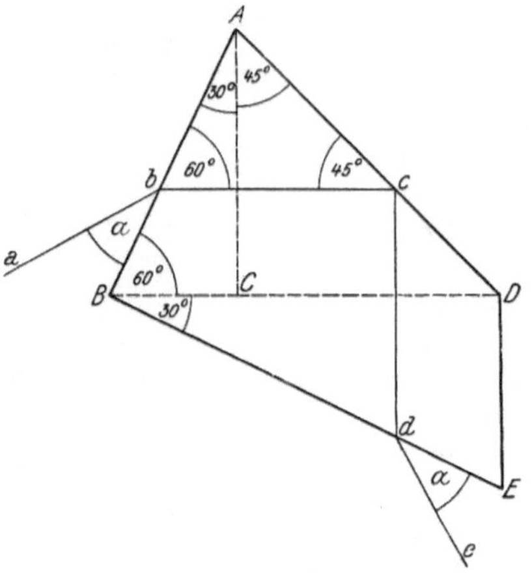

Abb. 9. Abbesches Prisma mit fester Ablenkung von 90°

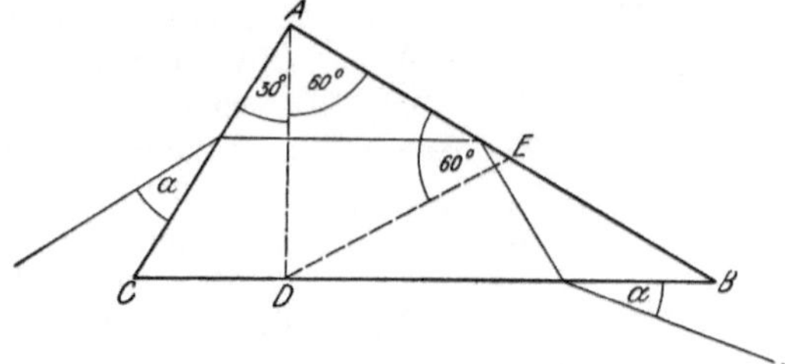

Abb. 10. Abbesches Prisma mit fester Ablenkung von 60°

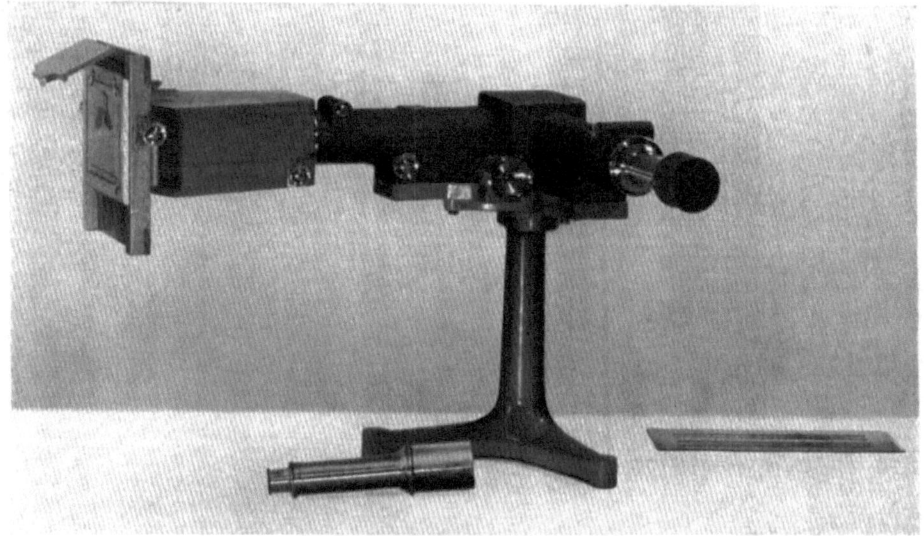

Abb. 11. Spektrograph mit Abbeschem Ablenkungsprisma von 90°

Prisma mit dem Ablenkungswinkel 60°, was sich aus der Abb. 10 sofort ergibt, wenn man die Totalreflexion an der Fläche *AB* berücksichtigt.

Spektrographen mit ABBEschem 90°-Prisma werden z. B. von AD. HILGER hergestellt (Abb. 11). Dasselbe Prisma hat auch LEISS[1] für einen Spektrographen benutzt, der den Zweck hat, höchste spektrale Reinheit zu erzielen. Zu dem Zwecke wurde die Methode der gekreuzten Prismen verwendet, die in der Hintereinanderschaltung zweier Spektralapparate besteht, deren Spalte und brechende Prismenkanten zueinander senkrecht stehen. Ein prinzipiell ähnlicher Apparat ist schon von MIETHE und LEHMANN[2] beschrieben worden. Der Apparat von LEISS ist derart konstruiert, daß der Spalt des Kollimatorrohrs des ersten Spektrographen vertikal steht. Aus dem erzeugten ebenfalls vertikal stehenden Spektrum wird ein schmaler Streifen ausgeblendet, der als Spalt für den zweiten Spektralapparat dient, dessen Kollimatorspalt horizontal liegt. Das so erzeugte Spektrum liegt wegen der stärkeren Ablenkung der kurzwelligen Teile schief im Gesichtsfeld. Da jede Wellenlänge in zwei Koordinatenrichtungen abgelenkt wird, ist die Reinheit des Spektrums größer als bei der Verwendung nur eines Dispersionssystems. Die Linsen der Apparatur sind aus Quarz hergestellt, damit an Stelle des ABBEschen Prismas für sichtbares Licht auch ein Quarzprisma für Ultraviolett-Aufnahmen treten kann. In diesem Falle ist das

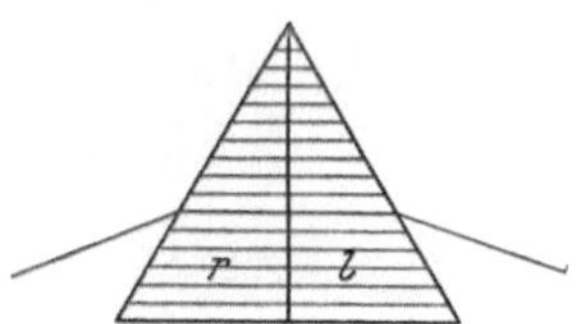

Abb. 12. CORNUsches Doppelprisma aus rechts- und linksdrehendem Quarz

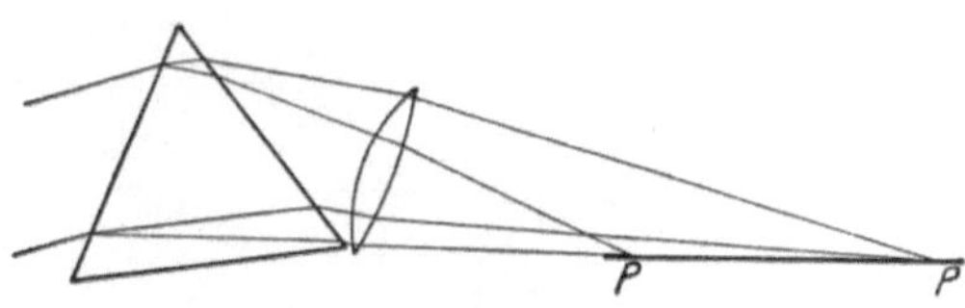

Abb. 13. Neigung der Plattenebene gegen die Objektivachse im Quarzspektrographen

verwendete Prisma mit 90° Ablenkung ein STRAUBELsches Quarzprisma, dessen Wirkungsweise ähnlich ist.

4. Prismenspektrographen für Ultraviolett. Für die Untersuchung des ultravioletten Spektralbereiches sind Glasapparate nicht zu verwenden, da sie Licht von Wellenlängen unterhalb 3000 ÅE nicht mehr durchlassen. Hier müssen Apparate mit Quarzlinsen und Quarzprismen benutzt werden. Auch klarer Flußspat würde an sich brauchbar sein und noch manche Vorzüge gegenüber dem Quarz besitzen, wegen seiner Seltenheit und Kostspieligkeit kann er aber in den meisten Fällen, besonders wenn es sich um größere Apparate handelt, nicht in Frage kommen. Bei den Apparaten mit optischen Systemen aus Quarz ist zunächst die Doppelbrechung des kristallischen Materials — und nur dieses kommt bisher in Betracht — von störendem Einfluß. Wollte man ein einfaches Quarzprisma verwenden, so würde eine Verdoppelung aller Spektrallinien die Folge sein. Dieser Fehler wird durch das CORNUsche Doppelprisma beseitigt, das aus zwei symmetrischen Hälften aus rechts- und linksdrehendem Quarz zusammengesetzt ist. Die optischen Achsen beider Hälften stehen zu der Schnittebene senkrecht (Abb. 12). Die doppelbrechende Wirkung wird für den unter dem Minimum der Ablenkung durchgehenden Strahl offenbar dadurch aufgehoben, daß in der einen Hälfte der außerordentliche Strahl gegenüber dem ordentlichen z. B. eine Beschleunigung erfährt, während er in der

[1] C. LEISS, ZS. f. Phys., Bd. 31, 1925, S. 488.

[2] A. MIETHE und E. LEHMANN, Berl. Ber. 1909, S. 268.

zweiten eine ebensogroße Verzögerung erleidet. Im ganzen kommt also eine Doppelbrechung nicht zu Stande. Auch für Strahlen, die in der Nähe des Minimums der Ablenkung das Prisma durchsetzen, ist die Beseitigung der Doppelbrechung noch genügend.

Auch bei diesen Quarzspektrographen kann eine Achromatisierung der Objektive vorgenommen werden, wenn diese aus Quarz und Flußspat zusammengesetzt werden. Für kleinere Apparate geschieht das auch vielfach, bei großen Apparaten muß aber wieder wegen der Seltenheit des Fluorits darauf verzichtet werden. Diesfalls sind also die Objektive einfache, senkrecht zur optischen Achse geschnittene Quarzlinsen, die chromatische Aberration besitzen müssen. Die Bilder der Spektrallinien sind also für die verschiedenen Wellenlängen verschieden weit von dem Objektiv entfernt, die kurzwelligsten liegen am nächsten, so daß die Platte *PP* (Abb. 13) gegen die Objektivachse schief gestellt werden muß. Zur scharfen Einstellung eines solchen Apparates ist daher außer der Längsverschiebung von Spalt und Platte und der Drehverschiebung des Prismas noch

Abb. 14. Quarzspektrograph (mit gegen die Objektivachse schief stehender Plattenebene)

eine Verstellbarkeit der Platte um einen Drehpunkt erforderlich. Vielfach muß außerdem zur Erzielung größter Schärfe auch hier die Platte noch gekrümmt werden. Man sieht, daß die genaue Justierung eines solchen Apparates wegen der vielen Einstellungselemente eine sehr mühsame und zeitraubende Arbeit ist. Andererseits hat die Schiefstellung der Platte bei einem solchen Apparat den Vorteil, daß die Trennung der einzelnen Wellenlängen gegenüber der Senkrechtstellung vergrößert ist. Besonders im Ultraviolett wird die Trennung der einzelnen Wellenlängen bei solchen Prismenapparaten eine recht erhebliche. Eine Ausführungsform eines Quarzspektrographen ist in Abb. 14 wiedergegeben.

Für die Prismengestaltung der Quarzspektrographen ist eine auch für Glasspektrographen öfter angewendete Montierung noch zu erwähnen, die von Young stammt und z. B. von Löwe[1] in seinem Spektrographen für sichtbares und ultraviolettes Licht verwendet worden ist. Dabei wird je ein Halbprisma auf das Objektiv des Kollimators und der Kamera aufgesetzt und die Eintrittsfläche des

[1] F. Löwe, ZS. f. Instr. Kde., Bd. 26, 1906, S. 332.

Prismas so gestaltet, daß das einfallende Strahlenbündel senkrecht auftrifft. Für das sichtbare Spektralgebiet sind diese Halbprismen je ein halbes RUTHERFURDprisma, die nach Abb. 15 angeordnet sind, während für das Ultraviolett halbe CORNUprismen gewählt werden, deren Anordnung aus Abb. 16 ersichtlich ist. Es ist klar, daß bei dieser Anordnung für den zentral durchgehenden Strahl immer das Minimum der Ablenkung vorhanden ist.

Die durch die Linsen hervorgebrachte Schiefstellung der Kassette läßt sich vermeiden, wenn man statt der Linsen Hohlspiegel benutzt. Für die praktisch hergestellten spektrophotographischen Apparate hat sich eine derartige Anordnung aber nicht eingebürgert, vor allem deshalb, weil die Hohlspiegel andere Nachteile besitzen, von denen der Astigmatismus für außerhalb der Achse verlaufende Strahlen der schwerwiegendste ist. Selbstverständlich ist, daß bei der Benutzung von Hohlspiegeln Materialien verwendet werden müssen, die alle in Betracht kommenden Wellenlängen gut reflektieren. Das Silber ist gerade für das kurzwellige Ultraviolett sehr durchlässig und deshalb als Spiegelmetall in diesem Gebiete ungeeignet. Bei der Besprechung der Reflexionsgitter werden wir auf diesen Punkt noch zurückkommen.

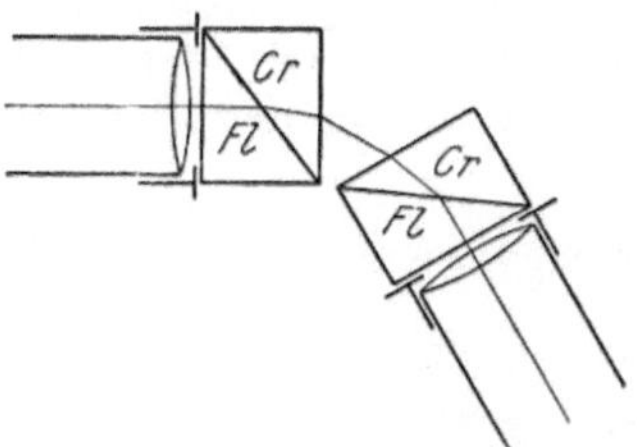

Abb. 15. Spektralapparat mit auf die Rohre aufgesetzten halben RUTHERFURDprismen (nach LÖWE)

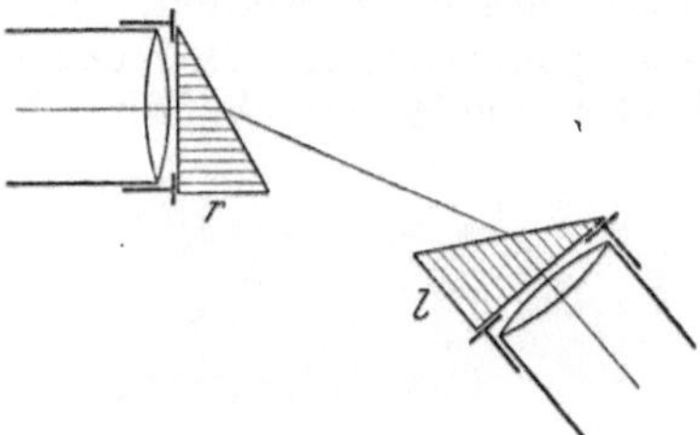

Abb. 16. Quarzspektrograph mit auf die Rohre aufgesetzten halben CORNUprismen (nach LÖWE)

5. Die Autokollimation. Zur Verringerung des in einem gewöhnlichen Prismenspektrographen unvermeidlichen großen Raumbedarfes der gegeneinander geneigten Rohre, der besonders bei Objektiven mit langer Brennweite sehr erheblich wird, kann man den Strahlengang so gestalten, daß das einfallende und das gebrochene Bündel übereinanderfallen. Das Schema eines solchen Apparates ist in Abb. 17 angegeben. S ist der Spalt, L die Kollimatorlinse, P das Prisma und A ein Spiegel mit sorgfältig hergestellter ebener Oberfläche. Das von S ausgehende Licht wird, nachdem es das Prisma durchsetzt hat, an A in sich selbst reflektiert und gelangt wieder nach S, wo bei monochromatischem Licht ein scharfes Bild des Spaltes entworfen wird. Ist das einfallende Licht zusammengesetzt, so wird in der Umgebung von S ein Spektrum erzeugt. Durch eine kleine Neigung des Spiegels A kann man erreichen, daß das Spektrum etwas höher liegt als der Spalt. Vielfach wird auch der Spalt seitlich angebracht und das Licht durch ein totalreflektierendes Prisma T auf die Linse geworfen. Als Spiegel kann unter Umständen auch die Rückfläche des Prismas verwendet werden, die dann eine Versilberung erhält. Dann muß der brechende Winkel des Prismas und seine Stellung so gewählt werden, daß die gebrochenen

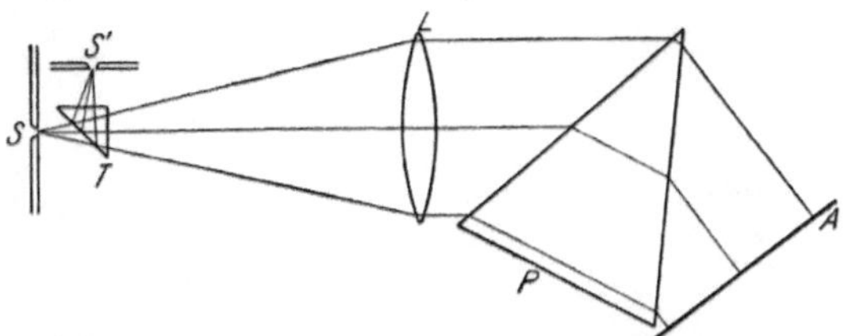

Abb. 17. Spektralapparat mit Autokollimation

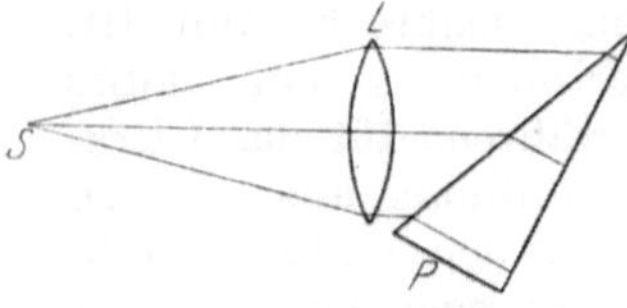

Abb. 18. Autokollimation bei einem Quarzspektrographen mit halbem CORNUprisma

Strahlen senkrecht auf die zweite Prismenfläche auffallen. Das geschieht z. B. beim Autokollimationsapparat von PULFRICH,[1] in dem ein halbes RUTHERFURD-Prisma verwendet wird. Man erkennt sogleich, daß diese Autokollimationsmethoden für den Prismenapparat außer der Ersparnis eines Objektivs eine erhebliche Raumverminderung bedeuten. Auch der brechende Winkel des Prismas kann, weil dieses von den Lichtstrahlen zweimal durchsetzt wird, auf die Hälfte verkleinert werden. Das hat besonders für Quarzspektrographen oder Flußspatspektrographen Bedeutung, weil hier die Kostbarkeit des Materials erheblich in die Wagschale fällt. Bei Quarzspektrographen kann zudem, worauf

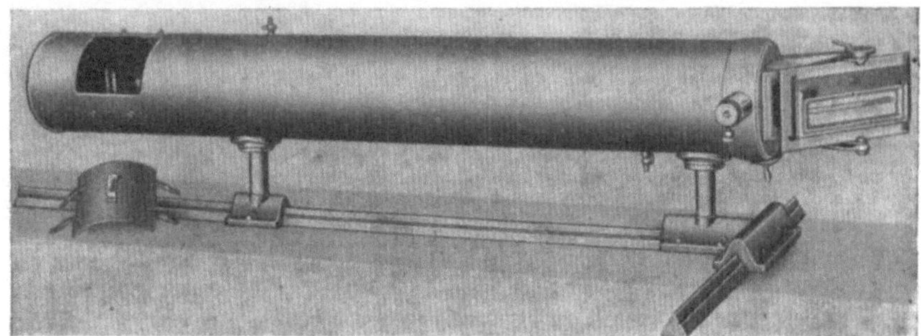

Abb. 19. Quarzspektrograph mit Autokollimation

zuerst STRAUBEL[2] und später STANLEY[3] aufmerksam gemacht haben, an Stelle des CORNUschen Doppelprismas ein einfaches Prisma verwendet werden. Wir haben oben gesehen, daß das Doppelprisma den Zweck hat, die durch die Doppelbrechung des Quarzes verursachte Linienverdoppelung zu vermeiden. Die beiden Teile bestehen deshalb aus entgegengesetzt drehenden Quarzstücken. Die Linienverdoppelung kann bei der Autokollimationsmethode auch bei einem einzelnen Quarzprisma nicht auftreten, wenn die optische Achse parallel zur Basis des Prismas verläuft, weil der rücklaufende Strahl den Fehler des einfallenden gerade wieder kompensiert (Abb. 18). In Abb. 19 ist eine Ausführungsform eines solchen Apparates gezeigt.

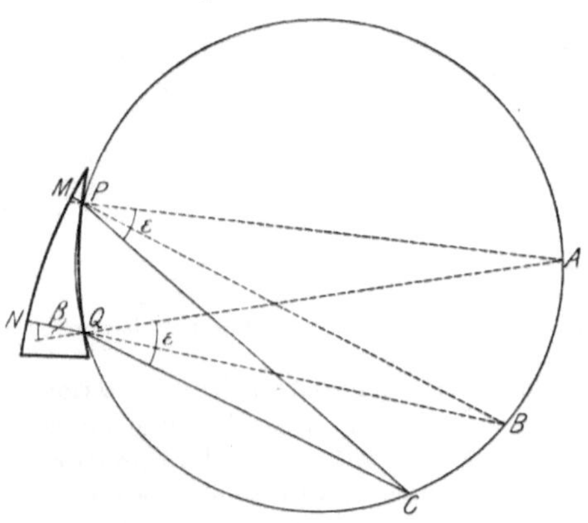

Abb. 20. Autokollimationsprisma von FÉRY mit gekrümmten Prismenflächen

Eine interessante Anwendung der Autokollimationsmethode ist schließlich von FÉRY[4] angegeben worden. Dabei ist auch die Linse L vermieden und die Strahlenvereinigung durch eine geeignete Krümmung der Prismenflächen erreicht. Die Wirkungsweise der Anordnung ergibt sich aus Abb. 20. A ist der

[1] C. PULFRICH, ZS. f. Instr. Kde., Bd. 14, 1894, S. 354. F. LÖWE, ebendort, Bd. 26, 1906, S. 332.

[2] R. STRAUBEL, Ann. d. Phys., Bd. 7, 1902, S. 905.

[3] F. STANLEY, Astrophys. Journ., Bd. 31, 1910, S. 371.

[4] C. FÉRY, C. R., Bd. 150, 1900, S. 216; Journ. de Phys. (4), Bd. 9, 1910, S. 762.

Krümmungsmittelpunkt der Einfallsfläche PQ des Prismas. Der geometrische Ort der Punkte C, durch die man Strahlen CP und CQ so legen kann, daß sie mit den Normalen in P und Q gleiche Winkel bilden, ist ein Kreis durch A und diese beiden Punkte. Setzen wir nun in den Punkt C einen Spalt, so ergeben die beiden Strahlen CP und CQ, die in Q und P gleiche Einfallswinkel ε haben, auch gleiche Brechungswinkel β. Diese Strahlen PM und QN schneiden sich rückwärts verlängert in B. Dieser Punkt wird als Krümmungsmittelpunkt der zweiten Fläche MN gewählt. Man sieht, daß, wenn der Spalt mit monochromatischem Licht von der Wellenlänge λ beleuchtet wird, senkrechte Inzidenz auf der ganzen Fläche MN vorhanden ist, wenn die Bedingung erfüllt ist:

$$\sin \varepsilon = n_\lambda \,.\, \sin \beta,$$

wo n_λ der Brechungsexponent für die Wellenlänge λ ist. Wird die Fläche MN versilbert, so werden die Strahlen in sich selbst zurückreflektiert und man erhält, wie bei der gewöhnlichen Autokollimationsmethode, bei C ein scharfes Bild des Spaltes. Wenn das von C ausgehende Bündel nicht monochromatisch ist, so erhält man in der Umgebung von C ein reines Spektrum, das photographiert werden kann. Der Vorteil dieser FÉRYschen Spektrographen ist die weitestgehende Vermeidung von Lichtverlusten durch Reflexion an Linsenflächen und vor allem die Freihaltung des Spektrums von Streulicht, das durch solche Reflexionen entstehen kann. Leider ist die nutzbare Öffnung, die sich mit genügend guter Abbildung noch vereinigen läßt, bei diesen Apparaten nicht sehr groß.

6. Krümmung der Spektrallinien im Prismenspektrographen. Betrachtet man ein mit einem Prismenspektrographen aufgenommenes Linienspektrum, so sieht man, daß die Spektrallinien gekrümmt sind, und zwar liegt die konkave Seite der Krümmung nach den kürzeren Wellenlängen. Der Grund dafür ist der, daß die nicht von einem Punkt der Achse des Kollimatorobjektivs ausgehenden Strahlen — und auf der Achse liegt ja nur die Spaltmitte — das Prisma nicht in Form eines zur brechenden Kante senkrechten Büschels, also nicht parallel zum sogenannten Hauptschnitt des Prismas, durchsetzen. Dadurch ist der für die Brechung wirksame Prismenwinkel vergrößert und die Ablenkung muß infolgedessen größer sein. Die genauere Rechnung zeigt, daß die Spektrallinien in erster Annäherung Parabeln werden, deren Krümmung um so größer ist, je kürzer die Brennweite der Objektivlinse ist.

7. Auflösungsvermögen des Prismenspektrographen. Für die Anwendung der Prismenspektrographen als Spektralapparate ist ihre Fähigkeit von Bedeutung, benachbarte Wellenlängen noch zu trennen. Auch bei unbegrenzt abnehmender Spaltweite und idealen Abbildungsverhältnissen der Linsen läßt sich das Auflösungsvermögen nicht unbegrenzt steigern. J. W. STRUTT[1] (Lord RAYLEIGH) hat gezeigt, daß zur Bestimmung der Leistungsgrenze das Prisma als Beugungsöffnung aufgefaßt werden muß. Für jedes einfallende streng monochromatische Büschel ist die Lichtwirkung in der Brennebene der Objektivlinse eine Beugungsfigur. Sollen zwei Strahlenbüschel durch den Dispersionsvorgang räumlich getrennt erscheinen, so dürfen sich die von ihnen erzeugten Beugungsbilder nullter Ordnung höchstens zur Hälfte überdecken. Ist n der Brechungsindex des Prismas für eine bestimmte Wellenlänge λ und Δn der Unterschied der Brechungsexponenten für die Wellenlängendifferenz $\Delta \lambda$, so tritt für ein Prisma von der Basisdicke D nach RAYLEIGH eine Trennung zweier Wellenlängen

[1] J. W. STRUTT, Phil. Mag. (5), Bd. 9, 1879, S. 266. Lord RAYLEIGH, Ges. Werke, Bd. 1, S. 426.

ein, für die $D > \frac{\lambda}{\Delta n}$ ist. Mißt man das Auflösungsvermögen bei einer Wellenlänge λ durch den Quotienten $\frac{\lambda}{d\lambda}$, wo $d\lambda$ die gerade noch trennbare Wellenlängendifferenz ist, so ist für ein Prisma von der Basisdicke D dieses Auflösungsvermögen

$$A = \frac{\lambda}{d\lambda} = D \cdot \frac{dn}{d\lambda}.$$

Für ein schweres Flintglas ist in der Nähe der Natriumlinien die Dispersion $\frac{dn}{d\lambda}$ etwa gleich 1000, wenn λ in Zentimetern gemessen wird. Ein Prisma von der Basisdicke 1 cm würde ein solches Auflösungsvermögen haben und ein Auflösungsvermögen von 10000 — entsprechend einer Prismendicke von 10 cm — wäre für einen Prismenspektrographen in diesem Wellenlängenbezirk schon sehr erheblich. Dagegen ist etwa für Quarz bei zirka 2000 ÅE die Dispersion $\frac{dn}{d\lambda}$ und damit das Auflösungsvermögen für ein 1-cm-Prisma ungefähr gleich 10000, so daß in diesem Spektralbereich eine Auflösung von 100000 mit Hilfe eines einzelnen Prismas im Prismenspektrographen erreicht werden kann. Man sieht schon aus diesen Angaben, daß das Auflösungsvermögen eines Prismenspektrographen für die verschiedenen Spektralbezirke ein sehr verschiedenes ist. Im roten Teile des Spektrums ist es besonders für Quarzapparate sehr gering, während es hier im Ultraviolett so stark werden kann, daß die Prismenapparate mit den besten andersartigen Dispersionsapparaten konkurrieren können. Natürlich ist es zur Ausnutzung des vom Prisma theoretisch zu erwartenden Auflösungsvermögens nötig, daß die Flächen so vollkommen wie nur möglich hergestellt sind, daß die Linsen keine Abbildungsfehler haben, und daß die Vergrößerung der Abbildung so gewählt wird, daß der theoretisch auflösbaren Wellenlängendifferenz eine genügend große Entfernung auf der photographischen Platte entspricht. Das läßt sich durch eine hinreichend lange Brennweite des Abbildungsobjektivs immer erreichen. Aus diesem Grunde haben Quarzspektrographen größten Auflösungsvermögens Linsen von großer Brennweite.

B. Gitterspektrographen

8. Das ebene Gitter. Ein sehr brauchbares Mittel zur Erzeugung von Spektren bilden die Gitter. Sie können in Durchsicht und in Reflexion verwendet werden. Betrachtet man eine Anzahl in einer Ebene liegende Beugungsöffnungen, die meist spaltförmig ausgeführt werden und gleiche Gestalt sowie gleichen Abstand voneinander haben (Abb. 21) und läßt auf sie ein Bündel paralleler Strahlen unter dem Winkel α gegen die durch die Spalte gelegte Normalebene zur Gitterfläche auffallen, so beobachtet man hinter dem Schirm eine im Unendlichen liegende Beugungserscheinung, deren Maxima durch die Beziehung

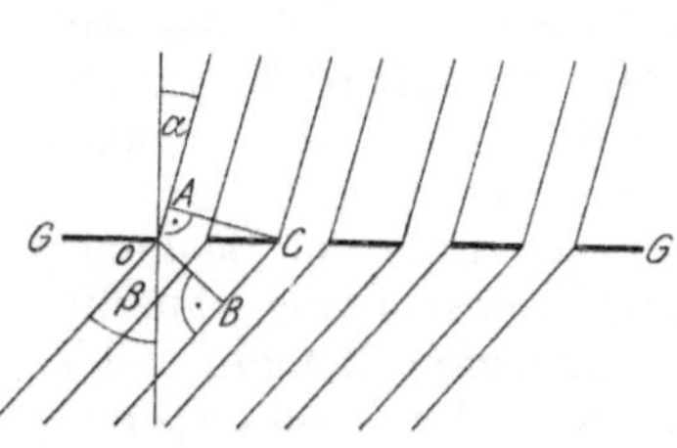

Abb. 21. Beugung an einem ebenen Gitter

$$a\,(\sin\beta - \sin\alpha) = n\,.\,\lambda$$

gegeben sind. Dabei ist a die Breite einer Öffnung samt der eines Zwischenraumes, die sogenannte Gitterkonstante, β der Winkel, den die Strahlenrichtung zum Maximum mit der oben genannten Ebene bildet, λ die Wellenlänge des verwendeten Lichtes und n eine ganze Zahl, die sogenannte

Ordnungszahl. Die Richtigkeit der Beziehung erkennt man sofort, wenn man berücksichtigt, daß $BC - OA$ der Gangunterschied zweier aufeinanderfolgender Strahlenbündel ist, der gleich einem ganzen Vielfachen der Wellenlänge sein muß, wenn die Büschel sich verstärken sollen. Setzen wir $\alpha = 0$, betrachten also den Fall senkrechter Inzidenz auf das Gitter, so wird aus obiger Gleichung

$$a \, . \sin\beta = n \, . \, \lambda.$$

Für $n = 1$, also $\lambda = a \, . \sin\beta$ und für kleine Beugungswinkel ist $\lambda = a \, . \, \beta$. In diesem Falle ist also die Ablenkung der Wellenlänge proportional. Das Gitter ist somit als Dispersionsapparat brauchbar und liefert für den Fall kleiner Beugungswinkel Spektren, in denen die Ablenkung proportional der Wellenlänge ist. Solche Spektren pflegt man als „normale" Spektren zu bezeichnen. Sie stehen durch diese Eigenschaft im Gegensatz zu den Prismenspektren, bei denen die Dispersion für die kurzen Wellen erheblich größer ist als für die längeren. Diese Eigenschaft spielt für die Wellenlängenmessungen in Spektren eine wichtige Rolle; wir werden bei Besprechung dieser Messungen noch darauf zurückkommen.

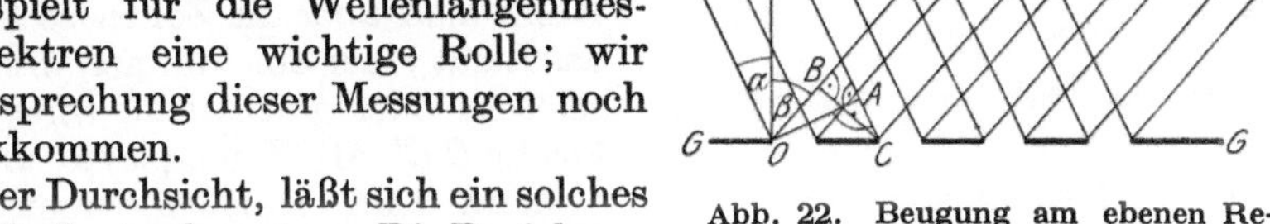

Abb. 22. Beugung am ebenen Reflexionsgitter

Statt in der Durchsicht, läßt sich ein solches Gitter auch in Reflexion benutzen. Die Beziehung für die Lage der Maxima ist genau die gleiche wie beim durchsichtigen Gitter, wie sich ohne weiteres aus der Betrachtung der Abb. 22 ergibt, wo $OB - CA$ der Gangunterschied zweier aufeinanderfolgender Bündel ist, der sich wie oben berechnet. Auch hier ist für den Fall $\beta \backsim 0^0$, also $\sin\beta = \beta$, aus

$$\beta = \sin\alpha + \frac{n}{a} \, . \, \lambda$$

zu ersehen, daß der Beugungswinkel β proportional der Wellenlänge λ ist, das Spektrum also ein normales sein muß.

9. Spektrographen mit ebenen Gittern. Aus der angedeuteten Theorie des ebenen Gitters ergibt sich seine Verwendung als Spektralapparat. Das Licht ist zunächst durch ein Kollimatorrohr parallel zu machen. Der in der Brennebene der Kollimatorlinse liegende Spalt wird parallel den Gitterfurchen gestellt. Wird ein durchsichtiges Gitter verwendet, so stellt man es senkrecht zu dem vom Kollimator kommenden Strahlenbündel. Gegenüber wird die Kamera angebracht, deren Platte in der Brennebene des Kameraobjektivs steht. Statt auf Glas geteilter Originalgitter kann man für diese Einrichtungen vielfach Gitterkopien verwenden, die durch Abziehen eines auf ein Originalgitter gebrachten Kollodiumhäutchens, das dann auf eine Trägerglasplatte aufgebracht wird, entstanden sind.

10. Konkavgitter. Viel wichtiger als die ebenen Gitter sind für die Gitterspektrographen in neuerer Zeit die Konkavgitter geworden. Rowland hat als erster Gitter hergestellt, bei denen die Gitterteilung derart auf einem Hohlspiegel angebracht wurde, daß die Gitterfurchen auf einer Sehne gleichen Abstand haben. Das hier verwendete Spiegelmetall von Brashear hat bis in das äußerste Ultraviolett hinein ein gutes Reflexionsvermögen (s. z. B. Landolt-Börnstein, Phys.-Chem. Tab., Erg.-Bd. 1927, S. 478). Die Theorie solcher Gitter ist von Rowland[1] selbst, später besonders eingehend von Runge in H. Kaysers Hdb. d. Spektroskopie, Bd. 1, 1900, gegeben worden. Wir bringen die Rungesche Theorie im Anschluß an eine Darstellung von Schuster.[2]

[1] H. A. Rowland, Phil. Mag., Bd. 16, S. 197, 1883, Amer. Journ. of Science, Bd. 26, 1883, S. 87.

[2] A. Schuster, Theory of optics, 3. Aufl. London 1924, S. 126ff.

Es sei A (Abb. 23) eine punktförmige Lichtquelle und es soll ein Bild des Spektrums erster Ordnung derart entworfen werden, daß alles Licht der Wellenlänge λ in B vereinigt wird. Wir wollen Ellipsoide mit A und B als Brennpunkte konstruieren, so daß für Punkte $P\,P'\,P''$ auf aufeinanderfolgenden Ellipsoiden gilt

$$A\,P + P\,B = m\,.\,\lambda$$
$$A\,P' + P'\,B = (m + 1/2)\,.\,\lambda$$
$$A\,P'' + P''\,B = (m + 1)\,.\,\lambda \text{ usw.}$$

$G\,G'$ sei die Spur der Fläche, die eine Gitterteilung erhalten soll. Das Gitter schneidet die Ellipsoidflächen in Kurven, die es in FRESNELsche Zonen einteilen. Das Licht, das B von aufeinanderfolgenden Zonen des Gitters her erreicht, ist jedesmal um einen Gangunterschied $\frac{\lambda}{2}$ verschieden, so daß die Wirkungen sich in B aufheben. Wenn man aber die Zonen so abändert, daß das Licht einer Zone immer abwechselnd ausgelöscht oder geschwächt wird, so wirkt die Fläche $G\,G'$ als Zonenplatte und das Licht wird in B verstärkt. Diesen Effekt kann man erreichen, wenn man in die Fläche Furchen einritzt, die parallel zu den Teilungslinien der Zonen in solchen Abständen verlaufen, daß immer eine Zone übergangen wird. Da die Zonenkonstruktion von der Wellenlänge abhängt, hat das erzeugte Spektrum nur für eine bestimmte Wellenlänge den Brennpunkt in B. Die benachbarten Wellenlängen werden in anderen Brennpunkten in der Nähe vereinigt.

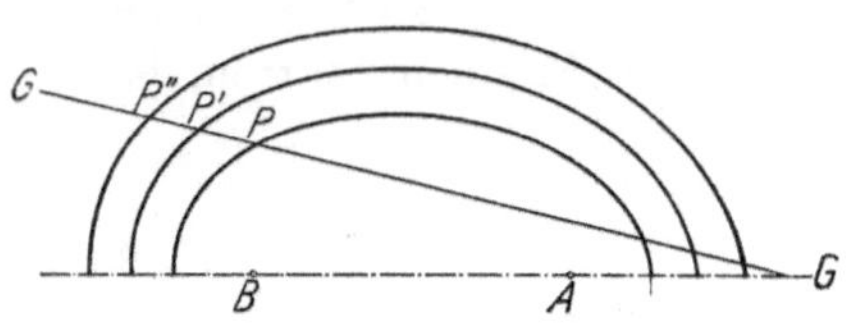

Abb. 23. Zur Theorie des Konkavgitters

In der Praxis lassen sich solche Teilungen nur auf ebenen oder sphärischen Flächen als gerade Linien ausführen, wobei wegen der Ausführung der Teilung mit einer Schraube gleiche Abstände nur auf der Sehne hergestellt werden können. Es sei in Abb. 24 A wieder die Lichtquelle und B der Punkt, in dem das Spektrum erster Ordnung entstehen soll. Wir beschränken die Betrachtung auf Strahlen, die in der Ebene von $A\,B$ und der Gitternormalen $O\,C$ liegen, wenn C der Krümmungsmittelpunkt der Gitterfläche ist. Wir betrachten $O\,C$ als x-Achse und die Gittertangente $O\,T$ als y-Achse eines rechtwinkligen Koordinatensystems. Wir setzen

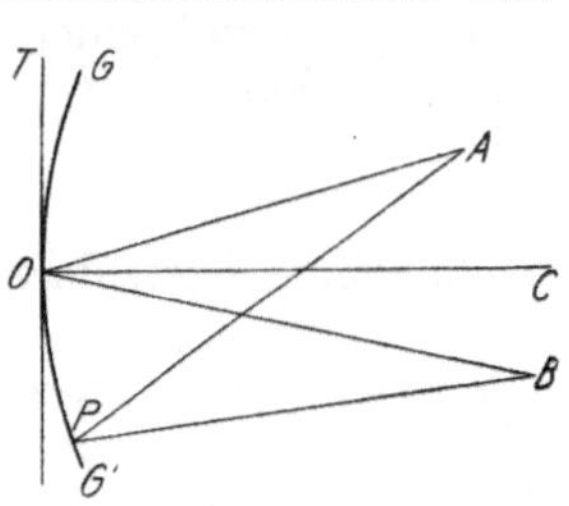

Abb. 24. Zur Theorie des Konkavgitters

$$OA = r,\ BO = r_1,\ AP = u,\ BP = v$$

und geben P die Koordinaten x und y. Liegt P auf dem Rande der m-ten Zone und ist B der Fokus des Spektrums erster Ordnung, so ist

$$u + v = r + r_1 \pm m\,.\,\lambda.$$

Wenn der Abstand zweier aufeinanderfolgender Furchen derart ist, daß seine Projektion auf die y-Achse konstant gleich e ist, so ist $y = m\,e$, es wird also $m = \frac{y}{e}$ und

$$u + v = r + r_1 \pm \frac{\lambda\,.\,y}{e}.$$

Wenn diese Bedingung exakt erfüllt werden kann, haben wir in B ein vollkommenes Bild. Wir fragen, wie weit die Erfüllung dieser Bedingung möglich ist. Bezeichnen wir die Koordinaten von A mit a und b, die von B mit a_1 und b_1, so gilt

$$u^2 = (y - b)^2 + (x - a)^2 = r^2 + x^2 + y^2 - 2\,b\,y - 2\,a\,x.$$

Wenn ϱ der Krümmungsradius des Gitters ist, so gilt für den Schnittkreis der Gitterfläche mit der Zeichenebene

$$2\,\varrho\,x = x^2 + y^2$$

Aus beiden Gleichungen folgt

$$u^2 = \left(r - \frac{b\,.\,y}{r}\right)^2 + \left(\frac{a}{r^2} - \frac{1}{\varrho}\right) a\,y^2 + \left(1 - \frac{a}{\varrho}\right) x^2.$$

Bei geringer Krümmung ist das dritte Glied klein gegen die beiden anderen, so daß wir angenähert, wenn wir uns auf Glieder zweiter Ordnung in y beschränken, setzen können:

$$u = \left(r - \frac{b\,.\,y}{r}\right) + \frac{1}{2\,r}\left(\frac{a}{r^2} - \frac{1}{\varrho}\right).\,a\,y^2$$

und ebenso erhalten wir

$$v = \left(r_1 - \frac{b_1\,.\,y}{r}\right) + \frac{1}{2\,r_1}\left(\frac{a_1}{r_1^2} - \frac{1}{\varrho}\right) a_1\,y^2.$$

Bis zu dieser Größenordnung muß die Gleichung

$$u + v = r + r_1 \pm \lambda\,.\,\frac{y}{e}$$

erfüllt sein, wenn das Gitter seine Aufgabe erfüllen soll. Setzen wir die Werte für u und v in obige Gleichung ein, so folgt

$$\left(-\frac{b}{r} - \frac{b_1}{r_1} \pm \frac{\lambda}{e}\right) y + \left[\frac{a}{2\,r}\left(\frac{a}{r^2} - \frac{1}{\varrho}\right) + \frac{a_1}{2\,r_1}\left(\frac{a_1}{r_1^2} - \frac{1}{\varrho}\right)\right] y^2 = 0,$$

eine Gleichung, die wegen des endlichen Wertes von y nur bestehen kann, wenn die Faktoren von y und y^2 einzeln verschwinden. Es bestehen also die Bedingungen:

$$1)\qquad \frac{b}{r} + \frac{b_1}{r_1} = \mp \frac{\lambda}{e}$$

$$2)\qquad \frac{a}{r}\left(\frac{a}{r^2} - \frac{1}{\varrho}\right) + \frac{a_1}{r_1}\left(\frac{a_1}{r_1^2} - \frac{1}{\varrho}\right) = 0.$$

Die erste Bedingung bestimmt die Richtung, in der das gebeugte Bild liegt, denn, wenn ε und β die Winkel sind, die AO und BO mit der Gitternormalen bilden, so ist $r\,.\,\sin\varepsilon = b$ und $-\,r_1\,.\,\sin\beta = b_1$, so daß die Bedingungsgleichung 1) wird

$$e\,(\sin\varepsilon - \sin\beta) = \pm\,\lambda.$$

Wenn es sich nicht um das Bild erster, wie angenommen, sondern um dasjenige n-ter Ordnung handelt, so ist auf der rechten Seite $n\,.\,\lambda$ zu setzen. Das ist dieselbe Gleichung, die wir früher beim Plangitter gefunden haben.

Die Bedingungsgleichung 2) liefert die Entfernung des gebeugten Bildes. Es ist $a = r\,.\,\cos\varepsilon$, $a_1 = r_1\cos\beta$. Also wird

$$\frac{\cos^2\varepsilon}{r} + \frac{\cos^2\beta}{r_1} = \left(\cos\varepsilon + \cos\beta\right)\frac{1}{\varrho}$$

Wenn ε und β klein und gleich sind, wird daraus die Hohlspiegelgleichung. Ist $a\,.\,\varrho = r_1^2$, so folgt aus 2), daß auch $a_1\,\varrho = r_1^2$ sein muß. Die erste Bedingung bedeutet, daß die Lichtquelle auf einem Kreis mit dem Radius $\frac{\varrho}{2}$ liegen muß.

Ferner sagt unsere Gleichung 2), daß auch das gebeugte Bild auf diesem Kreise liegt. Aus der Gleichung

$$e(\sin\varepsilon - \sin\beta) = \pm n \cdot \lambda$$

folgt durch Differentiation für konstantes ε

$$\frac{d\beta}{d\lambda} = \pm \frac{n}{e \cdot \cos\beta}.$$

Diese Größe gibt die Änderung des Beugungswinkels mit der Wellenlänge für konstanten Einfallswinkel, eine Größe, die wir als Dispersion des Gitters bezeichnen können. Für $\beta = 0$, also bei Betrachtung des Beugungsbildes in der Nähe der Gitternormalen ist diese Größe konstant, das erzeugte Spektrum also ein normales.

11. Aufstellung der Konkavgitter. Die Art der Aufstellung eines Konkavgitters ergibt sich aus den vorhin besprochenen theoretischen Grundlagen. ROWLAND selbst hat für seine Gitter eine Aufstellung gewählt, die sich aus Abb. 25 ergibt. Auf zwei zueinander senkrecht stehenden Balken SA und SB, die horizontal liegen, sind Schienen befestigt, auf denen sich je ein Wagen W_1 und W_2 bewegen kann. Jeder dieser Wagen trägt genau senkrecht über der Schiene einen Drehzapfen; ein Balken verbindet die beiden Zapfen miteinander. Das System, bestehend aus den beiden Wagen und dem Balken, kann also auf den Schienen verschoben werden, so daß das rechtwinklige Dreieck $SW_1 W_2$ bei konstanter Hypothenuse $W_1 W_2$ veränderliche spitze Winkel erhält. Auf dem Wagen W_1 genau über dem Drehzapfen befindet sich nun das Gitter G so, daß seine Normale mit der Richtung des Balkens zusammenfällt; der Wagen W_2 trägt ebenfalls senkrecht zur Richtung des Balkens die Kassette P. Die Länge des Balkens $W_1 W_2$ zwischen den beiden Drehzapfen ist genau gleich dem Krümmungsradius des Gitterhohlspiegels; die photographische Platte wird so gekrümmt, daß sie auf dem ROWLANDschen Kreise liegt, daß also ihr Krümmungsradius gleich der Hälfte desjenigen des Gitterhohlspiegels ist. Bei S, genau über der Spitze des rechten Winkels, befindet sich schließlich der Spalt der Anordnung. Man sieht, daß für diese Aufstellung, wie auch die beiden Wagen W_1 und W_2 verschoben werden mögen, immer Spalt, Gittermitte und Platte auf dem ROWLANDschen Kreise mit dem Radius $\frac{\varrho}{2}$ liegen, wobei ϱ der Krümmungsradius des Gitterspiegels ist. Da die Platte ferner immer auf der Gitternormalen liegt, ist auch der Beugungswinkel immer nahe gleich 0, das Spektrum also ein normales.[1] Diese Aufstellung, die in Abb. 26 in einer ihr von J. M. EDER gegebenen Ausführung dargestellt ist, wurde von ROWLAND zur Aufnahme des Sonnenspektrums angewendet, wobei es nötig war, den Ort des Spaltes unverändert zu lassen, um auf ihm mit einem Heliostaten ein Sonnenbild entwerfen zu können. Im übrigen ist diese Form der Aufstellung für die Erhaltung einer einmal gewonnenen Justierung nicht sehr zweckmäßig, weil bei ihr die schweren und ausgedehnten Teile des Apparates zur Photographie der verschiedenen Spektralgegenden bewegt werden müssen. Ist man an die örtliche Festlegung des Spaltes nicht gebunden, so kann die ROWLANDsche Montierung zweckmäßiger

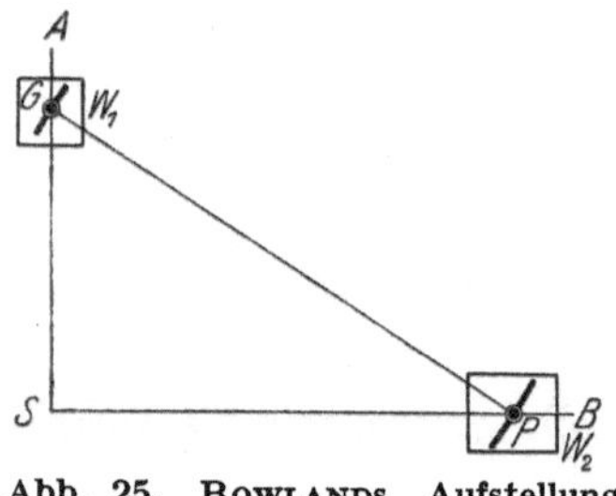

Abb. 25. ROWLANDS Aufstellung des Konkavgitters

[1] Vgl. H. KAYSERS Handbuch d. Spektroskopie, Bd. 1, Leipzig 1900, S. 471.

in der von ABNEY[1] angegebenen Form verwendet werden. Bei dieser Anordnung werden Gitter und Kamera auf zwei Pfeilern A und B (Abb. 27) fest aufgestellt, während der Spalt S auf einem Kreise um den Drehpunkt C beweglich gemacht

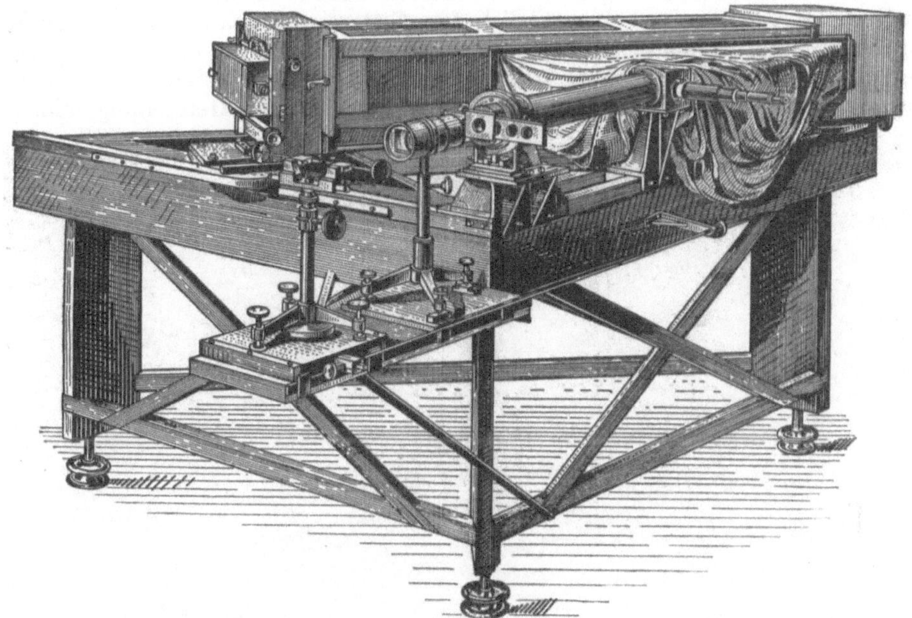

Abb. 26. ROWLANDsche Aufstellung eines Konkavgitters in der Ausführung nach EDER

wird. Der Radius des Kreises ist wieder der halbe Krümmungsradius des Gitterhohlspiegels, die Verbindungslinie zwischen der Mitte des Gitters G und der Mitte der photographischen Platte P geht durch den Drehpunkt des Spaltarmes. Gitter und Platte liegen also wieder auf den Enden eines Durchmessers des ROWLANDschen Kreises, der Spalt liegt ebenfalls auf diesem und das Spektrum ist ein normales, weil die Platte auf der Gitternormalen liegt. Natürlich muß bei dieser Anordnung für jede Änderung der Einstellung, d. h. für jede neu einzustellende Spektralregion die Lichtquelle mit dem Spalt gleichzeitig verschoben werden. Für viele Zwecke ist das aber von untergeordneter Bedeutung. Die Anbringung der Lichtquelle auf einem Rolltisch wird im Laboratorium in den meisten Fällen ohne Schwierigkeit ausführbar sein. Die ABNEYsche Aufstellung ist eine der meist benutzten Gitteraufstellungen geworden und hat sich besonders deshalb bewährt, weil sie eine einmal hergestellte und in Tabellen niedergelegte Justierung ohne Schwierigkeit mit voller Schärfe zu reproduzieren gestattet, wenn nur die mechanische Ausführung der ganzen Anordnung genügend solid ist.[2] Abb. 28 zeigt die Ausführung der Aufstellung für ein ROWLAND-Gitter größter Dimension im physikalischen Institut der Bonner Universität.

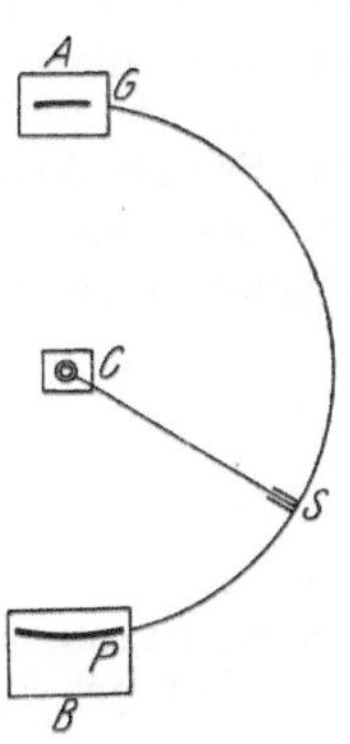

Abb. 27. ABNEYsche Aufstellung eines Konkavgitters

---

1 W. ABNEY, Phil. Trans., Bd. 177, II, 1886, S. 457.

2 Vgl. z. B. H. KONEN, ZS. f. wiss. Phot., Bd. 1, 1903, S. 325.

Wenn man auf die konstante Dispersion im Spektrum verzichtet, so braucht die Kamera nicht mehr auf der Gitternormalen zu liegen. Man kann dann etwa Spalt und Gitter auf die Enden eines Durchmessers des Rowlandschen Kreises setzen und die Kamera irgendwo auf diesem Kreise anbringen. Auch andere Stellen des Kreises können natürlich für Gitter und Spalt gewählt werden. In diesem Falle ist man auch nicht an die Beschränkung auf eine Spektralstelle gebunden, man kann vielmehr den ganzen Kreis mit Kassetten ausrüsten und das ganze Spektrum auf einmal photographieren. Wo die Herstellung und der

Abb. 28. Abneysche Aufstellung eines großen Rowlandschen Konkavgitters im Bonner physikalischen Institut in der Ausführung von Konen

Betrieb der verwendeten spektroskopischen Lichtquelle besondere Ökonomie erfordern, ist diese Art der Aufstellung von Vorteil. Der Umstand, daß die Spektren nicht normal sind, verursacht besonders dann keine Nachteile, wenn es sich um die Untersuchung kleiner Spektralabschnitte an einzelnen Stellen, also Feinstrukturen, Zeeman-Effekte u. dgl., handelt. Für Präzisionsmessungen von Wellenlängen in ausgedehnten Spektren erfordert diese Methode zur genügend sicheren Interpolation natürlich eine viel größere Anzahl bekannter Spektrallinien, sogenannter Normalen, als bei konstanter Dispersion erforderlich wäre.

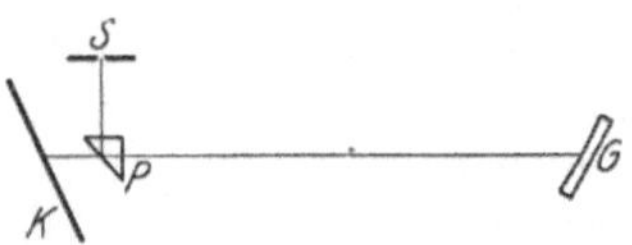

Abb. 29. Eaglesche Montierung eines Konkavgitters

Man kann im Gegensatz zu den bisher besprochenen Aufstellungen auch Aufstellungen der Konkavgitter wählen, bei denen die Anordnung der einzelnen Teile auf dem Rowlandschen Kreis nicht angewendet wird. Eine solche Anordnung, die u. a. auch den Vorteil geringeren Raumbedarfes hat, ist die von Eagle[1] herstammende. Bei ihr sind der einfallende und der gebeugte Strahl in die gleiche Achse gelegt, zu der das Gitter schief gestellt ist. Vom Spalt S fällt das Licht auf ein total reflektierendes Prisma P (Abb. 29), von da auf das Gitter G, während auf der in der Kassette K angebrachten Platte das erzeugte Beugungsspektrum aufgenommen wird. Bei dieser Anordnung muß natürlich das Gitter G zunächst drehbar montiert sein und das

[1] A. Eagle, Astrophys. Journ., Bd. 31, 1910, S. 120.

gleiche muß für die Kassette K gelten, dann muß aber auch die Entfernung zwischen Kassette und Gitter veränderlich sein, und zwar wird das letztere auf einem Schlitten befestigt, der exakt verschoben werden kann. Auch diese Aufstellung liefert natürlich keine normalen Spektren.

12. Gitterfehler. Die wichtigsten Fehler der Gitter sind dadurch bedingt, daß die Teilung nicht genau gleichmäßig ist, sondern fortschreitende oder periodische Fehler enthält. Die Herstellung der Gitter erfolgt durch Verschieben des ritzenden Diamanten mit Hilfe einer Schraube. Hat diese einen periodischen Fehler oder ist auch nur der Kopf, an dem die Verstellung abgelesen wird, nicht genau zentrisch an der Schraube angebracht, so erhält auch die Gitterteilung einen periodischen Fehler; gerade diese Art von Unregelmäßigkeiten kommt deshalb bei Gittern sehr häufig vor. Ein solcher periodischer Fehler der Gitterteilung bewirkt nun das Auftreten von sogenannten „Geistern" im Spektrum, die sich darin äußern, daß stärkere Spektrallinien zu beiden Seiten von schwächeren Linien in gleichem Abstande begleitet werden. Treten die Spektrallinien selbst bei Gangunterschieden

$$d = K \, . \, \lambda$$

auf, so liegen diese „Geister" an den Stellen der Gangunterschiede

$$d = K \, . \, \lambda \pm K_1 \, . \, \frac{\lambda}{m},$$

wo K und K_1 ganze Zahlen sind und m die Periode des Teilungsfehlers darstellt, so daß sich also immer nach m Furchen derselbe Teilungsfehler wiederholt. Die Theorie dieser „Geister" ist von ROWLAND[1] gegeben und später von RUNGE[2] auf eine andere Art von „Geistern" ausgedehnt worden. Die Geister sind besonders in linienreichen Spektren sehr störend, weil sie nicht vorhandene Linien vortäuschen. Ist ein fortschreitender Fehler in der Gitterteilung vorhanden, so erhalten auch ebene Gitter fokale Eigenschaften, doch ist dieser Fehler weniger störend, als der eben besprochene periodische. Für die Verteilung der Intensität auf die verschiedenen Ordnungen ist die Gestalt der Gitterfurchen von maßgebendem Einfluß. Man kann durch geeignete Wahl der Furchengestalt Gitter mit ausgezeichneter Intensität in einer bestimmten Ordnung herstellen.

Ein wichtiger Fehler der Konkavgitter, der aber durch ihre Natur bedingt ist, ist der Astigmatismus. Daß er bei jedem Hohlspiegel bei Abbildungen außerhalb der Achse auftritt, ist bekannt. Er besteht darin, daß jeder Punkt des Spaltes im Beugungsbild als kurze Linie abgebildet wird, die zu den Gitterfurchen parallel ist. Sind Spalt und Gitterfurchen nicht genau parallel, so fallen die einzelnen astigmatischen Bilder nicht genau übereinander, sondern liegen nebeneinander. Die Spektrallinie erscheint verbreitert und rautenförmig (Abb. 30). Besonders die nicht übereinander liegenden, sondern nach verschiedenen Seiten verlaufenden Spitzen der Linienenden lassen das Vorliegen dieses Fehlers erkennen. Der Spalt des Gitters muß jedenfalls eine Einrichtung besitzen, um die Parallelstellung mit den Gitterfurchen genau bewerkstelligen zu können. Ist dies genau ausgeführt, so ist für die gewöhnliche Spektralphotographie der Astigmatismus nicht weiter störend, weil die Schärfe der Linien nicht beeinträchtigt wird. Soll aber gleichzeitig mit den Linien eine quer zum

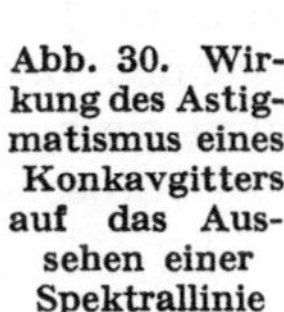

Abb. 30. Wirkung des Astigmatismus eines Konkavgitters auf das Aussehen einer Spektrallinie

[1] H. A. ROWLAND, Astron. u. Astrophys., Bd. 12, 1893, S. 129.

[2] C. RUNGE, Ann. d. Phys., Bd. 71, 1923, S. 178.

Spalt verlaufende Lichterscheinung abgebildet werden, so ist das Konkavgitter hierzu ungeeignet; z. B. läßt sich die gleichzeitige Abbildung von horizontalen auf dem Spalt entworfenen Interferenzerscheinungen im scharfen Spektrum nicht bewirken. Man kann sich in diesem Falle dadurch helfen, daß man die horizontal abzubildende Erscheinung nicht in der Ebene des Spaltes, sondern in einer davon verschiedenen scharf abbildet. Die Punkte des vertikal angenommenen Spaltes bilden mit Bezug auf die Platte eine vertikale Brennlinie des astigmatischen Systems, d. h. Lichtstrahlen, die von Punkten dieser Linie ausgehen, werden zu einer scharfen vertikalen Linie, wie oben besprochen, vereinigt. Zu dieser vertikalen Brennlinie gehört aber in einer anderen Entfernung eine horizontale Brennlinie, d. h. Lichtstrahlen, die von Punkten dieser Linie ausgehen, werden so vereinigt, daß sie kleine horizontale Linienstückchen bilden, die sich zu einer scharfen horizontalen Bildlinie zusammensetzen. Für jeden Beugungswinkel ist die Entfernung dieser zweiten Brennlinie von der ersten eine andere. Entwirft man nun die horizontal abzubildende Erscheinung, etwa die Interferenzerscheinung, in der Ebene dieser horizontalen Brennlinie, die vor dem Spalt liegt, so erscheinen die horizontalen Interferenzfransen als scharfe Linien, die das Spektrum durchziehen.

Die Theorie des Astigmatismus eines Konkavgitters ist in der vollständigen Theorie von RUNGE (a. a. O.) enthalten. Sie ist folgendermaßen aufgebaut: Berücksichtigt man im Gegensatz zu der oben gegebenen Darstellung der Gittertheorie auch die Lichtbewegung außerhalb der $x\,y$-Ebene, so treten in dem Ausdruck für $AP + BP$ (Abb. 24) außer den Gliedern mit y noch solche mit z von zweiter oder höherer Ordnung auf und es ist im allgemeinen nicht möglich, die Glieder mit y^2 und die mit z^2 gleichzeitig zum Verschwinden zu bringen. Man erhält daher, falls der Koeffizient von y^2 zu Null gemacht wird, ein in der z-Richtung ausgedehntes Bild des leuchtenden Punktes in der Entfernung r_b von der Gittermitte O, und, falls der Koeffizient von z^2 gleich Null gemacht wird, eine in der $x\,y$-Ebene liegende Lichtlinie in dem größeren Abstand r_{b^1} von O. Liegt A auf dem ROWLANDschen Kreise, so gilt insbesondere

$$\frac{1}{r_{b^1}} = \frac{\cos\varepsilon + \cos\beta}{\varrho} - \frac{1}{r_a},$$

wenn $AO = r_a$, $BO = r_b$ und $B^1O = r_{b^1}$ gesetzt wird (B^1 ist zu B benachbart). Die Länge l der auf der $x\,y$-Ebene senkrecht stehenden Lichtlinie, welche die Größe des Astigmatismus darstellt, berechnet sich zu

$$l = \frac{L\,(r_{b^1} - r_b)}{r_{b^1}},$$

wo L die Länge der Gitterfurchen bedeutet. Die Entfernung der vor dem Spalt liegenden Ebene, in der die horizontalen Erscheinungen erzeugt werden müssen, damit sie auf der Platte scharf abgebildet werden, ergibt sich für den Fall der ROWLANDschen Gitteraufstellung zu

$$a = \frac{\varphi}{\cos\varepsilon} - \varrho\,.\cos\varepsilon,$$

worin a der Abstand dieser Ebene von der Spaltebene ist.

Aus der Theorie folgt ferner,[1] daß man eine vollkommen stigmatische Abbildung erhält, wenn man auf das Gitter paralleles Licht auffallen läßt und in der Richtung der Gitternormalen beobachtet. Natürlich braucht man bei dieser Anordnung ein Kollimatorrohr, durch welches das vom Spalt ausgehende Licht

[1] Siehe besonders C. RUNGE und R. MANNKOPFF, ZS. f. Phys., Bd. 45, 1927, S. 13.

parallel gemacht wird. Auch ist die Dispersion des Gitters entsprechend der kürzeren Bildweite gegenüber den früher betrachteten Anordnungen verkleinert. Eine stigmatische Abbildung erhält man auch, wenn man die Lichtquelle in die Gitternormale bringt und mit einer auf unendlich eingestellten Kamera photographiert. Für eine beliebige Lage des Spaltes kann man an irgend einer Stelle des Spektrums stigmatische Abbildung erzielen, wenn man durch den Spalt ein Lichtbündel von solchem Astigmatismus treten läßt, daß eine Kompensation eintritt. Über die Herstellung solcher Bündel durch Hohlspiegel oder Zylinderlinsen sehe man die erwähnte Arbeit von RUNGE und MANNKOPFF nach.

13. Auflösungsvermögen eines Gitters. Das Auflösungsvermögen eines Gitters ist durch die Schärfe bedingt, die dem Beugungsmaximum für monochromatisches Licht zukommt. Es können mit Hilfe eines Gitters noch zwei solche Wellenlängen aufgelöst werden, deren Beugungsmaxima sich höchstens bis zur Hälfte überdecken. Die genauere Untersuchung zeigt, daß die Schärfe der Beugungsmaxima von der Zahl der interferierenden Bündel, d. i. also in diesem Falle von der Zahl der Gitterfurchen abhängt. Ferner ist die Auflösungsfähigkeit um so größer, je höher die Ordnungszahl der betrachteten Beugungserscheinung ist. Ist n die Zahl der Gitterfurchen und K die Ordnungszahl des betrachteten Spektrums, so ist das Auflösungsvermögen

$$\frac{\lambda}{\Delta\lambda} = K \, . \, n.$$

Ein Gitter mit 100000 Furchen ergibt demnach für eine Wellenlänge von 5000 ÅE eine auflösende Kraft von $\frac{\lambda}{\Delta\lambda} = 100000$ in der ersten Ordnung, also eine Trennung von

$$\Delta\lambda = \frac{1}{100000} \, . \, \lambda = 0{,}05 \text{ ÅE}.$$

Große ROWLAND-Gitter haben bis zu 150000 und mehr Furchen, haben somit in der vierten Ordnung ein Auflösungsvermögen bis zu 600000, lassen also bei der oben betrachteten Wellenlänge eine Trennung von etwa 0,006 ÅE zu. Freiheit von Fehlern ist natürlich zur Erreichung des theoretischen Auflösungsvermögens Bedingung. Betrachtet man die auflösende Kraft nicht als Funktion der Ordnungszahl und der Zahl der Gitterfurchen, sondern als Funktion des Beugungswinkels, so ergibt sich aus der Beziehung für senkrechte Inzidenz

$$\sin\vartheta = \frac{K \, . \, \lambda}{a},$$

wo a die Gitterkonstante bedeutet. Ist B die gesamte Breite der geteilten Gitterfläche und n die Furchenzahl, so ist $a = \frac{B}{n}$ und für das Auflösungsvermögen ergibt sich

$$K \, . \, n = \frac{\beta}{\lambda} \, . \, \sin\vartheta$$

Man sieht daraus, daß für einen bestimmten Beugungswinkel ϑ die auflösende Kraft eines Gitters bei bestimmter Wellenlänge nur von der Breite der geteilten Gitterfläche abhängig ist.[1]

14. Stufengitter. Das Auflösungsvermögen eines Gitters kann nach den oben ausgeführten Betrachtungen entweder durch Verwendung einer großen Anzahl von Gitterfurchen oder durch Benutzung einer möglichst hohen Ordnungszahl gesteigert werden. Das Auflösungsvermögen wird also schon bei einer ge-

---

[1] H. KAYSER, Handb. d. Spektroskopie, Bd. 1, Leipzig 1900, S. 423.

ringen Anzahl beugender Öffnungen groß, wenn man Spektren sehr hoher Ordnungszahl betrachtet. Dies wird beim Stufengitter von MICHELSON benutzt,[1] das in folgender Weise wirkt:

Betrachtet man ein System von zwei beugenden Spalten, von denen der eine mit einer planparallelen Glasplatte bedeckt ist (Abb. 31), und läßt paralleles Licht auffallen, so werden im Punkte P die beiden Bündel mit einem erheblichen Gangunterschied ankommen, der durch den optischen Unterschied der Wege in der Glasschicht, bzw. in der Luft gegeben ist. Für den Punkt P' kommt dazu der gewöhnliche, durch die Beugung verursachte Gangunterschied. Ist d die Dicke und n der Brechungsexponent der Platte gegen Luft, so ist bei senkrechter Inzidenz der durch die Platte verursachte Gangunterschied

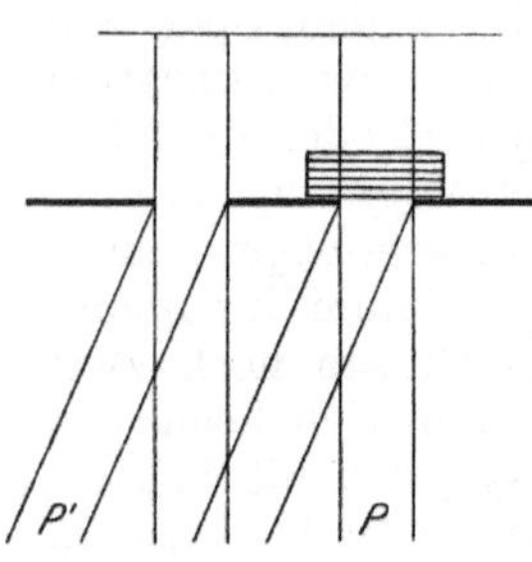

Abb. 31. Zur Theorie des Stufengitters

$$\delta = d\,(n - 1).$$

Für $d = 5$ mm und $n = 1{,}5$ wird also bei $\lambda = 5000$ ÅE $=$ $= 0{,}0005$ mm $\delta = 5000$.

Um genügende Schärfe des Beugungsbildes zu bekommen, sind zwei beugende Öffnungen nicht ausreichend. Dagegen geben etwa 20 solche Öffnungen mit von Öffnung zu Öffnung um einen Betrag dieser Größe steigenden Gangunterschied einen Spektralapparat von bemerkenswert hohem Auflösungsvermögen.

MICHELSON[1]) hat die Ausführung des Apparates in der Weise bewerkstelligt, daß er eine Anzahl planparalleler Platten von genau gleicher Dicke so übereinander schichtete, daß an einer Seite eine Treppe mit genau gleich breiten Stufen entstand (Abb. 32). Damit eine vollkommen gleiche Dicke der Stufen gewährleistet ist, werden die einzelnen Platten aus e i n e r genau planparallelen Platte ausgeschnitten. Die Treppenabsätze wirken dann als Beugungsöffnungen, und für jedes folgende Bündel ist die zu durchsetzende Glasschicht nur eine Plattendicke stärker als für das vorhergehende. Nennen wir die Breite einer Stufe b, den Beugungswinkel β, so ist der zu dem oben berechneten Gangunterschied infolge der Winkeländerung hinzukommende Betrag $b\,.\sin\beta$ oder für kleine Beugungswinkel, die beim Stufengitter wegen der verhältnismäßig großen Breite der Stufen allein in Betracht kommen, gleich $b\,.\,\beta$. Der gesamte Gangunterschied, der für die Beugungsmaxima ein ganzes Vielfaches der Wellenlänge sein muß, ist die Summe aus beiden; also gilt

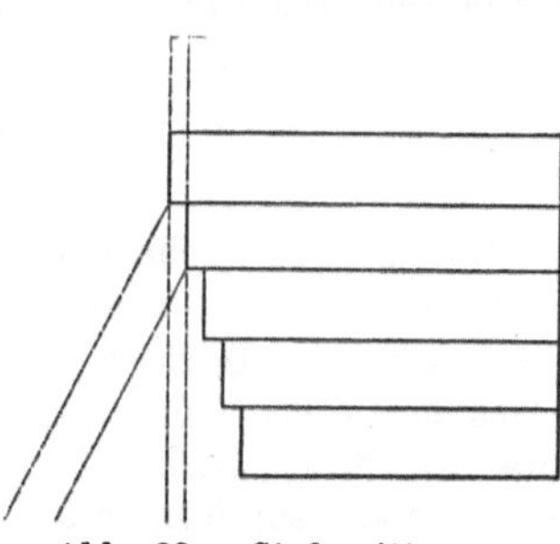
Abb. 32. Stufengitter von MICHELSON

$$m\,.\,\lambda = (n - 1)\,.\,d + b\,.\,\beta.$$

Bilden wir daraus $\frac{d\beta}{d\lambda}$, so erhalten wir die Dispersion des Stufengitters. Sie wird

$$\frac{d\beta}{d\lambda} = \frac{1}{b}\left(m - d\,.\,\frac{dn}{d\lambda}\right).$$

Setzen wir darin für die Ordnungszahl m den angenäherten Wert $m = (n - 1)\,.\,\frac{d}{\lambda}$, so wird

$$\lambda\,.\,\frac{d\beta}{d\lambda} = \frac{d}{b}\left[\left(n - 1\right) - \lambda\,.\,\frac{dn}{d\lambda}\right] = \frac{d}{b}\,.\,C,$$

wo der in der eckigen Klammer stehende Ausdruck gleich C gesetzt ist.

[1] A. MICHELSON, Astrophys. Journ., Bd. 8, 1898, S. 36, Journ. d. Phys., Bd. 8, 1899, S. 305.

Die Dispersion ist also zu der Dicke der Stufen direkt und zu ihrer Breite umgekehrt proportional.

Der Abstand der Spektren verschiedener Ordnungen ergibt sich aus der Gleichung für den Gangunterschied durch Differentiation nach m.

$$\frac{d\beta}{dm} = \frac{\lambda}{b} \qquad d\beta = dm \,.\, \frac{\lambda}{b} \text{ oder für } dm = 1 \,\ldots\ldots\, d\beta = \frac{\lambda}{b}.$$

Da λ im allgemeinen gegen b klein ist, liegen die Spektren sehr nahe beisammen. Sie überlagern sich, wenn man nicht das auf das Stufengitter auffallende Licht genügend homogen macht. Man muß also bei der Benutzung des Stufengitters vor dieses einen Monochromator setzen, der aus dem Spektrum den kleinen Spektralbereich ausblendet, der mit dem Stufengitter untersucht werden soll. Nur für solche kleine Spektralbereiche eignet es sich und wird deshalb hauptsächlich für die Untersuchungen von Feinstrukturen von Spektrallinien, ZEEMANeffekten u. ä. benutzt. Für den letzteren Zweck ist es auch von MICHELSON konstruiert worden.

Für die Montierung eines Stufengitters ist, wie die obigen Überlegungen ergeben, ein Kollimatorrohr und eine auf Unendlich eingestellte Kamera nötig. Der Spektrograph ist also wie ein geradsichtiger Prismenspektrograph oder ein Gitterspektrograph mit durchsichtigem Gitter anzuordnen.

Für einen Apparat mit 20 Platten von je 1 cm Dicke vom Brechungsexponenten $n = 1{,}5$ ergibt sich als Ordnungszahl für die Wellenlänge 5000 ÅE $m = (n-1)\,.\,\frac{d}{\lambda} = 10000$. Das Auflösungsvermögen wird also $\frac{\lambda}{\Delta\lambda} = 200000$ und kann durch Vermehrung der Platten und Erhöhung des Brechungsexponenten noch erheblich gesteigert werden, so daß es dasjenige der besten Gitter weit übertrifft.

C. Interferenzspektrographie

Neben den Beugungsapparaten spielen in neuerer Zeit zur Untersuchung und insbesondere zur genauen Wellenlängenbestimmung von Spektrallinien die Interferenzapparate eine wichtige Rolle. Insbesondere haben das Interferometer von FABRY und PEROT und die Interferenzplatte von LUMMER und GEHRCKE hier große Bedeutung erlangt.

15. Interferometer von Fabry und Perot. Das Interferometer von FABRY und PEROT[1] beruht auf der Fähigkeit einer planparallelen Platte, sogenannte Interferenzkurven gleicher Neigung zu erzeugen. Als planparallele Platte wird eine Luftschicht zwischen ebenen Glas- oder Quarzplatten benutzt (Abb. 33), deren Begrenzungsflächen AA_1 und BB_1 halbdurchlässig versilbert sind. Fällt auf diese Luftplatte ein Lichtstrahl SJ_0 unter dem Winkel α auf (in der Abb. 33 ist von der Brechung in den Glasplatten abgesehen, weil es nur auf die Winkel in der Luftschicht ankommt), so wird er bei J_0 die Silberschicht teilweise durchsetzen und ebenso bei K_1 zum Teil durch die zweite Silberschicht durchtreten. Ein anderer Teil wird bei K_1 und J_1 reflektiert, dort wieder zum Teil durchtreten, zum Teil reflektiert werden usw. Bei L_1, L_2, L_3 usw. erhalten wir also eine Reihe paralleler Strahlen, die untereinander kohärent sind, weil sie alle durch Zerlegung desselben Einfallstrahles entstanden sind, und

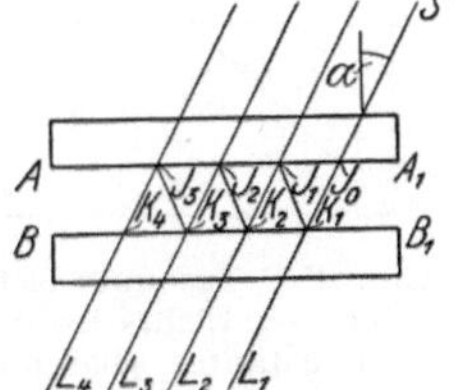

Abb. 33. Interferometer von PEROT und FABRY

[1] A. PEROT und CH. FABRY, Ann. de chim. et de phys. (7), Bd. 12, 1897, S. 459; Bd. 16, 1899, S. 115; Bd. 22, 1901, S. 564.

gegeneinander konstante Gangunterschiede haben. Ihre Intensität wird wegen der fortschreitenden Verluste immer kleiner. Diese Strahlen können also im Unendlichen oder in der Brennebene einer Linse untereinander interferieren. Wir wollen die auftretende Interferenzerscheinung berechnen.

Die Zusammensetzung zweier Lichtschwingungen vom Gangunterschied δ bei gleicher Wellenlänge mit den Amplituden A_1 und A_2 ergibt für die resultierende Amplitude A

$$A^2 = A_1{}^2 + A_2{}^2 + 2\,A_1\,A_2 \,.\, \cos\frac{2\,\pi\,\delta}{\lambda}.$$

Diese Superposition kann man graphisch ausführen und so ein Verfahren gewinnen, das sich auf beliebig viele zu vereinigende Bündel konstanten Gangunterschiedes verallgemeinern läßt.[1] Setzen wir $\frac{2\,\pi\,\delta}{\lambda} = \psi$, so stellt die Gleichung die geometrische Addition der beiden um den Winkel ψ gegeneinander geneigten Vektoren A_1 und A_2 dar (Abb. 34). Bei mehreren Wellen, die zusammenzusetzen sind, haben wir die Operation mehrfach zu wiederholen (Abb. 35).

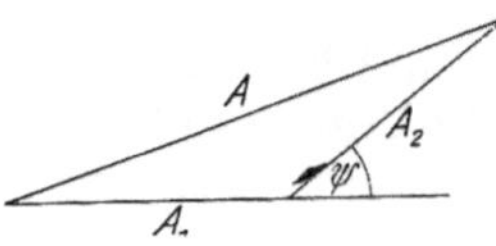

Abb. 34. Zusammensetzung zweier Lichtschwingungen mit den Amplituden A_1 und A_2 und dem Phasenunterschied ψ

Ist nun das Reflexionsvermögen der Begrenzungen unserer planparallelen Platte gleich r und Θ der Bruchteil des einfallenden Lichtes, der beim Durchgang durch eine Plattenoberfläche durchgelassen wird, so hat der K-te durchtretende Strahl (Abb. 33) zwei Durchgänge durch die Plattenoberflächen und $2K$ Reflexionen erlitten. Ist die Intensität des einfallenden Strahles gleich 1, so wird sie für den K-ten durchtretenden Strahl wegen der beiden Durchgänge durch die Oberfläche mit θ^2 und wegen der $2\,K$ Reflexionen mit r^{2K} zu multiplizieren sein, also den Wert

$$\theta^2 \,.\, r^{2K}$$

haben. Die Amplitude ist also proportional mit $\theta \,.\, r^K$. Der Gangunterschied nimmt von Strahl zu Strahl um den Betrag $J_0\,K_1\,J_1 = J_1\,K_2\,J_2 =$ usw., der gleich $2\,d \,.\, \cos\alpha$ ist, zu, wenn d die Dicke der Luftschicht bedeutet. Die Phasendifferenz ψ gegen den ersten Strahl bildet also für aufeinanderfolgende Strahlen eine arithmetische Reihe

$$0,\ \psi,\ 2\,\psi,\ 3\,\psi \text{ usw.};$$

die entsprechenden Amplituden sind

$$1,\ \Theta r,\ \Theta r^2,\ \Theta r^3 \text{ usw.}$$

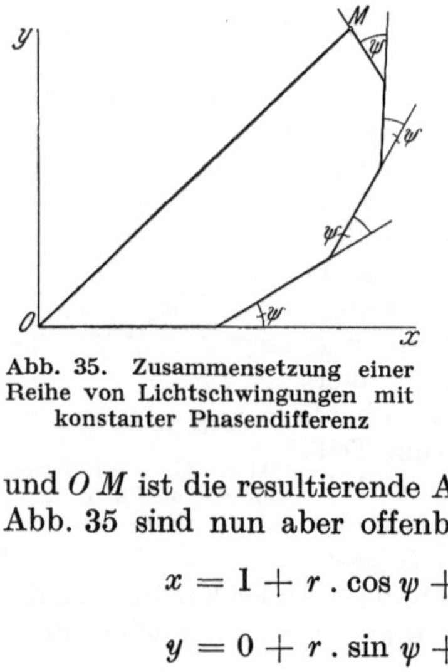

Abb. 35. Zusammensetzung einer Reihe von Lichtschwingungen mit konstanter Phasendifferenz

Lassen wir den konstanten Faktor θ zunächst weg, um ihn am Schlusse wieder einzuführen, und setzen die Amplituden unter Berücksichtigung der Phasen geometrisch zusammen, so erhalten wir einen Linienzug wie in Abb. 35, und $O\,M$ ist die resultierende Amplitude. Die Koordinaten des Punktes M in der Abb. 35 sind nun aber offenbar:

$$x = 1 + r \,.\, \cos\psi + r^2 \,.\, \cos 2\,\psi + \ldots\ldots = \sum_K r^K \,.\, \cos K \,.\, \psi,$$

$$y = 0 + r \,.\, \sin\psi + r^2 \,.\, \sin 2\,\psi + \ldots\ldots = \sum_K r^K \,.\, \sin K \,.\, \psi.$$

[1] Siehe z. B. CH. FABRY, Optique, Paris 1926, S. 49ff.

Da $\overline{OM}^2 = x^2 + y^2$, so ist $x^2 + y^2$ die Intensität J der resultierenden Lichterscheinung. Bilden wir

$$z = x + i\,y,$$

so wird das

$$z = \sum_K r^K (\cos K\,\psi + i \,.\, \sin K\,\psi) = \Sigma\, r^K \,.\, e^{iK\psi} = \Sigma\,(r \,.\, e^{i\psi})^K.$$

Das ist eine geometrische Reihe mit den Quotienten $r \,.\, e^{i\psi}$, deren Wert ist

$$z = \frac{r^K \,.\, e^{iK\psi} - 1}{r \,.\, e^{i\psi} - 1}.$$

Bilden wir ebenso $z_1 = x - i\,y$, so erhalten wir

$$z_1 = \frac{r^K \,.\, e^{-iK\psi} - 1}{r \,.\, e^{-i\psi} - 1}.$$

Da $x^2 + y^2 = z \,.\, z_1$, so wird

$$x^2 + y^2 = \frac{r^{2K} - r^K e^{-iK\psi} - r^K \,.\, e^{iK\psi} + 1}{r^2 - r \,.\, e^{-i\psi} - r \,.\, e^{i\psi} + 1} = \frac{1 + r^{2K} - 2\,r^K \,.\, \cos K\,\psi}{1 + r^2 - 2\,r \,.\, \cos\psi}.$$

Eine einfache Umformung ergibt daraus

$$x^2 + y^2 = J = \frac{(1 - r^K)^2 + 4\,r^K \,.\, \sin^2 \frac{K \,.\, \psi}{2}}{(1 - r)^2 + 4\,r \,.\, \sin^2 \frac{\psi}{2}}.$$

Für $K = \infty$, also unendlich viele austretende Strahlen wird daraus

$$J = \frac{1}{(1 - r)^2 + 4\,r \,.\, \sin^2 \frac{\psi}{2}}.$$

Wenn wir den Faktor θ^2 wieder einführen, so erhalten wir schließlich

$$J = \frac{\theta^2}{(1 - r)^2} \,.\, \frac{1}{1 + \frac{4\,r}{(1 - r)^2} \,.\, \sin^2 \frac{\psi}{2}}.$$

Diese Formel für die Interferenzintensität bei unendlich vielen interferierenden Bündeln mit abnehmender Intensität wird vielfach als AIRYsche Formel bezeichnet, weil sie schon von AIRY[1] abgeleitet worden ist. Man sieht, daß Maxima der Intensität für Minima des Nenners auftreten, also für

$$\psi = 0,\ \psi = 2\,\pi \,\ldots\ldots\ \psi = 2\,K \,.\, \pi.$$

Also bei

$$\frac{2\,\pi}{\lambda} \,.\, 2\,d \,.\, \cos\alpha = 2\,\pi\,K$$

oder

$$2\,d \,.\, \cos\alpha = K \,.\, \lambda,$$

wo K eine große Zahl ist. Der Maximalwert der Intensität ist

$$J_0 = \frac{\Theta^2}{(1 - r)^2}$$

Setzen wir noch $\frac{4\,r}{(1 - r)^2} = C$, so wird unsere Gleichung

$$J = \frac{J_0}{1 + C \,.\, \sin^2 \frac{\psi}{2}}$$

[1] G. B. AIRY, Phil. Mag. (3), Bd. 2, 1833, S. 20; Pogg. Ann., Bd. 41, 1837, S. 512.

Die Konstante C ist groß, wenn r einen hohen Wert hat. Für $r = 0{,}8$ ist $C = 80$, für $r = 0{,}9$, was aber praktisch sehr schwer zu erreichen ist, ist $C = 360$. Für $\psi = 0, 2\pi, 3\pi$ usw. ist $J = J_0$. Läßt man aber ψ wachsen, so fällt J sehr schnell ab, und zwar um so mehr, je größer C ist. Die Maxima werden also bei gutem Reflexionsvermögen der versilberten Quarzplatte sehr scharf. Die Minima haben die Intensität

$$J = \frac{J_0}{1 + C}$$

und sind um so schwächer, je größer C ist. Auch hier trägt also besseres Reflexionsvermögen zum schärferen Heraustreten der Maxima bei.

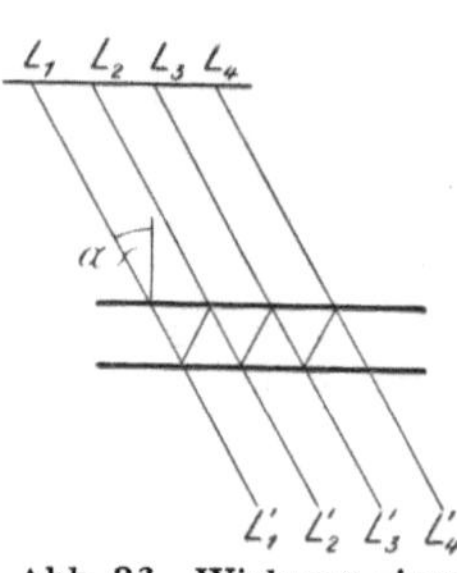

Abb. 36. Wirkung einer ausgedehnten Lichtquelle beim Interferometer

Man sieht, daß die Lichtquelle, die für das Interferometer verwendet wird, eine große Ausdehnung haben kann. Jeder der von den verschiedenen Punkten L_1, L_2, L_3, L_4 der Lichtquelle unter dem gleichen Winkel α (Abb. 36) auf die Platte auffallenden Strahlen ergibt die gleiche Interferenzerscheinung, da diese, wie wir gesehen haben, nur von dem Winkel abhängig ist, unter dem die Strahlen die Platte treffen. Da die einzelnen von den verschiedenen Punkten der Lichtquelle ausgehenden Strahlen untereinander nicht kohärent sind, so addieren sich einfach alle Interferenzerscheinungen, wodurch am allgemeinen Aussehen nichts geändert wird.

Die Interferenzfigur in der Brennebene einer Linse ist also ein System von konzentrischen Kreisen, deren Mittelpunkt der Vereinigungspunkt der auf der Platte senkrecht stehenden Strahlen ist. In der Mitte des Ringsystems ist der Einfallswinkel $\alpha = 0$, also

$$2\,d = K.\,\lambda.$$

Aus dieser Beziehung läßt sich λ berechnen, wenn K und d (die Dicke der Platte) bekannt sind. K könnte man durch Auszählen der bei Veränderung der Dicke von 0 bis d durch die Mitte wandernden Interferenzmaxima bestimmen. So kann das Interferometer als Instrument zur absoluten Wellenlängenbestimmung dienen. Viel wichtiger als zu diesem Zwecke, zu dem es von BENOIT, FABRY und PEROT[1] benutzt worden ist, ist seine Verwendung zur relativen Wellenlängenmessung. Das Auflösungsvermögen für Wellenlängendifferenzen ist ja wegen der bei genügender Dicke hohen Ordnungszahl und der vielen zur Interferenz kommenden Strahlenbündel ein sehr großes; dadurch wird die Bestimmungsgenauigkeit für Wellenlängendifferenzen eine sehr hohe. Man braucht dazu nur eine Luftplatte unveränderlicher Dicke, einen „Etalon", durch den man Interferenzringe von der zu untersuchenden Spektrallinie und der Vergleichslinie herstellt. Für einen Ring, der dem Inzidenzwinkel α entspricht, ist nach dem früheren

$$K.\,\lambda = 2\,d\,.\cos\alpha.$$

Für die Vergleichslinie bei einem Ring, der dem Winkel α_1 entspricht

$$K_1\,.\,\lambda_1 = 2\,d\,.\cos\alpha_1.$$

Der Winkel α bzw. α_1 läßt sich aus dem auf der Photographie gemessenen Ringdurchmesser und der Brennweite des abbildenden Objektivs berechnen, die Ordnungszahl, die immer eine ganze Zahl sein muß, läßt sich nach verschiedenen

[1] J. R. BENOIT, CH. FABRY und A. PEROT, Nouvelle Détermination du Rapport des Longueurs d'onde fondamentale avec l'unité métrique. Paris 1907.

Methoden[1] finden, die wir hier nicht näher besprechen wollen. Die Dicke des Etalons ergibt sich aus der bekannten Wellenlänge der Vergleichslinie, so daß die Wellenlänge der zu bestimmenden Linie ermittelt werden kann.[2]

Entwirft man das Ringsystem auf dem Spalt eines Spektralapparates, so daß dieser Spalt einen vertikalen Durchmesser desselben bildet, so ist die entstehende Spektrallinie aus hellen und dunkeln Stücken zusammengesetzt.

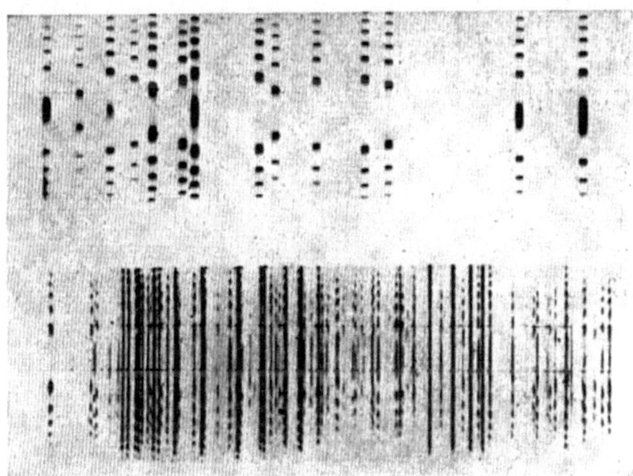

Abb. 37. Interferometeraufnahme im Spektrum von Neon (oben) und Eisen (unten)

Ist das durch das Interferometer auf den Spalt fallende Licht nicht homogen, so überdecken sich auf dem Spalt die einzelnen Interferenzringe. Im Spektrum ist aber für jede Linie die Interferenz wieder sichtbar und es entsteht ein Bild wie in Abb. 37.

16. Interferenzspektroskop von Lummer und Gehrcke. Statt der versilberten Luftplatte von PEROT und FABRY hat LUMMER[3] eine planparallele Glasplatte zur Erzeugung scharfer Interferenzen benutzt, bei der die vielfachen Reflexionen durch möglichst streifenden Einfall des benutzten Lichtes bewirkt werden. Dabei muß die verwendete Platte möglichst lang sein, damit viele Reflexionen in ihr entstehen können. Da die streifende Inzidenz eine starke Reflexion des einfallenden Strahles bewirken würde, so bleibt für die weiteren Reflexionen nur sehr wenig Licht übrig. Die Interferenzerscheinung ist also sehr lichtschwach. GEHRCKE[4] hat deshalb den Kunstgriff angewendet, auf das Ende der Interferenzplatte ein rechtwinkliges Prisma aufzukitten (Abb. 38), auf dessen Hypothenusenfläche das einfallende Licht nahezu senkrecht auftrifft und so nur eine geringe Schwächung erleidet. Außerdem wird auf diese Weise, wie sich

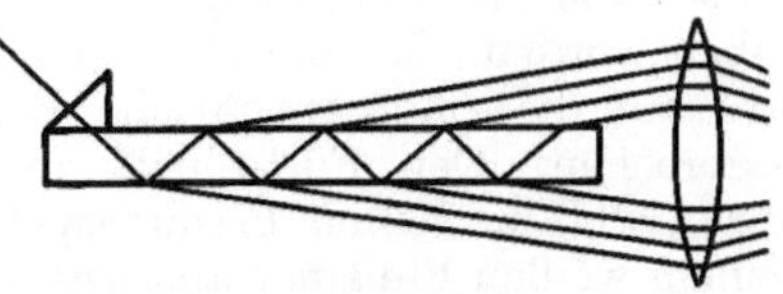

Abb. 38. LUMMER-GEHRCKEsche Interferenzplatte

[1] Siehe z. B. J. R. BENOIT, Journ. de Phys. (3), Bd. 7, 1898, S. 57; LORD RAYLEIGH, Phil. Mag. (6), Bd. 11, 1906, S. 685.

[2] Siehe H. BUISSON und CH. FABRY, Journ. de Phys. (4), Bd. 7, 1908, S. 169; auch P. EVERSHEIM, Ann. d. Phys., Bd. 30, 1909, S. 815 u. a.

[3] O. LUMMER, Verh. d. D. phys. Ges., Bd. 3, 1901, S. 85. Phys. ZS., Bd. 3, 1902, S. 172.

[4] O. LUMMER und E. GEHRCKE, Berl. Ber. 1902, S. 11.

leicht zeigen läßt, die Interferenzerscheinung auf beiden Seiten der Platte gleichartig, so daß man mit einer Linse die durchgehende und die reflektierte Interferenzerscheinung gleichzeitig sammeln kann. Die Theorie der Lummer-Gehrckeschen Platte ist im übrigen die gleiche, wie die des Perot-Fabryschen Interferometers. Hier wie dort sind die Interferenzkurven Kurven gleicher Neigung, also nur vom Einfallswinkel bei gegebener Wellenlänge abhängig. Ein Nachteil des zuletzt besprochenen Apparates ist die Notwendigkeit einer großen Länge der Platte, die auch vollkommen fehlerfrei sein muß, wenn richtige Resultate erhalten werden sollen. Über die Auswertung der mit einer solchen Platte ausgeführten Aufnahmen vgl. die Arbeiten von Hansen[1] und Kunze.[2]

D. Vakuumspektrographen

Der Ausdehnung des Spektrums nach dem ultravioletten Ende hin ist durch verschiedene Ursachen eine Grenze gezogen. Die eine ist das Aufhören der Empfindlichkeit der photographischen Platte, die andere die Absorption der ultravioletten Strahlen durch die das Licht durchlassenden Apparateteile und

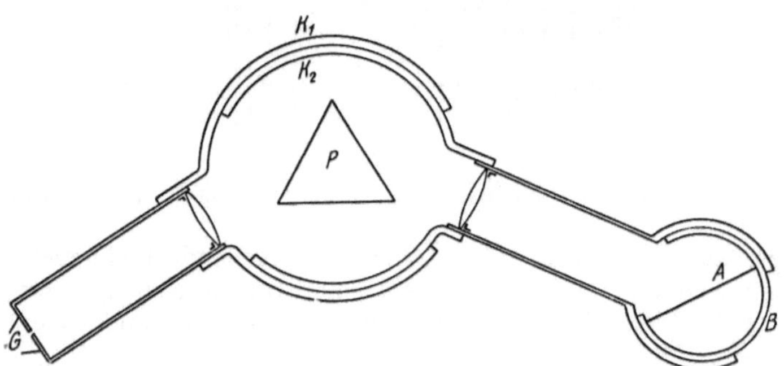

Abb. 39. Schema des Schumannschen Vakuumspektrographen

die Luft. Einrichtungen, die erheblich über die gewöhnlich erreichte Grenze von etwa 2150 ÅE hinauszugehen gestatten, sind zuerst von V. Schumann[3] angegeben worden. Sie beziehen sich zum Teil auf die spektrale Apparatur, zum Teil auf die photographische Platte. Wir wollen hier zunächst die erstere besprechen. Der Fortschritt in den Apparaturen von Schumann besteht darin, daß er seinen Prismenspektrographen mit einem optischen System aus reinem weißen Flußspat ausrüstete und daß er den ganzen übrigen Strahlenweg im Vakuum verlaufen ließ. Der Schumannsche Vakuumspektrograph ist in seiner endgültigen Form so eingerichtet, daß er zwar vollständig evakuiert werden kann, aber trotzdem alle Manipulationen zum Einstellen des optischen Systems und zum Einlegen und Herausnehmen der photographischen Platte gestattet. Kollimatorrohr und Kamerarohr sind deshalb je auf einem Konus befestigt, die umeinander drehbar sind (K_1 und K_2 in Abb. 39). In ihrer Mitte befindet sich das Fluoritprisma P. Die photographische Kassette A ist in das Küken eines Hahnes eingebaut, dessen Drehachse parallel zur brechenden Kante des Prismas steht. Nach Drehen des Hahnes kann bei der Öffnung B die Platte eingelegt und herausgenommen werden, ohne das Vakuum anders als

[1] G. Hansen, ZS. f. wiss. Phot., Bd. 23, 1924, S. 17.
[2] P. Kunze, Ann. d. Phys., Bd. 79, 1926, S. 528.
[3] V. Schumann, Wien. Ber., Bd. 102, 1893, S. 415, 625, 994.

durch den schädlichen Raum dieses Hahnes zu beeinflussen. Die Lichtquelle in Form einer GEISSLERschen Röhre G kann ohne Zwischenfenster direkt an den Spalt angesetzt werden und besitzt demnach dasselbe Vakuum wie der ganze übrige Apparat. Auf diese Weise ist es SCHUMANN gelungen, das photographische Spektrum weit nach dem Ultravioletten hin auszudehnen. Allerdings sind dazu gewöhnliche Bromsilbergelatineplatten, wie schon erwähnt, nicht brauchbar. Es mußten wegen der Absorption durch die Gelatine vielmehr besondere gelatinefreie Platten hergestellt werden. Die Art der Herstellung solcher „SCHUMANN-Platten" werden wir später zu besprechen haben. Der Spektralbereich, den SCHUMANN mit seinem Vakuumapparat untersuchen konnte, geht nach späteren Wellenlängenbestimmungen insbesondere von LYMAN von 1850 bis 1260 ÅE. Das Gebiet des SCHUMANNschen Ultravioletts ist später auch von L. u. E. BLOCH (C. R. 170, 1920, S. 226) untersucht worden, und zwar ebenfalls mit einem Prismenapparat mit Fluoritprisma. Hier ist das Prisma ein ABBEsches (auch BROCA-PELLINsches genannt, s. S. 95) mit fester Ablenkung von 90°.

Ein weiterer Fortschritt in der spektrographischen Untersuchung kurzer Wellenlängen wurde dann von LYMAN erreicht, der, über SCHUMANN hinausgehend, seine Methode gleichzeitig auch so ausbildete, daß sie zur Wellenlängenmessung in diesem kurzwelligen Gebiete geeignet war. Eine solche Messung war bei SCHUMANN selbst nicht möglich gewesen, weil in diesen Gegenden die Dispersion des Fluorits nicht bekannt war. LYMAN benutzte bei seinem Vakuumspektrographen[1] deshalb ein Konkavgitter. Um die Wellenlängenbestimmung zu ermöglichen, wurde die Aufstellung mit zwei Spalten gewählt. Die Methode ist folgende:

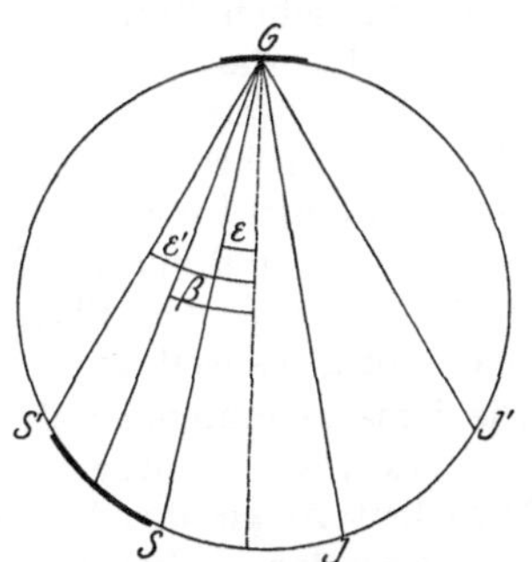

Abb. 40. Schema der LYMANschen Gitteraufstellung zur Untersuchung des kurzwelligen Ultraviolett

Werden zwei Spalte S und S' (Abb. 40) auf dem ROWLANDschen Kreis mit dem Gitterradius als Durchmesser angebracht, so sind die direkten Spiegelbilder dieser Spalte J und J'. Jedem dieser Bilder entspricht ein Satz von Spektren. Betrachten wir etwa die beiden links von J bzw. J' liegenden Spektren erster Ordnung, so sind diese gegeneinander um einen Betrag verschoben, der von der gegenseitigen Entfernung der beiden Spalte abhängig ist. Wird zwischen S und S' eine photographische Platte gestellt, so wird sich auf ihr das eine Spektrum über das andere lagern. Für jeden Punkt der Platte ist das zu S gehörige Licht von kürzerer Wellenlänge als das von S' ausgehende, weil letzteres die größere Entfernung vom direkten Bilde hat. Wenn die Lichtquelle so ausgewählt wird, daß die Wellenlängen beider Spektren in diesem Punkt der Platte bekannte Werte haben, so kann die Verschiebung des einen Spektrums gegen das andere durch Vergleich dieser Werte bestimmt werden. Wenn der Apparat justiert wird, sind beide Spektren auf der Platte, die dem ROWLANDschen Kreise entsprechend gebogen ist, fokussiert, und der Betrag, um den das eine Spektrum gegen das andere verschoben ist, ist eine konstante Größe. Man sieht das sofort, wenn man die früher abgeleitete Lagebeziehung aufschreibt

$$e\,(\sin\varepsilon - \sin\beta) = \lambda,$$

[1] TH. LYMAN, Astrophys. Journ., Bd. 23, 1906, S. 181; Astrophys. Journ., Bd. 43, 1916, S. 89; Nature, Bd. 93, 1914, S. 241; Bd. 110, 1922, S. 278; ferner Spectroscopy in the Ultraviolett, London 1914.

wo ε der Einfalls- und β der Beugungswinkel gegen die Gitternormale ist. Für das zweite Spektrum gilt entsprechend

$$e(\sin\varepsilon' - \sin\beta) = \lambda',$$

da der Beugungswinkel β für einen bestimmten Plattenpunkt in beiden Fällen der gleiche ist. Durch Subtraktion folgt

$$e(\sin\varepsilon - \sin\varepsilon') = \lambda - \lambda',$$

eine Beziehung, die links nur konstante Größen enthält. Die Wellenlängendifferenz ist somit für jeden Punkt der Platte die gleiche. Wenn also die Verschiebung durch Vergleich bekannter Linien an einem Ende der Platte bestimmt ist, muß sie am anderen Ende der Platte denselben Wert haben. Es besteht also die Möglichkeit, nachdem die Verschiebung einmal bestimmt ist, die Wellenlängen in dem von S herrührenden Spektrum zu bestimmen, wenn sie in dem von S' herrührenden bekannt sind.

Die Ausführung der Methode erfolgt nun nach LYMAN derart, daß das Gitter an dem einen Ende einer gezogenen Kupferröhre von etwa 9 cm Innendurchmesser angebracht wird, während das andere Ende die Platte und die Spalte trägt. Das Gitter hat 97 cm Krümmungsradius und 15028 Linien auf dem englischen Zoll. Der Diamant, mit dem das Gitter geteilt wurde, war so ausgesucht, daß die Furchengestalt möglichst viel Licht in einem Spektrum lieferte. Der ganze Apparat wurde in ein evakuierbares Kupferrohr eingesetzt; die Vakuumröhre, die als Lichtquelle diente, war wie beim SCHUMANNschen Apparat direkt mit dem Innenraum des Apparates in Kommunikation. Als Gasfüllung wurde Wasserstoff und später Helium benutzt. Zur Aufnahme dienten, wie bei SCHUMANN, gelatinefreie Platten. Auf diese Weise gelang es, die Ausdehnung des Spektrums bis weit unter den von SCHUMANN untersuchten Bereich auszudehnen. Die Untersuchungen lieferten Wellenlängen bis zu 510 ÅE.

Noch viel weiter haben dann Untersuchungen von MILLIKAN und seinen Mitarbeitern geführt.[1] Auch hier wurden Konkavgitter benutzt, die aber für die besonderen Zwecke jeweils besonders sorgfältig hergestellt wurden. Es erwies sich als zweckmäßig, die Teilungen bei sehr geringem Druck auf den ritzenden Diamanten auszuführen und so die Hälfte der ursprünglichen Spiegeloberfläche stehen zu lassen. Man erreicht dann eine besonders hohe Lichtstärke im Spektrum erster Ordnung, auf die es bei diesen Untersuchungen besonders ankommt. Die Zahl der Linien ist nicht besonders groß. Gewöhnlich wurden Gitter mit 500 Linien pro Millimeter, nie mit mehr als 1100 Linien pro Millimeter benutzt. Die erreichten Wellenlängen gehen bis 130 ÅE und nähern sich damit außerordentlich den längsten Röntgenwellen.

Es ist jetzt noch über die Methoden zu sprechen, die man anwenden muß, um die photographische Platte zur Aufnahme dieser kurzen Wellen brauchbar zu machen. Sie sind zuerst von SCHUMANN ausgebildet worden und beruhen auf der Erkenntnis, daß Gelatine schon in sehr dünnen Schichten das kürzeste Ultraviolett vollkommen absorbiert. Die für das äußerste Ultraviolett zu verwendenden Platten müssen daher sehr arm an Gelatine sein. SCHUMANN[2] gibt zur Herstellung solcher Platten folgendes Rezept:

Zwei Lösungen:

A:
- 6 g Bromkalium
- 0,6 g Jodkalium
- 1 g Emulsionsgelatine
- 100 ccm destilliertes Wasser

B:
- 8,1 g Silbernitrat
- 100 ccm destilliertes Wasser

[1] R. A. MILLIKAN, Astrophys. Journ., Bd. 52, 1920, S. 47; R. A. MILLIKAN, J. S. BOWEN und R. A. SAWYER, ebenda, Bd. 53, 1921, S. 150.

[2] V. SCHUMANN, Wien. Ber., Bd. 102, Abt. IIa, 1893, S. 1007.

Nach dem Schmelzen der aufgequollenen Gelatine in A werden beide Lösungen auf 50—60° C erwärmt. Die Lösung B wird bei Dunkelkammerlicht in sehr kleinen Portionen zur Lösung A gegossen, wobei öfter und tüchtig durchgeschüttelt wird. Hierauf wird das Ganze für eine halbe Stunde in kochendes Wasser gestellt und wiederum häufig durchgeschüttelt; danach läßt man es auf 40° C abkühlen. Nun werden 4 ccm Ammoniak zugefügt, das Ganze wird wieder geschüttelt, eine halbe Stunde lang noch weiter abkühlen gelassen oder im Wasserbad von nicht über 40° C warm erhalten. Hierauf werden 64 ccm der Flüssigkeit in 4 l warmes Wasser (nicht über 40° C) gegossen. Das Ganze wird durchgeschüttelt und filtriert; nach ein- bis zweistündigem ruhigem Stehen wird das Jodbromsilber auf den Platten absetzen gelassen, die, damit sie die Emulsionsschicht festhalten, in folgender Weise mit Gelatine vorpräpariert sind. Zur Vorpräparierung wird eine zweiprozentige warme Gelatinelösung in reichlicher Menge auf die sorgfältig geputzte und vorgewärmte Platte aufgegossen, herumfließen und über eine ihrer Ecken ablaufen gelassen. Die Platte wird an einem staubfreien Ort auf einem Fließpapier — die präparierte Seite nach unten gekehrt — zum Trocknen schräg aufgestellt und bald danach mit der oben angegebenen Jod-Bromsilberemulsion überzogen. Hierauf läßt man die Platten trocknen; dann werden sie eine Zeitlang in stehendem oder ruhig fließendem Wasser, das in ersterem Falle öfters zu erneuern ist, ausgewaschen. Für das Absetzen des Bromsilbers auf der Platte gibt SCHUMANN folgende Vorschrift: In eine mit Schwefelsäure gründlich gereinigte Entwicklungsschale mit ebenem Boden, der mindestens 1 cm länger ist als die Platte, wird die Jod-Bromsilberemulsion bis zu drei Viertel der Höhe eingefüllt. Dann wird die gelatinierte, getrocknete, sorgfältig abgestaubte Platte eingelegt und gewartet, bis die Ränder der Platte durch die darüberstehende Flüssigkeit sichtbar werden. Jetzt wird die Schale durch einen Heber entleert und der letzte am Rande der Platte verbleibende Flüssigkeitsrest mit Fließpapier, ohne den Überzug der Platte zu berühren, aufgesogen. Erst jetzt darf die Platte vorsichtig aus der Schale genommen werden. Dann wird die Platte liegend, am besten in einem Trockenschranke, getrocknet, was in einigen Stunden geschehen ist. Die Entwicklung der Platte geschieht mit Pyrogallol und Soda nach EDERS Vorschrift:

Zwei Lösungen:

I. 100 g schwefelsaures Natron, kristallisiert, 500 g destilliertes Wasser, 14 g Pyrogallol und 6 Tropfen Schwefelsäure, um die alkalische Reaktion des Natriumsulfits teilweise zu neutralisieren.

II. 50 g kristallisiertes kohlensaures Natron (von calcinierter, wasserfreier Soda die Hälfte), 500 g Wasser.

Das schwefelsaure Natron wird durch Schütteln in kaltem destilliertem Wasser in zirka 2 Minuten gelöst, dann wird die Schwefelsäure und schließlich das Pyrogallol zugesetzt, das sich fast momentan löst; ebenso löst sich das kohlensaure Natron bald in dem kalten destillierten Wasser.

Dieser Entwickler darf nur in stark verdünnter Lösung angewendet werden, da sonst Flecken und Schleier entstehen. SCHUMANN verwendet je 1 Raumteil Pyrogallol- und Sodalösung, 3 bis 6 Raumteile gewöhnliches Wasser und etwas Bromkalium. Das Bild erscheint in 20 bis 30 Sekunden und ist in 2 bis 3 Minuten fertig entwickelt. Längeres Entwickeln gibt Schleier. Sowie dieser beginnt, muß man die Platte abspülen und fixieren. Das Wässern erfolgt in stehendem oder langsam fließendem Wasser. Die Platte ist ebenso haltbar, wie eine gewöhnliche Trockenplatte.

Immerhin ist, wie man sieht, die Herstellung solcher Schumann-Platten ziemlich umständlich, und man hat daher in neuerer Zeit versucht, einfachere Verfahren zur Herstellung ultraviolettempfindlicher Platten zu finden. Solche Verfahren sind von Ducleaux und Jeantet[1] angegeben worden. Diese beiden Autoren machen gewöhnliche Trockenplatten dadurch gelatinearm, daß sie die Emulsionsgelatine auflösen. Als Lösungsmittel dient verdünnte Schwefelsäure (100 ccm Säure von 66° Bé auf 1 l Wasser), die man vier Stunden bei 25° C einwirken läßt. Nach 30 Minuten langem Waschen in schwach fließendem Wasser werden die Platten getrocknet. Das Ablösen der Schicht von der Platte kann durch Aufgießen von Kollodium vor dem Entwickeln vermieden werden, doch darf das Kollodium nicht erst trocken werden. Die Empfindlichkeit dieser Platten soll zehnmal größer gewesen sein, als die der besten Schumann-Platten.

Ducleaux und Jeantet haben noch eine andere Methode angegeben, nach welcher die Benutzung gewöhnlicher Trockenplatten für das äußerste Ultraviolett möglich ist. Diese Methode besteht in dem Aufbringen einer unter dem Einfluß der zu untersuchenden Strahlen fluoreszierenden Substanz auf die Platte. Gute Erfolge wurden mit dem Aufstrich einer Äskulinlösung in Glyzerin erzielt, besser und einfacher aber war die Verwendung von blau fluoreszierendem Maschinenöl oder von Vaseline. Vor dem Entwickeln wird diese Schicht mit Äther und Alkohol abgewaschen. Dieses Verfahren ist später auch von Lyman[2] mit gutem Erfolg benutzt und empfohlen worden und auch Dauvillier[3] hat für die Untersuchung der langwelligsten Röntgenstrahlen die Methode benutzen können. Die durch Fluoreszenz geschwärzten Spektrallinien auf der Platte unterscheiden sich in der Definition nicht von den durch direkte Lichteinwirkung erzeugten.

E. Röntgenspektrographen

Eine sehr erhebliche Ausdehnung gewann die Spektrumphotographie, als es gelang, Spektrographen für das Röntgengebiet herzustellen. Die Methode gründet sich auf der Entdeckung von Laue, Friedrich und Knipping,[4] der Röntgenstrahlenbeugung an Kristallen. Die Atome in den Kristallen bilden in drei Dimensionen regelmäßig aufgebaute Gebilde, die man als Raumgitter bezeichnet. Durch den Kristall kann man in verschiedener Weise Ebenenscharen legen, deren Ebenen voneinander gleichen Abstand haben und mit Atomen besetzt sind. Man bezeichnet solche Ebenen als Netzebenen. Die an solchen Kristallen durch ein auffallendes Röntgenstrahlenbündel entstehende Interferenzerscheinung kann man nun nach Bragg[5] als Reflexion an diesen Netzebenen auffassen, die der Beziehung folgt

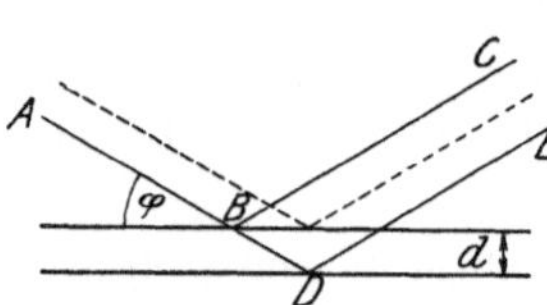

Abb. 41. Zur Ableitung der Braggschen Bedingung bei der Interferenz der Röntgenstrahlen

$$n \cdot \lambda = 2\, d \cdot \sin \varphi,$$

wo λ die Wellenlänge des einfallenden Röntgenstrahls, d den Abstand zweier Netzebenen der betrachteten Schar, φ den Winkel des einfallenden Strahls gegen die Netzebene und n eine kleine ganze Zahl, die Ordnungszahl, bedeutet.

[1] J. Ducleaux und P. Jeantet, Journ. de phys. et le Rad. (6), Bd. 2, 1921, S. 156.

[2] Th. Lyman, Nature, Bd. 112, 1923, S. 202.

[3] A. Dauvillier, Journ. de phys. et le Rad. (6), Bd. 8, 1927, S. 1.

[4] W. Friedrich, P. Knipping und M. Laue, Münch. Ber. 1912, S. 303, Ann. d. Phys., Bd. 41, 1913, S. 971.

[5] W. H. und W. L. Bragg, Proc. Roy. Soc. Lond., Bd. 88 A, 1914, S. 428.

Man sieht, daß, wenn diese Bedingung erfüllt ist, der Strahl BC und der Strahl DE, dessen Gangunterschied gegen den ersteren $2\,d\,.\,\sin\varphi$ ist, sich durch Interferenz verstärken müssen (Abb. 41).

W. H. und W. L. BRAGG, Vater und Sohn, haben diese Überlegungen zur Konstruktion eines Röntgenspektroskops benutzt, bei dem der Nachweis der spektral zerlegten Strahlungen mit Hilfe einer Ionisationskammer erfolgte. Ist nämlich das einfallende Strahlenbündel AB (s. Abb. 41) ein Gemisch aus verschiedenen Wellenlängen, so werden für die einzelnen Komponenten die Winkel φ, für welche die Reflexion eintritt, die sogenannten Glanzwinkel, verschieden sein. Läßt man die Einfallsrichtung AB unverändert und dreht den Kristall um eine durch den Punkt B senkrecht zur Zeichenebene verlaufende Achse, so ändern sich die Winkel allmählich und es wird für jede Komponente des Gemisches einmal der richtige Reflexionswinkel vorhanden sein.

DE BROGLIE[1] ist der erste gewesen, der die BRAGGsche Methode zur Photographie von Röntgenspektren benutzt hat. Dabei wird der Kristall mehrfach hin und her geschwenkt, so daß jede Stelle der photographischen Platte genügend stark mit Röntgenlicht der zugehörigen Wellenlänge bestrahlt wird, wenn solches in dem primären Strahlenbündel enthalten ist. Diese Methode des Drehkristalls hat noch den Vorteil, daß eine Fokussierung der von den verschiedenen Teilen des Kristalls reflektierten Strahlen der gleichen Wellenlänge eintritt, wenn man Spalt und Kamera auf demselben Kreis um den Drehpunkt anordnet. Ist S (Abb. 42) der Spalt, $K\,K_1$ der Kristall, der um den Punkt O drehbar ist, so wird der unter dem Winkel φ einfallende Strahl nach B reflektiert. Bei einer anderen Stellung des Kristalls $K'\,K_1'$, wird der Winkel φ für den Strahl SO' vorhanden sein. Der Kreis durch SB und O hat $K\,K_1$ als Tangente. Sein Peripheriewinkel über SO ist φ, über BS ist er $180^0 - 2\,\varphi$. Es bildet also BO' mit $K'\,K_1'$ auch den Winkel φ. Hat das von S ausgehende Röntgenstrahlenbündel also einen genügend großen Öffnungswinkel, so tragen bei der Drehung alle Punkte des Kristalls im Punkte B zur Bilderzeugung bei.

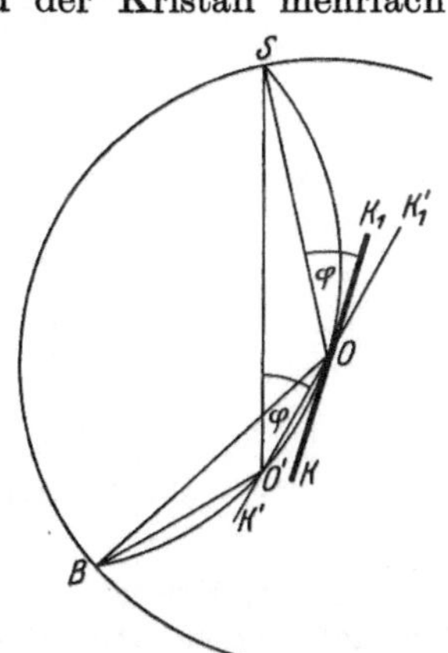

Abb. 42. Fokussierende Wirkung der Drehkristallmethode in der Röntgenspektroskopie

Die Konstruktion des Drehkristallspektrographen ergibt sich nach dem Vorausgegangenen von selbst. Der Kristall wird durch ein Uhrwerk oder durch einen Elektromotor langsam gedreht. Der Spalt, dessen Backen natürlich für die in Betracht kommenden Röntgenstrahlen undurchlässig sein müssen, befindet sich bei S, die Kassette ist entweder dem mit OS als Radius gezogenen Kreis angeschmiegt oder, wenn kurze ebene Platten benutzt werden sollen, als Tangente an diesen Kreis ausgeführt. Abb. 43 zeigt eine Ausführung des Apparates, wie er von SIEGBAHN und FRIMAN[2] verwendet wurde. Als Kristall dient ein Steinsalzkristall, dem durch das Uhrwerk eine konstante Geschwindigkeit von 1^0 in 4 Minuten erteilt wird.

Außer der Drehkristallmethode sind einige etwas abgeänderte Verfahren zur Konstruktion von Röntgenspektrographen benutzt worden. Eine Reihe

[1] M. DE BROGLIE, C. R., Bd. 157, 1913, S. 924, Verh. d. D. phys. Ges., Bd. 15, 1913, S. 1348.

[2] M. SIEGBAHN und E. FRIMAN, Ann. d. Phys., Bd. 49, 1916, S. 616. Auch M. SIEGBAHN, Spektroskopie d. Röntgenstrahlen, Berlin 1924, S. 50.

von Konstruktionen ist insbesondere von SEEMANN angegeben worden. Die erste dieser Konstruktionen beruht auf der sogenannten Schneidenmethode.[1] Dabei wird eine Schneide S (Abb. 44) auf den Kristall K gebracht; von der einen Seite fällt ein Bündel Röntgenstrahlen R ein, während auf der anderen Seite des Kristalls die photographische Platte P angebracht ist. Denken wir uns das einfallende Bündel von einem flächenförmigen Brennfleck ausgehend, so ist es nach der Schneide hin konvergent. Da die Strahlen bis zu einer gewissen

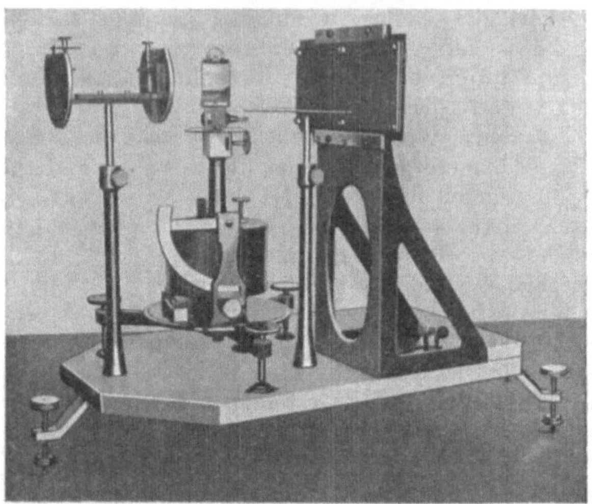

Abb. 43. Röntgenspektralapparat von SIEGBAHN und FRIMAN

Tiefe in den Kristall eindringen können, bildet die Schneide mit der Kristalloberfläche einen Spalt, der den Durchtritt der Strahlen gestattet, wenn sie unter dem Glanzwinkel reflektiert worden sind. Ist die Antikathode nicht so groß, daß alle charakteristischen Glanzwinkel gleichzeitig geliefert werden, so kann der ganze Apparat um die Schneide als Achse geschwenkt werden, so daß der Winkelbereich der gegen den Kristall einfallenden Strahlen einen hinreichend großen Wert erhält. Da die Eindringtiefe der Strahlen von ihrer Wellenlänge

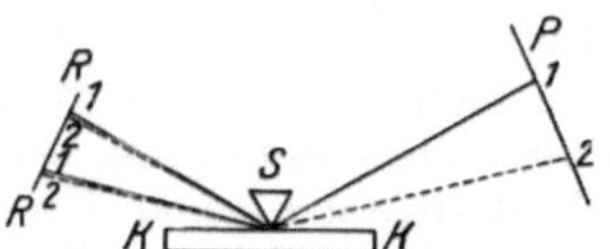

Abb. 44. Schneidenmethode von SEEMANN zur Röntgenspektroskopie

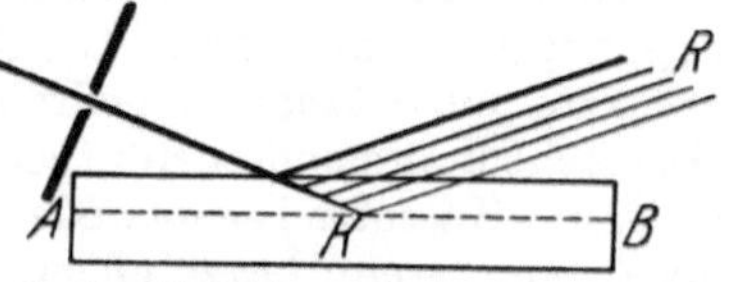

Abb. 45. Lochkameramethode von SEEMANN zur Röntgenspektroskopie

abhängig ist, so ist bei dieser Methode die Spaltweite keine definierte, sondern sie vergrößert sich mit abnehmender Wellenlänge. Entsprechend der einseitigen Verbreiterung des Spaltes in den Kristall hinein mit abnehmender Wellenlänge ist die langwellige Spektrallinie allein vollständig scharf. Bei Messungen an Spektrallinien, die nach dieser Methode gewonnen sind, ist also auf diese Kante einzustellen; dann eignet sich die Schneidenmethode sehr gut zu

[1] H. SEEMANN, Ann. d. Phys., Bd. 49, 1916, S. 470.

Präzisionsmessungen in Röntgenspektren.[1] Der Vorteil der Schneidenmethode ist vor allem der, daß der zu verwendende Kristall nur geringe Größe zu haben braucht; auf diese Art ist es nicht schwer, ein besonders gutes Kristallstück auszuwählen. Der Nachteil besteht in der schon erwähnten Unsymmetrie der Linien.

SEEMANN hat diese Methode noch in der von ihm so genannten „Lochkameramethode" abgeändert, bei der der Spalt ebenfalls gegen den Kristall feststeht, aber hinter ihm angeordnet ist.[2] Ist K (Abb. 45) der Kristall, R die Antikathode der Röntgenröhre und dringen die Röntgenstrahlen bis zur Ebene AB in den Kristall ein, so wird ein entsprechend aufgestellter Spalt nur jene Strahlrichtung durchlassen, für die das Reflexionsgesetz erfüllt ist. Die auf der photographischen Platte abgebildete Spektrallinie ist also scharf begrenzt. Ist das einfallende Röntgenlicht nicht monochromatisch, sondern zusammengesetzt,

Abb. 46. Röntgenspektrograph von SEEMANN (Lochkameramethode)

so wird auf der Platte ein Spektrum entworfen, in dem verschiedene Teile des Kristalls für die verschiedenen Einfallsrichtungen den Glanzwinkel liefern. Damit alle Glanzwinkel möglich sind, wird der ganze Apparat wieder um den Spalt als Achse geschwenkt. Auch hier sind im eigentlichen Apparat keine gegeneinander beweglichen Teile vorhanden. Diese Methode ist von SEEMANN zur Herstellung praktisch verwendbarer Spektrographen besonders bevorzugt worden. Ein in dieser Art konstruierter Apparat ist in Abb. 46 abgebildet.

Bei den hier bisher beschriebenen Röntgenspektrographen wurden zur Erzeugung der Spektren Reflexionen in oberflächlichen Schichten des Kristalls benutzt. Es steht aber nichts im Wege, auch innere Netzebenen des Kristalls zur Reflexion zu benutzen und besonders bei harten Röntgenstrahlen wird diese Methode mit Vorteil verwendet. Eine solche Anordnung ist von RUTHER-

---

[1] W. VOGEL, ZS. f. Phys., Bd. 4, 1921, S. 257; A. WEBER, ebenda, Bd. 4, 1921, S. 360; K. LANG, Ann. d. Phys., Bd. 75, 1924, S. 489; J. SCHRÖR, ebenda, Bd. 80, 1926, S. 297.

[2] H. SEEMANN, a. a. O.

FORD und DA ANDRADE angewendet worden.[1] Sie ist in Abb. 47 dargestellt. *R* ist die Antikathode der Röntgenröhre, *K* der Kristall, *B* ist eine Blende und *P* die photographische Platte. Die wirksamen Netzebenen des Kristalls sind senkrecht zur Zeichenebene angenommen; für den Glanzwinkel reflektierte Strahlen gehen durch den Spalt der Blende nach *C* und *C'*. Für eine andere Wellenlänge, die kürzer als die vorherige angenommen ist, würde die Reflexion andere Spuren liefern. Weil die Strahlen bei dieser Methode den Kristall durchsetzen müssen, wird sie als „Transmissionsmethode“ bezeichnet. Eine ähnliche Methode ist von SIEGBAHN[2] benutzt worden. Das Röntgenstrahlenbündel wird dabei durch eine Blende *B* (Abb. 48) möglichst schmal gemacht und fällt so auf den Kristall *K*, der mit einem Spalt *S* fest verbunden ist. Hier wird er wie bei der RUTHERFORDschen Methode an einer inneren Netzebene gespiegelt und trifft dann auf die photographische Platte *P*. Spalt, Kristall und Platte sind fest miteinander verbunden und können um eine Achse, die durch den Spalt *S* läuft, gedreht werden. Ist die Spektrallinie in der gezeichneten Lage photographiert worden, so wird der Spektrograph um seine Achse so weit gedreht, daß der symmetrisch gelegene Strahl gespiegelt wird. Die in jedem Falle nicht belichteten Teile der Platte werden durch einen Bleischutz *Pb* vor Schwärzung geschützt. Als Kristall wird ein guter Kalkspat benutzt. Mit diesem Apparat haben SIEGBAHN und JÖNSSON eine Reihe von Präzisionsmessungen ausgeführt. Er eignet sich für Wellenlängen von etwa 0,5 bis 2 ÅE und ist in Abb. 49 in seiner technischen Ausführungsform abgebildet.

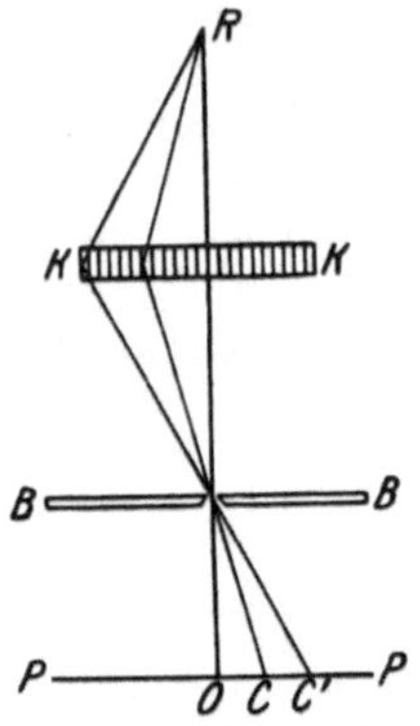

Abb. 47. Transmissionsmethode zur Röntgenspektroskopie von RUTHERFORD und DA ANDRADE

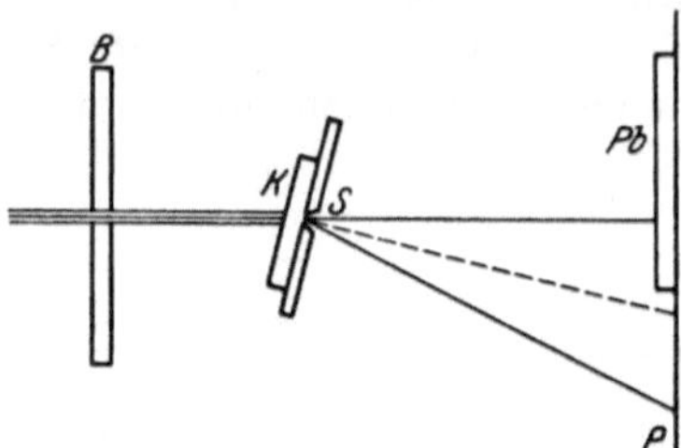

Abb. 48. Transmissionsmethode zur Röntgenspektroskopie von SIEGBAHN

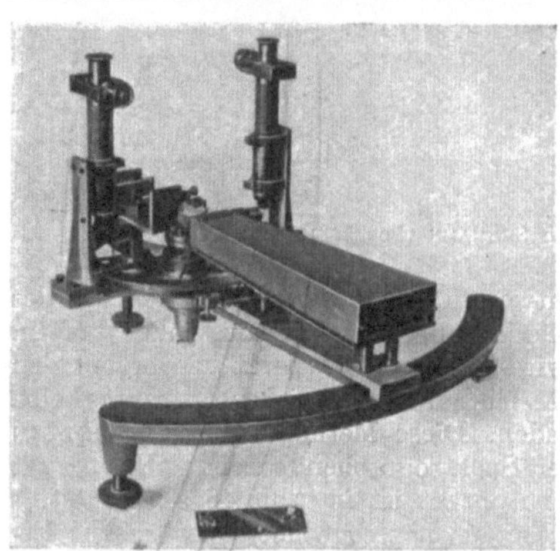
Abb. 49. Röntgenspektralapparat von SIEGBAHN und JÖNSSON

[1] E. RUTHERFORD und E. M. C. DA ANDRADE, Phil. Mag., Bd. 28, 1914, S. 263.

[2] M. SIEGBAHN und E. JÖNSSON, Phys. ZS., Bd. 20, 1919, S. 251.

Die Transmissionsmethode ist schließlich in wieder etwas modifizierter Form von UHLER und COOKSEY sowie von MARCH, STAUNIG und FRITZ verwendet worden.

Bei UHLER und COOKSEY[1] (Abb. 50) wird die photographische Platte durch eine Mikrometerschraube in zwei um einen bekannten Betrag voneinander abstehende parallele Lagen gebracht. Der Kristall kann gegen das einfallende Bündel gedreht werden. Aus der gemessenen Größe des Abstandes der Spuren der abgelenkten Strahlen auf der photographischen Platte kann dann der Ablenkungswinkel exakt ermittelt werden. Die Methode von MARCH, STAUNIG und FRITZ[2] ist prinzipiell die gleiche, nur steht die photographische Platte fest und die Ablenkung wird durch die meßbare Drehung des Kristalls bestimmt (Abb. 51).

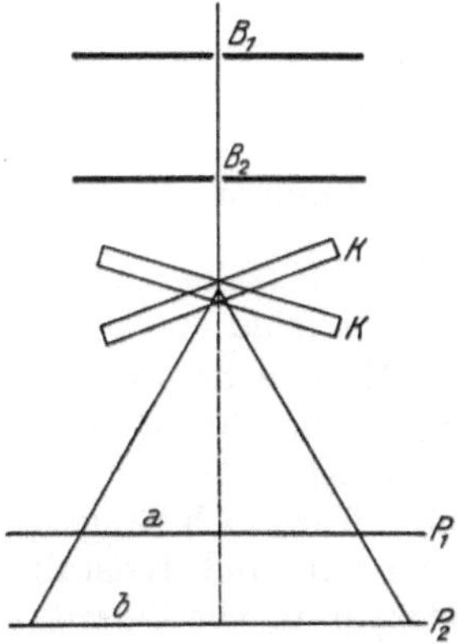

Abb. 50. Transmissionsmethode zur Röntgenspektroskopie von UHLER und COOKSEY

Abb. 51. Röntgenspektralapparat von MARCH, STAUNIG und FRITZ

Wie im Gebiet der optischen Wellen muß der Strahlengang ins Vakuum verlegt werden, wenn die Untersuchung des spektralen Gebietes unternommen werden soll, das in Luft stark absorbiert wird. Dieses Gebiet umfaßt die langwelligen Röntgenstrahlen, deren Wellenlänge 2 ÅE übersteigt und die den Zwischenraum bis zu den kürzesten optischen Strahlenwellen erfüllen.

Die Herstellung solcher Vakuumspektrographen für das Röntgengebiet entspricht derjenigen für die Apparate des optischen Gebietes, indem auch hier die Röntgenröhre unmittelbar an den Dispersionsapparat angeschlossen sein muß. Dabei schadet die Abgrenzung des höheren Vakuums der Röhre gegen das niedrigere des Apparates durch eine dünne Membran aus Kollodium oder Goldschlägerhaut nichts. Der erste so konstruierte Apparat stammt von MOSELEY[3] und wurde zu der berühmten Untersuchung über die charakteristischen Röntgenspektren der Elemente benutzt. Dieser Apparat hatte einen feststehenden Kristall. Später haben SIEGBAHN und seine Schüler die Ausführungsform der Vakuumspektrographen für Präzisionsmessungen wesentlich verbessert, wobei auch hier die Methode des Drehkristalls Verwendung fand.[4] In Abb. 52 ist ein SIEGBAHNscher Vakuumspektrograph abgebildet.

Zur spektralen Untersuchung sehr weicher Röntgenstrahlen ist besonders die Wahl eines geeigneten Kristalls von Bedeutung. Aus der Beziehung $2\,d\,.\sin\varphi = n\,.\,\lambda$ folgt, daß die Grenze der Untersuchungsmöglichkeit nach

---

[1] H. S. UHLER und C. D. COOKSEY, Phys. Rev., Bd. 10, 1917, S. 645.

[2] MARCH, STAUNIG und FRITZ, Fortschr. a. d. Geb. d. Röntg.-Str., Bd. 29, 1922, S. 212.

[3] H. S. J. MOSELEY, Phil. Mag., Bd. 26, 1913, S. 1024.

[4] Siehe z. B. M. SIEGBAHN, Spektroskopie d. Röntgenstrahlen, Berlin 1924, S. 61 ff. M. SIEGBAHN und R. THORAEUS, Journ. Opt. Soc. Am., Bd. 13, 1926, S. 235.

langen Wellen bei $\lambda = 2d$ gegeben ist. Wir geben nach SIEGBAHN[1] eine Anzahl von Gitterkonstanten d in ÅNGSTRÖMschen Einheiten:

Kristall	Fläche	d in ÅE	Autor
Quarz	Prismafläche	4,247	SIEGBAHN-DOLEJSEK
Gips	Spaltfläche	7,578	HJALMAR
Zucker	100	10,57	STENSTRÖM
K_4FeCN_6	100	8,408	SIEGBAHN
Carborundum	111	2,49	OWEN
Glimmer	Spaltfläche	10,1	DE BROGLIE

Als Normalwert ist dabei die Gitterkonstante des Steinsalzes mit 2,81400 zugrunde gelegt, auf welche die anderen Werte bezogen sind.

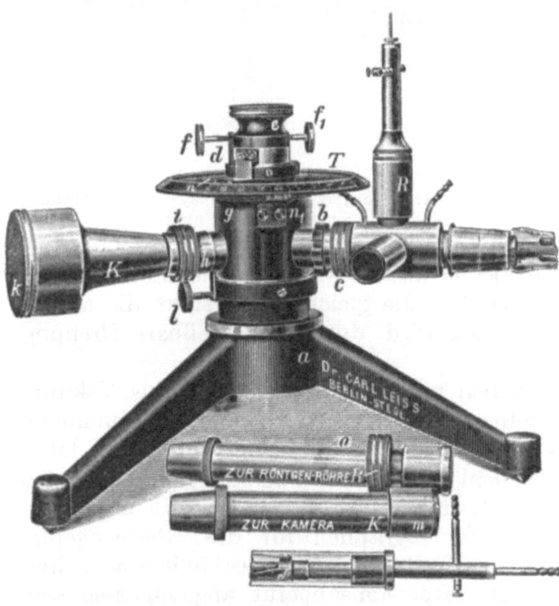

Abb. 52. SIEGBAHNscher Vakuumspektrograph für das langwellige Röntgengebiet

Man sieht, daß Wellenlängen über 20 ÅE mit keinem dieser Kristalle zu erreichen sind. Für noch längere Wellenlängen sind Kristalle von Fettsäuren, wie Palmitin oder Stearinsäure benutzt worden; dadurch konnte durch SIEGBAHN und THORAEUS das Gebiet der meßbaren Röntgenwellenlängen erheblich ausgedehnt werden. In neuester Zeit hat DAUVILLIER[2] Niederschläge von Melissinsäure auf polierter Bleiunterlage als Kristall verwendet. Es bildet sich dann das Bleisalz der Melissylsäure, das eine Gitterkonstante von 87,5 ÅE besitzt und ein sehr gutes Reflexionsvermögen hat. Auf diese Weise konnte DAUVILLIER Röntgenwellen bis zu 121 ÅE photographieren, so daß damit der Anschluß an die MILLIKANschen Messungen im optischen Gebiet gewonnen ist. Die photographischen Platten, die hiebei benutzt wurden, waren wie bei der Spektrographie im optischen extremen Ultraviolett solche, die nach der SCHUMANNschen Methode hergestellt waren.

An dieser Stelle ist schließlich noch eine neueste Methode der Röntgenspektrographie zu erwähnen, die sowohl in ihrer Anordnung, wie in ihren Resultaten den Anschluß an die optische Spektroskopie in vollem Umfange herstellt. Sie ist insbesondere von THIBAUD[3] ausgebildet worden und verwendet an Stelle der Kristallgitterbeugung wieder die Beugung am gewöhnlichen Reflexionsgitter. Die letztere Methode bietet gegenüber der ersteren den Vorteil, daß mit ihrer Hilfe auch absolute Messungen durchführbar sind.

[1] M. SIEGBAHN, a. a. O. S. 87.

[2] A. DAUVILLIER, Journ. de phys. et le Rad. (6), Bd. 8, 1927, S. 1.

[3] J. THIBAUD, Rev. d'Opt. théor. et instr. 5, 1926, S. 105, Phys. ZS. 29, 1928, S. 241.

Die Gleichung für das ebene Reflexionsgitter lautete

$$n \, . \, \lambda = a\,(\sin\beta - \sin\alpha),$$

worin a die Gitterkonstante, α der Einfallswinkel und β der Beugungswinkel gegen die Gitternormale war. Führt man dafür die Winkel gegen die Gitterebene ε und ϑ ein, so wird die Gleichung

$$n \, . \, \lambda = a\,(-\cos\vartheta + \cos\varepsilon) = -2\,a \, . \, \sin\frac{\varepsilon+\vartheta}{2} \, . \, \sin\frac{\varepsilon-\vartheta}{2}.$$

Geht man zu streifendem Eintritt über, macht also $\varepsilon = 0$, so wird

$$n \, . \, \lambda = -2a \, . \, \sin\frac{\vartheta}{2} \, . \, \sin\left(-\frac{\vartheta}{2}\right).$$

Für kleine Beugungswinkel ϑ ist also

$$n \, . \, \lambda = 2a \, . \, \frac{\vartheta^2}{4} = \frac{a}{2} \, . \, \vartheta^2.$$

In der ersten Ordnung ($n = 1$) erhalten wir für die Dispersion

$$\frac{d\vartheta}{d\lambda} = \frac{1}{a \, . \, \vartheta} = \frac{1}{\sqrt{2a \, . \, \lambda}}.$$

Für Beugung in der Normalrichtung zum Gitter war die Dispersion konstant gleich $\frac{1}{a}$ (s. Ziffer 8). Bei kleinen Wellenlängen ist somit bei tangentialer Beugung die Dispersion viel größer als bei normaler. Außerdem läßt sich zeigen, daß für kleine Beugungswinkel die abgebeugten Bündel sehr schmal sind; man erhält auf der Platte feine Spektrallinien unabhängig von der Entfernung, in der sich die Platte befindet, und ohne Verwendung einer sammelnden Linse.

Um eine genügende Intensität der abgebeugten Strahlenbündel zu bekommen, muß der streifende Einfall sehr sorgfältig realisiert werden. Jedenfalls muß der Einfallswinkel des Röntgenstrahlenbündels unter dem Winkel der totalen Reflexion der Röntgenstrahlen liegen, die ja nach Versuchen von Compton[1] bei kleinen Einfallswinkeln vorhanden ist, weil die materiellen Körper für die Röntgenstrahlen einen Brechungsexponenten haben, der um einen geringen Betrag (Größenordnung 10^{-6}) kleiner als 1 ist.

Mit dem nach der hier beschriebenen Methode gebauten Vakuumapparat, der ein Glasgitter von nur 200 Linien auf dem Millimeter enthielt, konnte Thibaud sowohl sehr kurzwellige optische Spektren, als auch sehr langwellige Röntgenspektren untersuchen und ihre Wellenlängen absolut bestimmen. Hier ist also eine wirkliche Verbindung der beiden Bereiche hergestellt.

F. Messung in photographischen Spektren

Die Spektrogramme, die man auf photographischem Wege erzeugt hat, werden meist in der Weise verwertet, daß man sie unter Verwendung eines gleichzeitig photographierten bekannten Spektrums zu einer relativen Wellenlängenbestimmung der erhaltenen Linien benutzt. Als Vergleichsspektrum wird im Bereich des gewöhnlichen optischen Spektrums seit längerer Zeit hauptsächlich das Eisenspektrum verwendet, in dem die Wellenlängen einer großen Anzahl von Linien durch genauen interferometrischen Bezug auf die von Michelson u. A. absolut bestimmte rote Kadmiumlinie bekannt sind. Die Wellenlänge der Bezugslinie wird zu $\lambda = 6438{,}4696$ ÅE angenommen, wobei die Bestimmungen

[1] A. H. Compton, Phil. Mag. 45, 1923, S. 1121.

von MICHELSON[1] sowie von BENOIT, FABRY und PEROT[2] zugrunde gelegt werden. Für den wichtigsten Teil des Spektrums sind die zurzeit gültigen Wellenlängen der Bezugslinien im Eisenspektrum in der folgenden Tabelle zusammengestellt.[3] Siehe auch die Abbildungen auf den Tafeln I bis III.

Kennt man nun das Gesetz, nach dem der Spektralapparat dispergiert, so kann man die Wellenlängen der Linien des zu untersuchenden Spektrums dadurch bestimmen, daß man zwischen den beiden benachbarten Linien des Vergleichsspektrums interpoliert, also den Abstand der Linie unbekannter Wellenlänge von den beiden bekannten mißt und nun rechnerisch oder graphisch die Interpolation ausführt. Dabei sind Gitterspektren und Prismenspektren, deren typische Verschiedenheit aus den beiden Sonnenspektren (Abb. 53) hervorgeht, verschieden zu behandeln. Wir sahen, daß die Gitter bei geeigneter Aufstellung normale Spektren geben, d. h. daß der Abstand zweier Linien ihrer Wellenlängendifferenz proportional ist. Sind also auf der Platte (Abb. 54) n und n_1 die beiden Nachbarlinien des Vergleichsspektrums mit den Wellenlängen λ_n und λ_{n1}, deren Abstand in einer beliebigen Einheit gemessen gleich a ist, ist ferner der Abstand der zu bestimmenden Linie von der Nachbarlinie n gleich b, also von n_1 gleich $a - b$, so gilt für die Wellenlänge λ_x der zu messenden Linie

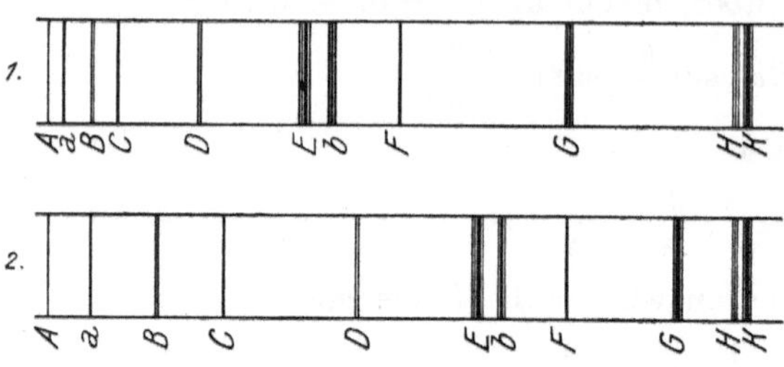

Abb. 53. Sonnenspektrum mit den wichtigsten FRAUNHOFERschen Linien (oben (1) prismatisches Spektrum, unten (2) Gitterspektrum)

$$\frac{\lambda_n - \lambda_{n_1}}{\lambda_n - \lambda_x} = \frac{a}{b} \text{ oder } \lambda_x = \lambda_n - \frac{b}{a}(\lambda_n - \lambda_{n_1})$$

Statt der rechnerischen Interpolation kann man auch die graphische wählen, indem man wie in Abb. 55 die auf der Platte gemessenen Abstände als Abszissen,

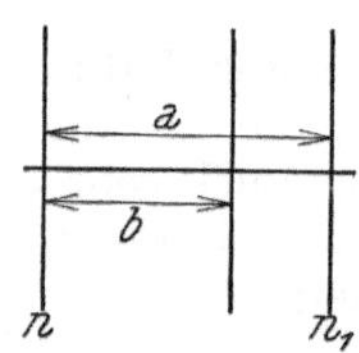

Abb. 54. Zur Ausmessung von Spektren

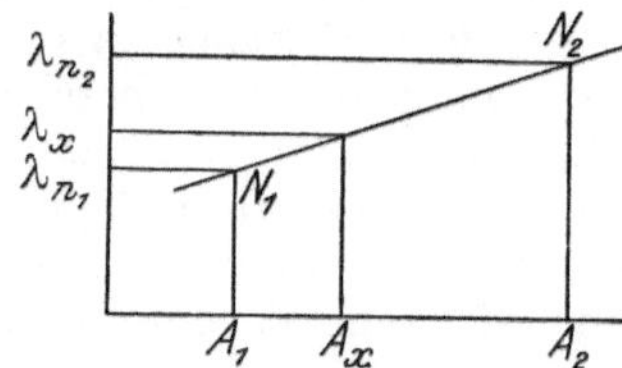

Abb. 55. Zur graphischen Auswertung von Spektren

die Wellenlängen als Ordinaten aufträgt. Liegen die Nachbarlinien sehr nahe zusammen, so kann man diese Art der linearen Interpolation ohne sehr großen Fehler auch dann noch anwenden, wenn die Dispersionskurve $N_1 N_2$ nicht wie in der Abb. 54 eine gerade Linie ist, sondern eine geringe Krümmung besitzt. Für hohe Ansprüche an die Genauigkeit der Messung reicht dieses Verfahren jedoch nicht aus und es muß in diesem Falle auf das vorliegende Dispersionsgesetz

[1] A. A. MICHELSON, Trav. et Mém. du Bur. Int. des Poids et Mes., Bd. 11, 1895.

[2] J. R. BENOIT, CH. FABRY et A. PEROT, Nouvelle Détermin. du Rapport des Longueurs d'onde fondamentale avec l'unité métrique. Paris 1907.

[3] Nach P. EVERSHEIM, Wellenlängenmessungen des Lichtes im sichtbaren und unsichtbaren Spektralbereich. Braunschweig 1926.

Tabelle 5. Bezugslinien im Eisenspektrum

(soweit möglich im internationalen Normalsystem)

λ in ÅE	Intens.	λ in ÅE	Intens.	λ in ÅE	Intens.	λ in ÅE	Intens.
2375,193	4	30,150	4	76,642	5	34,668	4
80,763	4	40,430	4	4118,552	6	6027,059	2
89,979	4	45,082	4	34,685	5	65,492	4
99,244	6	55,268	4	47,676	4	6137,701	4
2406,663	6	68,180	4	91,443	6	91,568	5
13,313	6	78,436	3	4233,615	6	6230,734	5
43,871	4	83,745	4	82,408	6	65,145	3
53,478	4	91,581	4	4315,089	5	6318,028	4
68,885	5	98,191	3	52,741	4	35,341	4
74.818	5	3116,632	5	75,934	5	93,612	5
96,539	5	25,663	6	4427,314	5	6430,859	5
2507,904	4	29,334	4	66,556	5	94,993	5
12,366	4	42,888	4	94,572	5	6546,252	5
24,291	6	55,293	2	4531,155	5	92,928	5
35,610	6	61,370	2	47,853	3	6678,001	5
43,927	5	71,353	4	92,658	4	6750,163	4
49,616	6	84,903	4	4602,947	4	6806,851	2
66,921	4	91,666	5	47,439	4	43,676	3
84,544	4	3202,562	3	91,417	4	6916,709	3
98,380	7	17,389	4	4707,288	5	45,211	5
2612,787	3	33,061	5	36,786	5	78,857	5
21,677	6	46,015	3	89,657	3	7038,255	3
32,248	4	65,057	3	4859,758	5	90,410	4
41,654	3	68,246	4	78,225	5	7164,472	6
56,154	3	80,268	5	4903,325	5	87,341	8
69,498	4	92,029	5	19,007	8	7239,896	3
79,066	6	98,137	5	66,104	5	88,764	3
99,114	4	3314,746	6	5001,881	5	7311,103	4
2714,419	6	17,126	4	12,073	4	89,423	6
28,026	4	23,741	4	49,827	5	7411,184	7
46,468	7	25,468	4	83,344	4	45,778	8
59,816	4	37,671	4	5110,415	4	95,092	8
78,847	4	70,789	6	67,492	8	7568,931	4
97,777	4	99,337	6	92,363	8	86,050	6
2813,288	9	3445,154	4	5232,957	8	7664,306	4
17,506	3	85,345	6	66,569	8	7710,397	3
28,808	4	3513,821	5	5302,315	5	48,282	4
48,714	4	56,881	6	24,196	6	80,594	5
51,798	8	3606,682	5	71,495	7	7832,233	5
58,898	4	40,392	6	5405,780	6	7937,172	6
66,629	4	76,313	4	34,527	6	98,980	4
74,176	7	77,629	6	55,614	6	8046,084	4
87,808	4	3724,380	6	97,522	4	85,207	4
99,418	4	53,615	5	5506,784	4	8198,960	1
2912,161	8	3805,346	6	69,633	5	8220,413	5
26,584	5	43,261	5	86,772	6	8327,069	5
41,343	8	65,527	6	5615,661	6	87,787	4
59,996	4	3906,482	5	58,836	4	8468,422	2
76,130	4	07,937	3	5709,396	3	8514,088	1
87,293	5	35,818	4	63,013	4	8661,915	2
90,394	4	77,746	5	5862,354	4	88,641	3
3011,484	4	4021,872	5	5914,172	6	8824,238	2

Rücksicht genommen werden. Das kommt besonders bei der Auswertung von Prismenspektren in Betracht. Hier ist für das jeweils verwendete Prisma das Dispersionsgesetz besonders zu bestimmen; es hat sich zu diesem Zwecke besonders eine Formel bewährt, die von HARTMANN[1] aufgestellt wurde und als Gesetz der Prismendispersion zwar ganz empirisch ist, sich aber mit der Beobachtung in vorzüglicher Übereinstimmung befindet. Das Wesentliche an dieser Formel ist, daß sie sich leicht nach der Wellenlänge λ auflösen läßt und so eine bequeme Wellenlängenbestimmung erlaubt. Die Formel ist zunächst für die Abhängigkeit des Brechungsexponenten von der Wellenlänge aufgestellt und lautet

$$n - n_0 = \frac{c}{(\lambda - \lambda_0)\, a}$$

Darin ist n der Brechungsexponent, λ die Wellenlänge; c_1, n_0, λ_0 und a sind Konstanten, die durch den Versuch zu ermitteln sind. Die Konstante a kann für Glasapparate meist gleich 1 gesetzt werden, andernfalls reicht der Wert $a = 1{,}2$ nach den Versuchen von HARTMANN für die verschiedensten Glassorten aus. Für Quarz[2] ist dagegen $a = 1{,}4$ einzusetzen. Diese zunächst für die Brechungsexponenten aufgestellte Formel der Prismendispersion gilt nun, wie HARTMANN zeigt, auch für die bei feststehendem Prisma gemessenen Ablenkungen und ihre Projektionen auf die photographische Platte. Die Formel läßt sich also schreiben

$$(\lambda - \lambda_0)\, a = \frac{c}{s - s_0},$$

wobei unter s das direkte Messungsergebnis, also der lineare Abstand der Spektrallinien auf der photographischen Platte zu verstehen ist. Mißt man z. B. ein Spektrogramm mit einer Mikrometerschraube aus, so ist s_0 durch die Art der Einlegung der Platte in den Meßapparat bestimmt. c hängt vom Schraubenwert der Mikrometerschraube ab und λ_0 ist eine Konstante des Spektrographen allein. Bei Anwendung derselben Instrumente brauchen diese beiden Konstanten also nur einmal bestimmt zu werden. Im übrigen geht die Bestimmung so vor sich, daß drei in dem zu messenden Bereich befindliche Normalen auf der Platte möglichst genau gemessen und die entsprechenden drei Gleichungen aufgelöst werden. Die Ausführung des Verfahrens ist in den HARTMANNschen Arbeiten genau beschrieben. Für die Fälle, in denen wegen der geringeren Meßgenauigkeit die graphische Interpolation ausreicht, hat HARTMANN unter dem Namen „Dispersionsnetz" ein Koordinatenpapier mit einer Wellenlängenteilung herausgegeben, das von SCHLEICHER & SCHÜLL in Düren geliefert wird, in dem die prismatischen Dispersionskurven als gerade Linien erscheinen. Die Interpolation wird dadurch zu einer linearen gemacht.

Im Bereich der Röntgenspektra und der weniger bekannten Spektralgebiete des optischen Spektrums liegen die Verhältnisse zur Zeit noch etwas anders. Im Röntgengebiete bestimmt man gewöhnlich die Wellenlänge jeder Linie mit Hilfe der BRAGGschen Beziehung durch Winkelmessung unter Zugrundelegung der Gitterkonstante des Steinsalzes $d = 2{,}81400$ ÅE. In neuerer Zeit ist jedoch auch hier mehrfach der Vorschlag gemacht worden, Relativmessungen in bezug auf ein Normalsystem einzuführen.[3] Als primäre Normale wurde die K_{α_1}-Linie des Kupfers

[1] J. HARTMANN, Publ. d. Astrophys. Obs. Potsdam Nr. 42, 1898. Astrophys. Journ., Bd. 8, 1898, S. 218.

[2] J. HARTMANN, ZS. f. Instr. Kde., Bd. 37, 1917, S. 166.

[3] Vgl. z. B. H. IWATA, ZS. f. Phys., 49, 1928, S. 217, dazu aber auch M. SIEGBAHN, ZS. f. Phys., 50, 1928, S. 443.

mit der Wellenlänge 1537,265 X. E. (1 X. E. = 0,001 ÅE.) vorgeschlagen, als sekundäre die K_{α_1}-Linie des Molybdäns mit $\lambda = 708{,}05$ X. E. und die L_{α_1}-Linie des Wolframs mit $\lambda = 1473{,}35$ X. E. Nach SIEGBAHN (a. a. O.) muß der zweitgenannte Wert auf 707,83 X. E. abgeändert werden; außerdem kann die K_{α_1}-Linie des Eisens mit $\lambda = 1932{,}072$ X. E. benutzt werden, die von LARSSON mit großer Genauigkeit bestimmt worden ist. Indes ist diese ganze Frage noch nicht abgeschlossen.

Die zu diesem Beitrag gehörigen Tafeln I bis VIII sowie die Bemerkungen zu den Tafeln befinden sich am Schluß des Bandes.

Die Praxis der Farbenphotographie

Von

E. J. Wall †, Wollaston, Mass., U. S. A.

Übersetzt von Alfred HAY, Wien

Mit 21 Abbildungen

1. Historisches. Der bekannte englische Physiker J. C. MAXWELL[1] hat wohl als erster die Anregung dazu gegeben, die natürlichen Farben der Körperwelt mit Hilfe der Photographie wiederzugeben; er ging von der YOUNG-HELMHOLTZschen Theorie der Farbenwahrnehmung aus und erzielte bei Verwendung geeigneter Projektionsapparate tatsächlich brauchbare Resultate.[2] J. C. MAXWELL scheint sich lediglich für die additive Methode der Farbenphotographie interessiert zu haben.

DUCOS DU HAURON[3] und CHAS. CROS[4] sind als diejenigen zu bezeichnen, welche als erste die subtraktive Methode der Farbenphotographie und die Herstellung farbiger photographischer Bilder auf Papier in Vorschlag brachten. Da das rein Theoretische dieses Problems an anderer Stelle des vorliegenden Bandes (s. S. 54 ff.) behandelt wird, so genügt es, wenn wir hier darauf verweisen und die wichtige Entdeckung H. W. VOGELS[5] in Erinnerung bringen, daß die Silbersalze farbenempfindlich gemacht werden können.

F. E. IVES[6] hat behauptet, er sei der erste gewesen, der eine praktisch brauchbare Methode der Dreifarbenreproduktion angegeben habe; tatsächlich verhält es sich so, daß seine Methode mit derjenigen J. C. MAXWELLS prinzipiell übereinstimmt, einer Methode, die sich übrigens als praktisch unbrauchbar und mit Irrtümern behaftet erwies. Während nämlich die Dreikomponententheorie der Farbenwahrnehmung, vom Standpunkt der physiologischen Farbenlehre betrachtet, zweifellos sehr wichtige Dienste zu leisten vermag, ist sie für die Farbenwiedergabe mit Hilfe der Photographie keinesfalls von so hervor-

---

[1] Trans. Roy. Soc. Edinburgh, 21, 1857, S. 275; Proc. Roy. Soc. 1855, S. 21; vgl. auch B. DONATH, Die Grundlagen der Farbenphotographie, Braunschweig, F. Vieweg & Sohn, 1906, S. 69.

[2] Proc. Roy. Soc. 60, 1859, S. 10, 404, 484; Phot. Notes, 1861, S. 169.

[3] L. DUCOS DU HAURON, Les couleurs en Photographie, Solution du Problème, 1869. Vgl. auch ALCIDE DUCOS DU HAURON, La triplice Photographique des couleurs et l'Imprimerie, 1897.

[4] Les mondes, Febr. 1869.

[5] Phot. Mitt. 9, 1873, S. 233; 11, 1875, S. 55, 75, 110; 22, 1885, S. 85; Die Photographie der farbigen Gegenstände, Berlin 1885; vgl. auch H. KRONE, Die Darstellung der natürlichen Farben, 1894; A. HÜBL, Die Dreifarbenphotographie, 4. Aufl., 1921.

[6] Amer. Pat. Nr. 432530, 1890; Journ. Frankl. Inst. 125, 1888, S. 345; 127, 1889, S. 54, 140, 339; 132, 1891, S. 1; A new principle in Heliochromy, 1889.

ragender praktischer Bedeutung, eine Tatsache, die A. HÜBL und Andere[1] festgestellt haben. In der Tat war die Zugrundelegung der YOUNG-HELMHOLTZschen Theorie ein Hemmschuh für die Weiterentwicklung der Dreifarbenphotographie; dies war so lange der Fall, bis man die für diese Zwecke irreführende Grundannahme verwarf und praktisch brauchbare Methoden ersann und ausarbeitete.

Die älteren Forscher vermochten auf dem Gebiete der Dreifarbenphotographie keine wesentlichen Erfolge zu erzielen, weil ihnen zur Herstellung der Negative nur die nasse Kollodiumplatte und die Kollodiumemulsionsplatte zur Verfügung standen und weil sie keine Mittel besaßen, um das Negativmaterial für andere Farben als Blau und Violett in ausgiebigem Maße empfindlich zu machen; dies änderte sich mit einem Schlage, als H. W. VOGEL entdeckte, daß die photographische Platte „orthochromatisch" gemacht werden kann. Diese Entdeckung bedeutete genau so wie die Einführung der Gelatinetrockenplatte für die Photographie eine grundlegende Umwälzung und ermöglichte jene großen Fortschritte, welche im Gesamtgebiet der Photographie in jüngerer und jüngster Zeit erzielt werden konnten. Wir können mit Fug und Recht behaupten, daß erst H. W. VOGELS epochemachende Entdeckung die Photographie in natürlichen Farben praktisch möglich machte.

Es bedarf noch der Bemerkung, daß wir den heutigen hohen Stand der Farbenphotographie nebst der Entdeckung H. W. VOGELS auch den Leistungen von A. MIETHE und A. TRAUBE[2] verdanken, welche die Isocyanine als Sensibilisatoren in die Photographie einführten; dazu kommen noch die hervorragenden Arbeiten von E. KÖNIG[3] und seinen Mitarbeitern in den FARBWERKEN vorm. MEISTER, LUCIUS & BRÜNING, Höchst a. M., welche zahlreiche sehr wirksame Farbstoffe der genannten Gruppe, u. a. das Pinacyanol, darstellten. Wir wollen hier nicht auf Details eingehen, verweisen vielmehr für eingehendere historische Studien in der Richtung, wie sich die Fortschritte auf dem Gebiete der Farbensensibilisierung entwickelten, auf das Monumentalwerk von J. M. EDER und E. VALENTA,[4] Beiträge zur Photochemie und Spektralanalyse, 1904.

Wir werden die einzelnen Abschnitte der vorliegenden Darstellung jeweils mit kurzen historischen Bemerkungen einleiten, da es unmöglich ist, auf eng begrenztem Raum eine detaillierte Geschichte der Farbenphotographie zu schreiben.

2. Die Farbenfilter. Es hat sich bei der Herstellung der einzelnen Farbenauszugsnegative als notwendig erwiesen, das Spektrum in drei Teile zu zerlegen: der eine Teil enthält das gesamte Rot, der andere das gesamte Grün, der dritte das gesamte Blau. Wir schalten zwischen das wiederzugebende Obiekt und dje lichtempfindliche Schicht Filter ein,[5] von denen die erwähnten Spektralgebiete

[1] A. HÜBL, Die Dreifarbenphotographie, 4. Aufl., 1921; Brit. Journ. of Phot. 47, 1900, S. 23; 50, 1903, S. 27; 53, 1906, S. 489; 54, 1907, S. 315; Phot. Korr. 30, 1893, S. 564; 31, 1894, S. 564; Bull. Soc. franç. Phot. 41, 1894, S. 166; Phot. Journ. 41, 1901, S. 303; Brit. Journ. of Phot. 41, 1894, S. 457; Brit. Journ. of Phot. 48, 1901, S. 63, 503, 534; 49, 1902, S. 52; Brit. Journ. of Phot., 52, 1905, S. 447 und 467.

[2] Vgl. A. MIETHE, Die Dreifarbenphotographie nach der Natur, Halle a. S., W. Knapp, 1904, sowie Phot. Korr. 40, 1903, S. 173.

[3] A. W. VOGEL, Handbuch der Photographie, Bd. 2, Photochemie, 1906.

[4] E. J. WALL hat es gleichfalls unternommen, in seinem Buche „History of Three-Color Photography" alle die Farbensensibilisierung betreffenden historischen Daten zusammenzustellen.

[5] Brit. Journ. of Phot. 51, 1904, S. 47; 52, 1905, S. 447, 467; vgl. auch Phot. Journ. 44, 1904, S. 263.

durchgelassen bzw. absorbiert werden. Die Meinungen, wie die Durchlässigkeitsgebiete der einzelnen Filter abgegrenzt werden sollen, sind verschieden; im allgemeinen erwies sich die Festlegung der Durchlässigkeitsbereiche der einzelnen Filter auf folgende Art als praktisch:

Für das Rotgebiet: von 580 $\mu\mu$ bis zum Ende des sichtbaren Rot.
„ „ Grüngebiet: „ 460 „ „ 600 $\mu\mu$
„ „ Violettgebiet: „ 410 „ „ 500 „

In der folgenden Tabelle sind die von verschiedenen Forschern[1] angegebenen Grenzen der Durchlässigkeitsbereiche der einzelnen Filter zusammengestellt:

Autoren	Blaugebiet	Grüngebiet	Rotgebiet
Nach NEWTON und BULL (1904)	410 $\mu\mu$ bis 500 $\mu\mu$	460 $\mu\mu$ bis 600 $\mu\mu$	580 $\mu\mu$ bis Ende
Nach C. E. K. MEES (1909)	410 „ „ 510 „	480 „ „ 600 „	580 „ „ „
Nach R. J. WALLACE (1909)	410 „ „ 500 „	490 „ „ 595 „	590 „ „ „
Nach A. HÜBL	410 „ „ 495 „	485 „ „ 590 „	580 „ „ „
Nach A. HÜBL (modifiziert 1912)	410 „ „ 495 „	465 „ „ 585 „	550 „ „ „

Ersichtlich können aus obiger Tabelle folgende Mittelwerte abgeleitet werden:

Für das Rotgebiet: von 582 $\mu\mu$ bis zum Ende des sichtbaren Spektrums.
„ „ Grüngebiet: „ 478 „ „ 494 $\mu\mu$
„ „ Blaugebiet: „ 410 „ „ 500 „

Die Verschiedenheit der Angaben der einzelnen Autoren ist darauf zurückzuführen, daß sie bei der Bildherstellung verschiedene Farbstoffe verwendeten: sie benutzten nämlich entweder der Theorie entsprechende oder den Bedürfnissen der Praxis angepaßte (theoretisch nicht einwandfreie) lichtbeständigere Farbstoffe (Druckfarben), wie sie von A. HÜBL angegeben wurden.

Farbenfilter werden von verschiedenen Firmen hergestellt. Die sogenannten WRATTEN-Dreifarbenfilter (dz. hergestellt von der EASTMAN KODAK CO.) haben die von C. E. K. MEES, die Filter der LIFA-FILTERFABRIK in Augsburg die von A. HÜBL gewählten bzw. empfohlenen Transmissionsbereiche. Wir wollen gleich an dieser Stelle bemerken, daß trotz der bestehenden — allerdings geringen — Verschiedenheiten der Transmissionsbereiche der verschiedenen Dreifarbenfilter die hinter Filtern ungefähr gleichen Spektralbereiches erzielten Negative sehr schwer voneinander zu unterscheiden sind, wenn die zugehörigen Belichtungszeiten nicht sehr genau abgestimmt und auch eingehalten wurden.

Die Filter sind entweder Gelatinetrockenfilter oder Flüssigkeitsfilter in Küvettenform. Welche von diesen beiden Filterarten jeweils verwendet wird, hängt naturgemäß von den Aufnahmeapparaturen ab, mit denen man arbeitet, bzw. davon, wo die Filter angebracht werden sollen. Es bestehen folgende Möglichkeiten: man kann die Filter vor dem Objektiv anordnen, man kann sie zwischen den Einzelteilen des Objektivs unterbringen und kann sie schließlich mit der lichtempfindlichen Schicht in unmittelbare Berührung bringen. Ob man Filterfolien allein verwendet oder ob man sie zwischen Glasplatten

[1] L. P. CLERC, Ilford Manual of Process Work, 1924 (2. Aufl. 1926); vgl. auch A. HÜBL, Die Lichtfilter, Halle a. S., W. Knapp, 3. Aufl., 1927.

anordnet, ist eine Angelegenheit des persönlichen Geschmacks oder der jeweils obwaltenden Umstände. Filterfolien üben auf die Lage des Bildes, d. h. auf den Lichtstrahlengang einen nur sehr geringen oder fast gar keinen Einfluß aus und werden u. U. zwischen die Einzelteile des Objektivsystems eingeschoben; bei den neuzeitlichen anastigmatischen Objektiven sind die Abstände zwischen den einzelnen Systemteilen so gering, daß die Anwendung von Filtern mit Glasplatten an diesem Ort unmöglich erscheint. Abgesehen davon ist folgendes zu beachten: Ein Filter zwischen Glasplatten ist als Planparallelplatte mehr oder minder großer Dicke anzusehen und entspricht daher vom Standpunkt der geometrischen Optik einer Linse mit unendlich großer Brennweite; ein solches Filter übt auf den Lichtstrahlengang einen Einfluß aus, der berücksichtigt werden muß. Die Anwendung des Filters zwischen den Einzelteilen des Objektivsystems ist im allgemeinen nicht sehr befriedigend und werde daher womöglich vermieden.

Setzt man — dies ist gebräuchlich, wenn ein einfacher Filterwechsel stattfinden soll — das Filter vor das Objektiv, so äußert sich seine Wirkung darin, daß die ohne das Filter eingestellte Bildweite verändert wird; sobald das Filter keine nennenswerte Dicke hat, kann die so sich ergebende Bildweitenänderung vernachlässigt werden,[1] wenn es sich nicht gerade um Reproduktionen in Originalgröße handelt. Sollen die infolge der Benutzung eines Filters sich ergebenden Schwierigkeiten vermieden werden, so führe man die Einstellung aufs Objekt bei vorgeschaltetem Filter durch. Besonders bei Strichreproduktionen sowie bei Autotypieaufnahmen richte man sein Augenmerk darauf, daß die Filtergläser vollkommen einwandfrei seien und daß alle drei Filter gleich dick sind, da eine exakte Übereinanderlagerung (ein genaues „Zusammenpassen") der drei Einzelbilder sonst unmöglich wird.

Hinter dem Objektiv angebracht, bewirkt das Filter eine geringfügige Verlängerung der ohne Filter eingestellten Bildweite, und zwar um ungefähr ein Drittel der Filterdicke (samt den Gläsern gemessen), vorausgesetzt, daß der Brechungsindex des verwendeten Glases 1,5 beträgt. Die Anwendung des Filters im unmittelbaren Kontakt mit der lichtempfindlichen Schicht erweist sich häufig als sehr empfehlenswert. In diesem Falle machen sich Fehler an den Glasoberflächen oder in den Gläsern des Filters nur durch lokale Mängel im Negativ bemerkbar; für diese Stellung des Filters ist die strenge Auswahl der Filterdeckgläser von geringerer Bedeutung.

Auf Grund seiner langjährigen Erfahrungen möchte der Verfasser davon abraten, Filter für den praktischen Gebrauch selbst herzustellen, wenn man nicht die Absicht hat, sich dieser Arbeit sehr gewissenhaft zu widmen; man unterlasse diesbezügliche Bemühungen ganz, falls man keine Möglichkeit hat, die Filter einwandfrei trocknen zu lassen. Wir wollen im nachstehenden etliche bewährte Arbeitsvorschriften zur Herstellung von Filtern angeben.

Man verwende zur Herstellung der Filter nur bestes, sogenanntes weißes Patentspiegelglas in Platten von mindestens 2 mm Dicke für Filter von der Größe 5 × 5 cm, für größere Filter benutze man Tafeln von etwa 3 mm Stärke; ist nämlich das Glas zu dünn, so besteht die Gefahr, daß es beim Trocknen des Filters durch die sich zusammenziehende Gelatine verbogen wird. Wenn man den Glasschneidediamanten nicht präzise zu handhaben versteht, kaufe man die Glasplatten bereits auf die Größe zugeschnitten. Man verlange beim Einkauf schlieren- und blasen-, sowie auch ansonsten fehlerfreies Glas, prüfe aber trotzdem jedes Stück sorgfältigst, bevor es in Verwendung genommen wird

[1] R. S. Clay, Penroses Annual, 1904—1905.

Die Prüfung einer Glasplatte auf ihre Verwendbarkeit für den ins Auge gefaßten Zweck erfolgt auf nachstehend beschriebene Art. Man stelle in einer Entfernung von 2 bis 3 m von einem Fenster ein Brett so auf, daß es mit der Ebene des Fensters einen Winkel von 45° einschließt. Hat das Fenster kein Fensterkreuz, so hänge man am Oberteil der Fensterverschalung eine Schnur mit einem Lot auf. Auf dem Brett befestigt man ein Stück schwarzes Papier oder besser Tuch, bzw. ein Stück schwarzen Samt; darauf legt man das zu prüfende Glas. Das Brett sei so aufgestellt, daß der Beobachter von oben her bequem darauf blicken kann. Er sieht auf diese Art ein bzw. zwei Spiegelbilder des Fensterkreuzes oder der Senkelschnur, d. h. ein an der Vorderseite und ein an der Rückseite des Glases gespiegeltes Bild, von denen das letztgenannte zarter erscheint. Bewegt man den Kopf oder das Glas nach links und rechts, so behalten die beiden Bilder ihren Abstand voneinander, vorausgesetzt, daß die Flächen des Glases einander parallel sind; ändert sich bei diesen Bewegungen der gegenseitige Abstand der Bilder, so sind die Flächen nicht parallel, die Glasplatte ist vielmehr keilförmig oder hat gekrümmte Flächen. Im letzteren Falle ist die Glasplatte für unseren Zweck unbrauchbar. Wurde das Glas in größeren Platten angekauft, so können diese auf die gleiche Art geprüft werden: jene Teile der Platte, welche sich als einwandfrei erweisen, werden etwa mit einem Stück Seife roh angezeichnet und dann herausgeschnitten.

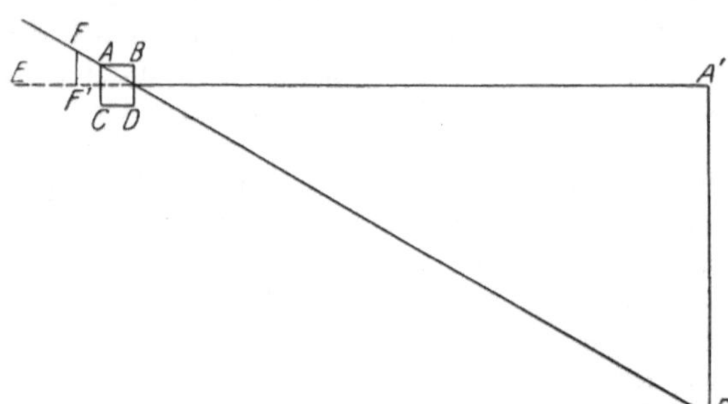

Abb. 1. Zur Ermittlung der Filtergröße, falls das Filter vor dem Objektiv angebracht wird. Dort, wo die Linie *BD* die Linie *EA'* schneidet, soll der in der Zeichnung irrtümlicherweise fortgebliebene Buchstabe *A''* stehen

Wir wollen jetzt einige Bemerkungen über die Größe des Filters machen, falls dieses vor dem Objektiv angebracht werden soll. Bringt man das Filter knapp vor dem Objektiv an, so wird lediglich der Umfang des Objektivs genau ermittelt (man mißt einfach den Umfang des Objektivdeckels oder der Objektivfassung); die Seitenlänge eines quadratischen Filters soll zumindestens so groß sein wie der Objektivdurchmesser. Man sorge dafür, daß das Objektiv vom Filter vollkommen gedeckt wird, mache daher die Seitenlänge des Filters mindestens 2 bis 5 mm größer als sich als unbedingt notwendig ergibt. Eine andere und bessere Methode zur Ermittlung des Filterausmaßes ist folgende: man zeichne (s. Abb. 1) auf ein Blatt Papier eine Linie und trage auf dieser die Strecke $A''A'$, welche der Äquivalentbrennweite des Objektivs gleich ist, ab. Rechtwinkelig dazu trage man die Strecke $A'P$, die Hälfte der Diagonale des verwendeten Plattenformates, auf. Bei A'' zeichnet man ein Rechteck, welches einen die Achse enthaltenden Längsschnitt des Objektivs darstellt: AB ist die Gesamtlänge, AC der objektseitige Durchmesser der Objektivfassung. Wir ziehen nun die Linie AP und verlängern (s. Abb. 1) die Strecke $A''A'$ durch eine gestrichelte Linie bis etwa E. Der Abstand $F'F$ von der Achse EA' bis zur Geraden PA entspricht der Hälfte der jeweils notwendigen Seitenlänge des Filters. Aus Abb. 1 ergibt sich folgende Beziehung: je weiter das Filter vom Objektiv entfernt ist, um so größer muß sein Durchmesser oder seine Diagonale sein, sobald keine Verluste an Licht bzw. Gesichtsfeld eintreten sollen.

Zur Filterherstellung benötigen wir in erster Linie eine horizontierbare

Unterlage für die Deckgläser. Eine solche besteht aus einer Glasplatte, welche mindestens 10 mm dick und vor allem groß genug sein muß, um etwa 6 Filterdeckgläser der gewünschten Größe gleichzeitig tragen zu können, wobei die einzelnen aufgelegten Filter einen Abstand von mindestens 5 mm voneinander haben sollen. Die Platte ruht gewöhnlich auf einem Dreifußgestell mit verstellbaren Schrauben als Füßen oder auf drei Pyramiden aus bildsamem (hinreichend „steifem") Modellierwachs. Die tunlichst ebene, d. h. gut polierte Glasplatte wird mit Hilfe einer aufgesetzten justierten Setzlibelle horizontal gestellt. Zu diesem Behufe wird die Libelle einmal parallel zur Längsrichtung und einmal parallel zur Querrichtung der Glasplatte aufgesetzt und mit Hilfe der entsprechenden Fußschrauben zum Einspielen gebracht. Die Glasplatte liegt auf dem Nivelliergestell so, daß zwei Stellschrauben des Dreifußgestells den zwei Ecken an der einen Glasplattenseite benachbart sind und die dritte Stellschraube ungefähr unter der Mitte der gegenüberliegenden Glasplattenseite liegt; alle drei Stellschrauben sollen von den benachbarten Kanten der Glasplatte ewa 15 mm entfernt sein.

Bevor die zur Herstellung des Filters verwendete Glasplatte mit der gefärbten Gelatine begossen wird, reinige man sie in folgender Lösung (die Platte wird in die Lösung eingelegt):

50 g	Kaliumbichromat
25 ccm	Schwefelsäure
1000 ccm	Wasser

Man reibe zunächst die eine Oberfläche sowie die Seitenflächen des Glases mit einem gut saugenden Leinen- oder Baumwollbausch ab und drehe das Glas dann um, bediene sich aber dabei eines Tuches oder Glasstäbchens, um die Finger vor der ätzenden Lösung zu schützen. Nach Wiederholung der Operation des Abreibens auf der anderen Oberfläche — es empfiehlt sich, jeweils nur ein Glas zu behandeln, um die Gefahr des gegenseitigen Zerkratzens der Gläser zu vermeiden — wird das Glas aus der oberwähnten Lösung herausgenommen und in heißes Wasser getaucht; hier wird es sorgfältig abgewaschen, mit destilliertem Wasser abgespült und schließlich getrocknet.

Sobald die Gläser trocken sind, werden sie mit einem vollkommen reinen, staubfreien Lappen abgeputzt; nach diesem Putzen dürfen die Gläser mit den Fingern nicht mehr berührt werden. An dieser Stelle sei folgendes bemerkt: bei den meisten Glastafeln sind die beiden Oberflächen nicht vollkommen gleichartig bearbeitet; es hat jede Glastafel eine „obere" und eine „untere" Fläche, von denen gewöhnlich die erstgenannte die sorgfältiger bearbeitete ist. Diese „bessere" Seite ist leicht zu erkennen, wenn man die Glasplatte so vor das Auge hält, daß man das Licht auf ihr glänzen sieht: bei einer solchen Betrachtung zeigen sich deutlich alle Unregelmäßigkeiten auf der Oberfläche. Die „bessere" Oberfläche kennzeichnet man durch ein mit Hilfe von Pariser Kreide, Fettstift (Glasstift) oder Seife aufgetragenes Zeichen.

Obige Vorschriften zur Behandlung der Glasplatten gelten unter der Voraussetzung, daß die Glasplatte schon einen Teil des herzustellenden Filters bildet, also gleichzeitig Deckglas ist. Handelt es sich um die Herstellung von Filterfolien, so muß die verwendete Glasplatte groß genug sein, um die Herstellung einer Filterfolie zu ermöglichen, deren Fläche zumindest viermal so groß ist als die benötigte Folie; überdies müssen am Glas noch Ränder von mindestens 5 mm frei bleiben. Sollen also etwa Filterfolien im Format 9 × 12 cm hergestellt werden, so benötigt man unter obigen Bedingungen eine Glasplatte von mindestens 19 × 25 cm.

Zum Zwecke der Herstellung von Filterfolien muß das Glas mit einer Schicht überzogen werden, welche das Abziehen der Folie ermöglicht. Man stelle eine 0,5%ige Lösung von Mandel- oder Olivenöl oder eines schweren Mineralöls in Benzol oder Kohlenstofftetrachlorid her und tue etwa 10 Tropfen dieser Lösung auf die Mitte einer Platte der früher angegebenen Größe. Man verteile die aufgebrachte Lösung mit Hilfe eines gut saugenden Baumwollbausches über die ganze Fläche der Glasplatte, die man dann mit einem staubfreien Lappen gut überwischt. Auf diese Art verbleibt auf der Glasfläche eine hauchdünne Ölschicht, welche das Ablösen der Filterfolie ermöglicht bzw. erleichtert.

Sobald man ein bestimmtes Farbenfilter herstellen will, setze man die Filtermasse folgendermaßen an: man verwende gute, weiche Gelatine, und zwar am besten diejenige, welche von den FARBWERKEN vorm. MEISTER, LUCIUS & BRÜNING, Höchst a. M. für den Zweck der Filterherstellung erzeugt und auf den Markt gebracht wird. Benutzt man gewöhnliche Gelatine für photographische Zwecke, so muß sie auf bestimmte Art — nach A. HÜBL[1] — behandelt oder vollkommen ausgewaschen werden. HÜBL hat festgestellt, daß die für photographische Zwecke gewöhnlich verwendete Gelatine mit Sulfiten verunreinigt ist; das Vorhandensein der Sulfite zeigt sich dadurch, daß die Gelatine beim Anfärben mit Echt-Rot *D* bräunlichgelb verfärbt wird. Ist die Gelatine rein, so wird sie durch den genannten Farbstoff zuerst purpurrot, nach dem Trocknen rosarot. Kristallponceau bringt ähnliche Wirkungen hervor. Phenosafranin, Naphtolgrün, Filterblau und Tartrazin werden in unreiner Gelatine gebleicht, Filtergelb wird dunkler. Um diese Mißstände zu verhindern, fügt man zu je 10 *g* Trockengelatine 0,5 bis 1 ccm einer 1%igen Jodlösung, wodurch die Sulfite oxydiert werden.

Der Verfasser kann auf Grund seiner Erfahrungen folgende häufig erprobte Methode zur Reinigung der Gelatine empfehlen: man tue die benötigte Menge Gelatine in ein Becherglas und füge so viel destilliertes Wasser bei, daß es die Gelatine vollkommen überdeckt; man rühre gut um, lasse die Gelatine zehn Minuten lang weichen, gieße das Wasser wieder ab und ersetze es durch frisches. Diesen Vorgang wiederhole man dreimal. Nach dem letzten Entwässern wird die Gelatine in einem Wasserbad geschmolzen, wobei man ihr jene Menge Wasser beifügt, welcher sie zur Erlangung der gewünschten bzw. nötigen Dichte bedarf.

Am besten bewährte sich praktisch eine 8%ige Gelatinelösung, welche für unsere Zwecke als Normallösung angesehen werden kann. Bisweilen wird empfohlen, der Gelatine zur Herstellung von Filterfolien etwas Glyzerin, Zucker oder eine andere hygroskopische Substanz beizufügen; von diesem Verfahren sei abgeraten, da die genannten Substanzen als Sensibilisatoren wirken, d. h. die Farbstofflösungen lichtempfindlich machen, wodurch die Haltbarkeit der Filter herabgemindert wird.

Der Raum, in welchem die Herstellung der Filter stattfindet, sei nicht zu kalt. Man halte die zum Guß fertiggestellte gefärbte Gelatinelösung in einem Wasserbad von 50 bis 55° C bereit; bei geringerer Temperatur macht die Herstellung eines einwandfreien Gusses große Schwierigkeiten. Man benötigt pro Quadratmeter gegossener Fläche 700 ccm angefärbte Gelatinelösung. Sollen kleine Filter gegossen werden, so erweist sich die Verwendung einer Pipette sehr vorteilhaft, die das zum Guß notwendige Quantum der Gelatinelösung

---

[1] Phot. Rundschau 49, 1912, S. 9, EDERS Jahrb. f. Phot. und Reprod., 26, 1912, S. 343.

aufnehmen kann. Man läßt einfach die angefärbte Gelatinelösung aus der Pipette allmählich über die ganze Glastafel fließen oder gießt zunächst die ganze zum Guß notwendige Menge auf die Mitte der Platte und verstreicht dann die Gelatinelösung mit der Pipette gleichmäßig über die ganze Platte bis an deren Ränder.

Mit verhältnismäßig wenig Übung gelingt es, einen Quadratmeter Filterfläche zu gießen, ohne daß sich Luftbläschen bilden; entsteht ein solches, so führt man es mit der Pipette bis an den Rand der Glasplatte und bringt es hier durch Berührung mit der Fingerspitze oder mit Hilfe eines Fidibus aus Lösch- oder Filtrierpapier zum Platzen. Sobald sich die Gelatine gut „gesetzt" hat, stelle man das begossene Glas zum Trocknen hochkant auf einen Trockenständer, achte aber darauf, daß die Kante der Trockenständernut mit der Gelatineschicht nicht in Berührung komme.

Man läßt das Filter gewöhnlich über Nacht trocknen; außer in sehr heißen Gegenden vermeide man die Anwendung künstlicher Mittel zum Beschleunigen des Trocknens. Da es sehr wichtig ist, daß sich das Trocknen gleichmäßig vollzieht, so empfiehlt sich die Anwendung eines elektrisch betriebenen Ventilators, der warme Luftströmung liefert. Der Ventilator darf der Filterplatte nicht allzu nahe stehen; seine Entfernung sei derart abgestimmt, daß die zur Platte gelangende Luft eine Temperatur von 35° C hat. Sobald die Gelatine einmal trocken ist, darf die Temperatur bis zu 40° C betragen. Werden die mit Gelatine begossenen Gläser in einem sogenannten Trockenkasten getrocknet, in welchem man die Luft senkrecht zur Oberfläche der Platten streichen läßt, so dürfen die einzelnen Platten keinen geringeren Abstand als 25 mm voneinander haben; unter diesen Umständen vollzieht sich das Trocknen im Laufe von 1 bis 2 Stunden.

Sobald das Trocknen rasch vor sich gehen soll — z. B. bei heißem Wetter —, ist es von Vorteil, der zur Herstellung des Filters bestimmten Farbstofflösung einige Tropfen 0,1%ige Phenollösung oder alkoholische Thymollösung beizufügen, um Schimmelbildung zu verhindern. Der Raum, in welchem die Trocknung vollzogen wird, muß vollkommen staubfrei sein, da das Filter sonst durch den vom Ventilator aufgewirbelten Staub vollkommen zerstört wird.

Sobald die Gelatine vollkommen trocken ist, wird die Folie vom Glas abgelöst; dies geschieht derart, daß man sie zunächst an allen Rändern mit einem scharfen Messer einschneidet (die Schnittlinie verlaufe etwa 2 mm einwärts vom Rand der Folie) und dann eine Kante mit dem Messer hebt; die Folie wird an diesem Rande festgehalten und so vom Glase abgezogen. Beim Abziehen ergeben sich Schwierigkeiten, wenn die Gelatine zu trocken geworden ist; erfolgt das Abziehen nicht in einem gleichmäßigen Zug, so entstehen in der Folie Risse. Man begegnet diesen Schwierigkeiten, wenn man die begossene Platte vor dem Abziehen 4 bis 5 Minuten lang etwa 30 cm oberhalb einer Schale dampfenden Wassers hält.

Um die gefärbte Filterfolie zwischen zwei Glasplatten zu befestigen, bedarf es einer ziemlich großen Übung. Als Kittmittel verwendet man Kanadabalsam, und zwar jene Sorte, welche der Optiker zum Kitten seiner Linsen verwendet. Der grobkörnige Kanadabalsam wird in ein weites Gefäß getan, ein Fünftel seines Gewichtes Xylol wird zugefügt, das Ganze wird in einem Wasserbad auf etwa 60° C erwärmt und so lange umgerührt, bis sich alles vollkommen gelöst hat. Die Verwendung von Chloroform sowie die Benutzung gewöhnlichen, gleichfalls handelsüblichen flüssigen Kanadabalsams sei widerraten, da die Farben des Filters in beiden Fällen sehr bald ausgebleicht werden. Man sorge dafür, daß der Kanadabalsam nicht zu stark erhitzt und trübe werde. Das

Glasgefäß, in welchem der zugerichtete Kanadabalsam aufbewahrt wird, werde entweder mit Hilfe eines eingeschliffenen Glasstöpsels oder eines mit einem Stück Chamoisleder überzogenen Korkes verschlossen. Vor dem Gebrauch wird das Gemisch aus Kanadabalsam und Xylol auf etwa 40° C erwärmt.

Das Kitten des Filters erfolgt in folgender Art: man verbindet zunächst die zwei gut gereinigten Filterdeckgläser (s. oben) an einer Seite mit Hilfe eines Klebestreifens, wie er bei der Herstellung von Diapositiven Verwendung findet; die beiden Gläser liegen jetzt so zueinander, wie die Seiten eines Buches. Man legt die beiden Gläser auf eine (über einem Gefäß mit warmem Wasser oder elektrisch) erwärmte Platte, auf der ein Stück dickes Löschpapier ausgebreitet ist, und läßt die Gläser sich etwas erwärmen. Jetzt wird das obere Glas aufgehoben und auf das untere eine kleine Menge Kanadabalsam getan. (Zum Kitten eines Filters im Format 9 × 12 cm genügt eine Menge Kanadabalsam, welche eine Kreisfläche von etwa 4 cm Durchmesser bedeckt.) Auf den Kanadabalsam legt man die auf die gewünschte Größe zurechtgeschnittene Filterfolie. Nachdem auf die glatt gestrichene Folie ein zweiter Tropfen Kanadabalsam getan wurde, wird das zweite Glas heruntergeklappt und in der Mitte mit den Fingerspitzen leicht angedrückt. Wurden alle Operationen sorgfältig durchgeführt, so breitet sich der Kanadabalsam nach allen Seiten rasch gleichmäßig aus, ohne daß dabei Luftblasen entstehen; sollten sich dennoch da oder dort Luftblasen bilden, so können sie durch lokalen Druck leicht ausgepreßt werden.

Jetzt wird das Filter von der Unterlagsplatte abgehoben, indem man eine Messerklinge unter jene Filterkante schiebt, an welcher der Klebestreifen befestigt ist; man bringt hier nun eine streng sitzende Metallklammer (Metallkluppe) an, eine zweite Klammer wird auf die entgegengesetzte Seite des Filters geklemmt, ebenso werden an den anderen Seiten des Filters Klammern angebracht. An den Rändern des Filters dürfen bei diesem Vorgang keine Luftblasen entstehen; sollten sich solche bilden, so wird die Klammer (Kluppe) an der betreffenden Seite abgenommen und die Luftblasen werden durch leichten Druck mit den Fingerspitzen an den Rand des Filters getrieben. Hierauf wird das Filter umgedreht und 24 Stunden lang ungestört auf dieser Seite in einem warmen Raum liegen gelassen. Nach Ablauf dieser Zeit wird ein Überschuß an Kanadabalsam an den Rändern des Filters ausgetreten sein. (Es empfiehlt sich, das Filter auf einer Glasplatte liegen zu lassen, welche mit einem Stück Filtrierpapier bedeckt ist, damit der überschüssige Kanadabalsam auf dieses abtropfe.) Die Kanten des Filters werden mit einem Messer abgekratzt; schließlich wird es auf zwei bis drei übereinandergelagerte Bogen dicken Löschpapiers gelegt und mit Gewichten beschwert. Als Gewichte bewähren sich am besten mit Schrot angefüllte weitmäulige Gefäße, von denen eines in der Mitte, die anderen an den Ecken des Filters aufgestellt werden. In jedem Gefäß sollen sich etwa 100 g Schrot befinden.

Man lasse das Filter an einem warmen Orte trocknen; dieser Vorgang soll sich langsam von selbst vollziehen. Etwa jeden dritten Tag werden die Kanten des Filters neuerdings abgekratzt. Man vermeide es, künstliche Trocknungsmethoden anzuwenden, da die Kanten sonst zuerst trocknen und das ganze Filter infolgedessen verzogen wird. Sobald das Filter vollkommen getrocknet ist, wird der noch zuletzt ausgetretene Kanadabalsam abgekratzt. Die nunmehr durchzuführende Reinigung der Filterränder erfolgt mit Hilfe eines in denaturierten Alkohol eingetauchten Baumwollbausches; man vermeide die Verwendung von Benzol, Chloroform oder Xylol, da diese sehr leicht zwischen die Gläser eindringen. Sobald die Ränder gut gereinigt sind, werden sie mit schmalen schwarzen Papierstreifen überklebt, welche jedoch nicht über die

Glasflächen vorstehen sollen, oder sie werden mit einer 5%igen mit Hilfe von Nigrosinschwarz geschwärzten Gelatinelösung überstrichen. Von der Verwendung breiter, starker Klebefälze aus Papier oder Leinwand zum Zusammenkleben der Filtergläser nach Art der Diapositive sei abgeraten, da die Filtergläser bei dieser Behandlung leicht gegeneinander verzogen werden können.

Man gewöhne sich daran, Filterfolien niemals mit bloßen Fingern anzugreifen, fasse sie vielmehr so an, daß man zwischen Finger und Filterfolie Seidenpapier legt; die Aufbewahrung der Folien erfolge zwischen reinen Filtrierpapieren unter einem Gewicht oder zwischen den Blättern eines dicken Buches, um zu verhindern, daß die Folien durch atmosphärische Einflüsse feucht werden und sich nachher kräuseln. Bewahrt man die Filterfolien im Finstern und sorgfältig auf, so bleiben sie jahrelang im besten Zustand. Der Verfasser besitzt eine ganze Reihe von Filtern, welche trotz fünfzehnjährigen Alters vorzüglich erhalten und heute noch genau so brauchbar sind wie am Tage ihrer Herstellung.

Nun noch eine Bemerkung bezüglich der Farbstoffe! Wenn von einem Autor für ein Filter ein bestimmter Farbstoff bestimmter Herkunft empfohlen wird, so verwende man nur diesen angegebenen Farbstoff. Die unter dem gleichen Namen handelsgängigen Farbstoffe sind vom chemischen Standpunkt keinesfalls vollkommen gleich — die von den FARBWERKEN vorm. MEISTER, LUCIUS & BRÜNING, Höchst a. M. für die speziellen Zwecke der Farbenphotographie hergestellten Farbstoffe sind unbedingt wärmstens zu empfehlen.

Für die Herstellung von Filtern wird bisweilen empfohlen, einfach gelatinierte Glasplatten oder ausfixierte Gelatine-Trockenplatten eine bestimmte Zeit lang in Farbstofflösungen zu baden. Dieser Vorgang kann nicht angeraten werden: er ist wissenschaftlich nicht einwandfrei und führt selten zu brauchbaren Ergebnissen. Die einzig brauchbare Möglichkeit, um das Transmissionsvermögen eines Filters richtig abzustimmen, besteht darin, auf einer Fläche bestimmter Größe eine genau bestimmte Menge eines bestimmten Farbstoffes zu verteilen.

3. Die Kamera und das optische System für die Zwecke der Dreifarbenphotographie. Wir unterscheiden im wesentlichen zwei Kameratypen: bei der einen erfolgen die drei Teilexpositionen gleichzeitig, bei der anderen erfolgen die drei Teilexpositionen nacheinander. Im ersteren Falle verwendet man eine Platte oder drei getrennte Platten in einer Ebene bzw. in drei verschiedenen Ebenen. Für den erstgenannten Kameratypus benötigen wir ein Objektivsystem, durch das die drei Teilbilder auf einer Platte (in einer Ebene) oder auf drei getrennten Platten erzeugt werden; man verwendet dazu Spiegel, wenn große Bilder erwünscht sind, Prismen, wenn kleine Bilder notwendig sind bzw. genügen.

Solche Prismensysteme sind ziemlich kostspielig und können unter Umständen den Korrektionszustand des Aufnahmeobjektivs ungünstig beeinflussen; sollen die Teilbilder gleich groß sein, so müssen — gleiche Glassorte vorausgesetzt — die Weglängen der Lichtstrahlen in den einzelnen Prismenkörpern untereinander gleich sein. Bei den Dreifarbenkameras mit drei nicht in einer Ebene liegenden Platten sind Spiegel gebräuchlich; diesfalls wird der Kamerahinterteil verhältnismäßig umfangreich.

Die einzigen dem Verfasser bekannten handelsüblichen, serienmäßig hergestellten Dreifarbenkameras sind jene von A. W. PENROSE & Co., LTD., in London,[1] und der JOS-PE Farbenphoto G. m. b. H. in Hamburg. Erstgenannte Kamera ist in Abb. 2 schematisch dargestellt. Durch die Prismen A und B

[1] Amer. Pat. Nr. 660442 von 1900 (F. E. IVES). Vgl. H. E. RENDALL, Brit. Journ. of Phot. 69, 1922, Col. Phot. Suppl. 16, S. 9.

werden die Weglängen der Lichtstrahlen einander gleichgemacht. Das Prinzip der Jos-PE-Kamera erscheint durch Abb. 3 veranschaulicht; die seitlichen Spiegel stehen in einem von 45° abweichenden Winkel zur optischen Achse des Objektivs, eine Vorkehrung, die offenkundig getroffen wurde, um eine gleichmäßige Lichtverteilung in den Teilbildern zu erzielen, was sonst unmöglich wäre.[1]

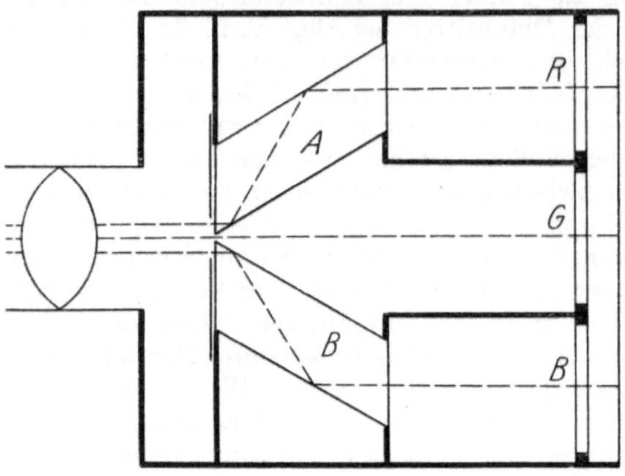

Abb. 2. Schema der Dreifarbenaufnahmekamera der Firma A. W. PENROSE & Co., LTD. in London

Die beiden obgenannten Systeme haben den Nachteil, daß bei ihnen tatsächlich drei „Augpunkte" vorhanden sind; dadurch entsteht eine „Parallaxe" der Bildpunktlagen, welche auch als „Stereoparallaxe" bezeichnet wird. In der PENROSE-Kamera ergibt sich bei einem Objektiv von 21 cm Brennweite zwischen den beiden äußeren Bildern eine nennenswerte Parallaxe. Auch bei der Jos-PE-Kamera resultiert trotz der sehr geringen Auseinanderrückung der „Augpunkte" eine immerhin merkbare Parallaxe. Ob die Parallaxe stark bemerkbar ist, hängt von der Größe der Bilder ab. Die Größe der Parallaxe ist aus folgender Formel errechenbar: Parallaxe = Brennweite des Objektivs multipliziert mit dem Abstand der „Augpunkte", das Produkt dividiert durch den Objektabstand.[2] Um von den in Betracht kommenden Größen der Parallaxe einen Begriff zu geben, machen wir folgende Annahmen: f (Brennweite) = = 20 cm, Abstand der „Augpunkte" = = 3 cm, Objektdistanz = 1000 cm; gemäß obiger Formel ergibt sich auf Grund unserer Annahmen eine Parallaxe von 6 mm. Zum Beweis für unsere Behauptungen verweisen wir auf Abb. 4, worin A, B, C die drei Objektive bzw. die drei „Augpunkte" und P die scharf eingestellte Objektebene bedeuten; es ist klar, daß von keiner der vor oder hinter P liegenden Ebene kongruente Bilder zu erzielen sind.

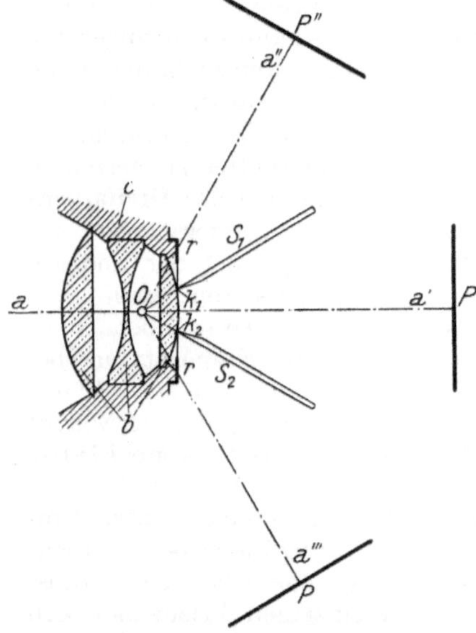

Abb. 3. Schema der Dreifarbenaufnahmekamera der Firma Jos-PE Farbenphoto G. m. b. H. in Hamburg

[1] E. P. 243716/1924 und 243714/1924, Brit. Journ. of Phot. 73, 1926, S. 283, Col. Phot. Suppl. 20, S. 12. F. P. 585706, D. R. P. 421495, Schweiz. P. 108506, Sc. Ind. Phot. 1926, Ref.-Teil S. 212; Photo-Woche 16, 1926, S. 800; Amer. Pat. 1597818 (H. PILOTY).

[2] H. E. RENDALL, Phot. Journ. 64, 1924, S. 390. Vgl. H. PANDER, Kinotechnik 8, 1926, S. 471, 495, 516, 572, 603, 628.

Eine gleichfalls von A. W. Penrose & Co. in London erzeugte und in den Handel gebrachte Dreifarbenkamera mit Spiegeln, welche von E. T. Butler[1] zum Patent angemeldet wurde, ist in Abb. 5 schematisch dargestellt. Eine andere Ausführungsform einer solchen Dreifarbenkamera wurde erstmalig von C. Nachet[2] vorgeschlagen; sie ist in Abb. 6 schematisch zur Darstellung gebracht: hier stehen die Spiegel im rechten Winkel zueinander; bei dieser Ausführungsform sind Fehler des einen Spiegels durch den anderen Spiegel kompensierbar. Sobald einfache weiße Glasplatten als Spiegel Verwendung finden, entstehen durch Lichtreflexionen an ihren Vorder- bzw. Rückseiten Doppelbilder; aus diesem Grunde werden die Rückseiten der Glasplatten (Spiegel) mit den zu den korrespondierenden Filtern komplementären Farben eingefärbt.

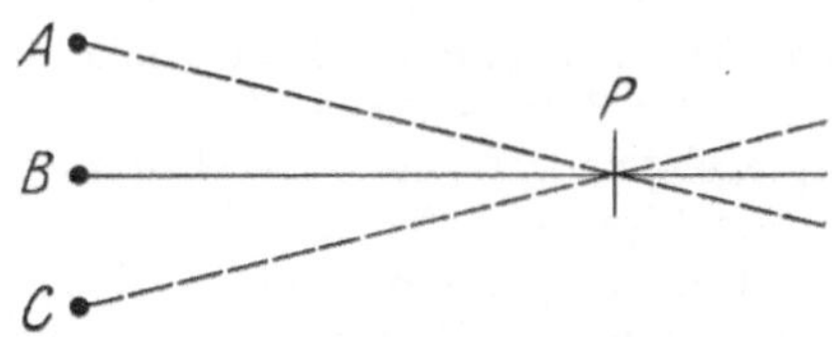

Abb. 4. Zur Erläuterung des Begriffes der Parallaxe

Wir bezeichnen die Spiegel in den Kameras (Abb. 5 und 6) mit den Ziffern 1 und 2, die Filter mit den Ziffern 3 und 4; als Spiegel 1 verwenden wir ein Wrattenfilter Nr. 31, das sogenannte Minus-Grünfilter 1 (komplementäres Grünfilter), als Spiegel 2 ein Wrattenfilter Nr. 49 *B*, das sogenannte C-4-Dunkelkammerfilter, als Filter 3 ein Wrattenfilter Nr. 58, auch als B-2-Filter bezeichnet, als Filter 4 ein Wrattenfilter Nr. 22, das sogenannte E-2-Filter. Vor der Platte 5 ordnen wir kein Filter an, da für diese Platte der Spiegel 2 als Filter wirkt. Als Platten verwenden wir etwa die panchromatischen Platten von Wratten & Wainwright (Eastman Kodak Co.) und setzen vor das Objektiv ein sogenanntes Autochromfilter.[3] Werden drei Platten verschiedener Empfindlichkeit ver-

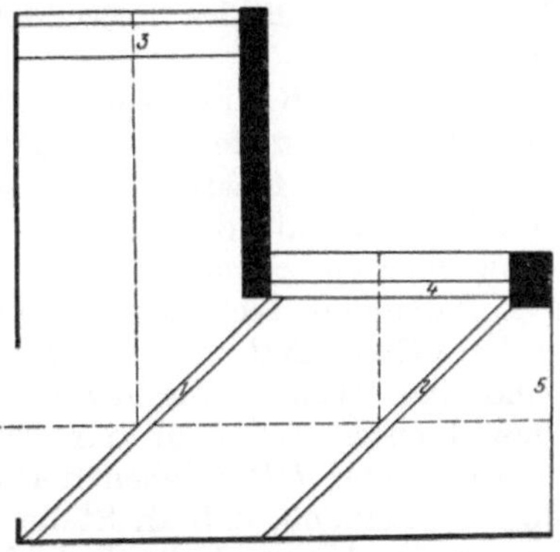

Abb. 5. Schema der Dreifarbenaufnahmekamera nach E. T. Butler

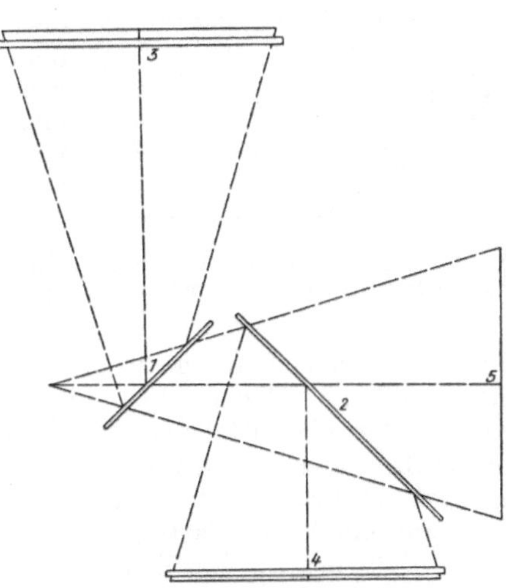

Abb. 6. Schema der Dreifarbenaufnahmekamera nach C. Nachet

[1] E. P. 4290/1905, Brit. Journ. of Phot. 52, 1905, S. 375, 633; 53, 1906, S. 145, 158, 197; Phot. Journ. 45, 1905, S. 199.

[2] Bull. Soc. franç. Phot. 42, 1895, S. 564; 43, 1896, S. 312; La Phot. de Coul. 2, 1907, S. 5. D. R. P. 178999.

[3] E. J. Wall, Practical Color Photography, 1922, S. 54. Vgl. auch G. A. Chambers und L. A. Jones, Kodak Abstract Bull. 13, 1927, S. 136, Report Nr. 2781, Kodak Research Laboratory.

wendet, so müssen deren Empfindlichkeitsgrade durch den Versuch festgestellt werden; dies geschieht am besten mit Hilfe eines Graukeils, z. B. eines EDER-HECHT-Graukeilsensitometers.

Wir haben schon früher behauptet, daß die Wege der Lichtstrahlen untereinander gleich lang sein müssen, wenn gleich große Bilder erzielt werden sollen; aus diesem Grunde muß die Dicke des Filters 3 gleich sein 1,41 ($= \sqrt{2}$) mal der Dicke des Filters (Spiegels) 1 vermehrt um die 1,41fache Dicke des Filters (Spiegels) 2. Die Dicke des Filters 4 muß 1,41mal so groß sein als die Dicke des Filters (Spiegels) Nr. 2.

Prismensysteme, welche dazu verwendet werden, um die drei Einzelbilder in einer Ebene zu erzeugen, nehmen, sobald damit größere Bilder hergestellt werden sollen, sehr große Dimensionen an und werden daher sehr kostspielig; handelt es sich um kleinere Plattenformate (etwa $4\frac{1}{2} \times 6$ cm), so hat diese Konstruktionsart zweifellos ihre Vorzüge. Eine der besten hieher gehörigen Konstruktionsformen ist in Abb. 7 dargestellt.[1] Um bei diesem Modell die optischen Weglängen der Strahlen untereinander gleich zu machen, müssen wir in den direkten Strahlengang einen Glasblock einschalten, dessen Dicke sich aus der Formel $a \cdot \frac{n}{n-1}$ ergibt, worin a die Weglänge der Lichtstrahlen in den seitlichen Glasblöcken und n den Brechungsindex des zur Herstellung der Prismen benutzten Glases für die mittlere Wellenlänge des zur Herstellung des „direkten" Bildes verwendeten Lichtes bedeutet.

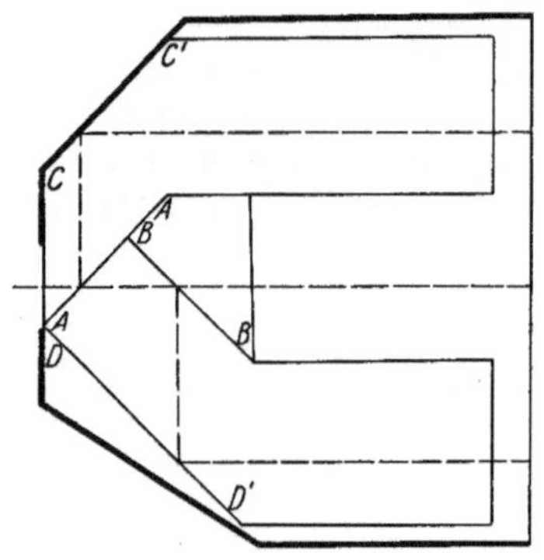

Abb. 7. Schema der Dreifarbenaufnahmekamera nach P. MORTIER

Die Flächen AA und BB müssen halb versilbert sein; sie sind also in Streifen, nach irgend einem Muster oder zur Gänze, aber sehr schwach, versilbert. Damit die Mengen des durchgelassenen bzw. gespiegelten Lichtes zweckentsprechend abgestimmt seien, muß die Fläche AA ein Drittel der auffallenden Lichtmenge reflektieren und zwei Drittel derselben durchlassen; die Fläche BB muß die Hälfte der auffallenden Lichtmenge reflektieren und die Hälfte durchlassen, so daß ein Drittel des ursprünglich auffallenden Lichtes auf dem direkten Wege zur mittleren Platte gelangt. Die Flächen CC' und DD' müssen normal, d. h. vollkommen versilbert sein. Es ist selbstverständlich, daß an Stelle der Prismen Spiegel verwendet werden können; auch in diesem Falle bedarf es aber zwischen Objektiv und Mittelbild (direktem Bild) eines Glasblocks. Die Verwendung von Prismen ist vorteilhaft, weil diese, einmal richtig einjustiert, in ihrer Stellung leicht fixiert werden können, hat aber den Nachteil, daß diesfalls das Verhältnis der Belichtungen für die drei Teilaufnahmen ein für allemal festgelegt ist; diesem Nachteil ist allerdings dadurch leicht abzuhelfen, daß man verschieden dichte Graufilter vor die eine oder die andere Platte schaltet oder daß die Durchlässigkeit des Filters vor dem Objektiv zweckentsprechend abgestimmt wird.

Eine Dreifarbenkamera mit kleinen Platten, bei deren Verwendung man die Möglichkeit im Auge behält, die gewonnenen Bilder nachträglich zu ver-

[1] P. MORTIER, F. P. 442976, 1912; Belg. Pat. 266185. Vgl. auch E. P. 6565/1913. Brit. Journ. of Phot. 61, 1914, 633.

größern, ist zweifellos einer solchen für große Plattenformate vorzuziehen. Bei der Konstruktion einer Dreifarbenkamera ist auch dafür Sorge zu tragen, daß der Kamerahinterteil einen hinreichend großen Bewegungsspielraum für die Platten besitze; dazu sei bemerkt, daß dies z. B. für Landschaftsaufnahmen allerdings von sekundärer Bedeutung ist, da man es hier immer mit verhältnismäßig sehr großen Objektdistanzen zu tun hat. In jenen Fällen, wo die Objektdistanzen gering sind, also für Porträtaufnahmen, Stillebenaufnahmen sowie zur Herstellung von Farbenauszügen für reproduktionstechnische Zwecke ist ein Kamerahinterteil der oberwähnten Art unerläßlich notwendig. Bei Stillebenaufnahmen muß man das Objektiv verhältnismäßig stark abblenden, um die Tiefenschärfe zu erhöhen; bei reproduktionstechnischen Aufnahmen spielt das letztgenannte Moment keine Rolle, da es sich hier zumeist um sehr wenig tiefengegliederte oder ganz ebene und leblose, also unbewegliche Objekte handelt.

Ein anderes Modell der Dreifarbenkamera ist jenes von J. W. Bennetto,[1] die sogenannte halbdialytische Kamera. Wie aus Abb. 8 ersichtlich, steht hier nur ein Spiegel in Verwendung; das gespiegelte Licht wirkt hier auf zwei in Kontakt befindliche photographische Platten. Die Platte bei *E* liefert den Rotauszug (das Rotnegativ), der in blaugrüner Farbe gedruckt wird; hauptsächlich von diesem Negativ hängt die Zeichnung (Konturierung) des endgültig gewonnenen Bildes ab. Die erste mit der Glasseite dem Spiegel *B* zugekehrte Platte bei *F* liefert den Blauauszug (das Blaunegativ), der gelb gedruckt wird, die zweite Platte bei *F* ergibt den Grünauszug (das Grünnegativ), dessen Druck in purpurroter Farbe erfolgt. Als Spiegel wird ein normales Rotfilter, als photographische Platte bei *E* eine panchromatische Platte verwendet. Die erste Platte bei *F* ist eine gewöhnliche blauempfindliche, die zweite Platte bei *F* eine hauptsächlich grünempfindliche photographische Platte, zwischen denen ein dünnes (schwaches) Gelbgrünfilter oder ein Äskulinfilter angeordnet wird, um die ultraviolette Strahlung zu absorbieren; dieses Filter kann auch vor das Objektiv gesetzt werden.

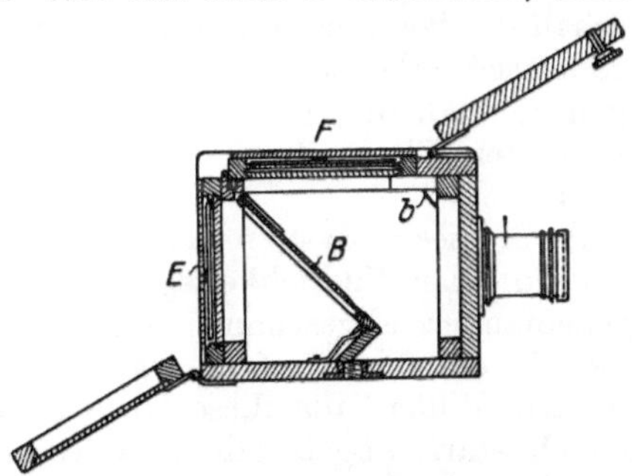

Abb. 8. Dreifarbenaufnahmekamera nach J. W. Bennetto

Bei diesem Kamerasystem, das wohl als eines der verwendbarsten angesehen werden kann, besteht eine Schwierigkeit darin, die Platten bei *F* mit der notwendigen Genauigkeit in Kontakt zu bringen; die andere Schwierigkeit äußert sich folgendermaßen: ist die erste Platte bei *F* nicht hinreichend transparent, so erscheint das Bild auf der dahinter liegenden Platte verschwommen und unscharf, weil die auf die erste Platte auffallenden Lichtstrahlen an den Bromsilberkörnern dieser Platte zerstreut werden. Man hat vorgeschlagen, als erste Platte eine Chlorbromsilberplatte und als zweite Platte eine orthochromatische Platte zu verwenden; zwischen beiden wird ein Grünfilter angeordnet. Als Grünfilter kommt entweder ein normales grünes Dreifarbenfilter in Betracht, oder, falls als zweite Platte eine mit Pinaflavol sensibilisierte Platte verwendet wird, ein schwaches Gelbgrünfilter.

Eigentlich ist das vorstehend beschriebene Modell einer Dreifarbenkamera

[1] E. P. 28920/1897; Eders Jahrb. f. Phot. und Reprod. 13, 1899, S. 546; 14, 1900, S. 562; Phot. Rundschau, 13, 1899, S. 219.

mit dem von L. DUCOS DU HAURON angegebenen Dreiplattenpack[1] verwandt, in welchem drei in engem Kontakt befindliche photographische Platten zu einem Block vereinigt erscheinen. Die vorderste Platte in diesem Pack (in der Richtung des Lichteinfalls gezählt) soll eine gewöhnliche blauempfindliche Platte von minderer Empfindlichkeit und vollkommener Transparenz sein. L. DUCOS DU HAURON schlug für diesen Zweck die Anwendung einer LIPPMANN-Platte (s. S. 219 ff.) vor. Andere Forscher empfahlen Chlorsilber- und Chlorbromsilberplatten. Die zweite Platte wird vorteilhaft durch einen Zelluloidfilm ersetzt, da ein solcher wesentlich dünner als eine Glasplatte ist und auf diese Art der Abstand zwischen den lichtempfindlichen Schichten natürlich verkleinert wird. Die letzte (rückwärtige Platte) ist rotempfindlich. Zwischen der ersten lichtempfindlichen Schicht und der zweiten befindet sich ein Gelbfilter, um die blaue Strahlung zu absorbieren; die Emulsion der zweiten Platte muß grünempfindlich sein — sie wird wohl am besten mit Pinaflavol sensibilisiert. Zwischen die zweite und die letzte Platte wird ein Rotfilter eingeschaltet, das jene roten Strahlen durchzulassen hat, welche auf die panchromatische (letzte) Platte einwirken. Die erste und zweite Platte (der Film) liegen so, daß die Schichtseiten einander zugewendet sind; die Schichtseite der dritten Platte liegt der Rückseite des Films (der zweiten Platte) zugekehrt.

Auch dieses System der Dreifarbenphotographie hat Nachteile: einerseits müssen die Empfindlichkeitsgrade der einzelnen verwendeten Platten sehr genau gegeneinander abgestimmt werden, was keine einfache Aufgabe bedeutet, anderseits entstehen auf den zwei rückwärtigen Platten immer mehr oder weniger unscharfe Bilder; um diese Unschärfe zu vermindern, muß man das Objektiv ziemlich stark abgeblenden.[2] Ohne die angeführten Schwierigkeiten wäre dieses System der Farbenphotographie wohl als ideal zu bezeichnen.

Da die Belichtungszeiten in der Farbenphotographie dadurch eine Verlängerung erfahren, daß farbige Filter zur Anwendung gelangen, so ist für farbenphotographische Zwecke ein anastigmatisch korrigiertes Objektiv mit einem Öffnungsverhältnis von mindestens 1 : 3,5 notwendig.

Das Objektiv soll — zumindestens vom theoretischen Standpunkt — apochromatisch, d. h. für bestimmte Hauptlinien der drei für die Dreifarbenphotographie in Betracht kommenden Farbenbereiche bezüglich des sekundären Spektrums, der chromatischen Vergrößerungsdifferenz und der Farbenabweichung der sphärischen Aberration korrigiert sein. J. M. EDER[3] hat gezeigt, daß diese Linien die Hauptlinien der von den einzelnen Filtern durchgelassenen Strahlenbereiche sein sollen; es kommen dafür in Betracht: im Rotorangegebiet $\lambda = 610\,\mu\mu - 656\,\mu\mu$, im Grüngebiet $\lambda = 517\,\mu\mu$, im Blaugebiet

---

[1] A. DUCOS DU HAURON, La triplice photographique, Paris, 1897, S. 214; F. P. 216465, Belg. Pat. 110803, Amer. Pat. 544666.

[2] Zahlreiche Versuche wurden gemacht, um dieses Prinzip praktisch zu verwerten. Wir nennen u. a. folgende: J. H. SMITH, D. R. P. 165544, 1903, s. H. SILBERMANN, Bd. 2, S. 358; E. P. 19940/1904; Schweiz. Pat. 29446, 1903; F. P. 346244; D. R. P. 185888; F. STOLZE, D. R. P. 179743, 1905; P. THIEME, D. R. P. 163282, 1903; s. ferner EDERS Jahrbuch 21, 1907, S. 411, Phot. Chron. 13, 1906, S. 429; F. E. IVES, D. R. P. 244948, E. P. 7932/1908; Phot. Mitt. 48, 1911, S. 228; O. PFENNINGER, E. P. 25906/1906; Brit. Journ. of Phot., 54, 1907, S. 581; F. LAGE, D. R. P. 366422; G. A. ROUSSEAU, F. P. 592289, 1925; Phot. Korr. 62, 1926, S. 46; J. ZIMMERMANN, Amer. P. 1583381.

[3] J. M. EDER und E. VALENTA, Beiträge zur Photochemie 1904, IV., S. 27; Brit. Journ. of Phot. 51, 1904, S. 229.

423 $\mu\mu$ — 450 $\mu\mu$. EDER gelangt zum Ergebnis, daß ein für die Zwecke der Dreifarbenphotographie verwendeter Apochromat für folgende Wellenlängen apochromatisch korrigiert sein soll:

Im Orange für die	FRAUNHOFERsche Linie	C	656 $\mu\mu$ ev.
„ „ „ „	Lithiumlinie		610 „
„ Grün „ „	FRAUNHOFERsche Linie	b_1	517 „
„ Violett „ „	„ „	g	423 „

Leider ist der in Betracht kommende Bereich von 656 $\mu\mu$ — 423 $\mu\mu$ zu groß, um für seine gesamte Ausdehnung apochromatische Korrektur erzielen zu können; man begnügt sich aus diesem Grunde vielfach mit dem Bereich von 610 $\mu\mu$ — 434 $\mu\mu$ oder besser von 656 $\mu\mu$ — 486 $\mu\mu$.

A. HOFFMANN[1] hat folgende Methode zur Prüfung eines photographischen Objektivs auf seine Verwendbarkeit für die Zwecke der Dreifarbenphotographie angegeben: Man zeichnet auf schwarzen Grund (etwa schwarzes Papier) eine Reihe weißer Linien, welche mindestens 25 mm lang und 2 mm breit sind; mit Hilfe des zu untersuchenden Objektivs wird auf diese Linien zunächst so eingestellt, daß sie auf der Mattscheibe in nahezu natürlicher Größe erscheinen. Man macht nun auf einer panchromatischen Platte von diesen Linien drei Aufnahmen: jede einzelne Aufnahme erfolgt unter Vorschaltung eines anderen Dreifarbenfilters (Rot, Grün, Blau) und bei jeder Belichtung wird ein anderes Drittel der aufzunehmenden Linien (unter Zuhilfenahme eines passenden Kartons oder eines Stückes schwarzen Tuchs) freigegeben. Bei den Belichtungen ist dafür zu sorgen, daß das Objekt keine Verschiebungen erleide. Solche Aufnahmen ermöglichen es, die Eignung des Objektivs für unsere Zwecke zu beurteilen. Es zeigt sich, daß im allgemeinen, d. h. für die normalen Aufgaben der Photographie, ein gewöhnlicher guter Anastigmat die normalen Forderungen, die an ihn billigerweise gestellt werden können, praktisch erfüllt, daß aber für reproduktionstechnische Zwecke apochromatisch korrigierte Objektive unentbehrlich sind.

Für die normalen Zwecke der Photographie reichen, wie bemerkt, die modernen Anastigmate vollkommen aus, handelt es sich aber um die Wiedergabe von Objekten, welche sich in großer Nähe des Objektivs befinden, so müssen wir stark abblenden, um die einzelnen hintereinander befindlichen Ebenen des Objekts gleichzeitig scharf abgebildet zu erhalten. In diesen Fällen ist überhaupt die Verwendung von sogenannten Reproduktionsobjektiven geboten, die wohl nur geringe Öffnungsverhältnisse besitzen, aber so korrigiert sind, daß sie eine einwandfreie Abbildung naher Objekte ermöglichen.

Wenn es sich darum handelt, ein tiefengegliedertes Objekt abzubilden, dessen einzelne Ebenen verschiedene Abstände vom Objektiv haben, wobei das ganze Objekt dem Objektiv ziemlich nahe liegt, so stelle man nicht auf die Mitte des Objektes (der Tiefe nach) ein, sondern auf einen Punkt, der dem Objektiv näher gelegen ist, weil sich auf diese Art eine wesentlich günstigere Verteilung der Tiefenschärfe erzielen läßt. Man stelle immer bei jener Abblendung ein, welche bei der Aufnahme selbst Verwendung finden soll. Dieser Vorgang ist insbesondere bei Benutzung älterer Objektivsysteme zu empfehlen, welche sphärische Aberrationen aufweisen, d. h. für verschieden große Öffnungen verschieden große Brenn- bzw. Bildweiten haben (Blendendifferenz).

Man verwende bei farbenphotographischen Arbeiten immer eine Sonnenblende

[1] EDERs Jahrb. f. Phot. und Reprod. 19, 1905, S. 230.

vor dem Objektiv, um seitlich einfallendes Licht abzuhalten und auf diese Art das Verschleiern der Platte zu verhindern. Die Sonnenblende soll eine rechtwinkelige Öffnung haben, deren Größe dem verwendeten Plattenformat angepaßt wird; überdies ist es von Vorteil, wenn die Sonnenblende eine Art veränderlichen Auszug hat, der entsprechend dem jeweils verwendeten Kameraauszug verlängert oder verkürzt werden kann. Der Öffnungsrand der Sonnenblende muß vom Objektiv gerade so weit entfernt sein, daß die äußersten den Sonnenblendenrand und das Objektiv passierenden Strahlen zu den Ecken der Platte gelangen, ohne abgeschnitten zu werden. Wie sehr diese Vorkehrungen notwendig sind, zeigt sich, wenn man ein unter Anwendung einer Sonnenblende angefertigtes Negativ mit einem solchen vergleicht, das ohne diese Blende hergestellt wurde.

4. Die lichtempfindlichen Schichten und ihre Sensibilisierung. Wenn der Photograph Farbenauszüge (Teilnegative) zum Zwecke der Dreifarbenphotographie ohne wesentlichen Aufwand von Zeit und Mühe herstellen will, so wird er sich mit Vorteil handelsüblicher Platten bedienen. Je nachdem eine Kamera verwendet wird, in der die Belichtung aller drei Platten gleichzeitig erfolgt, oder eine solche, in der die Belichtungen rasch nacheinander durchgeführt werden können, muß man verschieden sensibilisierte Platten wählen.

Es wurde von verschiedenen Forschern behauptet und immer wieder mit Nachdruck betont,[1] daß in der Dreifarbenphotographie nur dann brauchbare Resultate zu erzielen sind, wenn für alle drei Teilaufnahmen die gleiche Plattenart verwendet wird. Da wir eine ziemlich hohe Rotempfindlichkeit fordern müssen, so kommt selbstverständlich nur die Anwendung einer panchromatischen Platte in Betracht. In der Praxis hat sich gezeigt, daß die theoretische Forderung, zum Zwecke der Erzielung gleicher Gammas (Kontraste) eine einzige Plattenart anzuwenden, nicht von so wesentlicher Bedeutung ist; es zeigte sich nämlich,[2] daß das Gamma mit der Farbe des auf die Platte wirkenden Lichtes variiert. Aus diesem Grund ist tatsächlich auch bei Anwendung ein- und derselben Plattenart sowie bei gemeinsamer und gleich langer Entwicklung aller drei Platten keine gleichartige Gradation zu erzielen.

Die Methode, drei verschiedene Plattenarten zu verwenden, und zwar eine panchromatische für den Rotauszug (das Rotnegativ), eine sogenannte isochromatische für den Grünauszug (das Grünnegativ) und eine gewöhnliche, also nicht farbenempfindliche Platte für den Blauauszug (das Blaunegativ), bietet — insbesondere für Kameras mit gleichzeitiger Exposition dreier getrennter Platten — gewisse Vorteile. Wenn wir etwa eine panchromatische Platte und die normalen WRATTEN-Dreifarbenfilter, d. h. das *A* (Rot-), das *B* (Grün-) und das *C* (Blauviolett-) Filter verwenden und dabei die Forderung stellen, die Belichtungszeiten sollen sich etwa wie 12 : 10 : 8 verhalten, wobei die Belichtungszeit ohne Vorschaltung eines Filters als Einheit angenommen wird, so ist es klar, daß diese Forderung nur dann erfüllt werden kann, wenn wir vor die lichtempfindlichen Schichten oder die Filter neutrale zweckmäßig abgestimmte lichtdurchlässige Schichten schalten, welche es ermöglichen, das oben angegebene Verhältnis der Belichtungszeiten zu erzielen. Dieser Vorgang

---

[1] W. ABNEY, Brit. Journ. of Phot. 44, 1897, S. 298; A. WATKINS, Phot. Journ. 40, 1900, S. 286; W. HERTZSPRUNG, ZS. f. wiss. Phot. 2, 1904, S. 419.

[2] CHAPMAN JONES, Phot. Journ. 40, 1900, S. 279; T. T. BAKER und W. A. BALMAIN, Phot. Journ. 66, 1926, S. 299; J. M. EDER und E. VALENTA, Beiträge zur Photochemie und Spektroanalyse II., S. 48.

hat zur Voraussetzung, daß das Farbenempfindlichkeitsverhältnis der handelsüblichen Platten konstant ist, eine Annahme, die allerdings nicht immer zutrifft.

Die Wahl der Platten nach folgenden Prinzipien erweist sich praktisch als vorteilhafter: für den Rotauszug eine sehr hochempfindliche panchromatische Platte mit etwa 18° E. H. (EDER-HECHT) [450 Grade H. u. D], für den Grünauszug eine isochromatische Platte mit etwa 17° E. H. [370 Grade H. u. D.] und für den Blauauszug eine gewöhnliche Platte mit 10° E. H. [300 Grade H. u. D.]. (H. u. D. bedeutet die Empfindlichkeits-Skala nach HURTER und DRIFFIELD.)

Am vorteilhaftesten dürfte es wohl sein, gewöhnliche handelsübliche Platten durch Baden rotempfindlich zu machen und von der Verwendung im Handel erhältlicher rotempfindlicher Platten abzusehen. Die Badeplatten sind zumeist allgemeinempfindlicher und besitzen insbesondere eine höhere Rotempfindlichkeit. A. NINCK[1] hat folgendes Rezept für eine Badelösung zur Erzielung rotempfindlicher Badeplatten angegeben. (Die Farbstofflösungen sind Vorratslösungen 1 : 1000 in Methylalkohol, welche im Dunkeln aufbewahrt werden müssen.)

13 ccm Pinaverdollösung
27 ccm Pinachromviolettlösung
13 ccm ammoniakalische Silbernitratlösung
125 ccm Methylalkohol
Aufgefüllt wird mit destilliertem Wasser auf 1000 ccm.

In dieser Lösung werden die Platten 15 Minuten lang bei 15° C gebadet und sodann in fließendem Wasser abgespült. Hierauf taucht man die Platten für je 20 Sekunden in zwei aufeinanderfolgende Bäder von je 1 Teil Methylalkohol und 3 Teilen Wasser, trocknet sie und spült sie schließlich mit Methylalkohol ab. Man achte darauf, daß das Trocknen rasch erfolge; es soll nicht länger als zwei Stunden dauern.

Die oben angeführte ammoniakalische Silbernitratlösung ist folgendermaßen zusammengesetzt:

20 g Silbernitrat
200 ccm destilliertes Wasser;

nach erfolgter Lösung des Silbernitrats werden 800 ccm Ammoniak hinzugefügt. Die Silbernitratlösung darf stark aktinischem Lichte nicht ausgesetzt werden.

Die Haltbarkeit der Badeplatten hängt davon ab, wieviel Silbernitratlösung im oben angeführten Bad enthalten ist; mit oben angegebener Menge halten die Platten etwa 10 Tage, mit der Hälfte dieser Menge etwa 15 Tage.

Auch ohne Silbernitratlösung sind sehr gute Resultate zu erzielen, wie H. B. CARROLL[2] gezeigt hat. Bei seinem Rezept wird statt Ammoniak Pyridin verwendet. Das Rezept lautet:

10 ccm Pyridin
4 ccm Pinacyanol
4 ccm Pinaflavol
1000 ccm destilliertes Wasser

Das Pyridin und die Farbstofflösungen werden gemischt und dem Wasser beigefügt; die Farbstofflösungen kommen in der Konzentration 1 : 1000 (in

---

[1] Rev. Franç. Phot., 7, 1926, S. 49; vgl. auch Phot. Korr. 63, 1927, S. 24; Amer. Phot. 20, 1926, S. 220, 506, 625.

[2] Journ. of the Opt. Soc. America 13, 1926, S. 35; Amer. Phot. 21, 1927, S. 54, Science et Ind. phot. 1926, S. 187.

Alkohol) zur Anwendung. Die zu sensibilisierenden Platten werden zuerst etwa 5 Minuten lang in destilliertem Wasser gewaschen und dann in obigem Bad 1 Stunde lang bei einer Temperatur von etwa 15° C gebadet. Die oben angegebene Menge der Badelösung genügt für etwa 1800 cm² Plattenfläche. Nach dem Bade werden die Platten mit Methylalkohol abgespült und hierauf rasch getrocknet.

So behandelte Platten sind über die Wellenlänge $\lambda = 750\mu\mu$ hinaus empfindlich. Folgende Tabelle gibt über Eigenschaften von Platten, welche nach dem Rezept von H. B. CARROLL sensibilisiert und hernach auf gleiche Art belichtet wurden, näheren Aufschluß:

Tage nach dem Sensibilisieren	Relative Empfindlichkeit	Mittelwert des Gamma	Schleier
1	315	1,20	0,17
15	340	1,05	0,29
32	260	1,17	0,29
die nicht behandelte Platte hat	260	1,24	0,11

Bei Benutzung der normalen Dreifarben-Filter ergibt sich für so sensibilisierte Platten folgendes Expositionszeitenverhältnis: Rot : Grün : Blau = 10,1 : 9,3 : 15,2. Bei Verwendung des CARROLLschen Sensibilisierungsrezeptes achte man darauf, daß der Arbeitsraum, in welchem die Sensibilisierung der Platten vor sich geht, gut ventiliert sei, da das Pyridin sonst Augen und Nase stark angreift.

Die Sensibilisierungsmethode nach NINCK liefert empfindlichere Platten, welche nicht allzusehr schleiern, wenn man sie vor der Entwicklung desensibilisiert; diese Schleierbildung läßt sich noch weiter reduzieren, wenn die Platten vor der Entwicklung in einer 2%igen Bromkaliumlösung gebadet und hierauf rasch abgewaschen werden; durch diesen Vorgang werden Spuren freien Silbers in Bromsilber umgewandelt.

Manche Reproduktionstechniker bevorzugen für ihre Arbeiten nach wie vor das nasse Kollodiumverfahren. Es gibt keine bessere Sensibilisierungsmethode für Kollodium als diejenige, welche A. HÜBL insbesondere für Chlorbromsilberkollodium angegeben hat. Nach diesem Verfahren erhält man hochempfindliche Platten, welche sich schleierfrei verarbeiten lassen.[1] Das Rezept lautet:

28 bis 35 g Pyroxylin
350 ccm Alkohol
350 ccm Äther

Wie viel Pyroxylin notwendig ist, hängt seiner Viskosität ab. Man füllt obgenannte Präparate in eine Flasche von etwa 1500 ccm Fassungsraum, rührt gut um, bis alles vollständig gelöst ist, und füge hierauf folgendes hinzu:

50 g Silbernitrat
50 ccm Ammoniak

Man schüttle alles neuerdings gut durch, bis die Lösung ganz klar wird, und tue schließlich 100 ccm 95%igen Alkohol hinzu. Fällt noch etwas Silber aus, so fülle man ein wenig Wasser nach.

Zum gesilberten Kollodium kommt nunmehr das Haloidsalz nach folgendem Rezept:

27 g Ammoniumbromid
40 ccm destilliertes Wasser

[1] A. HÜBL, Die Kollodiumemulsion, W. Knapp, Halle a. S., 1894.

Nach erfolgter Lösung, welche durch Erwärmung gefördert werden kann, kommen 100 ccm Alkohol hinzu. Sodann füge man noch bei: 15 ccm einer 10%igen Lithiumchloridlösung, welche auf folgende Art hergestellt wurde: 10 g Lithiumchlorid werden in 10 ccm Wasser aufgelöst, und dazu 90 ccm Alkohol hinzugefügt. Die so hergestellte Haloidsalzlösung wird leicht erwärmt und dem gesilberten Kollodium unter ständigem Schütteln portionenweise (immer je 10 ccm) beigefügt. Die fertige Emulsion wird 2 bis 4 Stunden stehen gelassen; die Gebrauchsfertigkeit der Emulsion erkennt man daran, daß ein auf einen Glasstreifen gebrachter Tropfen derselben im durchfallenden Licht einen zart orangeroten Farbton hat — wie lange die Emulsion zur Reifung benötigt, hängt von der herrschenden Temperatur ab.

Die Emulsion, welche vor Gebrauchnahme nicht gewaschen zu wensen braucht, wird nunmehr über die Glasplatten gegossen. Sobald sich das Emulsionshäutchen gut gesetzt hat, wird die Platte abgewaschen; bei dieser Behandlungsart wird die Emulsion nicht sehr empfindlich. Besser ist folgender Vorgang: Man fülle die ganze Emulsion in eine 1500 ccm fassende Flasche und füge unter fortwährendem Schütteln zirka 200 ccm destilliertes Wasser hinzu (die Beimischung erfolgt in einzelnen Portionen von je 5 ccm). Sobald 200 ccm Wasser beigemengt sind, beginnt die Emulsion pulverartig (sandig) auszuflocken und wird mit 5 l Wasser von 40° C vermengt; man rührt das Ganze gut durcheinander, um zu verhindern, daß sich Klumpen in der Emulsion bilden. Sobald die Emulsion sich gesetzt hat, wird das Wasser wieder abgesaugt; man wiederholt den Vorgang des Wasser-Auffüllens und -Absaugens insgesamt etwa fünfmal.

Jetzt tut man die in Streifen zerschnittene Emulsion (die Emulsionsnudeln) in ein reines, vollkommen staubfreies Tuch und übergießt sie öfters (etwa fünfmal) mit destilliertem Wasser; schließlich wird das Wasser so gut als möglich herausgequetscht. Die Emulsionsnudeln kommen nunmehr zusammen mit 400 ccm Alkohol in eine Flasche und bleiben so zwei Stunden lang stehen, wobei von Zeit zu Zeit geschüttelt wird. Schließlich füge man 250 ccm absoluten Alkohol bei, in welchem vorher 0,5 g Narkotin aufgelöst wurden, und lasse das Ganze etwa drei Tage lang stehen, wobei es von Zeit zu Zeit geschüttelt wird. Nach Ablauf dieser Zeit wird das Wasser unter Zuhilfenahme eine Pumpe über Glaswolle oder über mit Alkohol gut befeuchteter Baumwolle (Watte) abfiltriert.

Nach einer Angabe von G. Winter[1] wird die nach obigem Rezept hergestellte Kollodiumemulsion durch Sensibilisierung mit Pinachromblau außerordentlich farbenempfindlich; es ergibt sich dabei ein Verhältnis der notwendigen Belichtungszeiten für Blau: Grün: Rot von 1 : 2,3 : 4,8. Pinachromblau erwies sich für die angegebene Emulsion als geeignetster Farbstoff, sobald Farbenauszüge für gewöhnliche Zwecke (normale Halbtonaufnahmen) anzufertigen sind. Handelt es sich hingegen um autotypische Farbenauszüge, so ist Pinachromviolett als Sensibilisierungsfarbstoff zu empfehlen, weil dabei die Gefahr der Schleierbildung abnimmt; anderseits sinkt bei dieser Sensibilisierung die Farbenempfindlichkeit der Emulsion etwa auf die Hälfte gegenüber derjenigen, welche mit Pinachromblau erzielt wird. Mit Pinachromviolett wird die Kollodiumemulsion praktisch isochromatisch, d. h. gleichmäßig empfindlich für alle Farben.

5. Die Desensibilisierung und Entwicklung der Platten. Gleichgültig, ob Kollodiumemulsion- oder Gelatinetrockenplatten Verwendung finden, immer empfiehlt sich ihre Desensibilisierung vor oder bei der Entwicklung, indem

[1] A. Hübl, Die orthochromatische Photographie, W. Knapp, Halle a. S., 1920, S. 88.

entweder ein desensibilisierendes Vorbad benutzt wird oder indem man den desensibilisierenden Farbstoff dem Entwickler selbst beifügt. Wir empfehlen die Desensibilisierung nicht deshalb, weil man nach Anwendung derselben bei hellerem Dunkelkammerlicht arbeiten kann, sondern weil sie einer Schleierbildung bei der Entwicklung entgegenwirkt.

Es ist gleichgültig, ob man als Desensibilisator Pinakryptolgrün, Scharlach N oder Phenosafranin wählt; von der Verwendung des letztgenannten sei allerdings abgeraten, weil es zur Fleckenbildung Anlaß gibt. Es ist auch gleichgültig, ob man den Farbstoff dem Entwickler beifügt oder ob ein desensibilisierendes Vorbad verwendet wird. Im erstgenannten Falle wirkt der Farbstoff energischer, fällt aber in manchen Entwicklern aus, weshalb sich die getrennte Durchführung von Desensibilisierung und Entwicklung praktisch vorteilhafter erweist. Pinakryptolgrün und basisches Scharlachrot N verwendet man in Lösungen 1 : 10000 und badet die Platten darin zumindestens zwei Minuten lang zunächst bei vollkommener Dunkelheit; dann wird die desensibilisierte Platte mit Wasser abgespült und entwickelt. Wird der Desensibilisator dem Entwickler beigefügt, so genügt eine Lösung 1 : 25000; auch in diesem Falle muß der Desensibilisator eine Zeitlang einwirken, bevor man die Platte an helleres Licht bringt.

Sobald man den Desensibilisator dem Entwickler beifügt, ergeben sich folgende Nachteile: 1. der Farbstoff kann — insbesondere in Entwicklern, welche reich an Hydrochinon sind, — leicht ausfallen; 2. man muß ein bestimmtes Entwicklerrezept beibehalten und über die Beeinflussung dieses Entwicklers durch den angewendeten Farbstoff ausgiebige Erfahrungen sammeln, wenn die Arbeit vollkommen sicher vor sich gehen soll, weil die Farbstoffe in manchen Entwicklern auf das Erscheinen des Bildes beschleunigend wirken und den Kontrast (das Gamma) beeinflussen. Die jeweils zu gewärtigenden Ergebnisse lassen sich unmöglich voraussagen — einzig und allein praktische Versuche vermögen über die hier in Betracht kommenden Verhältnisse Aufschluß zu geben. Der Glyzin-Entwickler, einer der besten Entwickler für farbenphotographische Aufnahmen, wird durch die erwähnten Desensibilisierungsfarbstoffe glücklicherweise wenig in Mitleidenschaft gezogen.

Die durch Pinakryptolgrün verursachten Flecken verschwinden beim Fixieren und Waschen, während die vom basischen Scharlachrot N stammenden Flecken schwieriger zu entfernen sind. Es zeigte sich auf Grund zahlreicher Versuche, daß schwache schließlich doch verbleibende Flecken die praktische Verwendbarkeit der Negative nicht beeinflussen; solche Negative sind zur Herstellung von Kopien noch vollkommen brauchbar, da sie für blaues und violettes Licht, das zur Herstellung der Positive im wesentlichen in Betracht kommt, vollkommen durchlässig bleiben. Übrigens lassen sich die Flecken dadurch entfernen, daß man die Negative 2 Minuten lang in einer 2,5%igen Natriumhydrosulfitlösung[1] oder in verdünntem denaturiertem Alkohol badet.

Bezüglich der Dunkelkammerbeleuchtung bei Benutzung von Desensibilisatoren[2] ist folgendes zu bemerken: wenn man sich nicht der WATKINSschen Entwicklungsmethode bedient, bei der jene Zeit, welche zur Hervorrufung der ersten Bildspuren in den Hochlichtern notwendig ist, mit einem bestimmten, (je nach dem Entwickler verschiedenen) Faktor multipliziert werden muß, um die zur vollständigen Entwicklung des Bildes (mit einem bestimmten Kontrast) notwendige Zeit zu ermitteln, braucht man die Platte während der Ent-

---

[1] LÜPPO-CRAMER, Phot. Ind. 1922, S. 774; Amer. Phot. 16, 1922, S. 756.

[2] Das Atel. d. Phot. 32, 1925, S. 166; Amer. Phot. 20, 1926, S. 332.

wicklung gar nicht zu beobachten. In der Tat vermögen wir das bei der Entwicklung entstehende Bild nur in der Hinsicht zu beeinflussen, daß wir sein Gamma (seinen Kontrast) durch Verkürzung und Verlängerung der Entwicklungszeit zu- bzw. abnehmen lassen.

Die handelsüblichen hellroten oder orangefarbigen Dunkelkammerfilter sind sehr gut brauchbar; A. Hübl hat zur Selbstherstellung solcher Filter folgendes Rezept angegeben: Ausfixierte, gut ausgewaschene Trockenplatten kommen für eine Zeit von etwa 30 Minuten in folgende Lösung:

10 g	Tartrazin
25 ccm	Eisessig
1000 ccm	Wasser

Eine so hergestellte Filterscheibe läßt hellgelbes Licht durch und eignet sich nur für die Verarbeitung gewöhnlicher oder orthochromatischer Platten. Auf nachstehend beschriebene Art erhält man hellrote Filterscheiben:

5,0 g	Kristallponceau (Farbwerke Höchst)
2,5 g	Tartrazin
25 ccm	Eisessig
1000 ccm	Wasser

Hinter diesen Filterscheiben verwendet man eine Glühlampe von etwa 32 HK; die zu entwickelnde Platte, d. h. die Entwicklerschale, bringe man der Filterscheibe nicht näher als 50 bis 70 cm.

Bezüglich der Wahl des Entwicklers ist zu sagen, daß jeder Entwickler, an den man gewöhnt ist und dessen Eigenschaften man kennt, verwendbar erscheint, vorausgesetzt, daß er weiche Negative liefert. Solche Negative liefert jede Entwicklerlösung, wenn man sie gegenüber der Normalkonzentration auf die Hälfte verdünnt, die normale Entwicklungszeit jedoch beibehält.

Bei allen farbenphotographischen Verfahren müssen wir weiche Negative d. h. Negative mit verhältnismäßig niedrigem Gammawert (Kontrast) zu erzielen trachten. Harte kontrastreiche Negative (mit steiler Gradation) führen zu einer schließlich verfehlten Farbenwiedergabe oder bringen es mit sich, daß nachher das Positivmaterial außerordentlich heikel behandelt werden muß: wir sind dann nämlich gezwungen, entweder die Belichtungs- oder die Entwicklungszeiten der Positive zweckentsprechend zu variieren, wozu es u. U. photometrischer Messungen und Vorversuche bedarf.

Wir haben bereits früher dargetan, daß es so gut wie unmöglich ist, bei allen drei Negativen gleiche Gradationen zu erzielen, wenn alle drei gleich lang entwickelt werden. Diese Tatsache beruht auf einem grundlegenden Gesetz der Photochemie; nur durch zweckentsprechende Abstimmung der Entwicklungszeiten für die einzelnen Negative sind wir imstande, das angestrebte Ziel — was für Platten immer verwendet werden mögen — zu erreichen. Wir zeigen am Beispiel eines willkürlich herausgegriffenen Spezialfalls (einer bestimmten Platte), welche Gamma- (Kontrast-) Werte in den drei Farbenauszügen (Teilnegativen) bei gemeinsam durchgeführter und gleich lange Zeit andauernder Entwicklung erzielt werden können:

Benutztes Farbenfilter für das Teilnegativ	Gamma nach einer Entwicklungsdauer von $2^1/_2$ Min.	5 Min.
Blau	0,8	1,1
Grün	1,0	1,3
Rot	0,9	1,2

Es zeigte sich immer, daß im Grüngebiet des Spektrums die Gammawerte größer, die Kontraste also vielfach ausgeprägter sind.

Es wird empfohlen, die Richtigkeit der Farbenwiedergabe derart zu prüfen, daß man die erzielten Negative bezüglich der Tonwerte mit der Vorlage (dem Original) vergleicht. Ein solches Verfahren ist ganz undurchführbar: kein Mensch ist imstande, durch einfache visuelle Beobachtung zu erkennen, ob die Zusammensetzung irgend einer Farbe mit der Zusammensetzung derjenigen Farbe übereinstimmt, welche durch die ersterwähnte wiedergegeben (reproduziert) werden soll, ebensowenig vermag jemand einen Gamma- (Kontrast-) Wert auf Grund subjektiver (visueller) Beobachtung allein festzustellen. Darum empfiehlt es sich nicht, auf Grund einer bloßen Betrachtung der Negative ihre Entwicklungszeiten so abstimmen zu wollen, daß sich in allen drei Teilnegativen gleiche Gammawerte ergeben.

Bei der Aufnahme von Gemälden oder farbigen Stilleben erweist sich folgende Arbeitsmethode als sehr empfehlenswert: Man photographiere zugleich mit dem wiederzugebenden Objekt eine Tafel, welche nicht nur dazu dient, die

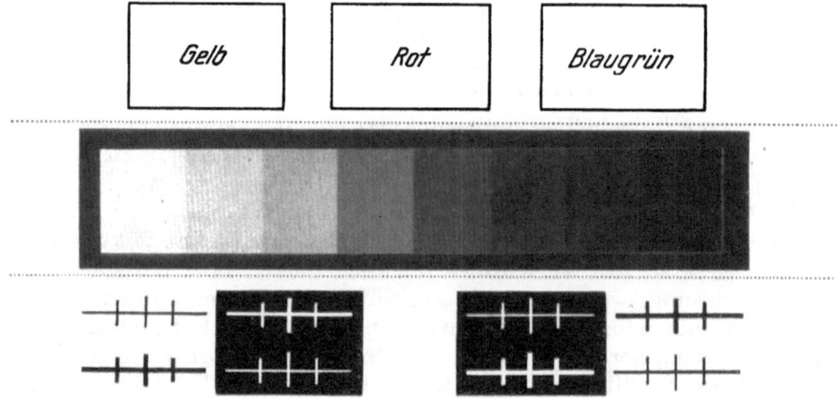

Abb. 9. Schema der Wrattenschen Prüftafel (Wratten copyboard chart) zur Prüfung der Richtigkeit der Farbenwiedergabe

einzelnen Teilnegative nachträglich zu identifizieren, sondern auch die Möglichkeit bietet, die Richtigkeit der Farbenwiedergabe zu überprüfen. Der Verfasser benutzt für die genannten Zwecke mit Vorliebe die Wrattensche Prüftafel (Wratten copyboard chart), welche in Abb. 9 dargestellt ist. Im oberen Drittel der Tafel befinden sich drei Felder, bedruckt mit den (subtraktiven) Druckfarben: Gelb, Rot und Blaugrün; im mittleren Drittel der Tafel sehen wir eine sogenannte Grauskala, welche von Weiß gegen Schwarz verläuft. Schließlich finden wir im unteren Drittel der Prüftafel zwei Gruppen von Kontrollmarken, die beim Zusammendrucken der Teilbilder als Paßmarken dienen können. Aus Abb. 9 geht hervor, daß dieser untere Streifen der Prüftafel in der Mitte in zwei Teile geteilt werden kann, von denen man den einen etwa am Kopfende, den anderen am Fußende des aufzunehmenden Objekts anbringen wird — diese Arbeitsmethode erleichtert das Zusammenpassen der Positive im subtraktiven Dreifarbenverfahren ganz wesentlich.

Wie bereits früher erwähnt wurde, ermöglichen die farbigen Felder der Prüftafel eine Identifizierung der drei Teilnegative: auf dem hinter dem Blaufilter hergestellten Negativ muß das gelbe Feld vollkommen klar (glasklar) erscheinen, auf dem hinter dem Rotfilter erzeugten Negativ wird das blaugrüne Feld glasklar sein und schließlich erscheint auf dem Negativ hinter dem Grünfilter das rote Feld vollkommen transparent.

Die mitphotographierte Grauskala leistet gleichfalls sehr wertvolle Dienste: erscheint sie in allen drei Teilnegativen in gleicher Dichtenverteilung, so entsprechen die gewählten Belichtungszeiten und die erzielten Gammawerte (Kontraste = Gradationen) der Negative den gestellten Anforderungen. Zeigt sich z. B., daß in einem der Negative die lichteren Töne der zugleich mit dem Original aufgenommenen Grauskala nicht zur Abbildung gelangen, so ist es klar, daß auch lichtere Halbtöne im wiederzugebenden Original, wie z. B. die Fleischtöne bei einem Porträt, im Bild nur sehr mangelhaft zum Ausdruck kommen werden. Die Grauskala dient somit dazu, die Richtigkeit oder Unrichtigkeit der gewählten Belichtungs- und Entwicklungszeiten zu beurteilen. Es ist bekannt, daß bei übermäßig lang andauernder Entwicklung — besonders mit minder rasch wirkenden Entwicklern, wie z. B. Hydrochinon — die Hochlichter im Vergleich zu den Schatten so dicht werden, daß sie praktisch auf normalem Positivmaterial nicht kopierfähig sind. Die Wiedergabe der Grauskala bildet somit ein Kriterium für die Richtigkeit der Wiedergabe der Tonwerte des Originals.

Jedes Positivmaterial vermag einen ganz bestimmten Bereich von Dichten (Kopierumfang) wiederzugeben, innerhalb dessen die Tonabstufungen des Negativs gelegen sein müssen; mit anderen Worten: jedes Positivmaterial besitzt ein ganz spezifisches Vermögen, verschiedene Helligkeitsabstufungen zwischen Weiß und Schwarz im Original wiederzugeben. Dies ist bei Herstellung dünner weicher Negative ziemlich leicht möglich; je größer der Bereich ist, innerhalb dessen die Gradationsskala des Negativs mit derjenigen des Positivmaterials zusammenfällt, um so bessere Ergebnisse sind zu erzielen — liegen die Verhältnisse nicht so, so werden auch bei Anwendung aller erdenklichen Kniffe keine guten Bilder zu erzielen sein.

Folgender Entwickler erwies sich zur Herstellung farbenphotographischer Teilnegative als besonders geeignet:

A.	10 g	Metol
	10 g	Kaliummetabisulfit
	1000 ccm	Wasser
B.	70 g	wasserfreies Natriumkarbonat (Soda)
	50 g	wasserfreies Natriumsulfit
	2 g	Bromkalium
	1000 ccm	Wasser

Man mische für den Gebrauch 1 Teil A, 1 Teil B, 6 Teile Wasser.

Die Entwicklungsdauer beträgt mit diesem Entwickler bei 13° C etwa $7^1/_2$ Minuten, bei 18° C etwa $5^3/_4$ Minuten, bei 24° C $4^1/_2$ Minuten. Nach diesen Zeiten erhält man brauchbare Negative von Porträts und Gemälden; handelt es sich um Aufnahmen von Landschaften oder Stilleben, welche weiße Objekte enthalten, so sind die Entwicklungszeiten bei 13° C auf $10^1/_2$ Minuten, bei 18° C auf $8^1/_2$ Minuten und bei 24° C auf $6^1/_2$ Minuten zu erhöhen.

Wer den Metolentwickler wegen seiner hautreizenden Wirkung nicht verwenden will, benutze den Glyzinentwickler. Die oben angegebenen Entwicklungszeiten erfahren bei verschiedenen Plattensorten wohl geringfügige Abweichungen, bieten aber eine Vorstellung davon, welche Entwicklungszeiten unter den gegebenen Verhältnissen praktisch ungefähr in Betracht kommen und richtig sind.

Bisweilen empfiehlt sich die Anwendung der sogenannten „Feinkornentwicklung" der Negative; dies ist insbesondere dann der Fall, wenn die Herstellung von Duplikatnegativen angestrebt wird.[1] Hier kommt folgender Entwickler in Betracht:

---

[1] Broschüre: Eastman Duplicating Film, 1927, S. 14.

2 g	Metol
100 g	wasserfreies Natriumsulfit
5 g	Hydrochinon
2 g	Borax
1000 ccm	Wasser

Man löse zunächst das Metol in ungefähr 100 ccm Wasser bei etwa 52° C auf. Getrennt davon werden 25 g Natriumsulfit in 250 ccm Wasser bei 70° C aufgelöst; hiezu füge man das Hydrochinon und mische das ganze mit der Metollösung. Der Rest des Natriumsulfits (75 g) wird in 500 ccm Wasser bei 70° C aufgelöst; dazu kommt der Borax. Sobald alles aufgelöst ist, füge man die früher angegebene Metollösung hinzu. Nach dem Erkalten der ganzen Lösung wird sie mit kaltem Wasser (dem Rest auf 1000 ccm) aufgefüllt. Die hier vorgeschriebene Reihenfolge der Operationen ist, soll das Ergebnis ein gutes sein, einzuhalten. Mit diesem Entwickler bedarf es bei 18° C einer Entwicklungszeit von etwa 20 Minuten.

Man gewöhne sich daran, den Entwickler — nach welchem Rezept immer er hergestellt sein mag — nur einmal zu verwenden, d. h. also nur zur Entwicklung einer einzelnen Platte oder bei Standentwicklung einer Serie von Platten; die Nichtbefolgung dieser Vorschrift rächt sich durch arge Mißerfolge. Die Wirkung des Entwicklers auf die belichteten Silbersalze besteht darin, das Halogen freizumachen; das Halogen verbindet sich mit dem Alkali z. B. zu Kaliumbromid (Bromkalium), das seinerseits als Verzögerungsmittel wirkt. Da die Menge des entstehenden Kaliumbromids einzig und allein von der Menge des metallischen Silbers im Bild abhängig ist, so findet sich in einem gebrauchten Entwickler eine gewisse Menge von Kaliumbromid, das auf den Entwicklungsvorgang verzögernd wirkt: praktisch äußert sich dies darin, daß innerhalb einer bestimmten Entwicklungszeit weniger Details in den Schatten erscheinen. Werden einwandfreie Ergebnisse angestrebt, so spare man nicht mit dem Entwickler. Ob Schalen- oder Standentwicklung durchgeführt wird, ist gleichgültig; bei Standentwicklung geht mehr Entwickler verloren.

Nach beendeter Entwicklung werden die Platten unter der Wasserleitung abgespült und in ein saures Fixierbad nachstehender Zusammensetzung gebracht:

400 g	Natriumthiosulfat
50 g	Kaliummetabisulfit
1000 ccm	Wasser

In diesem Fixierbad müssen die Negative zumindestens 3 Minuten lang liegen, bevor sie dem weißen Lichte ausgesetzt werden.

Genau so wie in der normalen Schwarz-Weiß-Photographie kann es vorkommen, daß die erhaltenen Negative bezüglich ihrer Dichte Mängel aufweisen, d. h. sie können zu dicht oder zu dünn sein. In solchen Fällen ist es wohl am besten, neue Negative anzufertigen; schlechte Negative zu verstärken oder abzuschwächen, ist nicht empfehlenswert, da durch diese Prozesse die Gradation der Bilder zumeist ungünstig beeinflußt und — in weiterer Folge — die Farbtonwiedergabe verfälscht wird. Nur dann, wenn gar keine Möglichkeit besteht, eine neue Serie von Negativen herzustellen, nehme man seine Zuflucht zur Verstärkung bzw. Abschwächung.

Zum Zwecke einer geringen Abschwächung empfiehlt sich die Bleichung des Bildes in folgendem Bad:

25 g	Quecksilberchlorid
25 g	Bromkalium
1000 ccm	Wasser

Nach erfolgter Bleichung werden die Platten gut abgewaschen und in Amidol noch einmal entwickelt. Noch besser bewährt sich der physikalische Entwickler nach WELLINGTON.[1] Die Platte wird zuerst in einer 10%igen Formaldehydlösung 5 Minuten lang gehärtet, hierauf einige Minuten lang mit Wasser abgespült und genau 1 Minute lang in folgender Lösung gebadet:

0,1	g	Kaliumbichromat
2	g	Bromkalium
6	ccm	Chlorwasserstoffsäure
1000	ccm	Wasser

Die Platte darf in diesem Bad nicht liegen bleiben, ist demselben vielmehr nach genau einer Minute zu entnehmen. Sie wird hierauf etliche Minuten lang abgespült und sodann in folgender Lösung verstärkt:

A.	83 g	Silbernitrat
	1000 ccm	destilliertes Wasser
B.	145 g	Rhodanammonium
	145 g	Natriumthiosulfat
	1000 ccm	Wasser

Für den Gebrauch mische man 4 Teile A mit 4 Teilen B und rühre gut um, bis die Lösung klar wird. Sodann füge man 1 Teil 10%ige durch einen Sulfitzusatz haltbar gemachte Pyrogallollösung und 2 Teile einer 10%igen Ammoniaklösung hinzu.

Man legt die zu verstärkende Platte in eine chemisch einwandfrei gereinigte Glasschale und gießt die oben angegebene Lösung darauf; nach etwa 1 bis 2 Minuten beginnt das Silber auszufallen und einen Niederschlag zu bilden. Dieser Prozeß wird in einem bestimmten Stadium dadurch abgebrochen, daß man die Platte in ein saures Fixierbad legt. Die Verstärkungslösungen lassen sich, ohne Schaden zu nehmen, im Finstern aufbewahren.

Zur Abschwächung ist einzig die von HUSE und NIETZ[2] angegebene Methode empfehlenswert; sie gewährleistet tatsächlich eine proportionale Abschwächung.

A.	0,25 g	Kaliumpermanganat
	15 ccm	10%ige Schwefelsäure
	1000 ccm	Wasser
B.	25 g	Ammoniumpersulfat (Überschwefelsaures Ammonium)
	1000 ccm	Wasser

Beide Vorratslösungen werden sorgfältig voneinander getrennt aufbewahrt. Knapp vor Gebrauch mischt man 1 Teil *A* mit 3 Teilen *B* und fügt 4 Teile Wasser hinzu. Die Abschwächung dauert 2 bis 5 Minuten; der Prozeß wird dadurch abgebrochen, daß man die Platte in eine 1%ige Kaliummetabisulfitlösung bringt und in dieser 5 Minuten lang beläßt. Hierauf wird die Platte mit Wasser gut abgespült.

6. Der Positivprozeß. Wir wollen zunächst die prinzipiellen Grundlagen des Positivprozesses, auf denen die Herstellung farbiger Aufsichtsbilder („Drucke") oder Durchsichtsbilder (Diapositive) beruht, ins Gedächtnis rufen. Als wesentlich sei folgendes festgehalten: Nicht das, was wir photographieren, wird „gedruckt" (kopiert), sondern das, was wir nicht photographieren, mit anderen Worten:

---

[1] Brit. Journ. of Phot. 58, 1911, S. 551; EDERs Jahrb. f. Phot. u. Reprod. 26, 1912, S. 501; Phot. Chron. 18, 1911, S. 463.

[2] Brit. Journ. of Phot. 63, 1916, S. 580.

die nicht belichteten Partien der Negative liefern die positiven Bilder, d. h. die Kopien („Drucke").

Schalten wir zwischen das wiederzugebende farbige Objekt und die lichtempfindliche Schicht ein Rotfilter, so wirken die Farben: Grün, Blau und Violett auf die Platte nicht ein, rufen somit im Negativ keine Schwärzungen hervor. Den grün, blau und violett gefärbten Partien des Originals entsprechen also in diesem Negativ unbelichtete Stellen, die im Positiv dunkel und anfärbefähig werden — die Anfärbung dieser Partien erfolgt im Positiv in blaugrüner Farbe, weil dies die Mischfarbe der obgenannten drei Farben Grün, Blau und Violett ist. Durch ein Grünfilter werden die Farben Rot, Blau und Violett absorbiert; diese drei Farben liefern als Mischfarbe Rosa bzw. Karminrot, die zur Anfärbung des diesem Negativ entsprechenden Positivs benutzt wird. Ein Blauviolettfilter absorbiert die Farben Rot, Gelb und Grün, welche daher auf die Silbersalze der Platte nicht einwirken können. Die Mischfarbe dieser drei Farben ist ein Gelb, das zur Anfärbung des diesem Teilnegativ entsprechenden Positivs Verwendung findet.

In nachstehender Tabelle erscheinen die obangeführten Daten zusammengefaßt:

Filter	Durchgelassene Teilfarbe	Subtraktive Mischfarbe der durch das Filter nicht durchgelassenen Farben bzw. Anfärbung des bezüglichen Positivs
Rot	Rot	Blaugrün
Grün	Grün	Karminrot
Blauviolett	Blauviolett	Gelb

Die Farben der zweiten Kolonne spielen dann eine Rolle, wenn die Teilfarbenbilder additiv vereinigt werden; mit der additiven Methode der Dreifarbenphotographie wollen wir uns gelegentlich der Besprechung der Farbrasterplatten befassen.

Bei der Herstellung von Aufsichtsbildern (Papierbildern) bzw. Durchsichtsbildern (Diapositiven) benötigen wir immer eine weiße Unterlage, und zwar weißes Papier für Papierbilder bzw. eine Glasplatte für Diapositive. Wenn wir auf eine weiße Papierfläche eine Schicht Karminrot und darauf eine Schicht Gelb legen (die Schichten sollen transparent sein), so erzielen wir verschiedene Tonabstufungen zwischen Rot und Orange, je nachdem die eine oder die andere Farbe vorherrscht; überdecken wir eine Karminrotschicht mit einer grünblauen statt mit einer gelben Farbschicht, so erhalten wir verschiedene Tonabstufungen von Purpur und Violett. Durch Übereinanderlagerung einer gelben und blaugrünen Farbschicht gewinnt man alle möglichen Tonabstufungen von Gelbgrün, reinem Grün und Blaugrün. Durch Übereinanderlagerung aller drei Grundfarben vermögen wir jede beliebige Schattierung (Nuance) zwischen dem lichtesten Neutralgrau und dem intensivsten Schwarz zu erzielen, je nachdem die einzelnen Farben mehr oder weniger hell (dunkel) gewählt wurden.

Aus dem bisher Gesagten läßt sich folgendes schließen: Durch entsprechende Übereinanderlagerung unserer drei Grundfarben können wir jede Spektralfarbe (mit gewissen Abweichungen) und das Schwarz (Grau) wiedergeben; wir sind also auch imstande, alle natürlichen Körperfarben auf die erwähnte Art zu reproduzieren.

Das erste jemals angewendete subtraktive Verfahren zur Herstellung von Dreifarbenphotographien („Zusammendrucken") ist das Pigmentverfahren von

L. DUCOS DU HAURON.[1] Pigmentpapiere für Dreifarbenphotographie sind im Handel erhältlich, man kann sie aber auch verhältnismäßig leicht selbst herstellen. Als Pigmentfarben kommen Chromgelb, Alizarinrot, Preußischblau und Ultramarinblau in Betracht; man benutze als Pigmente nur sehr fein anreibbare Farben, wie sie in der Aquarellmalerei Anwendung finden und bei den Händlern für Zeichen- und Malutensilien erhältlich sind.

Man nehme 17,5 g Chromgelb, 7,5 g Alizarinrot, 1,75 g Preußischblau und 2,5 g Ultramarinblau. Jede einzelne Farbe wird für sich angerieben und mit je 25 ccm Glyzerin und 175 ccm destilliertem Wasser vermengt. Die Farben werden in je ein 1 l-Gefäß getan; die beiden Blau werden miteinander gemischt. Ferner bereitet man folgende Lösung vor:

546 g weiche Gelatine
2400 ccm destilliertes Wasser

Man lasse die Gelatine 30 Minuten lang weichen und bringe sie dann in einem Wasserbad bei 50° C zum Schmelzen; sobald sie vollständig geschmolzen ist, filtriere man sie durch zwei Lagen feines Leinen. Je 800 ccm von dieser Gelatinelösung füge man jeder einzelnen Farbstofflösung unter fortwährendem Schütteln bei. Im allgemeinen halten sich diese Lösungen nur etwa 3 Tage lang; sie sind auch 14 Tage lang haltbar, wenn man sie in erstarrtem Zustand in einer Eispackung verwahrt und eine Schicht 5%ige Phenollösung (in Methylalkohol) von etwa 2 cm Höhe auf der gallertartigen Masse stehen läßt. Vor Gebrauchnahme wird diese Lösung abgegossen.

Als Unterlage für die Pigmentschicht verwendet man mit Vorteil glattes Papier, und zwar insbesondere mattes oder glänzendes Barytpapier. Die einzelnen Stücke sollen an allen Seiten etwa 1 cm breiter sein als das für das herzustellende Bild notwendige Format. Die notwendigen drei Blätter werden zweckmäßig aus einem großen Bogen gleichartig, d. h. so herausgeschnitten, daß ihre Längsseiten senkrecht zur Richtung der Papierfasern verlaufen. Zuerst werden die Papierblätter 30 Minuten lang in kaltem Wasser gebadet und dann auf einer reinen Glasplatte, welche gut ausnivelliert auf einem Nivelliergestell liegen muß, ausgequetscht.

Die Gelatine-Farbstofflösung wird zunächst in einem Wasserbad von etwa 45° bis 50° C erwärmt; die für jedes Blatt benötigte Menge (etwa 15 ccm pro 100 qcm Papierfläche) wird auf die Mitte des zu präparierenden Papiers gegossen und entweder mit der Fingerspitze oder mit Hilfe eines Glasstäbchens sorgfältig bis an die Ränder des Papiers gestrichen. Sobald die Gelatinelösung starr ist, wird das Papier von der Glasplatte abgenommen und zum Trocknen abgelegt.

Es empfiehlt sich, alle drei Pigmentpapiere im gleichen Bad zu sensibilisieren; je drei zusammengehörige Blätter werden auf der Rückseite zweckentsprechend gekennzeichnet. Als Sensibilisierungsbad verwendet man eine 3%ige Kaliumbichromatlösung mit einem 0,2%igen Zusatz konzentrierter Ammoniaklösung. Man badet die Papiere in dieser Lösung 3 Minuten lang. Sehr gute Ergebnisse lassen sich auch mit folgendem Sensibilisierungsbad erzielen:

---

[1] Bull. Soc. franç. Phot. 11, 1869, S. 122, 144, 152, 177; 12, 1870, 68; derselbe Verfasser, Les Couleurs en Photographie et en particulier l'Héliochromie au Charbon, Paris 1870; derselbe Verfasser, L'Héliochromie, Méthode perfectionnée pour la formation et la superposition des trois monochromes constitutifs des héliochromes à la gelatine, Paris 1875.

30 g Kaliumbichromat
7 g Zitronensäure
30 ccm Ammoniak
1000 ccm Wasser

Die ganze Lösung soll sehr schwach nach Ammoniak riechen. In vorstehendem Bad sensibilisiertes Pigmentpapier ist haltbarer als solches, für dessen Sensibilisierungsbad keine Zitronensäure verwendet wurde. Beide Sensibilisierungsbäder dürfen nicht wärmer sein als 15° C. Soll das Pigmentpapier rasch trocknen, ist folgendes Sensibilisierungsbad empfehlenswert:

30 g Ammoniumbichromat
7 g Zitronensäure
30 ccm Ammoniak
500 ccm Wasser
500 ccm Alkohol oder Azeton

Die Badedauer in diesem Bad beträgt 5 Minuten.

Das Kopieren der Negative erfolgt auf die auch ansonsten in der Photographie gebräuchliche Art und erscheint beendet, sobald alle Details des Negativs in der Gelbkopie zu sehen sind. Alle drei Kopien werden gleichzeitig hergestellt; während der Überprüfung der Gelbkopie bringe man die zwei anderen Kopierrahmen ins Dunkle, weil die darin enthaltenen Bilder sonst „überkopiert" werden könnten.

Mitunter gerät das blaue Teilbild zu dunkel und ist zu reich an Kontrasten; dieser Fehler läßt sich vermeiden, wenn dem Sensibilisierungsbad für das Blaubild weitere 0,15% Zitronensäure beigefügt werden.

Auf die Einzelheiten der Weiterverarbeitung bzw. Behandlung der Pigmentpapiere wollen wir hier nicht näher eingehen; diesbezüglich sei auf J. M. EDERS Ausführliches Handbuch der Photographie, Bd. IV, 2. Teil, 4. Aufl. 1926, nachdrücklichst verwiesen. Pigmentzelluloidfolien sind anders zu verarbeiten als Pigmentpapiere. Ihre Verwendung empfiehlt sich, weil sie durchsichtig sind und die Einzelbilder infolgedessen leicht dahin überprüft werden können, ob sie gleiche Größe haben: diese Prüfung erfolgt einfach so, daß die nassen Folien mit den aufkopierten Bildern provisorisch übereinandergelegt werden. Ist etwa das eine oder das andere Bild zu groß bzw. zu klein, so wird das Zelluloid zweckentsprechend gebogen und in diesem Zustand getrocknet. Das Zelluloid wird mit dem Bilde nach außen gebogen, wenn das Bild zu klein ist, dagegen mit dem Bilde nach innen, wenn dieses zu groß ist. Bei einiger Übung lassen sich auf diese Art die Einzelbilder verhältnismäßig leicht auf gleiche Größe bringen. Die Zelluloidfolien sollen ungefähr 0,75 bis 1,0 mm dick sein; sie müssen selbstverständlich, wie dies bei provisorisch verwendeten Unterlagen immer der Fall ist, mit Wachs überzogen werden.

Beim Pigmentverfahren ist es nachteilig, daß man zum Kopieren Tageslicht oder Bogenlicht benötigt, was immerhin als Einschränkung empfunden werden kann. Bei Verwendung des sogenannten Carbro-Verfahrens ist man von den genannten und anderen Lichtquellen vollkommen unabhängig; auch bezüglich der Größe der Bilder bestehen hier keine Schwierigkeiten, da man bei Verwendung dieses Verfahrens bloß kleine Einzelnegative herzustellen braucht, Vergrößerungen nach diesen auf Bromsilberpapier anfertigt und die Bromsilberbilder auf chemischem Wege auf Pigmentpapier überträgt. Man hat es beim Carbroverfahren in der Hand, die Endergebnisse ziemlich weitgehend zu beeinflussen, vermag also die einzelnen Teilbilder des „Zusammendruckes" (Gesamtbildes) bezüglich ihrer Kontraste zweckentsprechend zu verändern.

Die Bromsilberkopien oder die Vergrößerungen auf Bromsilberpapier werden ganz normal behandelt, nur bringe man sie mit Fixiernatron absolut nicht in Berührung; sie werden entweder entwickelt, gewaschen und getrocknet oder unmittelbar nach dem Entwickeln und Waschen verwendet. Das Pigmentpapier wird zuerst 3 Minuten lang in folgender Lösung (17° C) gebadet:

0,4 g Chromsäure
1,6 g Kaliumbichromat
20 g Rotes Blutlaugensalz
20 g Bromkalium
ergänzt durch Wasser auf 1000 ccm.

Sodann kommt das Papier für nicht länger als 30 Sekunden in folgende Lösung:

0,4 g Chromsäure
1,6 g Kaliumbichromat
1000 ccm Wasser

Das Bromsilberbild, welches vor der Übertragung 5 Minuten lang in kaltem Wasser eingeweicht wurde, und das sensibilisierte Pigmentpapier werden in nassem Zustand aneinandergequetscht. Man achte wohl darauf, daß die Papiere nach dem Aneinanderquetschen nicht gegeneinander verrutschen, da die Wirkung des Bromsilberbildes auf das Pigmentpapier eine nahezu augenblickliche ist und jede Verschiebung daher die Entstehung von Doppelkonturen zur Folge hat. Bromsilberbild und Pigmentpapier werden miteinander 10 Minuten lang zwischen Wachspapieren liegen gelassen und dann wieder getrennt; hierauf quetscht man das Pigmentpapier auf eine provisorisch verwendete Unterlage, gewöhnlich auf eine 0,5 bis 1 mm dicke Zelluloidfolie, welche natürlich mit einer Wachsschicht (nach dem üblichen Rezept) überzogen sein muß. Diese Zelluloidfolie wird zunächst etwa 20 Minuten lang zwischen Löschkartons aufbewahrt, hierauf wird das übertragene Bild in Wasser von etwa 35 bis 40° C entwickelt. Das Bromsilberbild wird inzwischen gut ausgewaschen und ist dann wieder und zwar so lange verwendbar, bis die späteren Kopien in den Schatten an Detail einbüßen. Es hat sich gezeigt, daß verschiedene Fabrikate von Bromsilberpapier bei einer Behandlung, wie sie oben geschildert wurde, recht gute Resultate liefern; kleine Abweichungen von der angegebenen Rezeptur für das Sensibilisierungsbad sind unter Umständen notwendig. Dabei sollen aber lediglich die Mengen des roten Blutlaugensalzes und Bromkaliums verändert, die Mengen der Chromsäure und des Kaliumbichromats jedoch unverändert belassen werden. Kontrastvariationen in den Pigmentbildern können durch Anwendung verschiedener Konzentrationsgrade der oben angeführten Sensibilisierungsbäder erzielt werden. Durch eine etwa 25%ige Konzentrationssteigerung der Sensibilisierungsbäder sind zartere (minder kontrastreiche) Pigmentbilder zu erzielen; umgekehrt ergeben sich bei gleich starker Konzentrationsabnahme der Bäder stärkere Kontraste im Bild. Man sieht also, daß durch entsprechende Konzentrationsvariationen der Sensibilisierungsbäder den meisten gegebenenfalls vorhandenen Mängeln der Pigmentbilder begegnet werden kann, sobald dies notwendig erscheint. Es ist von Wichtigkeit zu bemerken, daß die Konzentrationen beider Bäder für das Pigmentpapier im gleichen Verhältnis verändert werden müssen.

Sobald die Pigmentkopien fertig entwickelt sind, kommen sie — dieser Vorgang ist sehr empfehlenswert — für 5 Minuten in eine 5%ige Alaunlösung. Dann werden sie in reinem Wasser ausgewaschen und schließlich auf die endgültig verwendete Unterlage aufgequetscht. Diese Unterlage wird mitsamt dem vorläufig aufgequetschten Schichtträger zum Trocknen aufgehängt; erst nach erfolgter Trocknung zieht man den provisorisch verwendeten Schichtträger vorsichtig ab. Das übertragene Bild wird nunmehr durch leichtes Wischen mit einem mit Benzol gut angefeuchteten Tampon von allen eventuell anhaftenden Wachsspuren befreit; diesen Vorgang wiederholt man bei Bedarf ein zweites und ein drittes Mal. Nachdem die Kopie trocknen gelassen wurde, kann ein zweites Pigmentbild in genauer Passung aufgequetscht (aufgebracht) werden. Es empfiehlt sich, das erste Bild vor dem Aufbringen des zweiten mit einer dünnen Schicht einer 5%igen Gelatinelösung (weiche Gelatine!) zu überziehen, welche als Kittmittel dient.

Die vorerwähnten Sensibilisierungsbäder sollen nicht öfter als einmal verwendet werden, da sonst die Schatten in den Bildern an Detail verlieren. Es ist üblich, die Schichtseite der zugrunde liegenden Negative an den Rändern mit schwarzen Klebestreifen, wie sie bei der Diapositivherstellung verwendet werden, zu überkleben oder mit Farbe anzustreichen („Sicherheitsrand“).[1]

Die nachstehend beschriebenen Arbeitsverfahren sind streng genommen nicht als Pigmentverfahren zu bezeichnen, mit diesen aber so nahe verwandt, daß wir sie im Zusammenhang mit Vorstehendem behandeln wollen: mit diesen Arbeitsverfahren gewinnt man farblose Reliefbilder, welche nachträglich eingefärbt werden.

Wie bereits bemerkt wurde, beruhen die nachstehend beschriebenen Arbeitsmethoden auf denselben Prinzipien wie das Pigmentverfahren, haben daher mit den gleichen Schwierigkeiten zu kämpfen, wie dieses. Insbesondere macht es sich unangenehm fühlbar, daß das Bild an der Oberfläche des lichtempfindlichen Materials entsteht, von einer darunterliegenden Schicht löslich bleibender Gelatine getragen wird und aus diesem Grund mit warmem Wasser leicht abwaschbar ist. Soll dies nicht der Fall sein, so muß das Bild tunlichst tief in der Schicht, also nahe vom Schichtträger erzeugt werden, was dadurch erreichbar ist, daß man eine Glasplatte oder eine Zelluloidfolie als Schichtträger verwendet, diesen der Negativschicht so nahe als möglich bringt, also durch den Schichtträger kopiert, und ein gerichtetes Parallelstrahlenbündel oder eine Lichtquelle hinter einer zerstreuend wirkenden Mattscheibe zum Kontaktkopieren benutzt. Auch mit den heute so gebräuchlichen vertikal montierten Vergrößerungsapparaten lassen sich Kopien (Reproduktionen) der gewünschten Art herstellen; der Verfasser vorliegender Darstellung erzeugt seine Kopien (auch solche in gleicher Größe wie das Original) immer mit Hilfe eines Vergrößerungsapparates und nicht als Kontaktkopien. Beim Kontaktkopieren muß die Lichtquelle samt der davor befindlichen Mattscheibe mindestens 1½ m vom Kopierrahmen entfernt aufgestellt werden, damit das entstehende Bild keine Verbreiterungen (durch Projektion) erleide.

Auf handelsüblichen Bromsilberemulsionen entstehen zumeist etwas zu hohe Bildreliefs, welche deshalb unangenehm sind, weil die tieferen Schatten beim darauffolgenden Anfärben detaillos werden; aus diesem Grunde stimme man die Belichtungszeit beim Kopieren sehr genau ab und entwickle die Bilder in einem verdünnten Entwickler nicht zu lange. Man präge sich folgende Regel ein: zarte Bilder mit viel Details in den Hochlichtern sind für unsere Zwecke besser geeignet als brillante Bilder. Zur Erzielung zarter Bilder bewährt sich folgendes Mittel: man bade das Positivmaterial 5 Minuten lang in einer 2%igen Tartrazin-, Naphtolgelb oder Filtergelblösung, spüle es dann gut ab und lasse es trocknen. Die Eastman-Kodak-Company hat

---

[1] C. Lighton, Phot. Journ. 67, 1927, S. 409.

einen für unsere Zwecke besonders gut geeigneten Film, den sogenannten Duplicating Film, auf den Markt gebracht, der mit einem gelben Farbstoff angefärbt ist, ungefähr ein Zwanzigstel der Empfindlichkeit des normalen Kinopositivfilms besitzt und eine außerordentlich feinkörnige Emulsion hat. Dieser Film hat keinen Hinterstrich, weil ein solcher beim späteren Anfärben des Films nur stören würde; das Zelluloid ist bei diesem Film genau so dick wie beim normalen Kinofilm.

Es gibt zwei zur Herstellung der Positive verwendbare Methoden: nach der einen wird die Gelatine, welche dem Silberbild angelagert ist, durch ein besonderes Bad gehärtet, nach der anderen macht man für den gleichen Zweck von der gerbenden Wirkung der Oxydationsprodukte bestimmter Entwickler Gebrauch. Auf beide Arten lassen sich vorzügliche Ergebnisse erzielen; bei Anwendung der erstgenannten Methode muß das Bromsilberbild von Anfang an auf besondere Art behandelt werden, bei Anwendung der letztgenannten Methode ist das normal hergestellte Bromsilberbild brauchbar.

E. Howard Farmer[1] hat folgendes festgestellt: Läßt man Bichromate auf fertig entwickelte Silberbilder einwirken, so wird die den Silberniederschlägen angelagerte Gelatine genau so gehärtet wie Bichromatgelatine, wenn sie vom Licht getroffen wird; es ergibt sich hier wohl eine ähnliche chemische Reaktion wie bei der Bildung des Chromichromats (chromsauren Chromoxyds), welches gerbende Wirkung hat.

Das entwickelte Positiv braucht nicht fixiert zu werden; hingegen empfiehlt es sich, dasselbe unmittelbar nach der Entwicklung in eine 5%ige Natriumbisulfit- oder Kaliummetabisulfitlaugenlösung zu legen, um den Entwicklungsvorgang mit einem Schlage abzubrechen. Hernach wird das Positiv abgewaschen und in folgender Lösung gebadet:

5 g	Chromsäure
20 g	Bromkalium
1000 ccm	Wasser

Dieses Bad wird fortgesetzt, bis das geschwärzte Silberbild vollkommen gebleicht ist.[2] Sodann kommt die Platte oder der Film in warmes Wasser von 35° bis 45° C; bei Platten darf die Temperatur des Wassers auch eine höhere sein, falls eine solche notwendig sein sollte, dagegen ist für Zelluloid ein längeres Verweilen der Bilder in einem Bade normaler Temperatur empfehlenswert, um das Werfen des Zelluloids zu verhindern. Bei einer zu hohen Badtemperatur werden überdies die Hochlichtpartien des Bildes ein wenig erodiert (ausgefressen).

Die lösliche (unbelichtete) Gelatine mit ihren Silbersalzen beginnt sich im warmen Wasser bald aufzulösen. Sowie das eigentliche Bildrelief mit seinem gebleichten Silberniederschlag von der übrigen Emulsion befreit zu sein scheint, kommt das Bild in kaltes Wasser und wird hier abgespült. Das restliche metallische Silber des Bildreliefs wird mit Hilfe eines Farmerschen oder Belitzkyschen Abschwächers entfernt. Nach diesem Prozeß wird das Positiv gewaschen und getrocknet oder sofort nach dem Waschen eingefärbt.

---

[1] E. P. 17773/1889; Phot. Journ., Neue Serie, 17, 1893, S. 30; Brit. Journ. of Phot. 41, 1894, S. 742; Bull. Soc. franç. Phot. 40, 1893, S. 27. Da sehr ausführliche historische Angaben über alle einschlägigen Verfahren in J. M. Eders Ausf. Handb. d. Phot., Bd. IV, Teil 2 sowie in des Verfassers umfassendem Buch History of Three-Color Photography, Boston (U. S. A.), 1925, zu finden sind, sehen wir hier von weiteren Literaturangaben ab.

[2] Vgl. J. M. Eders Jahrb. f. Phot. u. Reprod. 25, 1911, S. 140; 26, 1912, S. 527.

Ein Bildrelief kann auch durch die gerbende Wirkung bestimmter Entwickler hervorgebracht werden, eine Tatsache, auf welche zuerst J. W. SWAN[1] hingewiesen hat. Erst L. WARNERKE[2] hat dieses Verfahren eingehender beschrieben; auch hier wird durch den Schichtträger hindurch kopiert.

Für dieses Verfahren sind verschiedene Entwickler verwendbar. A. u. L. LUMIÈRE und A. SEYEWETZ[3] empfehlen für diesen Zweck neuestens folgende Entwickler, mit denen sich sehr gute Ergebnisse erzielen lassen sollen:

2 g	Pyrogallol
7 g	wasserfreies kohlensaures Natron (Natriumcarbonat)
16 g	wasserfreies schwefligsaures Natron (Natriumsulfit)
0,5 g	Bromkalium
1000 ccm	Wasser

oder

1,5 g	Metol
1,5 g	Hydrochinon
2 g	wasserfreies schwefligsaures Natron (Natriumsulfit)
15 g	wasserfreies kohlensaures Natron (Natriumcarbonat)
1,5 g	Bromkalium
1000 ccm	Wasser

Der Verfasser verwendet seit Jahren nachstehenden Entwickler mit bestem Erfolg:

3 g	Brenzkatechin
2 g	wasserfreies schwefligsaures Natron (Natriumsulfit)
1,5 g	Ätznatron
1 g	Bromkalium
1000 ccm	Wasser

In diesem Entwickler ist gerade genug Ätznatron zur Bildung eines Monophenolats enthalten; in stärkerer Verdünnung liefert dieser Entwickler weichere Bilder. Die Entwicklungszeit beträgt bei 15° C etwa 3 Minuten.

Welchen Entwickler man immer verwenden mag, immer empfiehlt es sich — genau so wie beim Bichromatverfahren — ein saures Sulfitbad zum Bremsen der Entwicklung zu benutzen. Durch die reduzierende Wirkung des Sulfits erfolgt eine wesentlich raschere Gerbung der Gelatine; dabei ist allerdings sehr zu befürchten, daß — insbesondere bei Verwendung eines Pyrogallolentwicklers — die ganze Gelatine (und zwar vorzugsweise an der Oberfläche), mehr oder weniger gegerbt wird. Diese Entwickler sind ein zweites Mal nicht verwendbar. Vielfach wird empfohlen, das Bromkalium in der Entwicklerlösung wegzulassen; sobald dies geschieht, stellt sich eine starke Neigung zur Schleierbildung im allgemeinen und, da ja der Schleier durch metallisches Silber gebildet wird, eine allgemeine Härtung der Gelatine ein. Nachdem der Film in der sauren Sulfitlösung gebadet wurde, kann er, wie wir bereits oben angegeben haben, in warmem Wasser abgespült werden.

Das nachstehend beschriebene Verfahren verwandelt Negative direkt in Positivreliefs und beruht auf der zuerst von R. E. LIESEGANG[4] gemachten Be-

[1] E. P. 2969/1879, Brit. Journ. of Phot. 27, 1880, S. 212; 39, 1892, S. 737, vgl. R. E. LIESEGANG, Collegium, 1923, S. 351.

[2] E. P. 1436/1881, D. R. P. 16357; s. H. SILBERMANN, Fortschr. auf d. Geb. d. photo- und chemigraphischen Reproduktionsverfahren, Bd. 1, S. 173; Bd. 2, S. 141; Phot. Mitt. 18, 1882, S. 65, 98, 235; 21, 1885, S. 288; Phot. Archiv 22, 1881, S. 85, 119; Phot. Wochenbl., 7, 1881, S. 307.

[3] Scienc. Ind. Phot. 1926, S. 199; Amer. Phot. 21, 1927, S. 236.

[4] Phot. Arch. 32, 1897, S. 161; EDERS Jahrb. f. Phot. u. Reprod. 12, 1898, S. 457; 13, 1899, S. 538; Phot. Korr. 35, 1898, S. 561; Phot. Wochenbl. 24, 1898, S. 333.

obachtung, daß überschwefelsaures Ammonium auf Gelatine, welche sich mit fein verteiltem Silber in Kontakt befindet, lösend wirkt. M. ANDRESEN[1] schlug zu diesem Zweck die Verwendung von Wasserstoffsuperoxyd vor, während E. BELIN und C. DROUILLARD[2] sich ein Gemisch aus Wasserstoffsuperoxyd, Kupfersulfat (Kupfervitriol) und einer Säure für den gleichen Zweck patentieren ließen. Der Verfasser hat diese Mischung zweckentsprechend modifiziert; sie liefert vorzügliche Resultate:

30 ccm	Wasserstoffsuperoxyd
20 g	Kupfersulfat (Kupfervitriol)
5 ccm	Salpetersäure
0,5 g	Bromkalium
1000 ccm	Wasser

Man benutzt diese Lösung bei 22° C. Entweder werden die Originalnegative verwendet oder man fertigt eigens Duplikatnegative an, bei denen sich das Bild — wie üblich — an der Oberseite der Gelatineschicht befindet. Von der Benutzung des Originalnegativs wird abgesehen, wenn es etwa noch für ein anderes Verfahren herangezogen werden soll; allerdings macht es keinerlei Schwierigkeiten, nach dem angefärbten Reliefbild ein neues Negativ anzufertigen, sobald man auf dieses ein komplementär gefärbtes Filter legt und so eine Kontaktkopie (also gewissermaßen ein Positiv) herstellt.

Werden Negative auf Glasplatten benutzt, so lege man sie vor dem Baden in oberwähnter Lösung in eine 5%ige Alaunlösung, um zu verhindern, daß sich die Gelatine in den Hochlichtpartien ablöst, was mitunter vorkommen kann; bei Filmen ist dies weniger zu befürchten. Die ätzende Wirkung der Wasserstoffsuperoxydlösung setzt sehr rasch ein; man läßt sie so lange fortdauern, bis das Silberbild verschwunden ist. Es empfiehlt sich, die Ätzlösung gut zu schaukeln. Man beachte, daß das schwarze Silber beim beschriebenen Prozeß wohl verschwindet, die Gelatine aber nicht vollkommen farblos wird, sondern wegen ihrer eigenartigen Oberflächenbeschaffenheit ein leicht körniges trüb-gaues Aussehen erhält. Das Bildrelief wird in Wasser abgespült, in einem sauren Chromalaunfixierbad fixiert und schließlich vor dem Gebrauch getrocknet. Da das Bild hier keine Behandlung mit heißem Wasser erfährt, so ist die Wahrscheinlichkeit geringer, daß ein Schichtträger etwa aus Zelluloid durch Ausdehnung oder Zusammenziehung unliebsame Verzerrungen erleide.

Eine der größten Unannehmlichkeiten, welche sich bei der Verwendung von Papier als Schichtträger ergibt, ist die, daß sich einzelne Papiere mehr, einzelne weniger ausdehnen, wodurch die Zusammensetzung der Einzelbilder, d. h. deren Zusammenpassen zu einem zusammengesetzten Bild, Schwierigkeiten bereitet. Diese Schwierigkeiten sind im wesentlichen dadurch behebbar, daß man die Rückseiten der Papiere mit einer normalen 2%igen Kollodiumlösung bestreicht; bisweilen ist es zu empfehlen, diesen Anstrich zweimal aufzubringen oder für diesen Zweck eine ungefähr gleich stark konzentrierte Lösung von Zelluloidschnitzeln in Alkohol-Äther zu benutzen. Diese Lösungen füllen die Zwischenräume zwischen den Papierfasern aus und verhindern eine allzustarke Ausdehnung des Papiers. Man kann das Papier für den gleichen Zweck auch etwa 12 Stunden lang in kaltem Wasser weichen

---

[1] D. R. P. 103 516; EDERS Jahrb. f. Phot. u. Reprod. 13, 1899, S. 538; 14, 1900, S. 582; 15, 1901, S. 685; Phot. Korr. 36, 1899, S. 260.

[2] F. P. 423150, 1910; D. R. P. 230386; EDERS Jahrb. f. Phot. u. Reprod. 25, 1911, S. 630; 26, 1912, S. 488, 580. Vgl. auch LÜPPO-CRAMER, Phot. Korr. 48, 1911, S. 466, 608; EDERS Jahrb. f. Phot. u. Reprod. 26, 1912, S. 487.

lassen und dann zum Trocknen aufhängen; bei diesem Einweichen wird das Papier schon so stark ausgedehnt, daß es bei einer späteren Anfeuchtung eine nur sehr geringe Tendenz zur Dehnung zeigt.

Eine andere Methode zur Präparierung des Papiers gegen Dehnung ist folgende: Das Papier, von dem ein größeres Stück abgeschnitten wird als für den eigentlichen Bedarf notwendig ist, wird mehrere Stunden lang in Wasser eingeweicht und dann auf eine Glasplatte aufgequetscht, welche unter Freilassung 1 cm breiter Ränder mit einer 10%igen Gelatinelösung begossen wurde; das Papier bleibt auf der Gelatineschicht haften und trocknet, kann sich aber beim Trocknen infolge der auferlegten Spannung nicht zusammenziehen. Das Papier wird hierauf an der Oberseite mit der oberwähnten Kollodiumlösung überstrichen und nach dem Trocknen an den Rändern — innerhalb des Gelatinerandes — abgeschnitten. Die handelsüblichen sogenannten Übertragungspapiere für das Pigmentverfahren sind weniger dehnbar als gewöhnliche Papiere.

Es macht auch Schwierigkeiten, das Papier oder das Zelluloid flach zu erhalten, nachdem sie mit warmen Gelatine- oder Farbstofflösungen bestrichen wurden. Durch Anwendung der nachstehend beschriebenen Arbeitsmethode, welcher sich der Verfasser seit 20 Jahren mit bestem Erfolg bedient, läßt sich der angedeuteten Schwierigkeit verhältnismäßig einfach begegnen. Glasplatten von etwa 5 mm Dicke werden mit folgender Mischung überzogen:

55 g	weiche Gelatine
55 g	Glyzerin
65 g	Melasse
1 g	Chromalaun
1000 ccm	Wasser

Zuerst werden die Gelatine, das Glyzerin und die Melasse in 750 ccm Wasser (der obigen 1000 ccm) 30 Minuten lang eingeweicht und dann in einem Wasserbad von 50° C zum Schmelzen gebracht; man filtriere diese Mischung durch ein Stück Leinwand, füge ihr den Chromalaun, welcher in 100 ccm Wasser aufgelöst wurde, unter fortwährendem Rühren bei und gieße schließlich die restlichen 150 ccm Wasser zu. Die vorbereiteten Glasplatten werden auf die Glasplatte eines sorgfältig horizontierten Nivelliergestells gelegt und mit der oberwähnten Lösung derart übergossen, daß auf 1 qm Glasoberfläche 2600 ccm Lösung entfallen. Sobald sich die aufgegossene Schicht gesetzt hat, bringt man die Glasplatte an einen warmen, staubfreien Ort zum Trocknen, das mindestens 24 Stunden andauern soll. Die Schicht ist auch nach dem Trocknen klebrig. Papier- oder Zelluloidstücke, welche flach bleiben sollen, werden auf diese Schicht aufgequetscht (aufgewalzt) und bleiben nach erfolgter Abnahme tatsächlich dauernd flach. Die klebrige Schicht auf der Glasplatte ist wiederholt verwendbar.

Zum Zusammenhalten der Teilbilder verwende man am besten eine 5%ige Gelatinelösung, welche durch ein Leinenstück filtriert wurde; man bediene sich ihrer in einem tunlichst kühlen Zustand, damit die Gelatine der Bilder nicht angegriffen werde. Nachdem diese Gelatinelösung mit Hilfe eines kräftigen Flachpinsels auf das erste Bild ausgiebig aufgetragen wurde, wird das zweite Bild unter sorgsamer Berücksichtigung der Passmarken aufgelegt und schließlich aufgequetscht; derselbe Vorgang wird bei der Aufbringung des dritten Bildes wiederholt.

Eine Reihe von Jahren benutzte der Verfasser die von H. W. VOGEL[1] angegebene „halbalkoholische“ Gelatinelösung für das Pigmentverfahren, es

[1] Das photographische Pigmentverfahren, 1892, S. 69; J. M. EDER, Ausf. Hdb. der Phot. Bd. 4, Teil 2, 1917, S. 177.

zeigte sich aber, daß durch diese Gelatinelösung verschiedene Farben angegriffen werden. Da bei Pigmentbildern, die mit dieser Gelatinelösung hergestellt und angefärbt wurden, ein „Nachlassen“ der Farben eintritt, ist das VOGELsche Arbeitsverfahren nicht zu empfehlen. Dieses Verfahren ist eher dann anwendbar, wenn sich die Teilbilder auf Zelluloid befinden; es wirkt nämlich die Gelatinelösung auf das Zelluloid derart ein, daß ein innigeres Zusammenhalten von Gelatine und Unterlage gewährleistet erscheint.

Diejenigen Verfahren, bei denen das Silberbild in eine auf basische Farbstoffe beizend wirkende Verbindung umgewandelt wird, erfreuen sich größerer Beliebtheit als die ansonsten gebräuchlichen Färbungs- (Tonungs-) Methoden. Ein Beizfarbenverfahren wurde erstmalig von CAREY LEA,[1] allerdings zum Zwecke der Verstärkung, verwendet; P. RICHARD[2] hat als erster die Anwendung dieser Verfahren für die Farbenphotographie empfohlen, aber keine detaillierten diesbezüglichen Arbeitsvorschriften angegeben.

Zahlreiche Verbindungen, in welche das Silberbild für den Beizfarbenprozeß umgewandelt werden soll, wurden in Vorschlag gebracht; von diesen sind viele allerdings für den gedachten Zweck unbrauchbar. Dies gilt z. B. für die Bleisalze, welche eine sehr starke Undurchsichtigkeit (Opazität) des fertigen Bildes mit sich bringen, und die Uransalze, die schon selbst so kräftig gefärbte Bilder liefern, daß die Farben der zum Anfärben benützten Farbstoffe erdrückt werden. Cupriferrocyanid ist für das rote Teilbild sehr wohl verwendbar, leider werden dadurch die Farben des gelben und blauen Teilbildes erdrückt. Andere Salze als die des Titans, des Zinns oder des Vanadiums anzuwenden, ist nicht sonderlich vorteilhaft.

Vorausgesetzt, daß dünne weiche Silberbilder zur Verfügung stehen, ist folgendes Cupriferrocyanidbad zu empfehlen.

4 g	Kupfersulfat
6 g	Kaliumferricyanid (rotes Blutlaugensalz)
15 g	Kaliumcitrat
1,5 g	Ammoniumcarbonat
1000 ccm	Wasser

Man läßt dieses Bad so lange einwirken, bis das Bild bei Betrachtung in der Durchsicht (durch das Glas) rötlich gefärbt erscheint. Man kann die Positive auch zuerst im Blutlaugensalz und Ammoniumcarbonat ausbleichen, dann gut ausgewaschen und nach einem weiteren Bad in der Kupfercitratlösung schließlich neuerdings in Wasser abspülen.

Bei den photographischen Beizverfahren ist nur die Anwendung basischer Farbstoffe zulässig. Die charakteristische Eigenfarbe der Kupfer-Silberbilder ist ein rötliches Braun, das, wie bereits bemerkt wurde, die gelben und blauen Farbtöne einigermaßen erdrückt. Dieser bräunliche Ton läßt sich nach dem Anfärben durch ein schwaches Ätznatronbad beseitigen. Auch das im zuletzt angeführten Bad gebildete Silberferrocyanid macht sich bei der Projektion des Bildes durch eine schmutzigbraune Verfärbung des Projektionsbildes auf der Leinwand bemerkbar; aus diesem Grunde ist die Beseitigung dieses Braunstiches mit Hilfe eines schwachen Fixiernatronbades zu empfehlen. In beiden Fällen haben die Farben die Tendenz, an Kraft zu verlieren, eine Schwierigkeit, der man durch Baden des angefärbten Bildes in folgender Lösung begegnen kann:

---

[1] Brit. Journ. of Phot. 12, 1865, S. 162; Phot. Arch. 6, 1865, S. 184.

[2] Compt. rend. 122, 1896, S. 609; vgl. J. M. EDER, Camera (Luzern) 2, 1923/24, S. 133, 153, 178, 201.

10 g Ätznatron
2,5 g Tannin
2,5 g Essigsaures Natron (Natriumacetat)
1000 ccm Wasser

Durch das Baden des Bildes in dieser Lösung wird das Kupfersalz fortgeschafft; verwendet man statt des Ätznatrons 100 g Fixiernatron, so wird das Silberferrocyanid aufgelöst.

Eisenhydroxyd wirkt gleichfalls als Beizmittel; auch alle üblichen Cyanotypietonungsbäder sind für unseren Zweck brauchbar. Des ferneren ist folgendes von J. I. CRABTREE angegebene Beizbad[1] gut verwendbar. Man bleiche das Silberbild zunächst in:

50 g rotes Blutlaugensalz (Kaliumferricyanid)
10 ccm Ammoniak
1000 ccm Wasser

Man wasche das Bild sodann gut ab und tauche es in folgende Lösung:

10 g Eisenalaun
5 g Bromkalium
2 ccm Chlorwasserstoffsäure
1000 ccm Wasser

Die Temperatur dieses Bades betrage etwa 21° C. Das Bild wird hierauf mit Wasser gut abgespült und kommt in eine 35%ige Fixiernatronlösung, in welcher das im zuletzt angeführten Bad gebildete Chlorsilber wieder aufgelöst wird. Das Fixierbad darf nicht länger als 1 bis 2 Minuten auf das Bild einwirken. Nachdem das Bild abgewaschen wurde, verwandelt man die Bildsubstanz durch Behandlung mit einer 1%igen Natriumcarbonat- oder Ätzkalilösung in Eisenhydroxyd. Darnach werden die Bilder neuerlich gewaschen und mit Alizarinfarben eingefärbt, mit denen, wie sich zeigte, die besten Resultate zu erzielen sind: für das rote Teilbild benutzt man Alizarinrot *S* mit 0,2% Eisessig, für das gelbe Teilbild Alizaringelb 3 *G* mit 0,2% Ammoniakflüssigkeit, für das blaue Teilbild Alizarinsäuregrün mit Eisessig oder Alizarincyanin mit Ammoniakflüssigkeit. Die Farbstofflösungen müssen durchwegs ungefähr 0,5%ig sein, die Temperatur der Bäder betrage etwa 21° C. Sobald der erwünschte Sättigungsgrad der Anfärbung erreicht ist, wird das Bild abgewaschen. Das Eisenhydroxyd läßt sich mit Hilfe einer 2%igen Oxalsäurelösung entfernen, ohne daß dabei die Farbenreinheit des Bildes Schaden nimmt.

Vanadium ist, sobald die Positive etwas dünn geraten sind, als Beizmittel für das rote und blaue Teilbild sehr gut geeignet; in Verbindung mit einem Eisensalz angewendet, liefert es direkt das Blaubild. R. NAMIAS[2] hat wohl als erster auf das Vanadiumferricyanid als Tonungs- und Beizmittel hingewiesen, empfahl aber die Verwendung von Vanadiumchlorid, welches deshalb ungünstig ist, weil es die Bildung von Silberchlorid bewirkt; letzteres vermindert die Durchsichtigkeit des Bildes und wird infolgedessen unangenehm bemerkbar. Der Verfasser benutzt mit Vorteil Vanadiumoxalat oder Vanadiumsulfat,[3] von denen das erstgenannte leichter herstellbar und auch sonst empfehlenswerter ist. Das diesbezügliche Rezept lautet:

---

[1] Amer. Pat. 1389742 (1921); Science et Techn. Ind. Phot. 2, 1922, S. 40.

[2] Bull. Soc. franç. Phot. 46, 1899, S. 565; EDERS Jahrb. f. Phot. und Reprod. 15, 1901, S. 170.

[3] Phot. Journ. Amer. 58, 1921, S. 96; Brit. Journ. Alm. 1922, S. 395; Amer. Phot. 16, 1922, S. 396.

50 ccm Vanadiumoxalatlösung
50 ccm Oxalsäure (gesättigte Lösung)
50 ccm Ammoniumalaun (gesättigte Lösung)
50 ccm Glyzerin
10 ccm rotes Blutlaugensalz (10%ige Lösung)
1000 ccm Wasser
Eisenoxalat (20%ige Lösung) nach Bedarf

Zunächst füge man zum Vanadium die Oxalsäure und die Hälfte des Wassers, hierauf den Ammoniumalaun und das Eisenoxalat hinzu; wie viel Eisenoxalat beizufügen ist, hängt davon ab, welche Farbennuance gewünscht wird, beim Rot- und Gelbbild verzichtet man auf diesen Zusatz gänzlich. Das Blutlaugensalz und das Glyzerin werden mit dem Rest des Wassers vermischt und zur übrigen Lösung hinzugefügt. Die ganze Lösung soll eine klare hellgrüne Flüssigkeit sein. Beim Blaubild verfährt man wie folgt: Durch die Hinzufügung von ungefähr 10 ccm Oxalatlösung entsteht zuerst ein hellgrünes Bild, welches im Laufe der Zeit oder durch weiteres Hinzufügen von Eisenoxalatlösung allmählich in ein schönes blaues Bild übergeht.

Die vom Verfasser vorliegender Darstellung stammende Methode zur Herstellung von Vanadiumoxalat ist ziemlich umständlich; H. E. Durham hat eine wesentlich einfachere angegeben:[1]

79 g Ammoniummetavanadat
168 g Oxalsäure
25 g Ammoniumoxalat
1000 ccm Wasser

Das Ammoniumvanadat wird zuerst bis zur Rotglut erhitzt und hierauf den übrigen Bestandteilen obigen Rezeptes beigefügt. Das Ganze bildet eine tiefblaue Lösung. Vorausgesetzt, daß die Bilder nicht zu dicht sind, brauchen sie nicht fixiert zu werden, da sie dann für Projektionszwecke auch so hinreichend transparent sind.

Das Jodsilber- oder Diachromie-Beizverfahren, ein Verfahren, das verschiedenartige Modifikationen erfuhr, wurde A. Traube patentiert.[2] Nachstehende Rezeptur erweist sich als sehr geeignet:

1,5 g Jod
50 g Jodkalium
5 g Eisessig
1000 ccm Wasser

Das Jod und das Jodkalium werden miteinander in trockenem Zustand verrieben und portionenweise zum Wasser hinzugefügt; zum Schluß kommt der Eisessig dazu. In dieser Lösung wird das schwarze Silberbild sehr rasch in Jodsilber umgewandelt; dabei büßt das Bild an Dichte ein, eine Tatsache, welche sehr wesentlich ist. Zarte Silberbilder sind nach dem Baden in dieser Lösung kaum zu sehen, nur in den tiefsten Schatten zeigt sich eine leichte gelbliche Verfärbung. Dieses nahezu unsichtbare Bild besitzt die gleiche, wenn keine größere Fähigkeit, auf basische Farbstoffe beizend zu wirken, wie ein kräftiges Bild.

Sobald das Positiv gebleicht ist, wird es in eine 5%ige Bisulfitlaugenlösung getaucht und bleibt darin so lange liegen, bis die vom Jod herrührende Verfärbung verschwindet; schließlich wird das Bild rasch abgespült. Zu lange währendes Abspülen macht das Bild stark undurchsichtig. Folgende Regel halte

[1] Brit. Journ. of Phot., 63, 1926, S. 321; Amer. Phot. 20, 1926, S. 687.

[2] D. R. P. 187289, 1905; 188164, 1906; Eders Jahrb. f. Phot. u. Reprod. 21, 1907, S. 103, 415; 22, 1908, S. 414; Das Atel. d. Phot. 14, 1907, S. 23, 35.

man fest: Das Jodsilberbild braucht nicht ausfixiert werden, außer wenn es sehr dicht ist — für diesen Fall empfiehlt sich die Verwendung eines gerbenden Fixierbades, wofür verschiedene Rezepturen existieren.

E. R. BULLOCK[1] gab eine besondere Methode zur Umwandlung des Silberbildes in Silberferrocyanid an; nach erfolgter Umwandlung werden die Farben der Bilder durch verschiedene Verbindungen hervorgerufen, so z. B. das Blaubild durch Benzidin. Dieses Verfahren hat sich nicht durchgesetzt, weil es Schwierigkeiten macht, geeignete Chemikalien zur Hervorrufung der drei für die Dreifarbenphotographie in Betracht kommenden Farben zu finden. Diese Tatsache führt dazu, daß man für die Beizmethoden ein Ferricyanid verwendet. Für diesen Zweck wird eine der nachstehend angeführten Lösungen benutzt:

20 g	rotes Blutlaugensalz
20 g	Kaliumpermanganat
1000 ccm	Wasser

oder

70 g	rotes Blutlaugensalz
30 g	Chromsäure
1000 ccm	Wasser

Beide Lösungen wirken außerordentlich rasch. Durch das erstgenannte Bad eventuell entstandene braune Manganflecken können durch eine 5%ige Oxalsäurelösung leicht entfernt werden. Wird die zweite der obgenannten Badelösungen verwendet, so muß das Bild vor dem Färben ausgiebiger gewaschen werden als bei Verwendung der ersten Badelösung. Die angefärbten Bilder kann man in einem Fixierbad behandeln, welchem, sobald die zuerst angeführte Beizlösung in Verwendung trat, 1% Kaliumchromat beigefügt wird; dieses Bad dient dazu, das Silbersalz zu entfernen und die Farbe des Bildes zu reinigen.

J. M. BLANEY[2] schlug vor, Zinnsalze in Anwendung zu bringen. Mit diesen Salzen sind recht brauchbare Ergebnisse zu erzielen, allerdings neigen sie dazu, die Weißen des Bildes sowie die Gelatine überhaupt zu verflecken. Das Positiv wird in folgender Lösung gebadet:

2 ccm	Chlorwasserstoffsäure (spez. Gew. 1,19)
75 ccm	Glyzerin
1000 ccm	Wasser

Der einzige Zweck dieses Bades ist, die Hydrolyse des Zinnsalzes zu verhindern. Das eigentliche Beizbad ist folgendermaßen zusammengesetzt:

5 g	Oxalsäure
2 g	Ammoniumnitrat
50 ccm	Glyzerin
14 ccm	Zinnchloridlösung (Stannichloridlösung) (spez. Gew. 1,5)
3,5 g	rotes Blutlaugensalz
1000 ccm	Wasser

Das Bild wird ausgebleicht und besteht schließlich aus Silber und Stanniferrocyanid; ersteres kann durch Baden in folgender Lösung entfernt werden:

6 g	Natriummetabisulfit
31 g	Fixiersalz
13 g	Chlorammonium (Salmiak)
1000 ccm	Wasser

Nachdem das Bild gut ausgewaschen wurde, färbt man es an.

[1] Amer. Pat. 1279248; EDERS Jahrb. f. Phot. u. Reprod. 29, 1915—1920, S. 170.
[2] Amer. Pat. 1331092, 1920; Science et Techn. Ind. Phot. 1, 1921, S. 28.

Von allen diesen Methoden (auch die Uvachromie von A. Traube gehört hieher) hat sich nach den Erfahrungen des Verfassers wohl diejenige mit Verwendung des Kupfersulfocyanids am besten bewährt; diese Methode wurde zuerst von J. H. Christensen[1] angegeben und später durch A. u. L. Lumière und A. Seyewetz modifiziert:[2]

A.	26 g	Kupfersulfat
	60 g	Kaliumcitrat
	30 g	Eisessig
	800 ccm	Wasser
B.	20 g	Kaliumsulfocyanid
	200 ccm	Wasser

Knapp vor dem Gebrauch mische man *B* mit *A* und füge 1000 ccm Wasser hinzu. Das ganze soll eine helle klare Flüssigkeit bilden. Ist sie bräunlich oder trüb, so war das verwendete Kupfersalz nicht rein; es sei daher wärmstens empfohlen, nur ganz reines Kupfersalz zu benutzen. Eine gemeinsame Vorratslösung aus obigen Lösungen anzusetzen, kann nicht angeraten werden, weil darin infolge sehr rasch eintretender Zersetzung Cuprisulfocyanid ausgeschieden würde. Die oben angegebenen Lösungen sind nur halb so konzentriert als in der zitierten Publikation von A. und L. Lumière und A. Seyewetz vorgeschrieben wurde; diese Abänderung hat sich sehr gut bewährt, weil die von uns angegebene Lösung eine geringere Tendenz zur Bildung von Kupfersalzniederschlägen zeigt. Die Bildung der Kupfersalzniederschläge macht sich dadurch bemerkbar, daß die Lösung trübe wird. Bilden sich während des Gebrauchs Kupfersalzniederschläge und wird das Bild infolgedessen unvollkommen gebleicht, so gieße man das Bleichbad fort und verwende ein frisches. Das Bild wird beim Bleichen nicht immer sofort weiß, sondern zunächst schmutziggrau; erst nach gründlichem Auswaschen wird es weiß. Folgender Vorgang ist zu empfehlen: Nachdem das Bild nach dem Bleichen rasch abgespült wurde, kommt es in eine 10%ige Kaliumcitratlösung und wird in dieser 10 Minuten lang belassen, wobei man die Schale mit der Lösung ununterbrochen schaukelt; hierauf wird das Bild in fließendem Wasser abgespült. Die beschriebene Methode verhindert die Trübung der Gelatine durch die Kupfersalze.

A. Seyewetz[3] empfahl 0,5%ige Farbbäder mit einem 1%igen Zusatz von Eisessig. Nach den Erfahrungen des Verfassers genügt ein 0,25%iges Farbbad, der Eisessigzusatz bleibt 1%ig. Selbst mit diesem verdünnteren Bad werden die Weißen des Bildes fast immer verfärbt; bleibt diese Verfärbung auch nach dem Waschen bestehen, so bade man das Bild in folgender Lösung:

0,4 g	Kaliumpermanganat
2 ccm	Schwefelsäure
1000 ccm	Wasser

Dieses Bad darf nicht länger als $^1/_2$ bis 2 Minuten dauern, weil sonst ganz feine Farbspuren in den Weißen auftauchen. Hierauf wird das Bild unter der Wasserleitung abgespült und schließlich in einer 6,5%igen angesäuerten Sulfitlauge gebadet. An Stelle der oben angegebenen Kaliumpermanganatlösung

[1] D. R. P. 319459, 319477, 334277; Phot. Korr. 57, 1920, S. 274; Eders Jahrb. f. Phot. u. Reprod. 29, 1915—1920, S. 173, 179.

[2] Rev. Franç. Phot. 7, 1926, S. 294; Amer. Phot. 21, 1927, S. 175; Bull. Soc. franç. Phot. 68, 1926, S. 305.

[3] Brit. Journ. of Phot. 71, 1924, S. 611; Rev. Franç. Phot. 4, 1923, S. 288.

ist auch eine 0,5%ige Natriumhydrosulfitlösung oder eine Ammoniaklösung verwendbar, mit denen man aber sehr vorsichtig umgehen muß, weil sonst das ganze angefärbte Bild gebleicht wird. Der Arbeitsvorgang mit den zuletzt genannten Lösungen ist folgender: Das angefärbte Bild (Positiv) wird mit einem mit der Natriumhydrosulfitlösung getränkten Wattebausch befeuchtet und in fließendem Wasser (unter der Wasserleitung) rasch abgespült; bei genügend sorgfältiger Durchführung dieser Operationen werden die Weißen des Bildes vollkommen entfärbt, ohne daß dabei die übrige Anfärbung Schaden leidet.

Die Positive für dieses Verfahren sollen nicht zu dicht sein; dünne weiche Positive liefern bessere Ergebnisse und brauchen nach der Anfärbung nicht zwecks Entfernung der Silbersalze fixiert zu werden.

Bezüglich der zu verwendenden Farben sei folgendes bemerkt: Zur Anfärbung von farblosen Bildreliefs eignen sich folgende sauren Farbstoffe und Azofarbstoffe: Für das rote Teilbild: Säurefuchsin, Erythrosin, Tiefrot *D*, Lanafuchsin 6 *B*, Brillant-Lanafuchsin *SL* (CASSELLA), Xylenrot *B*, Pinatypierot *F* oder eine 4%ige Lösung von natürlichem Karmin mit einem ganz geringen Zusatz von Ammoniakflüssigkeit. Für das gelbe Teilbild kommen folgende Farben in Betracht: Primulin, Pinatypiegelb *F*, Naphtholgelb *S*, Mikadogelb und Dianilgelb. Für das blaue Teilbild werden benutzt: Diaminreinblau 6 *B*, bläuliches Dunkelgrün und Patentblau *V*.

Die genannten Farbstoffe kommen in 0,5%igen Lösungen mit einem ganz geringen Zusatz von Eisessig in Verwendung — eine Ausnahme bilden Karmin und Erythrosin, da diese sich mit Säuren nicht vertragen. Da die Farbstofflösungen nur das an sich farblose Bildrelief anfärben, können wir das Anfärben so lange fortsetzen, bis die gewünschte Tiefe des Farbtones erreicht ist — gegebenenfalls notwendige Abschwächungen sind dadurch zu erzielen, daß das Bild vorne und rückwärts rasch abgespült wird.

Für die Beizfarbenverfahren kommen nachstehend genannte basische Farbstoffe in Betracht: Für das rote Teilbild: basisches Fuchsin, Akridinrot 3 *B*, Rhodamin *S* und Toluidinblau. Für das gelbe Teilbild: Auramin (wohl am besten geeignet), Brillantphosphin 5 *A*, Akridingelb *A* oder Thioflavin *T*. Für das blaue Teilbild: Methylenblau, Methylengrün, Capriblau, Nilblau 2 *B* oder eine Mischung der zwei an erster Stelle genannten blauen Farbstoffe. Auch Malachitgrün ist verwendbar; da dieses allein viel zu grünlich ist, muß ihm einer der angeführten blauen Farbstoffe beigemengt werden.

Das Imbibitions- oder Hydrotypie-Verfahren wurde zuerst von E. EDWARDS[1] und später wiederum von CH. CROS[2] angegeben; vom rein praktischen Standpunkt betrachtet, ist dieses Verfahren mit der Methode vergleichbar, mit Hilfe eines Gummistempels Farbe auf Papier zu übertragen. Die im vorstehenden beschriebenen Verfahren zur Gewinnung eines Reliefbildes erweisen sich auch für diese Arbeitsmethode gut verwendbar und haben den Vorteil, sehr reine Weißen zu liefern. Auch bei dem im Jahre 1903 von L. DIDIER[3] angegebenen Verfahren wird von der Tatsache Gebrauch gemacht, daß gehärtete und ungehärtete Gelatine Farbstofflösungen in verschiedenem Maße absorbieren. Das von DIDIER angegebene Verfahren wurde der Firma FARBWERKE vorm. MEISTER, LUCIUS & BRÜNING, Höchst a. M., patentiert[4] und ist als Pinatypie

[1] E. P. 1362/1875, Amer. Pat. 150946.

[2] F. P. 139396 von 1880, hiezu ein Zusatzpatent am 25. Juni 1881; Phot. Wochenbl. 7, 1881, S. 176.

[3] F. P. 337054 von 1903, Amer. Pat. 888453.

[4] D. R. P. 176693; E. P. 557/1905; EDERS Jahrb. f. Phot. u. Reprod. 21, 1907, S. 434; Phot. Chron. 14, 1907, S. 397; Phot. Rundsch. 53, 1916, S. 25; 57, 1920,

bekannt. Der Vorteil dieses Verfahrens ist folgender: sobald einmal die „Druckplatten“ oder Matrizen vorhanden sind, ist jede beliebige Anzahl von Abzügen auf Papier, dessen Oberfläche mit Gelatine überzogen wurde („Übertragungspapier“), herstellbar.

Die zugrunde liegenden Negative, nach denen Diapositive hergestellt werden, müssen — wenn das Verfahren gute Ergebnisse liefern soll — ziemlich dünn und weich sein; das gleiche gilt für die Diapositive, nach denen wiederum die sogenannten „Druckplatten“ angefertigt werden. Man benötigt somit zur Herstellung einer Dreifarbenphotographie 9 Platten.

Die sogenannten „Druckplatten“ sind Kopien auf Platten, deren lichtempfindliche Schicht aus Bichromatgelatine nachstehender Zusammensetzung besteht:

50 g harte Gelatine
1000 ccm Wasser

Die Gelatine wird 30 Minuten lang in Wasser geweicht, hierauf in einem Wasserbad bei 60° C geschmolzen und, sobald sie sich aufgelöst hat, filtriert.

Die gut gereinigten und getrockneten Glasplatten, welche mit der Gelatinelösung begossen werden sollen, werden auf die Glasplatte eines horizontierten Nivelliergestells gelegt; das Gefäß mit der Gelatinelösung wird inzwischen in heißem Wasser stehen gelassen, damit sie nicht erstarrt. Für je 100 qcm zu begießende Fläche benötigt man 5 ccm Gelatinelösung. Zum Gießen der Gelatine bedient man sich mit Vorteil einer Meßpipette, mit deren Hilfe eine gleichmäßige Verteilung der Gelatine auf der zu begießenden Fläche leicht möglich ist, vorausgesetzt, daß in dem zur Verfügung stehenden Arbeitsraum keine zu tiefe Temperatur herrscht. Sobald die Platten begossen sind, werden sie an einem warmen staubfreien Ort getrocknet; zum Trocknen genügen wohl 12 Stunden — das Trocknen in einem Trockenschrank ist natürlich in jeder Hinsicht vorteilhafter und daher vorzuziehen.

Dieser Vorgang, bei dem also die Glasplatten zunächst mit reiner Gelatinelösung begossen werden, ist unbedingt jener Methode vorzuziehen, gemäß welcher das Begießen der Platten unmittelbar mit Bichromatgelatine erfolgt; dies hat seinen Grund darin, daß wir im erstgenannten Falle eine größere Menge mit Gelatine begossener Platten vorbereitet halten können, die bei Bedarf sensibilisiert werden. Das Sensibilisierungsbad besteht aus einer 2%igen Ammoniumbichromatlösung, in welcher man die gelatinierten Platten 3 Minuten lang beläßt. Zieht man es vor, sogleich Bichromatgelatine zu verwenden, so werden der oben angegebenen Gelatinelösung 20 g Bichromat beigefügt.

Die Kopierdauer ist für solche Schichten ungefähr die gleiche wie beim Pigmentverfahren; die Benutzung eines Kopierphotometers ist empfehlenswert — allerdings läßt sich der Kopiergrad auch nach dem Grad der Bräunung des Bildes gegenüber der gelblichen Gelatineschicht beurteilen.

Um die beschriebene Reihe der Arbeitsgänge abzukürzen, hat DIDIER[1] folgende Methode angegeben: Man verwendet als „Druckplatten“ unmittelbar die Silberdiapositive, welche ziemlich dicht (mit reinen Weißen) sein sollen; die Diapositive werden mit Hilfe eines Entwicklers hervorgerufen, der wegen seines reichlichen Sulfitgehaltes auf die Gelatine nicht gerbend wirkt. Das Diapositiv für das Gelbbild soll ein wenig dichter sein als die anderen. Das Gelbbilddiapositiv wird nunmehr in folgender Lösung sensibilisiert:

S. 330. Das von den Farbwerken in Höchst herausgegebene Pina-Handbuch (11. Ausg.) bietet ausführliche Anleitungen für die Ausübung des Pinatypie-Verfahrens.

[1] Brit. Journ. of Phot. 54, 1907, Col. Phot. Suppl. 1, S. 43; Phot. de Coul. 2, 1907, S. 77.

12,5 g Ammoniumbichromat
100 ccm Ammoniak
1000 ccm Wasser

Die Sensibilisierungsbäder für das Blau- und Rotdiapositiv sind 2%ige Bichromatlösungen mit einem Zusatz von 20% Ammoniakflüssigkeit. Nach dem Trocknen werden die Platten auf der Rückseite gut gereinigt und zusammen mit einem Stück Chlor-Gelatine- oder Chlor-Kollodium-Auskopierpapier in einen Kopierrahmen so eingelegt, daß die Schichtseite des Papiers mit der Schichtseite der Platte in Kontakt ist. Das Papier dient lediglich als Photometerpapier; sobald die Details in den Schattenpartien auf dem Papier gut sichtbar sind, wird die Platte aus dem Kopierrahmen herausgenommen und gut ausgewaschen oder zunächst in eine 5%ige Lösung von Ammoniakflüssigkeit (eventuell eine Sodalauge) gelegt und dann abgespült. Die Anwendung der letztgenannten Methode bedeutet eine Zeitersparnis.

Die Entfernung des schwarzen Silberbildes mit Hilfe eines Abschwächers ist empfehlenswert, da auf diese Art das Zusammenpassen der Teilbilder erleichtert wird.

Der Verfasser bedient sich seit vielen Jahren mit Vorteil der zuletzt beschriebenen Methode; sie ist dem ursprünglichen, eigentlichen Pinatypieverfahren vorzuziehen, weil sie weniger Schwierigkeiten bereitet und bessere Ergebnisse liefert. Die „druckende" Gelatine ist bei der zuletzt beschriebenen Methode etwas weicher und wird von einer gehärteten Gelatineschicht getragen; aus diesem Grunde sind diese Druckplatten dauerhafter und liefern wesentlich gleichmäßigere Abzüge.

Die Rezepte für die Farbstofflösungen sind weiter oben zu finden. Die Druckplatte wird in die Farbstofflösung eingelegt und bleibt darin zunächst etwa 15 Minuten lang (bis der Farbton die nötige Tiefe hat) und dann noch weitere 10 Minuten lang liegen. Die Druckplatte wird vor der Anfertigung jedes einzelnen Abzuges frisch angefärbt. Pinatypiespezialpapiere sind im Handel erhältlich, aber auch jedes beliebige gelatinierte Papier (wie z. B. ausfixiertes Bromsilberpapier oder Gaslichtpapier) ist verwendbar. Das Papier wird vor dem Gebrauch gut ausgewaschen, in einer 5%igen Formaldehydlösung 5 Minuten lang gebadet und sodann, ohne wieder ausgewaschen zu werden, getrocknet. Hierauf badet man das Papier 10 Minuten lang in kaltem Wasser, preßt es sodann mit der Schichtseite gegen eine ebene Fläche (etwa eine Glasplatte), tupft das anhaftende Wasser mit Hilfe eines staubfreien Tuches ab und läßt das Papier 2 bis 3 Minuten lang liegen. Schließlich wird das Papier von seiner Unterlage abgenommen und mit der angefärbten Druckplatte in Kontakt gebracht.

Dem Neuling mag es ziemlich einfach erscheinen, Druckplatte und Papier unter Wasser in richtigen Kontakt zu bringen, d. h. das Zusammenpassen der Teilbilder zu bewirken, tatsächlich ist dieser Arbeitsvorgang nicht so leicht durchführbar; dem Anfänger sei folgender Arbeitsgang empfohlen: Man legt zwischen Druckplatte und Papier zunächst eine dünne Zelluloidfolie, die in der einen Richtung breiter ist als das zu bedruckende Papier, über dieses also hinausragt, in der anderen Richtung jedoch schmäler ist als das Papier, dieses also nicht ganz bedeckt. Man bringt nun Druckplatte und erstes Teilbild unter Zwischenschaltung der Zelluloidfolie in die richtige Stellung zueinander, klammert an jener Seite, an der die Zelluloidfolie schmäler ist als das Papier, Platte und Papier zusammen und zieht jetzt die Folie heraus, ohne dabei das Papier zu verschieben.

Zuerst wird die blaue Druckplatte vorgenommen und das Übertragungspapier an diese gut angequetscht. (Man verwende keinen Rollenquetscher, sondern einen Quetscher, der aus einem in Holz gefaßten Gummistreifen besteht.) In diesem Zustand legt man beide zusammen — das Papier nach oben — auf eine ebene (etwas elastische) Unterlage wie z. B. ein altes Buch und lasse sie hier etwa 15 Minuten lang liegen. Sodann wird eine Ecke des Papiers abgehoben, um nachzusehen, ob die Übertragung der Farbe schon hinreichend fortgeschritten ist; ist dies etwa noch nicht der Fall, so wird die abgehobene Ecke wieder sorgfältig angequetscht. Sodann folgt das „Abdrucken" der Rot- und schließlich der Gelbplatte. Diese Reihenfolge bewährt sich deshalb am besten, weil bei Einhaltung derselben das einwandfreie Zusammenpassen der Teilbilder am leichtesten durchführbar ist — natürlich bedient man sich beim genauen Zusammenpassen der Teilbilder einer Lupe. Platte und Papier können bei dieser Arbeit auf eine unter 45° gegen den Horizont geneigte Glasplatte gelegt werden, die von unten her direkt (Glühlampe) oder mit Hilfe gespiegelten Lichtes durchleuchtet wird. Alle beschriebenen Operationen erscheinen, so lange man von ihnen nur liest, sehr umständlich und schwierig; tatsächlich sind sie — verfügt man nur über etwas Übung — verhältnismäßig leicht ausführbar.

Um das auf vorstehend beschriebene Art gewonnene Bild haltbar zu machen, legt man es in ein spezielles von den Farbwerken in Höchst a. M. angegebenes Fixierbad oder für 5 Minuten in eine 3%ige Kupfersulfatlösung; schließlich wird das Bild abgespült und getrocknet.

Bei wiederholter Benutzung werden die Druckplatten sehr dunkel; von solchen Platten hergestellte Abzüge sind sehr schwer zusammenzupassen. Dunkel gewordene Druckplatten können in folgender Lösung leicht wieder entfärbt werden.

2 g	Kaliumpermanganat
1 ccm	Schwefelsäure
1000 ccm	Wasser

Sobald die Farbe gebleicht ist, kommt die „Druckplatte" in eine 5%ige angesäuerte Sulfitlauge, wird hierauf abgewaschen und schließlich getrocknet.

Es gibt noch eine ganze Reihe hiehergehöriger Verfahren, wie z. B. die Tonungsverfahren mit Eisen- und Quecksilbersalzen; da die damit gewonnenen Bilder fast immer unbefriedigend sind, wollen wir diese Methoden nicht weiter beschreiben. Die sogenannten Diazotypieverfahren[1] sowie die Methoden der farbigen Entwicklung[2] haben sich nicht bewährt — hauptsächlich wohl aus dem Grund, weil man sich mit diesen Methoden bisher noch nicht eingehend genug beschäftigt hat.

Das Bichromat-Gummiverfahren, der Bromöldruck, der Bromölumdruck[3] sind für unsere Zwecke gleichfalls verwendbar; das letztgenannte Verfahren eignet sich unter den genannten zweifellos am besten. Mißlich ist es allerdings, daß die einzelnen nach dieser Methode nacheinander hergestellten Abzüge nicht ganz gleichmäßig geraten und nur mit großen Schwierigkeiten zusammengepaßt werden können; verfertigt man die Bromölumdrucke auf einer Zelluloidunterlage, z. B. auf Kodak Prozeß-Film, so wird die Schwierigkeit des Zusammenpassens wesentlich geringer. Bei Verwendung dieser Filmsorte bedarf es keiner Modifikation der normalen, beim Bromölumdruck gebräuchlichen Arbeitsmethode.[4] Es ist vielleicht möglich, — allerdings ergaben einschlägige Versuche des Verfassers noch nicht solche Ergebnisse, wie sie wünschens-

[1] E. J. Wall, History of Three Colour Photography, Boston 1925, S. 420.
[2] E. J. Wall, l. c. S. 406.
[3] G. Böhm, Photofreund, 5, 1925, S. 59.
[4] Adr. B., Focus, 13, 1926, S. 4; Amer. Phot. 21, 1927, S. 176.

wert wären — einen gerbenden Entwickler, z. B. Brenzkatechin (wie er oben zur Entwicklung von „Reliefbildern" empfohlen wurde) zu benutzen und eine Art Lichtdruckplatte herzustellen, auf der sich Fettfarben aufbringen lassen. Natürlich können auch Positive auf Glasplatten mit einer Bleichlösung wie beim Bromöldruck behandelt und hernach als Druckplatten verwendet werden. Es handelt sich hier, wie man sieht, um ein modifiziertes vereinfachtes Lichtdruckverfahren. Für alle diese Übertragungsverfahren benötigt man einwandfreie Fettfarben, wie sie z. B. bei Kast & Ehinger in Stuttgart, Klimsch & Co. in Frankfurt a. M. und Dr. Emil Mayer in Wien erhältlich sind.

7. Die Herstellung von Diapositiven (Projektionsbildern) in natürlichen Farben. Bedenkt man, daß ein Durchsichtsbild (transparentes Bild) eigentlich nichts anderes ist, als ein Bild (eine Kopie) auf einer durchsichtigen Unterlage, so ist es klar, daß etliche der im vorstehenden beschriebenen Verfahren zur Anfertigung von Diapositiven in natürlichen Farben verwendet werden können.

L. Vidal[1] hat wohl als erster das Pigmentverfahren zur Herstellung farbiger Projektionsbilder (Durchsichtsbilder) herangezogen; seit damals ist dies sehr gebräuchlich. Die ausführlichste Beschreibung dieses Verfahrens gab A. Hübl,[2] der wir im nachstehenden folgen. Papier oder Zelluloid wird mit einer Bromsilberemulsion überzogen; auf 100 qcm zu überziehende Fläche entfallen etwa 0,5 g Gelatine und 0,4 g Bromsilber. Das Verhältnis der Silbersalzmenge zur Gelatinemenge ist für das Aussehen des schließlich erzielten Bildes ausschlaggebend. Beim Kopieren kräftiger Negative nehme man mehr Bromsilber, um die Bildung eines zu hohen (zu stark ausgeprägten) Reliefs zu verhindern, während für zarte Negative die angegebene Bromsilbermenge vermindert wird. Das Begießen des Papiers mit der Emulsion kann bei Tageslicht erfolgen, da das Silbersalz hier lediglich als Pigment, nicht aber als lichtempfindliche Substanz fungiert.

Das mit der Pigmentschicht überzogene Papier wird genau so wie beim gewöhnlichen Pigmentverfahren sensibilisiert; auch das Kopieren und Entwickeln erfolgt in der normalen Art. Die jeweils zusammengehörigen drei Papierstücke werden aus der Rolle in der gleichen Richtung herausgeschnitten, da die Papiere im Wasser in der Längs- und Breitenrichtung verschieden starke Dehnungen erleiden. Das belichtete Papier wird nicht eingeweicht, sondern mit einem breiten Pinsel auf der Schichtseite benetzt und mit dieser rasch auf eine Glasplatte aufgequetscht. Nach der Entwicklung wird das Silbersalz mit Hilfe eines Abschwächers entfernt.

Im nachstehenden sei ein genaues Rezept zur Herstellung der Pigmentschicht angegeben:

Zunächst stelle man eine Gelatine-Leimlösung her:

55 g Kölnerleim
500 ccm Wasser

Man tue beides in ein abgewogenes Becherglas, lasse den Kölnerleim 12 Stunden lang weichen, gieße sodann das Wasser ab und wiege das Becherglas samt dem Leim. Hierauf fülle man so viel Wasser nach, daß der Inhalt des Glases 660 g wiegt. Nun füge man

55 g Gelatine

[1] Vgl. Bull. Soc. franç. Phot. 16, 1870, S. 114.

[2] Die Dreifarbenphotographie, 1. Aufl., W. Knapp, Halle a. d. S. 1897.

hinzu und lasse die Gelatine eine Stunde lang weichen. Das ganze wird sodann auf ein Wasserbad von 50° C gestellt, damit die Gelatine und der Leim schmelzen. Ist dies geschehen, so füge man weiters

40 ccm Alkohol

hinzu.

Ferner wird eine Bromsilber-Gelatineemulsion wie folgt hergestellt:

10 g Gelatine
6 g Bromkalium
100 ccm Wasser

Die Gelatine wird bei 50° C im Wasserbad geschmolzen; der so gewonnenen Emulsion wird langsam unter fortwährendem Rühren folgende Lösung zugefügt:

5 g Silbernitrat
50 ccm Wasser

Die Bromsilber-Gelatineemulsion verbleibt 15 Minuten lang in der Temperatur von 50° C, wird sodann in eine flache Schüssel gegossen — die Emulsionsschicht soll in der Schüssel eine Höhe von etwa ½ cm haben — und bleibt über Nacht womöglich auf Eis stehen. Nach 12 Stunden zerteile man die Emulsion mit einer Silbergabel in kleine würfelförmige Stücke und lege diese auf ein reines Tuch, dessen Ecken so zusammengebunden werden, daß es einen Beutel bildet. Den Beutel hänge man ins Wasser, wechsle das Wasser sechsmal nacheinander alle 5 Minuten und quetsche den Beutel jedesmal gut aus. Hernach öffne man den Beutel, nehme die Emulsion heraus und lasse sie etwa eine Stunde lang trocknen. Die Emulsionsstücke werden sodann bei 50° C geschmolzen; schließlich werden 75 ccm Alkohol hinzugefügt. Nunmehr verrührt man die Bromsilber-Gelatineemulsion in die warme Gelatine-Leimlösung; man gewinnt nach allen diesen Operationen etwa 1000 ccm einer milchigen Emulsion — erscheint diese Menge ein wenig über- oder unterschritten, so hat dies keine wesentliche Bedeutung. Wie das Papier oder das Zelluloid mit der Emulsion überzogen wird, haben wir bereits früher beschrieben.

Die Sensibilisierung des emulsionierten Papiers oder Zelluloids erfolgt bisweilen derart, daß das Bichromat direkt der im flüssigen Zustand befindlichen Emulsion beigefügt wird; besser ist es, einen Vorrat von nur mit einer Pigmentschicht überzogenen Papieren zur Verfügung zu haben und die einzelnen Blätter bei Bedarf zu sensibilisieren. Man bediene sich dabei des früher (s. S. 161) angegebenen Sensibilisierungsbades.

Das Kopieren erfolgt bei Verwendung von Zelluloid als Schichtträger von der Rückseite her, d. h. durch das Zelluloid hindurch. Der Kopierrahmen wird auf den Boden einer etwa 50 cm tiefen Schachtel ohne Deckel gelegt; diese Maßnahme dient dazu, um stark seitlich einfallendes Licht von der Kopie tunlichst abzuhalten. Bei hellem diffusem Tageslicht genügen 2 bis 4 Minuten Belichtungszeit. Die Benutzung eines Kopierphotometers zur Kontrolle ist wohl überflüssig, da das Bild auf der Emulsionsschicht sehr leicht zu beurteilen ist; man kopiert so lange, bis in den Hochlichtern Details deutlich zu erkennen sind. Während der Prüfung des Kopiergrades darf kein zu helles Licht zur Kopie gelangen.

Die Entwicklung der Bilder erfolgt in Wasser von nicht mehr als 45° C; das Fortschreiten der Entwicklung ist sehr leicht zu verfolgen, da das Bromsilber, wie bereits früher bemerkt wurde, als Pigment wirkt. Ist die Entwicklung beendet, so bringt man das Bild in kaltes Wasser. Das in der unlöslich gewordenen Gelatine eingelagerte als Pigment wirkende Silbersalz wird mit Hilfe eines FARMERschen Fixiernatron-Kaliumferricyanid- oder besser mit Hilfe eines BELITZKIschen Abschwächers entfernt; dies ist notwendig, weil das Silbersalz sonst durch die Einwirkung des Lichtes allmählich geschwärzt (in metallisches Silber umgewandelt) wird und die Farbe des Bildes infolgedessen an Brillanz einbüßt.

Es ist klar, daß alle früher (S. 160 ff.) beschriebenen Verfahren zur Herstellung von Reliefbildern für den hier in Rede stehenden Zweck verwendet werden können; als bestes Bildträgermaterial sei der KODAK-Duplicating-Film genannt. Auch gewöhnlicher Rollfilm ist verwendbar, sobald dessen Gelatinehinterguß, welcher dazu aufgebracht wird, damit sich der Film nicht werfe, entfernt wurde.

Befinden sich alle drei Teilbilder auf Zelluloidschichtträgern, so müssen sie schließlich zwischen zwei Deckgläsern montiert werden; für solche Diapositive benötigt man ziemlich dicke Diapositivrahmen. Um dieser Schwierigkeit zu entgehen, stellt man zwei Teilbilder auf Diapositivplatten, das dritte Teilbild jedoch auf einem Zelluloidträger her und legt letzteren zwischen die zwei ersteren. In diesem Falle muß eines der Glasbilder „seitenverkehrt" gemacht werden. Wird das „seitenverkehrte" Bild als Kontaktkopie hergestellt, so leidet seine Schärfe; aus diesem Grunde empfiehlt es sich, dieses Bild mit Hilfe eines Projektions- (Vergrößerungs-) Apparates herzustellen. Zur Herstellung der drei Teilbilder (zwei Teilbilder auf Diapositivplatten, ein Teilbild auf Zelluloid) benötigt man einen besonders konstruierten Negativrahmen, welcher in die üblichen vertikal montierten Vergrößerungsapparate, die bekanntlich auch zur Herstellung von Verkleinerungen verwendbar sind, eingeschoben wird. In diesen Negativrahmen werden zwei Negative mit der Schichtseite gegen die Lichtquelle, das dritte Negativ verkehrt eingelegt; alle drei Schichtseiten müssen in einer Ebene liegen, damit alle drei Negative ohne Nachstellung einzelner auf dem Projektionsschirm scharf abgebildet erscheinen. Alle drei Bilder müssen auch gleich groß werden, damit man sie genau zusammenpassen kann. Zwischen die Lichtquelle, einer gewöhnlichen elektrischen Glühlampe, und den Negativrahmen wird eine Opalglasscheibe eingeschaltet, welche dazu dient, das von der Lichtquelle kommende Licht diffus zu machen. Auf dem weißen Bildauffang- (Projektions-) Schirm sind Rechtecke verschiedener Größe sowie Maßstäbe aufgezeichnet, um auf einfache Art bestimmte Bildgrößen (Vergrößerungen) einstellen zu können. Diapositivplatten (falls die Kopien [Vergrößerungen] auf solchen hergestellt werden) werden zwischen kurzen im Projektionsschirm eingelassenen Metalleisten derart eingeklemmt, daß ihre Schichtseite genau in die Ebene des Auffangschirms fällt. Der Auffangschirm ist zwecks genauer Einstellung nach vorne (oben) und rückwärts (unten), aber auch nach der Seite verschieblich und wird nach erfolgter Einstellung mit Hilfe einer Schraube an seinem Träger festgeklemmt. Auf die beschriebene Art lassen sich Durchsichtsbilder sehr einfach und rasch herstellen.

Wir haben früher erwähnt, daß man bei der Herstellung farbiger Durchsichtsbilder zwei Teilbilder auf Glasplatten, das dritte Teilbild auf einer Zelluloidunterlage erzeugt; im allgemeinen verfährt man dabei so, daß man das Blaubild und das Rotbild als Glasbilder herstellt. Das Rotbild gewinnt man durch Beizung mit Cuprisulfocyanid, das Blaubild durch Blautonung, wofür bereits auf S. 171 ein Rezept angegeben wurde; auch nachstehend angegebenes Blautonungsbad liefert eine sehr gute Anfärbung:

5 g	Eisenalaun
5 g	rotes Blutlaugensalz
10 g	Eisessig
1000 ccm	Wasser

Sobald man bei Betrachtung des Bildes von der Rückseite her bemerkt, daß das Bild blau geworden ist, wird es gut gewässert, in einem sauren Fixierbad fixiert und neuerlich ausgewaschen. Hierauf kommt das Bild für zwei Minuten in eine 2%ige Lösung von Chlorwasserstoffsäure, in welcher die blaue Färbung in ein prächtiges Blaugrün übergeht.

Das Pinatypieverfahren bietet die Möglichkeit, sehr schöne farbige Diapositive herzustellen; in dem bereits früher erwähnten Pina-Handbuch findet man die einschlägigen Arbeitsvorschriften und Rezepturen, aus denen wir im nachstehenden einen kurzen Auszug bieten. Rein geputzte Glasplatten werden mit einer 4%igen Lösung von harter Gelatine überzogen, welche durch zwei Schichten feines Leinentuch filtriert wurde; man benötigt etwa 5 ccm Gelatinelösung pro 100 qcm Glasoberfläche. Entweder wird die Gelatinelösung direkt durch Beifügung einer 3%igen Ammoniumbichromatlösung sensibilisiert oder man badet die mit reiner Gelatinelösung begossenen Platten in einem besonderen Sensibilisierungsbad; der letztgenannte Arbeitsvorgang ist, wie bereits mehrmals erwähnt wurde, im allgemeinen vorzuziehen, da die mit reiner Gelatine überzogenen Platten unbegrenzt haltbar sind.

Das Grünfilterdiapositiv wird folgendermaßen hergestellt: Auf eine sensibilisierte Bichromatgelatineplatte (s. oben) wird dasjenige Positiv kopiert, welches nach dem Grünfilter-Negativ hergestellt worden war; hierauf wird die Kopie so lange gewaschen, bis sie nicht mehr gelblich erscheint, darnach in eine 5%ige Natriumbisulfit- oder Kaliummetabisulfitlösung gelegt und schließlich neuerdings ausgewaschen. Um das Verfahren abzukürzen, wäscht man die Kopie zuerst etwa 1 Minute lang in Wasser und badet sie dann in der Sulfitlösung etwa 5 Minuten lang bzw. so lange, bis ihr gelblicher Farbton verschwindet; schließlich wird die Kopie gewässert. Nun läßt man die Platte trocknen, kann sie aber auch unmittelbar nach dem Wässern anfärben. Das Farbbad ist eine 1%ige Lösung von Pinatypierot *F* oder eine gleich stark konzentrierte Lösung von natürlichem, in etwas Ammoniakflüssigkeit aufgelöstem Karmin. Sobald die Platte hinreichend angefärbt ist, wird sie abgespült, in einer 3%igen basischen Chromalaunlösung gehärtet, ausgewaschen und getrocknet.

Nun legt man das getrocknete rot angefärbte Grünfilterdiapositiv auf eine sorgfältig horizontierte Glasplatte (auf ein Nivelliergestell), übergießt es mit einer 4%igen Bichromatgelatinelösung und läßt es an einem staubfreien Ort gut trocknen. Nach dem Trocknen wird unter exakter Passung der Konturen dasjenige Positiv aufgelegt, welches nach dem Rotfilternegativ hergestellt worden war. Beide Platten werden entweder gut zusammengeklammert oder mit Klebestreifen verbunden, um ihr gegenseitiges Verrutschen zu verhindern. Die Kopierzeit für das Rotfilterpositiv ist 1½mal länger als jene für das Grünfilterpositiv, weil das Bichromat in die Schicht des Grünfilterdiapositivs eindringt. Nach erfolgter Belichtung wird die Kopie gewaschen, in einer Bisulfitlösung gebadet, mit Pinatypieblau *F* oder Diaminblau 6 *B* eingefärbt (die Farbstofflösungen sind 1%ig), neuerlich gut abgespült und schließlich in einer Chromalaunlösung gehärtet.

Das dritte Teilbild kann auf ähnliche Art hergestellt werden; im allgemeinen wird es sich aber empfehlen, für das dritte Teilbild eine eigene Glasplatte zu verwenden, und diese als Deckglas zu benutzen. Es ist klar, daß das Pinatypieverfahren auch in passender Kombination mit irgend einem anderen der beschriebenen Verfahren Verwendung finden kann.

Der Verfasser vorliegenden Beitrages hat mit Vorteil das von A. E. BAWTREE[1] angegebene Fischleimverfahren verwendet:

[1] Brit. Journ. of Phot. 60, 1913, Col. Phot. Suppl. 7, S. 41, 45.

570 ccm Fischleim
15 g Ammoniumbichromat
ergänzt mit Wasser auf 1000 ccm

Vorstehende Lösung wird, nachdem sie im Dunkeln etwa 2 Monate lang aufbewahrt wurde, sehr lichtempfindlich. Eine Glasplatte entsprechender Größe wird mit dieser Lösung begossen, rasch geschleudert, auf der Rückseite gereinigt, und schließlich bei etwa 27° C über einer Flamme getrocknet, wobei die Platte tunlichst nahe an die Flamme selbst herangebracht werden muß, da sonst die heißen Verbrennungsgase die aufgegossene Schicht unlöslich machen. Die Belichtung beim Kopieren erfolgt derart, daß das Licht zuerst den Träger der Fischleimschicht passiert, und dauert etwa 1 Minute bei Sonnenlicht (ungefähr im Juni), bzw. 12 Minuten bei Verwendung eines eingeschlossenen Lichtbogens bei 200 Volt und 4,5 Ampère in einer Entfernung von etwa 30 cm vom Kopierrahmen.

Nach dem Kopieren legt man die Platte für etwa 30 Sekunden in kaltes Wasser und spült sie dann unter einer sanften Brause ab.

Bezüglich der Einfärbung der einzelnen Teilbilder verweisen wir auf das, was bei der Herstellung von Bildern auf Papier gesagt wurde. A. HÜBL[1] empfiehlt nachstehend angeführte Farbstofflösungen zur Einfärbung farbloser Reliefbilder:

Für das Rotbild:

0,5 g Erythrosin
100 ccm Alkohol
ergänzt mit Wasser auf 1000 ccm

Für das Blaubild:

1 g Echtgrün
100 ccm Alkohol
6 ccm Eisessig
ergänzt durch Wasser auf 1000 ccm

Frü das Gelbbild:

0,5 g Naphtholgelb *SL*
100 ccm Alkohol
6 ccm Eisessig
50 ccm gesättigte Chromalaunlösung
ergänzt durch Wasser auf 1000 ccm.

Zeigt sich beim provisorischen Übereinanderlegen der Teilbilder, daß das eine oder das andere Bild insbesondere in den Hochlichtern zu dunkel angefärbt ist, so wäscht man die betreffende Platte in Wasser oder in einer stark verdünnten Ammoniak- oder Boraxlösung aus und badet sie, sobald sie hinreichend abgeschwächt erchseint, in folgender Lösung:

450 ccm Alkohol
20 ccm Eisessig
ergänzt durch Wasser auf 1000 ccm.

Bei Verwendung von Zelluloid als Träger für die lichtempfindliche Schicht ist ein 10%iger Zusatz von Glyzerin zum oberwähnten Bad empfehlenswert, um — bei Verwendung des Diapositivs (Durchsichtsbildes) als Projektionsbild — zu verhindern, daß das Zelluloid unter der Einwirkung der von der Lichtquelle des Projektionsapparates ausgehenden Wärmestrahlung brüchig (spröde) werde.

A. und L. LUMIÈRE[2] haben folgende Rezepte für die Farbstofflösungen angegeben:

---

[1] Die Dreifarbenphotographie, 3. Aufl., 1912, W. Knapp, Halle a. d. S. S. 98.
[2] Brit. Journ. of Phot. 49, 1902, S. 52.

Für das Rotbild:

25 ccm 3%ige Erythrosin *J*-Lösung
ergänzt durch Wasser auf 1000 ccm

Für das Blaubild:

417 ccm 3%ige Diamin-Reinblau *FF*-Lösung
ergänzt durch Wasser auf 1000 ccm

Für das Gelbbild:

4 g Chrysophenin *G*
167 ccm Alkohol
ergänzt durch Wasser auf 1000 ccm

Der Farbstoff wird in Wasser von 70° C aufgelöst, dann fügt man den Alkohol hinzu.

Arbeitet man nach einem Verfahren, bei welchem die Teilbilder getrennt auf einzelnen Schichtträgern erzeugt werden, so bilden sich selbstverständlich zwischen den einzelnen Bildern dünne Luftschichten; solche Luftschichten, die auch dann vorhanden sind, wenn die Teilbilder sehr eng aneinander gepreßt werden, bewirken unliebsame, mehr oder weniger deutlich bemerkbare Lichtreflexionen an den Trennungsflächen Luft-Glas. Dieser Schwierigkeit läßt sich leicht begegnen, wenn die Teilbilder mit Kanadabalsam zusammengekittet werden. Die Kittmasse besteht aus gleichen Gewichtsmengen Kanadabalsam (in Perlen) und Benzol oder Xylol; Chloroform zu verwenden, erscheint nicht empfehlenswert, weil dieses im Laufe der Zeit auf die Farben bleichend wirkt.

8. Die Zweifarbenverfahren. Wir haben uns bisher ausschließlich mit subtraktiven Methoden beschäftigt, bei denen drei Einzelbilder verwendet wurden, wollen aber nunmehr zeigen, daß unter Umständen auch bei Verwendung zweier Teilfarben eine einwandfreie Farbenwiedergabe möglich ist. Die letztgenannte Methode ist z. B. anwendbar, wenn es sich um farbige Porträtaufnahmen im Atelier handelt, bei denen eine vollkommen einwandfreie Wiedergabe der Kleider von sekundärer Bedeutung ist, und führt in allen jenen Fällen zu guten Ergebnissen, bei denen wir über die Konstitution der Farben des wiederzugebenden Objekts mehr oder weniger genau orientiert sind. Der Verfasser vorliegenden Beitrages hat Zweifarbenmethoden bei der Wiedergabe zweifarbiger für Unterrichtszwecke bestimmter Zeichnungen mit Vorteil verwendet. Insbesondere bei der Wiedergabe bakteriologischer und anderer angefärbter mikroskopischer Präparate, welche zumeist nur zweifarbig sind, bewährt sich das Zweifarbenverfahren vorzüglich.

1.
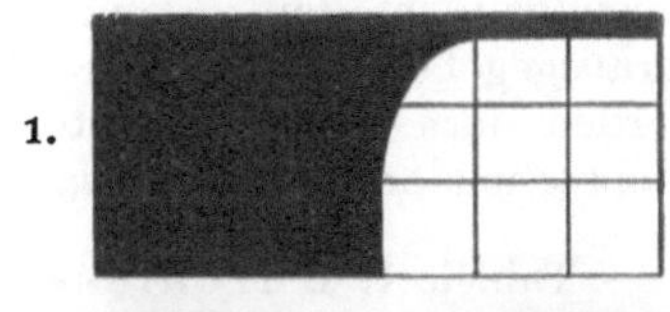

2.
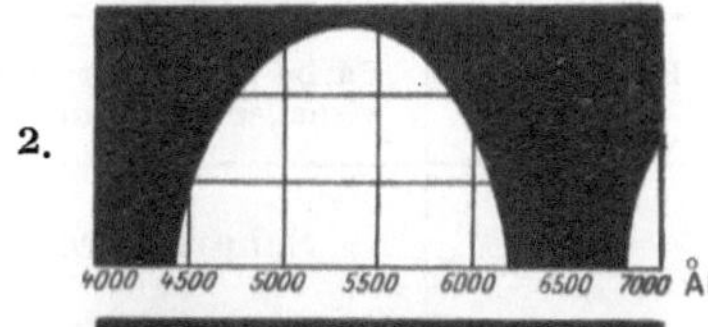

3.

Abb. 10. 1. Spektraler Durchlässigkeitsbereich des WRATTEN 22 (E 2)-Filters. 2. Spektraler Durchlässigkeitsbereich des WRATTEN 60 (P)-Filters. 3. Die doppelt schraffierte Fläche repräsentiert den spektralen Durchlässigkeitsbereich beider Filter zusammen.

Selbstverständlich können nach diesem Verfahren nicht alle Farben wiedergegeben werden; hieher gehören insbesondere die blauen und violetten Farbtöne, welche bei den früher erwähnten Porträtaufnahmen wohl kaum in Betracht kommen. Man verwendet bei der Aufnahme Rot- und Grünfilter; die besten Ergebnisse lassen sich im allgemeinen bei Benutzung des Wrattenfilters Nr. 22 (*E* 2), d. i. ein dunkelorangefarbiges Filter, und des Filters Nr. 60 (*P*) erzielen. Die Durchlässigkeitsbereiche dieser Filter sind in Abb. 10 zur Darstellung gebracht. Daraus ist zu entnehmen, daß das erstgenannte Filter den ganzen roten Wellenbereich bis zur Wellenlänge 550 $\mu\mu$ durchläßt, während sich der Transmissionsbereich des letztgenannten Filters zwischen den Wellenlängen 450 $\mu\mu$ und 610 $\mu\mu$ erstreckt. Die Übergreifung beider Durchlässigkeitsbereiche ist verhältnismäßig breit, ein Umstand, welcher der richtigen Wiedergabe gelber Farbtöne, die bekanntlich dem Auge am hellsten erscheinen, bei Verwendung beider Filter sehr zugute kommt. Tiefblaue und violette Töne werden durch ein Zweifarbenverfahren zumeist beinahe schwarz wiedergegeben. Bei Verwendung normaler panchromatischer Platten sind die Belichtungszeiten hinter beiden Filtern (Rot- und Grünfilter) fast gleich.

Zur Herstellung zweifarbiger Papier- oder Durchsichtsbilder sind verschiedene Kopierverfahren verwendbar, doch sind jene am einfachsten und geeignetsten, bei denen Reliefbilder entstehen. Folgende Farbstofflösungen zum Einfärben der Bilder seien empfohlen:

Für das Rotbild:

15 g Echtrot *D*
5 g Metanilgelb
50 ccm Eisessig
ergänzt durch Wasser auf 1000 ccm

Für das Grünbild:

15 g Wollgrün *S*
1,5 g Metanilgelb
30 ccm Eisessig
ergänzt durch Wasser auf 1000 ccm

Erscheint das Gesamtbild beim probeweisen Zusammenfügen der Teilbilder zu gelblich, so wird das Grünbild eine kurze Zeit lang in Wasser ausgewaschen.

Für bakteriologische und andere Arbeiten findet der Leser die besten Anweisungen in dem kleinen von der KODAK LIMITED (WRATTEN Division) herausgegebenen Büchlein Photomicrography (6. Aufl. 1922). Insbesondere werden dort die sogenannten „*M*“-Filter empfohlen, deren Charakteristika in nachstehender Tabelle zusammengestellt sind.

Tabelle 1. Durchlässigkeitsbereiche der WRATTEN-M-Filter

Bezeichnung des Filters	Farbe des Filters (bei visueller Betrachtung)	Durchlässigkeitsbereich
A	Scharlachrot	580 $\mu\mu$ bis zum Ende des roten Spektralgebietes
B	Grün	460 $\mu\mu$ bis 600 $\mu\mu$
C	Blauviolett	400 $\mu\mu$ bis 510 $\mu\mu$
D	Purpur	380 $\mu\mu$ bis 460 $\mu\mu$ und von 640 $\mu\mu$ bis zum Ende des roten Spektralgebietes
E	Orange	560 $\mu\mu$ bis zum Ende des roten Spektralgebietes
F	Reines Rot	610 $\mu\mu$ bis zum Ende des roten Spektralgebietes
G	Gelb	510 $\mu\mu$ bis zum Ende des roten Spektralgebietes
H	Blau	420 $\mu\mu$ bis 540 $\mu\mu$

Kombinationen je zweier in der obigen Tabelle angeführten Filter haben schmälere Durchlässigkeitsbereiche, deren Hauptwellenlängen in nachstehender Tabelle angegeben sind.

Tabelle 2. Hauptwellenlängen der Durchlässigkeitsbereiche von Kombinationen je zweier WRATTEN-M-Filter

Filterkombination	Hauptwellenlänge	Farbe
D und H	450 $\mu\mu$	Violett
C „ H	480 „	Blau
B „ C	505 „	Blaugrün
B „ H	520 „	Bläulichgrün
G „ H	535 „	Reines Grün
B „ G	550 „	Gelblichgrün
B „ E	575 „	Grünlichgelb
A „ D	660 „	Tiefrot

In nachstehender Tabelle 3 findet man eine Zusammenstellung der in der mikroskopischen Technik zum Anfärben der gebräuchlichen Präparate am häufigsten gebrauchten Farbstoffe, ihrer spektralen Absorptionsbereiche, der *M*-Filter bzw. *M*-Filterkombinationen, welche bei der photographischen Aufnahme der mit den angeführten Farbstoffen angefärbten Präparate am besten zu verwenden sind, sowie schließlich der spektralen Durchlässigkeitsbereiche dieser Filter, bzw. der Farben des bei der Aufnahme verwendeten Lichtes.

Tabelle 3

Die Anfärbemittel mikroskopischer Präparate, ihr spektraler Absorptionsbereich, die M-Filter, welche bei der Aufnahme von Präparaten zu verwenden sind, die mit diesen Farbstoffen angefärbt wurden, die spektralen Durchlässigkeitsbereiche dieser Filter bzw. die Farbe des bei der Aufnahme verwendeten Lichtes

Anfärbemittel	Absorptionsbereich	Filter	Spektraler Durchlässigkeitsbereich des Filters
Anilinblau	550 $\mu\mu$ bis 620 $\mu\mu$	B + E	560 $\mu\mu$ bis 600 $\mu\mu$
Bismarckbraun	im Blaugebiet	C	400 „ „ 510 „
Thioninblau	550 $\mu\mu$ bis 600 $\mu\mu$	B + E	560 „ „ 600 „
Kongorot	480 „ „ 520 „	B + C	460 „ „ 510 „
Eosin	490 „ „ 530 „	G + H	510 „ „ 540 „
Erythrosin	510 „ „ 540 „	G + H	510 „ „ 540 „
Fuchsin	530 „ „ 570 „	B + G	510 „ „ 600 „
Gentianaviolett	570 „ „ 600 „	B + E	560 „ „ 600 „
Hämatoxylin nach EHRLICH	560 „ „ 600 „	B + G	510 „ „ 600 „
Hämatoxylin „ HEIDENHAIN		B + E	560 „ „ 600 „
Methylenblau	610 „ „ 665 „	D + G	640 „ „ 680 „

Aus vorstehender Tabelle ergibt sich, daß auf diese Art das Absorptionsband jeder Farbe photographisch festgehalten wird, also gerade die angefärbten Partien des Objekts im Bilde nicht erscheinen. In nachstehender Tabelle 4 sind die Filterfaktoren für verschiedene *M*-Filterkombinationen angegeben, wobei diese Zahlen für eine bestimmte panchromatische Plattensorte und verschiedene in der Tabelle angeführte Lichtquellen gelten. Die angeführten Zahlen geben einen Begriff davon, wie sehr der Filterfaktor von der verwendeten Lichtquelle, bzw. deren spektraler Beschaffenheit abhängig ist.

Tabelle 4. Filterfaktoren für verschiedene M-Filterkombinationen und verschiedene Lichtquellen (bezogen auf eine bestimmte panchromatische Plattensorte)

Filterkombination	Lichtquelle					
	Petroleumlampe	NERNST-stift	Off. Kohlenbogen	Gaslicht	Azetylengas	Punktlicht- oder Wolframbogenlampe
D + G	60	80	250	250	80	120
A + D	60	90	200	240	120	100
B + E	120	60	180	120	90	80
G + H	1000	1600	1400	1600	1600	1400
B + C	1000	600	900	1000	800	800
B + G	25	25	25	20	30	20
D + H	200	150	25	160	90	100
B + H	160	120	70	320	180	80

Obwohl das bisher Gesagte vollkommen klar sein dürfte, wollen wir dennoch ein Beispiel anführen. Nehmen wir an, es wäre ein mit Eosin und Methylenblau angefärbtes Präparat farbig wiederzugeben: wir machen eine Aufnahme unter Zuhilfenahme der Filterkombination $G + H$; das Positiv, welches nach dem bei dieser Aufnahme erzielten Negativ hergestellt wurde, wird rot angefärbt. Die zweite Aufnahme erfolgt unter Verwendung der Filterkombination $D + G$; das Positiv, welches dem bei dieser Aufnahme gewonnenen Negativ entspricht, wird blau angefärbt.

C. E. K. MEES[1] gab folgende Arbeitsmethode für ein Zweifarbenverfahren an: Glasplatten werden mit einer 2½%igen Bichromatgelatinelösung überzogen (die Gelatinelösung erhält einen 0,5%igen Zusatz von Ammoniakflüssigkeit) und neben einem Ventilator getrocknet. Sodann werden die Platten auf den Rückseiten sorgfältig gereinigt und hinter den Negativen bei Bogenlicht (in einem Abstand von etwa 25 cm) 3 Minuten lang belichtet. Schließlich wird die Platte in warmem Wasser entwickelt, wobei ein Reliefbild entsteht. Selbstverständlich führt jedes andere Verfahren zur Herstellung eines Reliefbildes wie auch das Beizfarbenverfahren zum Ziel. Zum Anfärben der Bilder bedient man sich solcher Farben, welche denjenigen des Originals tunlichst nahe kommen — bei Reliefbildern sind vielfach die gleichen Farben, die zur Anfärbung des Originals dienten, verwendbar. Die angedeuteten Methoden werden von zahlreichen medizinischen Instituten Amerikas zur Anfertigung von Projektionsbildern verwendet; einige Institute besitzen mehr als 3000 derartig hergestellte farbige Diapositive.

Es sei auf noch ein Verfahren hingewiesen, bei welchem die Originalnegative einer zweckdienlichen Weiterbehandlung unterworfen werden; diese Methode eignet sich ganz besonders für das Zweifarbenverfahren, ist aber auch zur Herstellung von Druckplatten für das Dreifarbenverfahren sowie von Diapositiven (Durchsichtsbildern) verwendbar. Dieses Verfahren wurde von W. WEISSERMEL[2] angegeben und beruht darauf, daß gehärtete und ungehärtete Gelatine Farbstofflösungen in verschieden starkem Maße aufzunehmen vermag. WEISSERMEL empfiehlt zum Bleichen der Silberbilder folgende Badelösungen:

[1] Journ. Frankl. Inst., 184, 1917, S. 311; Brit. Journ. of Phot. 65, 1918, Col. Phot. Suppl. 12, S. 1.

[2] Phot. Rundschau 49, 1912, S. 263; Brit. Journ. of Phot. 59, 1912, S. 727, Amer. Phot. 18, 1924, S. 672.

10 g Kaliumbichromat
20 g rotes Blutlaugensalz
53 g Natriumchlorid
20 g Alaun (eisenfrei)
7 ccm Eisessig
1000 ccm Wasser

oder

10 g Kaliumbichromat
20 g Kupfersulfat
20 g Bromkalium
7 g Alaun
27 ccm Eisessig
1000 ccm Wasser

J. G. CAPSTAFF[1] erhielt ein verwandtes Verfahren patentiert, welches unter dem Namen Kodachromie bekannt wurde und zur Herstellung von Zweifarben-Durchsichtsbildern geeignet ist; ein ganz ähnliches Verfahren wurde von A. BOER[2] angegeben. CAPSTAFF benutzte folgendes Bleichbad:

A. 37,5 g Kaliumbichromat
37,5 g rotes Blutlaugensalz
56,25 g Bromkalium
10 ccm Eisessig
1000 ccm Wasser
B. eine 5%ige Kaliumalaunlösung

Beide Lösungen werden vor dem Gebrauch gemischt und gegebenenfalls mit Wasser verdünnt.

Die Negative werden unter Benutzung der gebräuchlichen Rot- und Grünfilter hergestellt. Sie sollen ziemlich weich und weder unter- noch überexponiert sein; ihre Entwicklung erfolge womöglich mit einem Metol-Hydrochinonentwickler oder mit einem anderen Entwickler, der keine gerbende Wirkung ausübt. Nach der Entwicklung werden die Platten 10 Minuten lang gut ausgewaschen, in der oben angegebenen Lösung ausgebleicht und in einer Bisulfit-Fixiernatronlösung (ohne Zusatz eines Härtungsmittels) fixiert. Hierauf werden die Platten 20 Minuten lang mit Wasser gut abgespült, 3 Minuten lang in einer 5%igen Lösung von Ammoniakflüssigkeit unter fortwährendem Schaukeln gebadet und neuerlich 5 Minuten lang in Wasser abgewaschen. Danach wischt man die Rückseiten der Platten trocken, saugt die an der Plattenoberfläche haftende Feuchtigkeit mittels eines Filtrierpapieres ab und trocknet die Platten unter Zuhilfenahme eines Ventilators. Die Platten ändern ihr Aussehen mit dem Fortschreiten des Trocknungsprozesses der Gelatine: je trockener die Schicht, um so klarer erscheinen die Hochlichtpartien.

WEISSERMEL und BOER empfehlen die Benutzung der Pinatypiefarbstoffe; für das Kodachromverfahren wurden zwei besondere Farbstoffe in den Handel gebracht: Brillant-Lanafuchsin *SL* und Anthrachinongrün *GXNO*. Sie erwiesen sich zur Herstellung von Durchsichtsbildern nach dem Zweifarbenverfahren als besonders brauchbar; die rote Farbstofflösung sei 1,5%ig, die grüne 3%ig. Beide Farbstoffe werden zuerst in ganz wenig heißem Wasser auf-

[1] E. P. 13429/1915; Amer. Pat. 1196080; F. P. 479796, 479797; D. R. P. 279802; Brit. Journ. of Phot. 62, 1915, Col. Phot. Suppl. 9, S. 17; 63, 1916, S. 434, Col. Phot. Suppl. 10, S. 30; Phot. Journ. 55, 1915, S. 141; Phot. Ind. 1917, S. 397.

[2] Amer. Phot. 18, 1924, S. 672; Phot. Ind. 1924, S. 482; Brit. Journ. of Phot. 71, 1924, S. 276; Der Phot. 34, 1924, S. 333; vgl. auch R. v. ARX, Phot. Ind. 1924, S. 830.

gelöst; die so gewonnene konzentrierte Lösung filtriert man durch einen Baumwollappen.

Später hat CAPSTAFF[1] eine Modifikation seines eben beschriebenen Verfahrens patentiert erhalten, gemäß welcher die Positive nach dem Kopieren einer ganz bestimmten Weiterbehandlung unterzogen werden. Die Positive werden in folgender Lösung gebadet:

100 g	Eisenchlorid
30 g	Weinsteinsäure
1000 ccm	Wasser

In diesem Bad erfolgt die Ausbleichung des Bildes sowie die Erweichung der dem Silberbild angelagerten Gelatine; dabei bleiben die Hochlichtpartien des Bildes, welche fast gar kein reduziertes Silber enthalten, härter als die Schattenpartien. Dieses Verfahren ist insofern vorteilhafter als das zuerst erwähnte, als bei Anwendung desselben die Negative unversehrt und auch für andere Zwecke verwendbar bleiben; des ferneren sei erwähnt, daß die Farbe bei diesem Verfahren nur von der mehr oder weniger erweichten Gelatineschicht absorbiert wird und in die gehärtete Gelatineschicht nicht eindringen kann.

9. Die Rasterplatten. LOUIS DUCOS DU HAURON, dem wir zahlreiche bedeutende Leistungen auf dem Gebiete der Photographie zu verdanken haben, hat als erster bewiesen, daß eine farbige Photographie unter Benutzung einer einzigen Platte hergestellt werden kann.[2] Er machte sich dabei dasjenige Prinzip zunutze, welches dem Pointillismus, einer zu seiner Zeit hauptsächlich in Frankreich geübten Maltechnik, zugrunde liegt: werden kleine verschiedenfarbige Pünktchen oder Strichelchen ganz dicht nebeneinandergesetzt, so gewinnt man bei Betrachtung derselben aus einer geeigneten Entfernung den Eindruck einer Mischfarbe der verwendeten Farben; so können z. B. kleine rote und grüne dicht nebeneinandergesetzte Pünktchen den Eindruck eines weißlichen Gelb liefern. Offenbar handelt es sich hier um eine additive Farbenmischung, da der Eindruck der Mischfarbe durch gleichzeitige Anregung zweier oder dreier „Grundempfindungen" hervorgerufen wird.

DUCOS DU HAURON betonte ausdrücklich, die Form der einzelnen verschiedenfarbigen Rasterelemente sei unwesentlich; durch das Zusammenwirken der (roten, grünen und blauen) Rasterelemente ergibt sich unter folgenden Bedingungen ein gleichmäßiges Grau: 1. wenn die verschiedenfarbigen Rasterelemente gleich hell sind und gleich große Teile einer vorgegebenen Fläche bedecken, 2. wenn die Rasterelemente ungleich hell sind und dementsprechend verschieden große Teile einer vorgegebenen Fläche bedecken.

Auf dem hier zur Verfügung stehenden Raum können wir uns unmöglich mit allen bisher angegebenen Rasterplatten — es gibt etwa 300 verschiedene Arten — eingehend befassen; überdies wäre ein solches Unterfangen auch überflüssig, da diesbezügliche Einzelheiten in des Verfassers Buch „The History of Three Colour Photography" (s. Fußnote 10 auf S. 165) zu finden sind. Abgesehen davon sind nur vier Rasterplattenarten im Handel: die Autochromplatte, die

[3] Amer. Pat. Nr. 1315464; Journ. Soc. Chem. Ind. 38, 1919, S. 844 A.

[4] Franz. Pat. Nr. 83061 von 1868; Rec. des Brev. d'invention, Serie 17, 104, Arts ind., fasc. 3, S. 8; L. DUCOS DU HAURON, Les Couleurs en Photographie, Solution du Problème, Paris 1869; A. DUCOS DU HAURON, La Triplice Photographique et l'Imprimerie etc. Paris 1897. Vgl. auch E. J. WALL, Phot. Annual 1910, S. 10; A. MEBES, Die Dreifarbenphotographie mit Farbrasterplatten, Bunzlau, 2. Aufl. 1911 sowie Phot. Journ. 40, 1900, S. 142.

AGFA-Farbenplatte, die Duplexplatte, der LIGNOSE[1]-Farbenfilm. Die Autochromplatte, die AGFA-Farbenplatte und der LIGNOSE-Farbenfilm sind im Prinzip gleichartig, indem bei ihnen die farbigen Rasterelemente unregelmäßig verteilt sind,

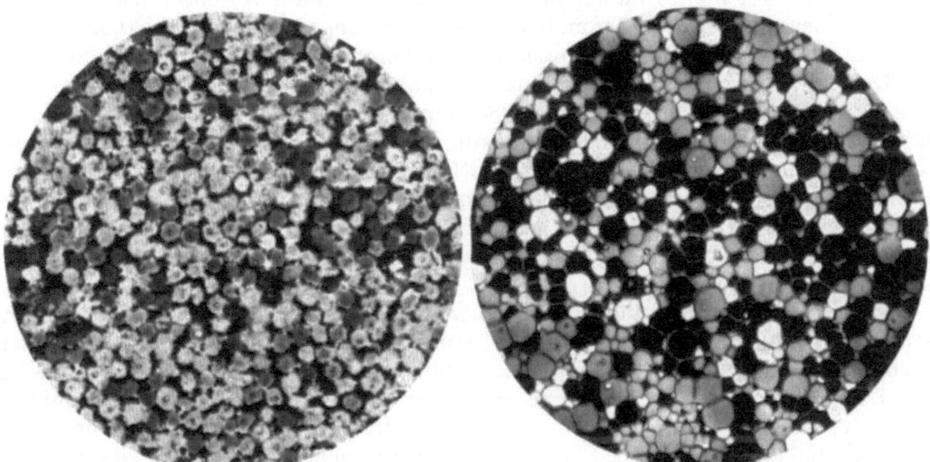

Abb. 11. Mikrophotogramm des Kornes der Autochromplatte (200 ×)

Abb. 12. Mikrophotogramm des Kornes der AGFA-Farbenplatte (200 ×)

d. h. kein wohlgeordnetes Mosaik bilden, während bei der Duplexplatte die roten, grünen und violetten Elemente ein regelmäßig wiederkehrendes Muster bilden. Abb. 11 zeigt das Korn der Autochromplatte, Abb. 12 das Korn der

Abb. 13. Mikrophotogramm des Kornes des LIGNOSE-Farbenfilms (200 ×)

Abb. 14. Mikrophotogramm der Struktur der Duplexplatte (200 ×)

AGFA-Farbenplatte und Abb. 13 das Korn des LIGNOSE-Farbenfilms. Die Struktur der Duplexplatte ist in Abb. 14 dargestellt. Die Abb. 11—14 sind Reproduktionen 200 fach vergrößerter Mikrophotogramme, welche dem Verfasser durch Herrn J. H. PLEDGE in London in liebenswürdigster Weise zur Ver-

[1] Der LIGNOSE-Farbenfilm ist derzeit nicht mehr erhältlich; die Herstellerfirma des genannten Films wurde mit der AGFA fusioniert.

fügung gestellt wurden. Die roten Elemente erscheinen in den Bildern am hellsten, die grünen Elemente erscheinen grau, die blauvioletten Elemente am dunkelsten bzw. schwarz.

Die Rasterelemente haben bei der Autochromplatte durchschnittlich einen Durchmesser von etwa 0,015 mm, bei der AGFA-Farbenplatte von zirka 0,0215 mm, beim LIGNOSE-Farbenfilm von ungefähr 0,009 mm. Bei der Duplexplatte mißt der Durchmesser der blauen Elemente ungefähr 0,063 mm, der Durchmesser der roten und grünen Elemente etwa 0,085 mm.[1] Die Abb. 11—14 zeigen deutlich, daß die Verteilung der einzelnen Elemente bei den drei erstgenannten Fabrikaten eine unregelmäßige ist; bei diesen Platten kann es ohneweiters vorkommen, daß zwei oder mehrere Körner (Elemente) gleicher Farbe nebeneinander zu liegen kommen (dies ist in den Abb. 11—13 deutlich erkennbar), was bei der praktisch geübten Art, die farbigen Elemente zu mischen, wohl nicht vermieden werden kann.

Bei der Autochrom- und AGFA-Farbenplatte sowie beim LIGNOSE-Farbenfilm ist die Farbrasterschicht mit einer panchromatischen Emulsion überzogen; Farbrasterschicht und Emulsionsschicht bilden hier eine untrennbare Einheit. Die Duplexplatte ist dagegen eine gesonderte gerasterte (mit einem farbigen Raster versehene) Platte, welche vor der Aufnahme mit irgendeiner handelsüblichen panchromatischen Platte in Kontakt gebracht werden kann; auf letzterer zeigt sich nach der Entwicklung ein Schwarz-Weißbild, welches eine schachbrettartige Musterung aufweist.

Beide Methoden haben ihre Vor- und Nachteile. Ist die Farbrasterschicht mit einer lichtempfindlichen Emulsion überzogen, so wird die ganze Platte bei unrichtiger Belichtung oder unzweckmäßiger Behandlungsweise naturgemäß vollkommen unbrauchbar; bei Verwendung der Duplexplatte ist unter diesen Umständen nur die photographische Platte verdorben, der Farbenraster aber immer wieder verwendbar.

Bei Verwendung der Farbenrasterplatte entsteht in der Kamera selbstverständlich zunächst ein Negativ, welches erst in ein Positiv verwandelt bzw. ,,umgekehrt" (so sagt man hier) werden muß. Sind Rasterplatte und photographische Platte getrennt, so kann das Positiv auf einer Diapositivplatte (einem durchsichtigen Schichtträger) hergestellt werden; diese Kopie wird mit einem besonderen ,,Betrachtungsraster" sehr genau in Kontakt gebracht, dessen Elemente nicht genau die gleiche Farbe wie die Elemente des ,,Aufnahmerasters" haben. Vom Standpunkt der reinen Theorie betrachtet, hat das zuletzt beschriebene Verfahren zweifellos große Vorteile. In jenem Falle, wo Raster und lichtempfindliche Schicht fix verbunden bleiben, sind die Farben der Elemente so abgestimmt, daß sie einerseits den Forderungen der Theorie der additiven Farbenmischung, andererseits aber den Eigentümlichkeiten der physiologischen Optik entsprechen. Eine auf einem derartigen Kompromiß aufgebaute Abstimmung der Farben der Rasterelemente hat sich praktisch sehr gut bewährt.

Weil das ursprünglich gewonnene Negativ ,,umgekehrt" werden muß, müssen Empfindlichkeit und Dicke der mit der Rasterschicht in Kontakt befindlichen Emulsionsschicht verhältnismäßig gering sein; Farbrasterplatten sind also ziemlich unempfindlich und besitzen einen nur sehr kleinen Belichtungsspielraum. Dagegen lassen sich in Verbindung mit dem Duplexraster hochempfindliche panchromatische Schichten verwenden — die Belichtungszeiten können diesfalls abgekürzt werden. Von Wichtigkeit ist die Beschaffenheit des Korns der lichtempfindlichen Schicht, da jede Farbe auf einem ihr zugehörigen beschränkten

[1] J. H. PLEDGE, Brit. Journ. of Phot. 72, 1926, Col. Phot. Suppl. 20, S. 48.

Platz erscheinen soll; würde man eine hochempfindliche und infolgedessen grobkörnige Emulsion verwenden, so könnte es geschehen, daß durch das auffallende Licht zwei benachbarte Silberkörner affiziert werden oder daß zwei bzw. mehrere nahe beieinander liegende Silberkörner beim Entwickeln zugleich reduziert werden, Umstände, welche eine Verfälschung der Farbenwiedergabe mit sich bringen können.

Ob man sich für das eine oder andere System der Farbrasterplatte entscheidet, ist Sache der persönlichen Beurteilung; wenn einem die Herstellung eines einzigen Bildes genügt, so wird man eine Platte von der Art der Autochromplatte wählen; wünscht man mehr Bilder, so kommt naturgemäß nur das System der Duplexplatte in Betracht, da auf diese Art nach einem Negativ beliebig viele Kopien hergestellt werden können.

Bezüglich der Richtigkeit der Farbenwiedergabe bietet kein System gegenüber dem anderen einen Vorteil. Wohl sind die verschiedenen Plattenarten verschieden transparent, vom Standpunkt der Praxis aus betrachtet spielt dies aber keine wesentliche Rolle.

Bei den für die Farbrasterplatten verwendeten hochempfindlichen panchromatischen Emulsionen muß genau so wie bei anderen Emulsionen die im allgemeinen stark überwiegende Blauempfindlichkeit gedämpft werden.

Gerade bei Farbrasterplatten ist dies außerordentlich wichtig, weil das schließlich gewonnene Bild die Farben der aufgenommenen Objekte (auch bezüglich ihrer Helligkeit) tunlichst so wiedergeben soll, wie sie dem Auge erscheinen. Den gewöhnlichen panchromatischen Emulsionen ist zumeist eine ziemlich deutlich ausgeprägte Empfindlichkeit im Blaugebiet eigen; bei den Farbrasterplatten ist obendrein die spezifische Wirkung der farbigen Rasterelemente zu berücksichtigen. Aus dem Gesagten ergibt sich die Notwendigkeit, beim Arbeiten mit der Farbrasterplatte ein Kompensationsfilter zu verwenden, wenn eine einwandfreie Farbenwiedergabe gewährleistet sein soll.

Die Fabrikanten der Farbrasterplatten liefern zu ihren Platten passende Filter; für denjenigen, welcher ein solches Filter selbst herzustellen beabsichtigt, sei nachstehendes Rezept nach A. HÜBL[1] angeführt — das angegebene Filter paßt zur Autochromplatte, ist aber auch für den LIGNOSE-Farbenfilm verwendbar; es ist für Aufnahmen bei Tageslicht bestimmt.

14 ccm Filter-Gelb (Höchster Farbwerke) 1 : 200
16 ccm Echt-Rot 1 : 2000
40 ccm 10%ige Gelatinelösung

Man benötigt für 100 qcm zu begießende Fläche 8 ccm gefärbte Gelatine. G. WINTER[2] hat angegeben, wie dieses Filter zu modifizieren ist, wenn es sich um die Wiedergabe stark ausgeprägter Farbenkontraste, also z. B. um Aufnahmen bei Morgen- und Abendbeleuchtung handelt, welche bei Anwendung des normalen Autochromfilters blaustichig geraten: die Menge des Filtergelb wird verdoppelt, die Menge der Gelatinelösung auf die Hälfte reduziert.

Wir haben bereits gelegentlich der Beschreibung, wie Filter im allgemeinen angefertigt werden, festgestellt, daß die dazu verwendete Gelatinesorte für die Brauchbarkeit des Filters von wesentlicher Bedeutung ist. Die bei der Herstellung eines Filters notwendigen Manipulationen haben wir bereits auf S. 135ff. beschrieben.

Die Vorschaltung eines Filters bewirkt naturgemäß, wie wir bereits auf S. 137 klargelegt haben, eine Verschiebung des Bildortes (eine Veränderung der Bild-

[1] Vgl. Wiener Mitt. phot. Inh. 1910, S. 568; Die Lichtfilter, 2. Aufl. 1921, S. 75.
[2] EDERs Jahrb. f. Phot. u. Reprod. 24, 1910, S. 180.

weite) gegenüber der Einstellung ohne Filter. Ferner muß bei allen Farbrasterplatten der Schichtträger dem Objektiv zugekehrt werden, damit das einfallende Licht die Farbrasterelemente passiere, bevor es zur lichtempfindlichen Schicht gelangt; aus diesem Grunde wird für Aufnahmen mit Farbrasterplatten die Mattscheibe bei der Bildeinstellung umgekehrt, d. h. die matte Seite dem Beobachter zugewendet; naturgemäß müssen Dicke der Mattscheibe und Dicke der Farbrasterplatte übereinstimmen. Es wurde mehrfach empfohlen, die Emulsionsschicht von einer verdorbenen Farbrasterplatte zu entfernen und diese mit der dem Beobachter zugekehrten Farbrasterschicht als Mattscheibe zu verwenden; empfehlenswerter erscheint es, diese Platte zum Schutz der Farbrasterschicht mit Mattlack zu überziehen.

Der Schichtträger beim LIGNOSE-Farbenfilm ist so dünn, daß auf seine Dicke keine Rücksicht genommen werden braucht.

Es kann auch durch ein hinter das Objektiv geschaltetes Filter nach erfolgter normaler Fokussierung eine Verschiebung der Lage des Bildortes herbeigeführt werden. Daß die lichtempfindliche Schicht bei der Aufnahme genau dort liegt, wo das scharfe Bild des aufzunehmenden Objekts entsteht, ist insbesondere bei Verwendung der heute gebräuchlichen lichtstarken Objektive unbedingt nötig, wenn die Schärfe des Bildes nicht Schaden nehmen soll.

Immer ist die Fokussierung mit vorgeschaltetem Filter empfehlenswert.

Bei Verwendung der Dukarfilter von CARL ZEISS in Jena, d. s. sphärisch geschliffene, runde, farblose Glasscheiben, zwischen denen eine gefärbte Filterschicht liegt, erfolgt die scharfe Einstellung des Bildes in genau derselben Weise wie für eine gewöhnliche Platte. Die Filterschicht ist mit derjenigen identisch, welche sich in den normalen Filtern für die Autochromplatten befindet. Die Dukarfilter sind in erster Linie in Verbindung mit Tessaren zu benutzen und werden nach Objektivbrennweiten abgestuft erzeugt; ihre bildverlegende Wirkung beruht auf ihrem Schliff.

Die größte Schwierigkeit beim Verarbeiten der Farbrasterplatte liegt in der richtigen Belichtung; weil die Emulsion der Farbrasterplatte gewisse Eigentümlichkeiten aufweist und in sehr dünner Schicht aufgetragen wird, ist der Belichtungsspielraum außerordentlich klein. Wohl lassen sich Fehler bei der Belichtung durch Verstärkung und Abschwächung bis zu einem gewissen Grad beheben, es ist aber besser, eine von Haus aus richtige Belichtung durchzuführen. Es existieren zahlreiche Belichtungstabellen für Farbrasterplatten, welche nach Ansicht des Verfassers einen nur sehr geringen Wert haben. Die einzig befriedigende Methode zur Ermittlung der richtigen Belichtungszeit besteht darin, die Aktinität des Lichtes mit Hilfe eines chemischen Belichtungsmessers zu ermitteln. Ein solcher Belichtungsmesser enthält ein lichtempfindliches Papier, welches unter der Einwirkung des Lichtes „anläuft", d. h. einen bestimmten Grauton annimmt. Solche Belichtungsmesser haben WATKINS und WYNNE angegeben; sie werden für den hier in Rede stehenden Zweck mit speziellen Skalen ausgestattet. (Man belichtet bekanntlich bei den chemischen Belichtungsmessern das Papier so lange, bis es einen bestimmten „Normalton" annimmt.) Die Empfindlichkeit der Autochromplatte beträgt nach der WATKINS-Skala etwa 6, nach der WYNNE-Skala etwa *F* 15; die Empfindlichkeit der AGFA-Farbenplatte und des LIGNOSE-Farbenfilms ist ungefähr doppelt so groß. Die Empfindlichkeit einer Duplexplatte beträgt unter Berücksichtigung einer normalen panchromatischen Emulsion, der vorgeschalteten Rasterplatte und des Kompensationsfilters nach der WYNNE-Skala 15, nach der WATKINS-Skala *F* 24.

Bevor wir uns mit der Behandlung der Rasterplatten befassen, wollen wir Methoden beschreiben, durch deren Anwendung ihre Empfindlichkeit gesteigert werden kann; die Verwendung dieser Methoden bietet große Vorteile.

Wir haben bereits früher erwähnt, daß das Korn der Rasterplattenemulsion sehr fein sein muß; ihre Empfindlichkeit kann infolgedessen nur gering sein. Schon frühzeitig hat man aus diesem Grunde versucht, die Empfindlichkeit der Rasterplatte zu steigern. Methoden hiezu wurden von I. THOVERT,[1] C. SIMMEN,[2] A. v. PALOCSAY,[3] C. ADRIEN[4] und A. HÜBL[5] angegeben; man verwendete bei diesen Verfahren ammoniakalische Isocyaninlösungen. Das beste hieher gehörige Verfahren hat wohl F. MONPILLARD[6] ausgearbeitet — er hinterlegte das bezügliche Rezept im Jahre 1913 bei der Société française de Photographie in einem versiegelten Kuvert, welches erst im Jahre 1922 eröffnet wurde. Er verwendete eine alkoholische Lösung von Isocyaninen mit einem kleinen Zusatz von ammoniakalischer Silberchloridlösung; die Zusammensetzung der Lösung war folgende:

0,0162 g	Pinaverdol
0,0008 g	Pinachrom
0,0004 g	Pinacyanol
60,0 ccm	Alkohol
0,2 g	Silberchlorid
8,0 g	Ammoniakflüssigkeit
1000 ccm	Wasser

Die Platte wird in dieser Lösung 5 Minuten lang gebadet, rasch abgewaschen und schließlich getrocknet.

A. NINCK[7] empfahl später die Verwendung von Pantochrom, einem von A. u. L. LUMIÈRE angegebenen Farbstoff, und wies ganz besonders darauf hin,[8] daß sowohl der Silber- als auch der Ammoniakgehalt dieses Bades kein zu hoher sein dürfe. Das Rezept für die Badelösung lautet folgendermaßen:

---

[1] Phot. Coul. 4, 1909, S. 94; Brit. Journ. of Phot. 56, 1909, Col. Phot. Suppl. 3, S. 52; EDERS Jahrb. f. Phot. u. Reprod. 24, 1910, S. 179; Compt. rend. 148, 1909, S. 36; Chem.-Ztg. 34, 1910, S. 91; Bull. Soc. franç. Phot. 57, 1911, S. 379, 383; Phot. Korr. 58, 1911, S. 483; Wiener Mitt. 1911, S. 19.

[2] Bull. Soc. franç. Phot. 56, 1910, S. 275; 57, 1911, S. 403; EDERS Jahrb. f. Phot. u. Reprod. 25, 1911, S. 200; Phot. Mitt. 47, 1910, S. 292; Wiener Mitt., 1910, S. 443, 585; 1911, S. 11.

[3] Wiener Mitt. 1911, S. 5; Phot. Korr. 58, 1911, S. 483; EDERS Jahrb. f. Phot. u. Reprod. 25, 1911, S. 199; Brit. Journ. of Phot. 58, 1911, Col. Phot. Suppl. 5, S. 29.

[4] Bull. Soc. franç. Phot. 57, 1911, S. 400; Phot. Ind. 1912, S. 939; EDERS Jahrb. f. Phot. u. Reprod. 27, 1913, S. 296.

[5] Wiener Mitt. 1913, S. 2, 33; Phot. Chron. 20, 1913, S. 214; Phot. Ind. 1915, S. 689; EDERS Jahrb. f. Phot. u. Reprod. 27, 1913, S. 296.

[6] Bull. Soc. franç. Phot. 64, 1922, S. 90, 130; Rev. Franç. Phot. 3, 1922, S. 19; Brit. Journ. of Phot. 69, 1922, S. 349; Col. Phot. Suppl., 16, S. 25, 27; Amer. Phot. 16, 1922, S. 725.

[7] Bull. Soc. franç. Phot. 66, 1924, S. 245; Rev. Franç. Phot. 4, 1923, S. 302; 5, 1924, S. 47; Science et Ind. Phot. 4, 1924, S. 12; Amer. Phot. 18, 1924, S. 570.

[8] Bull. Soc. franç. Phot. 66, 1924, S. 11, 48, 65, 83, 208; Brit. Journ. of Phot. 71, 1924, Col. Phot. Suppl. 18, S. 9, 15, 25, 32, 42, 48; Phot. Ind. 1924, S. 553; Phot. Chron. 31, 1924, S. 430.

20 ccm Pantochromlösung 1 : 2000 (alkoholisch)
5,3 ccm Chlorsilber (2%ige Lösung in Ammoniakflüssigkeit)
1000 ccm Wasser

Die Badedauer betrage bei einer Temperatur von 10° C 5 Minuten. Nach dem Bad wird die Platte rasch von allen anhängenden Tropfen befreit und in einem Chlorcalciumgefäß getrocknet. Die Empfindlichkeit der Platte wird durch die beschriebene Behandlung etwa 25fach gesteigert; die empfindlicher gemachten Platten sind etwa einen Monat lang gut haltbar.

Ninck[1] hat festgestellt, daß der Grad der Empfindlichkeitssteigerung der Platte vom Chlorsilbergehalt des Bades abhängig ist, sobald der Farbstoffgehalt unverändert bleibt; er ermittelte unter Zuhilfenahme eines Eder-Hechtschen Graukeilsensitometers folgende Daten: die Empfindlichkeit einer Autochromplatte, welche in einer Pantochromlösung allein gebadet worden war, betrug 6 (dabei wurde die Empfindlichkeit der nicht sensibilisierten (normalen) Autochromplatte mit 1 bezeichnet); in einem Sensibilisierungsbad mit 0,07 g Silberchlorid pro Liter wuchs die Empfindlichkeit auf 17, bei 0,18 g Silberchloridgehalt pro Liter auf 23, bei 0,2 g auf 33 und bei 0,53 g Silberchloridgehalt auf 40. Bei weiterer Zunahme des Chlorsilbergehaltes tritt Schleierbildung ein und die Empfindlichkeit nimmt wieder ab. Stark empfindlich gemachte Autochrom- (Farbraster-) Platten müssen sofort nach der Sensibilisierung benutzt werden. Auf Autochromplatten, welche auf oben beschriebene Art hochempfindlich gemacht worden waren, ließen sich tatsächlich bei sehr kurzen Belichtungen brauchbare Aufnahmen erzielen.

Später wurde ein verbessertes Rezept für das Sensibilisierungsbad von Ninck[2] angegeben. Als Farbstoff wird wiederum Pantochrom verwendet und zwar aufgelöst im Verhältnis 1 : 2000 in einer Mischung aus gleichen Volumteilen Wasser und Alkohol bei 50° C. An Stelle von Silberchlorid tritt Silbernitrat in Verwendung:

20 g Silbernitrat
200 ccm destilliertes Wasser

Das Silbernitrat wird im Wasser aufgelöst. Dazu kommen dann:

800 ccm Ammoniakflüssigkeit

Das eigentliche Sensibilisierungsbad ist folgendermaßen zusammengesetzt:

32 ccm Farbstofflösung
13 ccm Silberlösung
1000 ccm Wasser

In dieser Lösung werden die Autochromplatten unter fortwährendem Schaukeln 3 Minuten lang gebadet und hierauf entweder unter fließendem Wasser 20 Sekunden lang abgespült oder dreimal nacheinander für etliche Sekunden in immer frisch gewechseltes Wasser gelegt; dann läßt man die Platten gut abtropfen und in einem Chlorcalciumtrog trocknen. Die Platten sollen bei einer Temperatur von 32° C in 30 bis 90 Minuten trocken sein. Nach dem Trocknen reinige man die Rückseiten der Platten und verpacke sie in den Originalschachteln (zwischen die einzelnen Platten lege man wieder schwarze Kartonblätter). Erfolgt die Aufbewahrung der Platten bei einer Temperatur von etwa 12° C, so sind sie ungefähr einen Monat lang haltbar. Als Kompensationsfilter benutze man für

[1] Bull. Soc. franç. Phot. 66, 1924, S. 83, 165.

[2] Rev. Franç. Phot. 7, 1926, S. 49, 60; Amer. Phot. 20, 1926, S. 220, 506, 623; Agenda Lumière, 1926, S. 192; Phot. Korr. 63, 1927, S. 24; Phot. Rundsch. 63, 1926, S. 275; Bull. Soc. franç. Phot. 67, 1925, S. 148; Der Phot. 36, 1926, S. 53.

die sensibilisierten Platten ein Äskulinfilter (2 g Äskulin pro Quadratmeter Filterfläche).

NINCK[1] hat festgestellt, daß das Pantochrom der einzige Farbstoff ist, welcher — bei Einhaltung des beschriebenen Verfahrens — die Platten so empfindlich macht, daß ein Äskulinfilter in Verwendung treten kann. Auch mit folgender Farbstofflösung lassen sich gute Resultate erzielen.

13 ccm Pinaverdollösung
27 ccm Pinachromviolettlösung
13 ccm ammoniakalische Silbernitratlösung
250 ccm Alkohol
ergänzt durch Wasser auf 1000 ccm

Die Platten werden darin 5 Minuten lang bei 15° C gebadet. Die Farbstofflösungen sind Lösungen 1 : 2000 in Methylalkohol. Nach dem Sensibilisieren werden die Platten in einer Mischung aus 1 Teil Alkohol und 3 Teilen Wasser zweimal knapp nacheinander je 20 Sekunden lang gebadet. Schließlich werden die Platten in fließendem Wasser abgewaschen, trocknen gelassen und wieder verpackt (s. oben).

Auch G. CERRI[2] gab ein Sensibilisierungsbad an, das gute Ergebnisse liefert:

15 ccm 0,01%ige Pinacyanollösung
10 ccm ammoniakalische Silberchloridlösung
10 ccm ammoniakalische Silbernitratlösung
200 ccm 95%iger Alkohol
8 ccm Ammoniakflüssigkeit (spez. Gew. 0,918)
ergänzt durch Wasser auf 1000 ccm

Die Behandlung der Platten erfolgt so, wie früher angegeben wurde. Der Verfasser konnte feststellen, daß die Grünempfindlichkeit in diesem Sensibilisierungsbad behandelter Platten ein wenig zu gering ist und daß nach der Methode von NINCK (mit Verwendung von Pinaverdol und Pinachrom) — vorausgesetzt, daß alkoholische Farbstofflösungen 1 : 1000 Verwendung finden — die besten Ergebnisse zu erzielen sind. Badet man die Platten vor der Entwicklung in einer 0,01%igen Bromkaliumlösung, so erhält man sehr klare Bilder. Auf jeden Fall ist die Desensibilisierung der Platten vor der Entwicklung in einer Aurantialösung 1 : 1000 (dieser Vorgang soll 1 Minute lang dauern) unbedingt zu empfehlen.

Das Laden der Kassetten mit den Farbrasterplatten muß sehr sorgfältig geschehen; man achte darauf, daß dabei die außerordentlich empfindliche Emulsionsschicht der Platten nicht beschädigt werde. Die Kassette selbst muß so beschaffen sein, daß die Schicht beim Herausziehen und Hineinschieben des Schubers keinen Schaden nimmt. Beim Laden der Kassette vergesse man nicht, die Glasseite der Platte sorgfältig abzuputzen, da Schmutzflecken am Glas sich im fertigen Bild als dunkle Flecken sehr unangenehm bemerkbar machen.

Die Beleuchtung der Dunkelkammer beim Verarbeiten von Farbrasterplatten soll dunkelgrün sein; man benutzt entweder im Handel erhältliche Grüngläser, grüne Papiere bzw. grüne Gelatinefolien oder fertigt selbst

---

[1] Rev. Franç. Phot. 6, 1925, S. 320, 344; Phot. Rundsch. 63, 1926, S. 275; Phot. Chron. 33, 1926, S. 309; Phot. Ind. 24, 1926, S. 304; Le Procédé, 28, 1926, S. 28.

[2] Notiz. Chim. Inst. 1, 1926, S. 24, 150; Amer. Phot. 21, 1927; S. 112; Science Ind. Phot. 1927, S. 25.

ein Grünfilter für die Dunkelkammerlampe an (s. S. 84 u. 135). Bei dieser Grünbeleuchtung werden die Platten in die Kassetten eingelegt; dabei trachte man, um eine Verschleierung der Platte zu vermeiden, der Lichtquelle nicht zu nahe zu kommen.

Vor der Entwicklung wird die Platte desensibilisiert. Da nach erfolgter Desensibilisierung bei der Entwicklung ziemlich helles Licht verwendet werden kann, erscheint die Beobachtung des Bildes bei diesem Vorgang wesentlich erleichtert. Man badet die Platten zum Zwecke der Desensibilisierung 1 Minute lang in einer Pinakryptollösung (1 : 100000) oder in einer Aurantialösung 1 : 1000; nach diesem Vorbad wird die Platte nicht abgespült. Trotzdem erscheint die Beobachtung des Entwicklungsvorganges nicht erschwert; auch die Farben des Bildes nehmen durch die Desensibilisierungsfarbstoffe keinen Schaden, da letztere bei der Weiterbehandlung der Platte wieder ausgewaschen werden. Man verwende bei der Entwicklung nach erfolgter Desensibilisierung ein dunkles Orangefilter in der Dunkelkammerlampe, bringe aber die Farbrasterplatte der Dunkelkammerlampe nicht näher als 1 m.

Sowohl die vorstehend beschriebene als auch die nachstehend geschilderte Behandlung der Farbrasterplatte ist bei allen einschlägigen Erzeugnissen fast die gleiche; für die einzelnen Fabrikate werden von den Herstellern zum Teil spezielle Verarbeitungsvorschriften angegeben, wozu allerdings, wie die Praxis lehrt, eigentlich kein Anlaß vorliegt. Die Verarbeitung einer Duplexplatte ist ganz die gleiche wie die einer normalen panchromatischen Platte.

In praxi ist jeder Entwickler verwendbar; am beliebtesten dürfte wohl der Metol-Hydrochinon-Ammoniak-Entwickler sein. Manche Praktiker halten den Pyro-Ammoniak-Entwickler für besonders geeignet, weil er sehr brillante Bilder liefert und auf die Gelatine gerbend wirkt. A. und L. Lumière empfehlen folgenden Entwickler:

A.	20 Tropfen	saure Sulfitlauge
	30 g	Pyrogallol
	30 g	Bromkalium
	1000 ccm	Wasser
B.	100 g	Natriumsulfit (wasserfrei)
	150 ccm	Ammoniakflüssigkeit (spez. Gew. 0,923)
	ergänzt durch Wasser auf 1000 ccm	

Der Anfänger wird sich zumeist wohl nachstehend beschriebener Methode der „schrittweisen“ Entwicklung bedienen: Man verdünne die oben angegebene Lösung *B* mit dem dreifachen Volumen Wasser und verwende für eine Platte im Format 13 × 18 cm folgende Lösungsmengen:

10 ccm Lösung A
10 ccm Lösung B (verdünnt)
ergänzt durch Wasser auf 100 ccm

Die Temperatur der Lösung betrage 15 bis 16° C. In eine graduierte Mensur tue man 45 ccm der verdünnten Lösung *B* und stelle sie tunlichst nahe von der Entwicklerschale bereit. Die Platte wird zuerst desensibilisiert und hierauf in den oberwähnten Entwickler gelegt. Nun zählt man die Anzahl der Sekunden, die bis zu jenem Augenblick verstreichen, in welchem die ersten Bildspuren sichtbar werden — in einem Landschaftsbild sehen wir dabei vom Himmel ab. Je nach der Zeit, die bis zum genannten Augenblick verstreicht, wird eine mehr oder weniger große Menge der verdünnten Lösung *B* nachgeschüttet — vgl. nachstehende Tabelle 5.

Tabelle 5. Entwicklermenge und Entwicklungszeit für eine Autochromplatte 13/18 cm

Die erste Bildspur erscheint nach Sekunden	Zuzufügende Menge der Lösung B, nachdem die erste Bildspur erschienen ist ccm	Gesamtzeit der Entwicklung nach Einlegen der Platte in den Entwickler	
		Minuten	Sekunden
22 bis 24	—	2	—
25 „ 27	2	2	15
28 „ 30	8	2	30
31 „ 35	15	2	30
36 „ 41	20	2	30
42 „ 48	25	2	30
49 „ 55	30	2	45
56 „ 64	35	3	—
65 „ 75	40	4	—
über 75	45	5	—

Bei Verwendung eines Pyrogallolentwicklers bei der ersten Entwicklung ergibt sich die Unannehmlichkeit, daß bei der zweiten Entwicklung ein anderer Entwickler, z. B. Amidol, benutzt werden muß; aus diesem Grunde ist der Metol-Hydrochinon- oder Metochinon-Entwickler wohl vorzuziehen, für den seines hohen Bromkaliumgehaltes wegen folgendes Rezept empfohlen sei:[1]

15 g Metochinon oder Choranol
100 g Natriumsulfit (wasserfrei)
16 g Bromkalium
32 ccm Ammoniakflüssigkeit (spez. Gew. 0,923)
ergänzt durch Wasser auf 1000 ccm

Das Metochinon wird zuerst in ein wenig Wasser von etwa 35° C aufgelöst; sodann wird das Sulfit und hierauf das Bromkalium hinzugefügt; man läßt diese Mischung abkühlen, fügt die Ammoniakflüssigkeit hinzu und füllt das Ganze mit Wasser auf 1000 ccm auf. Für den Gebrauch wird ein Volumteil dieser Lösung mit 4 Volumteilen Wasser gemischt. Wurde die Platte richtig belichtet, so dauert die Entwicklung bei einer Temperatur von 15° C etwa 2½ Minuten. Das Metochinon kann auch durch 11,4 g Metol und 3,6 g Hydrochinon ersetzt werden — das damit erzielte Ergebnis ist das gleiche.

Man beobachte die Platte beim Entwickeln sehr aufmerksam; die zwischen dem Versenken der Platte in den Entwickler und dem Erscheinen der ersten Bildspuren verstreichende Zeit — ohne Berücksichtigung des Himmels in einem Landschaftsbild — wird notiert. Diese Zeit, multipliziert mit 10, ergibt die gesamte für die Entwicklung notwendige Zeit.

Auch hier ist die „schrittweise" Entwicklung anwendbar, nur wird diesfalls die Bromkaliummenge in obigem Metochinonentwickler auf 6 g reduziert. 5 ccm des konzentrierten Entwicklers werden mit 80 ccm Wasser vermischt; 15 ccm konzentrierten Entwicklers werden gesondert beiseite gestellt. Sowie die erste Bildspur erscheint, wird jene Zeit vermerkt, die seit dem Einsenken der Platte in den Entwickler verstrichen ist, und die früher bereit gestellte Entwicklermenge von 15 ccm zum Entwickler hinzugefügt. In nachstehender Tabelle 6 findet man alle in Betracht kommenden Daten.

[1] Agenda Lumière 1926, S. 179.

Tabelle 6. Entwicklermenge und Entwicklungszeit für eine Autochromplatte 13/18 cm

Die erste Bildspur erscheint nach Sekunden	Menge des hinzuzufügenden konzentrierten Entwicklers ccm	Gesamtdauer der Entwicklung	
		Minuten	Sekunden
12 bis 14	15	1	15
15 „ 17	15	1	45
18 „ 21	15	2	15
22 „ 27	15	3	—
28 „ 33	15	3	30
34 „ 39	15	4	30

Nach beendeter Entwicklung erscheint das Bild in den komplementären Farben. Das Bild wird unter einer sanften Brause etwa 1 Minute lang abgespült und dann „umgekehrt“.

Das von A. und L. LUMIÈRE ursprünglich angegebene Umkehrbad war eine saure Permanganatlösung, die noch heute für diesen Zweck gern verwendet wird; das später angegebene Bichromat-Umkehrbad ist dem oberwähnten unbedingt vorzuziehen. Das Rezept für das Permanganat-Umkehrbad lautet:

A.	2 g	Kaliumpermanganat
	500 ccm	destilliertes Wasser
B.	10 ccm	Schwefelsäure
	500 ccm	Wasser

Für den Gebrauch mische man gleiche Volumina *A* und *B*. Die Permanganatlösung muß im Dunklen aufbewahrt werden.

Der Bichromatabschwächer ist folgendermaßen zusammengesetzt:

5 g	Kaliumbichromat
10 ccm	Schwefelsäure
1000 ccm	Wasser

Diese Lösung ist nicht lichtempfindlich, kann unbeschränkt lange aufbewahrt werden und macht, zum Unterschied von der Permanganatlösung, keine Flecken. Man gießt die Umkehrlösung über die in einer Schale liegende Platte und schaukelt die Schale so lange, bis das schwarze Silberbild verschwindet — dies tritt zumeist nach etwa 30 Sekunden ein. Jetzt darf man weißes Licht andrehen; die Platte wird weiter gebadet und dabei sehr sorgfältig beobachtet. Sobald die Platte auch nur im geringsten trüb zu werden beginnt, wird sie aus dem Umkehrbad herausgenommen und dieses erneuert. Man läßt das Umkehrbad insgesamt etwa 2 Minuten lang einwirken. Hierauf wird die Platte 2 Minuten lang abgespült und zum zweitenmal entwickelt.

Wirkt das Umkehrbad zu lang oder zu kurz ein, so entstehen bei der zweiten Entwicklung unregelmäßig verteilte Flecken oder die ganze Platte „schleiert“; die letztgenannte Erscheinung ist darauf zurückzuführen, daß sich auf der Platte in Wasser nicht vollkommen lösliches Silbersulfat niedergeschlagen hat. Die unregelmäßig verteilten Flecke entstehen infolge von unvollkommener Auflösung des primären Bildes. Nach der Umkehrung muß die Platte mindestens 2 Minuten lang gewässert werden.

Die zweite Entwicklung kann mit dem zuerst verwendeten Metol-Hydrochinonentwickler durchgeführt werden. Pyrogallol-Entwickler benutze man bei der zweiten Entwicklung nicht, da er zur Fleckenbildung Anlaß gibt. Verwendete man bei der ersten Entwicklung Pyrogallol, so benutze man zur zweiten

Entwicklung eine 5%ige Amidollösung mit einem 15%igen Natriumsulfitzusatz. Bei der zweiten Entwicklung kann die Platte weißem Licht (künstlichem Licht oder dem zerstreuten Tageslicht) ausgesetzt werden; direktes Sonnenlicht meide man. Die zweite Entwicklung soll mindestens 2 Minuten lang dauern und kann bei künstlicher Beleuchtung 5 Minuten lang betrieben werden. Ist diese Prozedur beendet, wird die Platte 2 Minuten lang abgespült.

Da die lichtempfindliche Emulsionsschicht der Farbrasterplatte so außerordentlich dünn und zart ist, daß schon eine ganz schwache Berührung mit dem Finger sie zu zerstören vermag, darf die Brause, mit welcher die Platte abgespült wird, nicht zu kräftig sein.

Erscheinen die Farben des Bildes zu matt, so muß die Platte „verstärkt" werden. Die für diesen Zweck von A. und L. Lumière ursprünglich angegebene Verstärkungsmethode ist eine „physikalische" (mit Verwendung von Silbernitrat) und liefert bei sorgfältiger Ausführung und Beachtung peinlichster Sauberkeit sehr gute Ergebnisse:

A.	3 g	Pyrogallol
	3 g	Zitronensäure
	1000 ccm	Wasser
B.	5 g	Silbernitrat
	100 ccm	destilliertes Wasser

Unmittelbar vor dem Gebrauch mische man 10 Teile *B* mit 100 Teilen *A*. Folgende Vorsichtsmaßregeln sind beim Verstärken zu beachten: 1. man arbeite nur in Glasschalen, welche mit der bekannten Bichromat-Schwefelsäurelösung gereinigt wurden, 2. sobald man merkt, daß die Verstärkerlösung trüb oder sehr dunkelbraun wird, schütte man sie weg und verwende, falls die Verstärkung noch nicht hinreichend fortgeschritten ist, eine frische — bei Betrachtung des Bildes in der Durchsicht ist sehr leicht festzustellen, ob das verstärkte Bild den gestellten Anforderungen entspricht. Man setze die Verstärkung nicht zu lange fort; Anfänger tun diesbezüglich gerne zu viel des Guten. Zu ausgiebig verstärkte Bilder werden zumeist hart, d. h. die Farben erscheinen knallig und glasig. Nach dem Verstärken spüle man die Platte zumindest 1 Minute lang ab; geschieht dies nicht ausgiebig genug, so verbleiben auf der Platte Säurereste, die durch ein Klärbad entfernt werden können, das allerdings nur eine geringe, wiederum abschwächende Wirkung ausübt. Das Klärbad ist eine 0,1%ige Kaliumpermanganatlösung ohne jeden Säurezusatz; man läßt es 30 bis 60 Sekunden lang auf die Platte einwirken. Danach wird die Platte abgespült und in einem aus einer 15%igen Fixiernatronlösung und einer 5%igen sauren Sulfitlauge bestehenden Bad fixiert. Man fixiere somit nach erfolgter Verstärkung. Das Fixierbad soll nicht abschwächend wirken. Ist dies dennoch der Fall, so war die zweite Entwicklung nicht hinreichend lange durchgeführt worden; diesfalls muß die Platte abgewaschen und neuerdings verstärkt werden. Schließlich wird die Platte 5 Minuten lang ausgewaschen und getrocknet.

Bei einer anderen Verstärkungsmethode, nach der sich sehr sauber arbeiten läßt und welche mehrmals nacheinander angewendet werden kann, benutzt man Kaliumbichromat:

18 g	Kaliumbichromat
5 ccm	Chlorwasserstoffsäure
1000 ccm	Wasser

Man lasse das Bild in vorstehender Lösung ganz ausbleichen, wasche es dann 2 Minuten lang aus und entwickle es von neuem; dieser Vorgang kann, was allerdings selten notwendig ist, mehrmals wiederholt werden. Ein Fixieren nach dieser Verstärkung ist überflüssig.

Bei Anwendung des physikalisch wirkenden Silbernitratverstärkers findet — das ist sein Vorteil — eine proportionale Verstärkung des Bildes statt; infolgedessen werden die Helligkeiten der Farben des Bildes weniger verfälscht. Manche Photographen bedienen sich mit Vorliebe des Quecksilberjodidverstärkers, mit welchem man sehr vorsichtig umgehen muß, sollen die sich ergebenden Verstärkungen nicht allzu ausgiebig sein.

Die Art, wie die Bilder getrocknet werden, ist keinesfalls von nebensächlicher Bedeutung. Erfolgt das Trocknen zu langsam, so bekommt das Bild grünliche Flecke; erfolgt das Trocknen zu rasch, so beginnt die lichtempfindliche Schicht an den Rändern der Platte sich zu kräuseln. Man trockne die Farbrasterplatten, nachdem sie vorher tunlichst unter Zuhilfenahme eines Schleuderapparates von anhängenden Wassertropfen befreit wurden, in einem Trockenapparat; steht kein solcher Apparat zur Verfügung oder wird aus irgendwelchen Gründen von der Verwendung desselben abgesehen, so erfasse man die Farbrasterplatte an den äußersten Rändern (mit der linken Hand den linken Rand, mit der rechten Hand den rechten Rand), wobei die lichtempfindliche Schicht nach außen gekehrt wird, strecke die Hände von sich und schüttle die Platte mehrmals kräftig, um möglichst viel Wasser von ihr abzutropfen. Die Platte wird dann auf der Rück- (Glas-) Seite trockengewischt und mit der Schichtseite nach außen gegen eine Wand oder ein Brett gelehnt, wobei der untere Plattenrand auf einem Filtrier- (Lösch-) Papier aufruhen soll. Nach etwa 5 Minuten sauge man mit einem Fidibus aus Löschpapier das am unteren Plattenrand angesammelte Wasser auf. Zum Trocknen wähle man einen tunlichst staubfreien und hinreichend warmen Platz. Steht ein elektrischer Ventilator zur Verfügung, so ist dessen Verwendung von Vorteil, da ein leichter Zug den Trockenprozeß beschleunigt.

Sobald die Platte trocken ist, wird sie durch eine in die Nähe gebrachte Flamme erwärmt und dann lackiert. Für diesen Zweck empfehlen A. und L. LUMIÈRE eine 20%ige Dammarharz-Benzollösung; da die Dämpfe dieser Lösung leicht entzündbar sind, erscheint die Verwendung eines von E. VALENTA[1] angegebenen Lackes empfehlenswerter:

20 g	Dammarharz
50 g	Manila-Kopal
1000 ccm	Tetrachlorkohlenstoff

Nachdem sich die Harze aufgelöst haben, erhitze man die Lösung auf dem Wasserbad bis zum Siedepunkt und filtriere sie dann. Weder ein alkoholischer Lack noch ein Zelluloidlack dürfen für unsere Zwecke Verwendung finden, da beide im Laufe der Zeit die Farben der Rasterelemente angreifen.

Über die Verarbeitung der Duplexplatte brauchen wir nur wenig zu sagen. Nachdem sie in der Kamera belichtet wurde, wird sie genau so wie eine gewöhnliche panchromatische Platte behandelt. Nach dem so gewonnenen Negativ verfertige man ein Positiv auf einer Reproduktions- (Kontrast-) Platte, die rein schwarz-weiße Bilder liefert, da jede Verfärbung des Positivs das endgültige farbige Bild ungünstig beeinflußt. Das Positiv bzw. Diapositiv muß ziemlich brillant, vollkommen schleierfrei und sehr detailreich sein. Nachdem die Platte vollkommen getrocknet ist, wird die Gelatine an den Plattenrändern mit Hilfe eines kleinen Messerchens so abgeschabt, daß die Ränder gegenüber der Mitte vertieft sind. Diese Maßnahme soll verhindern, daß Diapositiv und Duplexraster über die ganze Fläche der Platte hin in Berührung kommen.

---

[1] Phot. Korr. 44, 1908, S. 24; Brit. Journ. of Phot. 56, 1909, Col. Phot. Suppl. 3, S. 92.

Nun bringt man das Diapositiv mit dem Duplex-Betrachtungsraster Schicht auf Schicht in Kontakt, hält beide zusammen fest und betrachtet sie in der Durchsicht. Zuerst sieht man fast immer ein unter irgendeinem Winkel quer über das Bild laufendes Moirémuster; nun wird der Raster festgehalten und das Diapositiv so lange verdreht, bis die Linien des Moirémusters parallel zu den Plattenrändern verlaufen. Sobald dies der Fall ist, verschiebe man den Raster ein wenig nach links oder rechts, bis die ganze Fläche einheitlich gefärbt erscheint und dann noch ein wenig, bis das farbige Bild ohne Moiréüberdeckung sichtbar wird. Nun werden Diapositiv- und Rasterplatte fest aneinander gepreßt, so daß sie sich gegeneinander nicht verschieben können und mit Hilfe von Metallklammern bzw. Diapositivklebestreifen miteinander fest verbunden. Schließlich sei noch bemerkt, daß bei der Aufnahme (Belichtung) panchromatische Platte und Aufnahmeraster in der Kassette einander sehr eng berühren müssen, da sonst kein farbiges Bild zu erzielen ist.

Bisweilen müssen verschiedene Fehler im Farbrasterbild behoben werden. So zeigen sich z. B. oft kleine schwarze Pünktchen im Bild, welche schon bei Herstellung der Platte unvermeidlich in die Emulsion geraten; diese Pünktchen können mit Hilfe eines feinen Haarpinsels oder eines zugespitzten Zündhölzchens, welche in die saure Umkehrlösung oder eine Fixiernatronlösung getaucht wurden, leicht entfernt werden. Auch eine 2%ige Jod-Jodkaliumlösung ist für diesen Zweck gut verwendbar.

Dunkelbraune oder schwarze Flecken im Farbrasterbild sind zumeist auf unvollständige Umkehrung, also auf Erschöpfung oder Alterung des Umkehrbades und schließlich auf Ungleichmäßigkeiten in der Emulsion zurückzuführen. Bei Verwendung des Permanganat-Umkehrbades entstehen braune Flecken, wenn die Platten nach der Umkehrung nicht genügend ausgewaschen werden. Wurde die Platte nach der Entwicklung nicht sorgfältig ausgewaschen oder vor dem Verstärken im Klärungsbad nicht hinreichend abgespült, so bilden sich auf der Platte gleichfalls braune Flecken. Wie bereits früher bemerkt wurde, bewirken Schmutzflecken auf der Glasseite der Platte an den korrespondierenden Stellen des Farbenbildes Verdunklungen. Liegen Ungleichmäßigkeiten der Emulsion vor oder waren auf der Glasseite der Platte Schmutzflecken, so gibt es dagegen natürlich kein Hilfsmittel; unter Umständen werden lokale Abschwächungen durchgeführt, von denen jedoch im allgemeinen abgeraten sei. Es ist in solchen Fällen beinahe besser, eine neue Aufnahme zu machen.

Die Abschwächung ist außerordentlich schwer durchführbar und werde daher, wie bereits früher bemerkt wurde, lieber unterlassen, weil die Platte dabei sehr leicht beschädigt wird; allerdings ist es möglich, die Platte wieder physikalisch zu verstärken, sobald die Abschwächung etwa zu weit getrieben worden war. Die besten Ergebnisse sind wohl noch mit dem NIETZschen proportional wirkenden Abschwächer[1] zu erzielen.

A.	0,125 g	Kaliumpermanganat
	500 ccm	Wasser
	0,75 ccm	konz. Schwefelsäure
B.	12,5 g	Ammoniumpersulfat
	500 ccm	Wasser

Für den Gebrauch mische man 1 Teil A, 1 Teil B und 8 Teile Wasser.

Leider ist der Farbstoff der grünen Rasterelemente im Wasser sehr leicht löslich. Es kommt nun bisweilen vor, daß die zwischen Emulsion und

[1] Brit. Journ. of Phot. 68, 1921, S. 278.

Farbenraster befindliche dünne Lackschicht an einzelnen Stellen kleine Löcher aufweist; durch diese Löcher kann Wasser zur Farbrasterschicht gelangen und eine Ausbreitung des im Wasser leicht löslichen grünen Farbstoffes herbeiführen. Insbesondere am unteren Plattenrand kann dies leicht eintreten, wenn die Platte nicht gut abgebeutelt wurde, das Wasser also längs der Platte herunterrinnt und sich am unteren Plattenrand sammelt. Aus diesem Grund empfiehlt es sich, den unteren Plattenrand mit Hilfe eines Löschpapierstreifens abzutupfen, nachdem die Platte 1 bis 2 Minuten dagestanden war.

Weiße Flecken auf der Farbrasterplatte stammen gewöhnlich von Luftbläschen, welche bei der zweiten Entwicklung an der Plattenoberfläche haften blieben. Bei der Entwicklung ist leicht zu beobachten, ob sich solche Luftbläschen bilden; ist dies der Fall und lassen sich die Bläschen durch Schaukeln der Entwicklerschale nicht wegschaffen, so nehme man einen gut befeuchteten Baumwollbausch, fahre ganz leicht über die betreffenden Stellen hinweg und setze hierauf die Entwicklung fort. Keinesfalls versuche man es, diese Luftbläschen mit den Fingern zu entfernen; dadurch würde die Platte vollkommen ruiniert werden.

Allgemeine Blaustichigkeit der Platte ist gewöhnlich ein Zeichen dafür, daß die Belichtungszeit zu kurz war; zeigt sich in der Farbrasterplatte praktisch keine andere Farbe als das Blau, so deutet dies darauf hin, daß kein Kompensationsfilter verwendet wurde. Ein Überwiegen des Blau zeigt sich auch dann, wenn Gegenstände mit sehr ausgeprägten Farbenkontrasten durch ein zu dunkles Filter aufgenommen werden.

Durch Überexposition werden die Farben im endgültigen Bild immer matt, weil diesfalls schon bei der ersten Entwicklung so viel Haloidsilber in metallisches Silber umgewandelt wird, daß nicht mehr genügend Haloidsilber vorhanden ist, um bei der zweiten Entwicklung die notwendige hemmende Wirkung auszuüben. Analoge Resultate ergeben sich, wenn der Entwickler eine zu hohe Temperatur hat oder wenn zu viel Ammoniak verwendet wurde. Als einziges Hilfsmittel gegen den erwähnten Fehler kommt eine sehr sorgfältig durchgeführte Verstärkung in Betracht.

Sind im Bilde gar keine Farben sichtbar, so war die Platte verkehrt in der Kassette gelegen, d. h. mit der lichtempfindlichen Schicht gegen das Objektiv gekehrt gewesen. Werden die Farben nach der zweiten Entwicklung beim Fixieren fahl (flau), so liegt dies daran, daß die zweite Entwicklung nicht genügend lange fortgesetzt wurde oder daß die Platte nicht lange genug exponiert (belichtet) worden war.

Unterexposition rächt sich fast immer dadurch, daß die Farben im Bilde stumpf erscheinen und das ganze Bild blaustichig wird. Sind die Farben ihren Tonwerten nach ungefähr richtig wiedergegeben, ist aber die ganze Platte dabei zu dunkel und trüb, so liegt dies zumeist daran, daß die erste Entwicklung zu früh abgebrochen wurde oder daß der Entwickler zu kühl war. Als Mittel zur Abhilfe gegen diesen Fehler kommt allgemeine Abschwächung des Bildes in Betracht.

Da das Farbrasterbild außerordentlich wenig lichtdurchlässig (transparent) ist — praktisch werden wohl kaum mehr als 10% des auf die Farbrasterplatte auffallenden Lichtes von dieser durchgelassen — so erscheint es schon an sich verhältnismäßig matt; dies ist um so mehr der Fall, wenn man nicht dafür Sorge trägt, daß zwischen Bild und Auge hinzutretendes seitliches Licht abgehalten wird. Aus diesem Grunde betrachte man Farbrasterbilder in einem eigenen Kästchen, welches einerseits mit einer kreisförmigen Öffnung oder einem Okular und anderseits mit einer Glasplatte ausgestattet ist, mit welcher das Farbrasterbild in Kontakt gebracht wird. Sehr praktisch bewährt sich auch ein horizontal angeordneter Spiegel, über dem das Bild unter 45° geneigt angeordnet wird. Naturgemäß müssen auch die Seitenteile dieser Anordnung mit Stoff oder Holz verkleidet sein, um seitlich einfallendes Licht vom Bilde abzuhalten. Es empfiehlt sich, statt der oberwähnten Glasplatte eine dünne Mattscheibe oder ein Stück dünne Pausleinwand zu benutzen, um das Licht vor dem Eintritt in die Farbrasterplatte diffus zu machen. Bei der zuletzt erwähnten Spiegelanordnung wird die Platte naturgemäß mit der Rückseite gegen den Beobachter gekehrt, welcher auf diese Art das Spiegelbild der Farbrasterplatte betrachtet. F. Leiber[1] hat darauf hingewiesen, daß bei einem Spiegelbetrachtungsgerät durch die doppelte Spiegelung an der vorderen und rückwärtigen Fläche des Spiegels die Struktur der Rasterelemente fast ganz unbemerkbar wird.

Werden die Farbrasterbilder als Projektionsbilder verwendet, so bedenke man, daß unter ungünstigen Umständen das Rasterkorn, d. h. unregelmäßig geformte Gruppen von gleichfarbigen Rasterelementen im Wandbild sichtbar werden können. Nehmen wir an, 12 oder mehr gleichfarbige Rasterelemente seien zu einem Korn vereinigt; es ist klar, daß einfach die durchschnittliche Größe eines einzelnen Rasterelements entsprechend vervielfacht zu werden braucht, wenn man die Gesamtgröße des Korns ermitteln will. Mißt der Durchmesser eines Farbrasterelements durchschnittlich 0,015 mm, so beträgt der Durchmesser eines Korns etwa 0,2 mm. Das Auge vermag bekanntlich eine Strecke von 1 mm Länge aus einer Entfernung von ungefähr 4 m noch als Strecke zu erkennen. Auf Grund dieser Angaben kann die Lage des einer bestimmten Vergrößerung eines Farbrasterbildes zunächst gelegenen Punktes ermittelt werden, von dem aus betrachtet, das Korn nicht als solches wahrgenommen wird. Nehmen wir weiters an, das Original-Farbrasterbild habe das Format 9 × 12 cm und werde etwa 25fach linear vergrößert, so daß seine Längsseite am Projektionsschirm 3 m lang ist, so wird ein Korn in der Vergrößerung einen Durchmesser von etwa 5 mm haben; der nächste Beobachter muß ungefähr 30 m weit vom Projektionsschirm entfernt sitzen, wenn er das Korn nicht als solches erkennen soll.

Bei der Projektion eines Farbrasterbildes ist darauf Rücksicht zu nehmen, daß das auf das Farbrasterbild auffallende Licht durch dieses Bild stark absorbiert wird; Farbrasterbildprojektionen von 1,5 m Seitenlänge sind wohl als Maximum anzusehen. Sogar in ganz großen Sälen werden nur Bilder dieser Größe gezeigt; vom Standpunkt des Korns allein wäre auch die Vorführung größerer Bilder denkbar. Die geringe Beleuchtungsstärke am Orte des projizierten Bildes ist die Ursache dafür, daß die Größe dieses Bildes eine beschränkte sein muß. Auf Grund praktischer Versuche ergab sich, daß ein projiziertes Bild von 1,5 m Seitenlänge auf einem durchscheinenden Pauspapierschirm, also in der Durchprojektion, besser wirkt als auf einem undurchsichtigen weißen oder versilberten Schirm.

H. Lehmann[2] gab nachstehend beschriebenes, leicht durchführbares Verfahren zur Herstellung eines Aluminium-Projektionsschirmes an. Leinwand oder Kattun wird auf einem kräftigen Holzrahmen aufgezogen und mit folgender Masse bestrichen:

200 g	Zinkoxyd
100 ccm	Glyzerin
100 g	Gelatine
900 ccm	Wasser

[1] Phot. Rundschau 24, 1910, S. 120.

[2] Phot. Chron. 16, 1909, S. 245, 257; Brit. Journ. of Phot. 56, 1909, Col. Phot. Suppl. 3, S. 44; Eders Jahrb. f. Phot. u. Reprod. 24, 1910, S. 322.

Die Gelatine wird im Wasser eingeweicht und unter Erwärmen aufgelöst. Inzwischen verreibt man das Zinkoxyd mit dem Glyzerin und ein wenig Wasser zu einer Paste; dazu wird die abfiltrierte Gelatinelösung hinzugefügt. Das Ganze wird gut vermischt und schließlich in heißem Zustand mit Hilfe eines flachen breiten Pinsels auf die Leinwand aufgetragen. Sodann läßt man die Leinwand trocknen. Nach dem Trocknen wird die Projektionswand mit Gold- oder Kopallack überstrichen; solange der Lack noch klebrig ist, legt man den Projektionsschirm horizontal auf den Fußboden, überstreut ihn mit feinem Aluminiumpulver und läßt den Lack dann trocknen. Nach dem Trocknen wird das überschüssige Pulver abgeschüttelt oder abgepinselt (der Projektionsschirm wird dabei in eine vertikale Stellung gebracht). Der Verfasser vorliegender Darstellung hat das LEHMANNsche Verfahren dahin modifiziert, daß er schweres auf Leinwand (oder irgend einem Zeug) aufgezogenes Barytpapier verwendete, dieses mit Lack überstrich und mit Aluminiumpulver bestreute. LEHMANN hat a. a. O. das Reflexionsvermögen (die maximale Bildhelligkeit) verschiedenartiger Projektionswände (in verschiedenen Richtungen) in einer Tabelle zusammengestellt. A. HÜBL[1] hat die Brillanz auf metallisierte Projektionsschirme projizierter Bilder untersucht und festgestellt, daß solche Projektionsschirme nur in kleinen Vorführungsräumen und nur dann von Vorteil sind, wenn die Beschauer nicht weit außerhalb der optischen Achse des Projektionsgerätes bzw. der Mittelachse des Projektionsschirmes sitzen.

Betrachtet man Farbrasterbilder, die bei Tageslicht oder Magnesiumlicht (das dem Tageslicht wohl am nächsten kommt) hergestellt wurden, bei künstlichem Licht, dessen spektrale Zusammensetzung von derjenigen des Tageslichts stark abweicht, so ergeben sich naturgemäß unrichtige Farbwirkungen. Benutzt man z. B. zur Durchleuchtung eines Farbrasterbildes eine Petroleumlampe, so erscheinen die blauen und violetten Anteile des Bildes verhältnismäßig flau, die roten und orangefarbigen Bildanteile jedoch kräftig gefärbt, weil die Lichtquelle selbst an blauen Strahlen arm, an roten Strahlen jedoch reich ist. Aus diesen Gründen ist es notwendig, zur Projektion von Farbrasterbildern eine Lichtquelle heranzuziehen, deren spektrale Zusammensetzung derjenigen des bei der Aufnahme verwendeten Lichtes tunlichst nahe kommt.

A. HÜBL[2] empfiehlt, bei Beleuchtung der Objekte mit verschiedenen Lichtquellen und Aufnahme dieser Objekte auf Farbrasterplatten folgende Filter anzuwenden. Zunächst werden nachstehend angegebene Vorratslösungen angesetzt:

A. Eine Gelatinelösung 1 : 15 mit einem 2%igen Glyzerinzusatz
B. Eine Patentblaulösung 1 : 1000
C. Eine Rose Bengallösung 1 : 1000

Die gefärbten Filtergelatinen haben folgende Zusammensetzung:

Für offenes Gas- oder Petroleumlicht:

40 ccm Lösung A
5 ccm Lösung B
3 ccm Lösung C
30 ccm Wasser

---

[1] Wien. Mitt. 1909, S. 205; EDERS Jahrb. f. Phot. u. Reprod. 24, 1910, S. 154.

[2] Phot. Rundsch. 46, 1909, S. 1 und 17; Wiener Mitt. 1909, S. 49; EDERS Jahrb. f. Phot. u. Reprod. 24, 1910, S. 181; Brit. Journ. of Phot. 56, 1909, Col. Phot. Suppl. S. 14 und 17; 60, 1913, Col. Phot. Suppl. 7, S. 33.

Für Gasglühlicht (AUER-Gaslicht):

40 ccm	Lösung A
3 ccm	Lösung B
5 ccm	Lösung C
30 ccm	Wasser

Für Bogenlicht:

40 ccm	Lösung A
4 ccm	Lösung B
4 ccm	Lösung C
30 ccm	Wasser

Auf 100 qcm Fläche entfallen 5 ccm gefärbte Gelatine.

Die erwähnten Filter sind, falls die betreffenden Lichtquellen zur Projektion verwendet werden, auch als Korrektionsfilter bei der Projektion brauchbar — man befestigt die Filter diesfalls zwischen Bildträger und Kondensor des Projektionsapparates. Farbrasterbilder sollen — insbesondere bei Verwendung von Bogenlicht — womöglich nicht allzu lange projiziert werden, da die Gefahr besteht, daß die Emulsion und die Farbrasterschicht bei sehr intensiver Hitze brüchig werden. Um dieser Schwierigkeit zu begegnen, wird zwischen Kondensor und Bildträger eine mit einer Kupfersulfat- oder Eisenammoniumsulfat-Lösung (als hitzeabsorbierendes Medium) gefüllte Küvette gestellt.

10. Farbrasteraufnahmen bei Blitzlicht. Das Kopieren von Farbrasterbildern. Stereoskopische Farbrasteraufnahmen. Die Notwendigkeit, bei der Aufnahme auf Farbrasterplatten sehr helle Lichtquellen bzw. sehr lichtstarke Objektive, welche allerdings eine starke Abnahme der Tiefenschärfe mit sich bringen, zu benutzen, erschwert die Verwendung von Farbrasterplatten für Porträtaufnahmen in Wohnräumen, Ateliers usw. ganz bedeutend. Für solche Zwecke kann die Benutzung von Magnesiumlicht, dessen sich der Verfasser vorliegender Darstellung für Innenaufnahmen seit jeher mit Vorteil bediente, wärmstens empfohlen werden.

Von der Selbstherstellung von Blitzlichtgemischen sehe man lieber ab, da diese Arbeit ziemlich gefährlich ist, zumindest aber sehr viel Erfahrung und Sorgfalt erfordert; außerdem sind so viele Blitzlichtpulvergemische im Handel, daß die Selbstherstellung solcher tatsächlich überflüssig erscheint. Jeder einzelne Photograph wird dasjenige Blitzlichtgemisch wählen, welches ihm am meisten zusagt; der Verfasser z. B. bedient sich des von A. und L. LUMIÈRE[1] angegebenen Perchlora-Blitzlichtes, welches aus 20 Teilen Magnesium und 10 Teilen Kaliumperchlorat bestehen soll. Diese Blitzlichtmischung bewährt sich sehr gut, entwickelt nicht zu viel Rauch, entzündet sich ohne Lärm (Explosion) und ist sehr reich an aktinischen Strahlen. Das Agfa-Blitzlichtpulver ist nach den Erfahrungen des Verfassers zu hygroskopisch, ballt sich bei etwas Feuchtigkeit zusammen und ist in diesem Zustand ganz unbrauchbar.

Bei Verwendung eines Blitzlichtpulvers benötigt man ein besonderes Kompensationsfilter; solche Filter sind fertig käuflich. F. MONPILLARD[2] hat ein Magnesiumlichtfilter angegeben, das dem Verfasser in Verbindung mit allen Farbrasterplatten sehr gute Dienste leistete.

---

[1] Rev. gen. Chim. pur. et appl. 13, 1910, S. 284; Phot. Mitt. 46, **1910**, S. 324; Brit. Journ. of Phot. 57, 1910, Col. Phot. Suppl. 4, S. 74.

[2] Bull. Soc. franç. Phot. 55, 1909, S. 203; Brit. Journ. of Phot. 56, 1909, Col. Phot. Suppl. 3, S. 51; Phot. Korr. 46, 1909, S. 569; EDERS Jahrb. f. Phot. u. Reprod. 24, 1910, S. 185.

1,3 ccm Chinolingelb 1 : 200
0,6 ccm Patentblau 1 : 1000
10 ccm 10%ige Gelatinelösung

Die Farbstofflösungen werden zur Gelatinelösung hinzugefügt. Hierauf werden 0,05 g Äskulin in 6 ccm heißem Wasser aufgelöst und zur oben angegebenen Lösung dazugetan; schließlich wird das Ganze mit Wasser auf 25 ccm ergänzt. Auf 100 qcm zu begießende Glasfläche kommen 5 ccm gefärbte Gelatinelösung.

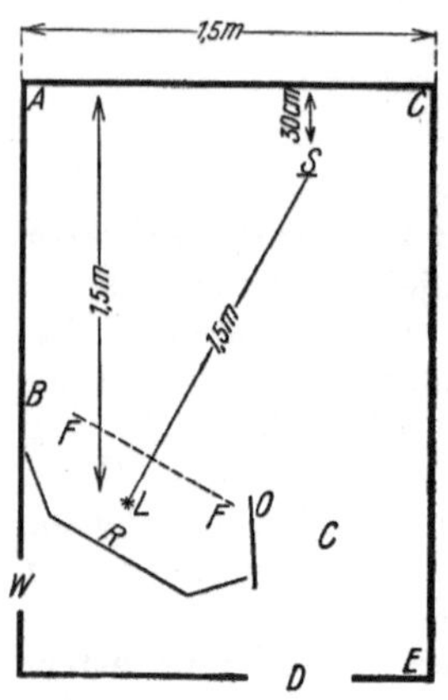

Abb. 15. Skizze einer Ateliereinrichtung für Blitzlichtaufnahmen mit Farbenrasterplatten

Wie das aufzunehmende Objekt (die aufzunehmende Person), der photographische Apparat, die Reflektorschirme (Aufhellungsschirme) usw. bei Atelieraufnahmen auf Farbrasterplatten anzuordnen sind, haben A. und L. Lumière ausführlich beschrieben.[1] In Abb. 15 ist ein Innenraum bzw. ein Atelier skizziert. Die Wand *AB* muß, um als Reflektor (Aufhellungsschirm) zu wirken, weiß sein; die Wand *CE* ist grau gestrichen. *W* ist ein Fenster, das hauptsächlich zur Lüftung des Raumes (Entfernung des vom Blitzlichtpulver erzeugten Rauches) dient — man kann sich auch eines besonders konstruierten Kastens bedienen, in welchem das Blitzlichtpulver abgebrannt wird —; *D* ist die Eingangstüre in den Raum, *C* (rechts von *O*) ist der Aufstellungsort der Kamera, *S* ist der Platz der aufzunehmenden Person, *R* ist ein Reflektorschirm (Aufhellungsschirm), *FF* ist ein durchscheinender Schirm vor der Lichtquelle *L* — dieser Schirm macht das von der Lichtquelle und von *R* kommende Licht diffus —; *O* ist ein undurchsichtiger Schirm, welcher dazu bestimmt ist, direkt auf das Objektiv fallendes Licht von diesem abzuhalten. In Abb. 15 sind auch die Abstände der einzelnen Schirme, Wände usw. voneinander eingezeichnet, die angegebenen Maße sind naturgemäß nicht allgemein gültig.

Die notwendige Blitzlichtpulvermenge ist von folgenden Faktoren abhängig: Ausdehnung des aufzunehmenden Objekts, dessen Abstand von der Kamera, Öffnung des Objektivs. Handelt es sich um die Aufnahme einer einzelnen Person, so wird das Blitzlichtpulver in der Regel in einer Entfernung von 1,5 m von der betreffenden Person und etwa in einer Höhe von 20 cm über dem Kopf derselben abgebrannt; bei Verwendung eines Objektivs mit dem Öffnungsverhältnis 1 : 4 benötigt man etwa 8 g Perchlora-Blitzlichtpulver, bei einem Öffnungsverhältnis 1 : 5 12 g, bei einem Öffnungsverhältnis 1 : 7 16 g.

Zur Aufnahme von Stilleben (Blumen usw.), Gemälden usw. verwendet man vorteilhaft Magnesiumband; bewegt man dasselbe während des Abbrennens, so können allzu schwere Schatten am Objekt vermieden werden.

Ein schönes Farbrasterbild erweckt oft den Wunsch nach einer farbigen Kopie dieses Bildes auf Papier oder einer anderen Unterlage, welche weniger gebrechlich ist als Glas; leider ist das Kopieren einer Farbrasterplatte nicht einfach durchführbar. Verwendet man als Kopiermaterial eine Farbrasterplatte, so ist es infolge der Unregelmäßigkeit des Rasters wohl sehr unwahrscheinlich, daß ein unter einem Rasterelement bestimmter Farbe gelegenes Bildelement der zu kopierenden Platte genau über ein Rasterelement der gleichen Farbe auf der zweiten Platte zu liegen kommt; wäre der Raster geometrisch regelmäßig (regulär), so würde das in Rede stehende Problem

[1] Agenda Lumière 1926, S. 187.

keinerlei Schwierigkeiten bereiten. Derartige Kopien nach Farbrasterbildern büßen leider an Farbe (Kolorit) ein, d. h. ihre Farben erscheinen weißlich oder schwärzlich, je nachdem das primäre (negative) oder das „umgekehrte" (positive) Farbrasterbild kopiert wird.

A. und L. LUMIÈRE[1] haben ein sehr einfach durchführbares Verfahren zur Herstellung von Kopien nach Farbrasterbildern auf Farbrasterplatten beschrieben (s. Abb. 16). Die von den Genannten angegebene Vorrichtung besteht aus einem ungefähr 40 cm langen rechteckigen Kasten *ABCD*, welcher innen — um unliebsame Reflexionen an den Wänden zu vermeiden — schwarz ausgekleidet ist. Der Kasten hat in der Wand *A B* eine Öffnung *E*, in welche das Magnesiumlichtfilter *F* eingesetzt wird. Unmittelbar vor der Kastenwand *A B* befindet sich der Verschluß *V*, der einfach aus einer Karton- oder Metallscheibe besteht. An der gegenüberliegenden Kastenseite wird eine besonders konstruierte Kassette oder ein einfacher Kopierrahmen *H I* eingeschoben; in diese werden die zu kopierende Farbrasterplatte und eine zweite Farbrasterplatte (auf welcher die Kopie hergestellt werden soll) so eingelegt, daß die Glasseite der zu kopierenden Platte gegen die Öffnung *E* gekehrt und ihre Schichtseite mit der Glasseite der zweiten Farbrasterplatte in Kontakt ist.

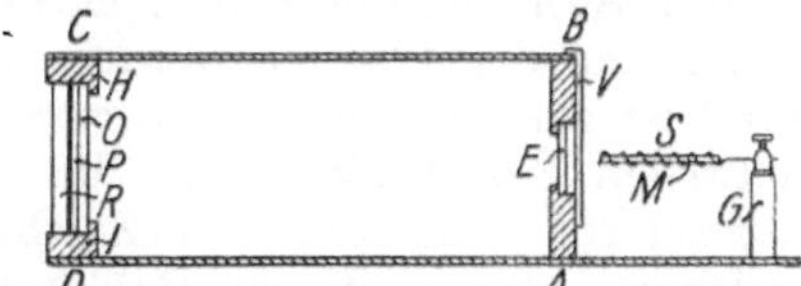

Abb. 16. Vorrichtung zum Kopieren von Farbrasterbildern nach A. u. L. LUMIÈRE

Als Lichtquelle verwendet man ein Stück Magnesiumband *M* von 2,5 mm Breite und 10 bis 20 cm Länge, je nachdem das zu kopierende Bild mehr oder weniger dicht ist. Das Magnesiumband wird in eine Spirale *S* aus Eisendraht von mindestens 3 mm Stärke eingezogen — Kupfer- oder Messingdraht zu verwenden ist nicht empfehlenswert. Die Eisendrahtspirale wird derart hergestellt, daß man den Draht zunächst in ganz eng aneinanderliegenden Windungen über einen Stift oder Stab von ungefähr 8 mm Durchmesser wickelt und dann die Windungen so auseinanderzieht, daß sie 1 cm Abstand voneinander haben. Man zieht das zwecks Verminderung der Gesamtlänge doppelt zusammengefaltete Magnesiumband durch die Windungen der Drahtspirale und steckt das Ende der letzteren in das Loch der Klemme *G*, wie sie vielfach an elektrischen Geräten verwendet wird. Die Spirale muß so angeordnet werden, daß das Magnesiumband tunlichst genau in der Richtung der Mittelachse des Kastens verläuft. Die Zündung des Magnesiumbandes erfolgt mit Hilfe einer Weingeistlampe; der Verschluß *V* wird unmittelbar vor der Belichtung geöffnet. Es empfiehlt sich, das Kopieren von Farbrasterplatten in der Dunkelkammer durchzuführen.

A. HÜBL[1] hat den Vorschlag gemacht, zum Kopieren von Farbrasterplatten eine auf Unendlich eingestellte, auf den Himmel, d. h. auf weiße Wolken, gerichtete Kamera zu verwenden; die Kamera auf einen gegen die Kameraachse unter 45° geneigten hell beleuchteten weißen Karton zu richten, dürfte wohl zum gleichen Ziele führen, allerdings bedarf es in diesem Falle einer längeren Belichtungszeit. HÜBL hat sich a. a. O. ausführlich mit der Frage befaßt, warum es so her-

[1] Bull. Soc. franç. Phot. 51, 1909, S. 457; La Photographie 1910, S. 17; PENROSES Annual 15, 1909, S. 149; Brit. Journ. of Phot. 57, 1910, Col. Phot. Suppl. 4, S. 1; Phot. Mitt. 47, 1910, S. 22. Vgl. auch A. VILLAIN, Photo-Revue 20, 1910, S. 80; Phot. Korr. 47, 1910, S. 115; Agenda Lumière 1926, S. 198.

[2] Wien. Mitt. 1910, S. 249; 1912, S. 609; Phot. Rundsch. 50, 1913, S. 373; Brit. Journ. of Phot. 57, 1910, Col. Phot. Suppl. 4, S. 59; A. HÜBL, Die Theorie und Praxis der Farbenphotographie mit Autochrom- und anderen Rasterfarbenplatten, Halle a. d. S., W. Knapp, 1909.

gestellten Kopien an richtigem „Kolorit" mangelt, und gezeigt, daß dieser Unannehmlichkeit begegnet werden kann, wenn auf „Schärfe" in der Kopie verzichtet wird. Die „Schärfe" der Kopie — darunter verstehen wir die scharfe Abbildung der Rasterelemente der Originalplatte — geht verloren, wenn die zu kopierende Farbrasterplatte und diejenige, auf der die Kopie hergestellt werden soll, in einen bestimmten, von der Größe der Rasterelemente abhängigen Abstand voneinander gebracht werden. (Befinden sich Schichtseite des Originals und Glasseite der Kopierplatte in Kontakt, so hat erstere von der lichtempfindlichen Schicht der Kopierplatte einen Abstand von etwa 2 mm. Bei dieser Anordnung der Platten werden noch „scharfe" Kopien erzielt; dieser Abstand ist also zu klein.) Wir verweisen bezüglich der hieher gehörigen mathematischen Ableitungen auf die zitierten Originalarbeiten, welche mit sehr instruktiven schematischen Zeichnungen ausgestattet sind, und wollen nur dasjenige, was in diesen Publikationen für den ausübenden Photographen von Wichtigkeit ist, im nachstehenden kurz zusammenfassen.

Notwendige Ausdehnung der leuchtenden Fläche (der Objektivöffnung) =

$$= \frac{\text{Durchmesser des Rasterelementes} \,.\, (\text{Vergröß.} - 1) \,.\, \text{Kameraauszug}}{\text{Entfernung der beiden Rasterplatten}}$$

Entfernung der beiden Rasterplatten =

$$= \frac{\text{Kameraauszug} \,.\, (\text{Vergröß.} - 1) \,.\, \text{Durchmesser des Rasterelementes}}{\text{Ausdehnung der leuchtenden Fläche}}$$

In vorstehender Formel bedeutet die Vergrößerung das Verhältnis $\frac{e_1}{e}$, d. i. das Verhältnis der linearen Größe e_1 des durch die leuchtende Fläche entworfenen Bildes eines Rasterelements zur linearen Größe e desselben Rasterelements.

Bisweilen wird mit der als „leuchtende Fläche" dienenden Öffnung des Objektivs kein Auslangen gefunden werden; in diesem Fall entfernt man das ganze Vorderbrett der Kamera (samt Objektiv) und ersetzt es durch einen undurchsichtigen Karton, aus dem eine hinreichend große Öffnung herausgeschnitten wird. Diese Öffnung wird mit einer Mattscheibe überdeckt, welche sowohl hier als auch in der von A. und L. Lumière angegebenen und oben beschriebenen Kamera bei Reproduktion von Farbrasterbildern mit Vorteil verwendbar ist. Die erzielten Kopien werden genau so behandelt wie die Originalaufnahmen.

Bisweilen muß ein Farbrasterbild nach irgend einem subtraktiven Verfahren reproduziert werden; diesfalls werden auf Grund des Farbrasterbildes drei Farbenauszüge (mit echten Halbtönen) hergestellt, in denen die Struktur des Originals tunlichst wenig zur Geltung kommen soll. Die drei nach den Prinzipien der subtraktiven Dreifarbenphotographie herzustellenden Farbenauszüge dürfen nicht mit den ansonsten gebräuchlichen Dreifarbenfiltern angefertigt werden, weil die Durchlässigkeitsbereiche dieser Filter sich übergreifen; man verwendet für den hier in Rede stehenden Zweck Filter mit scharf begrenzten Durchlässigkeitsbereichen, sogenannte Analysen- oder Mikrofilter, und zwar das Wratten-Filter Nr. 29 *F*, bzw. das Lifa-Filter Nr. 215 als Rotfilter, das Wratten-Filter Nr. 61 *N*, bzw. das Lifa-Filter Nr. 211 als Grünfilter und das Wratten-Filter Nr. 50 *L*, bzw. das Lifa-Filter Nr. 208 als Blaufilter. In Verbindung mit dem Rotfilter benutze man eine panchromatische, in Verbindung mit dem Grünfilter eine orthochromatische und in Verbindung mit dem Blaufilter eine gewöhnliche, nicht farbenempfindliche Platte.

Die in den gewonnenen Negativen schließlich doch sichtbar werdende Struktur des Originals stört nicht wesentlich; kommt sie im Blaufilternegativ, das die Gelbdruckplatte liefert, besonders zur Geltung, so macht dies keinen großen Schaden, weil mit der Gelbdruckplatte zuerst gedruckt wird und das darüber gedruckte Rot- und Blaubild die Struktur des Gelbbildes zum Teil verdecken. Die Struktur des Originals kommt weniger zur Geltung, wenn für die Aufnahmen ziemlich empfindliche Platten und keine minder empfindlichen sogenannten Reproduktionsplatten verwendet werden; die Struktur verschwindet fast zur Gänze, wenn die Dreifarbenreproduktion nach dem Imbibitionsverfahren hergestellt wird, weil das geringfügige sich hier von selbst einstellende Ineinanderfließen der Farben dieses Verschwinden der Struktur begünstigt. Sind die Farbenauszüge einmal hergestellt, so kann das Gesamtbild naturgemäß nach irgend einem der beschriebenen subtraktiven Verfahren angefertigt werden.

Die Farbrasterplatte eignet sich auch vorzüglich zur Herstellung von Stereobildern. Hiezu sei allerdings bemerkt, daß das Korn der Farbrasterplatte im stereoskopischen Bild ziemlich deutlich sichtbar wird; der Verfasser vorliegender Darstellung empfindet diese Erscheinung außerordentlich stark, was allerdings bis zu einem gewissen Grad als Idiosynkrasie angesehen werden kann. E. Grimsehl[1] hat auf ein damit in Zusammenhang stehendes Phänomen hingewiesen: betrachtet man eine gestempelte rote deutsche Zehnpfennigmarke (Vorkriegsemission) durch ein Leseglas von ungefähr 10 cm Durchmesser mit beiden Augen, so scheint der Entwertungs- (Post-) Stempel 2 bis 3 mm vor dem Markenbild zu schweben. Ein ähnliches Phänomen nimmt der Verfasser bei der stereoskopischen Betrachtung eines stereoskopischen Bildes auf Farbrasterplatten wahr: er sieht die farbigen Körner des Bildes in verschiedenen Tiefen. M. v. Rohr[2] hat für die Grimsehlsche Beobachtung eine Erklärung zu geben versucht und im Anschluß daran auf Sir D. Brewster[3] hingewiesen, der bereits im Jahre 1851 eine ähnliche Erscheinung beschrieben hat.

Die oben erwähnte Erscheinung bei der stereoskopischen Betrachtung von Stereobildern auf Farbrasterplatten verschwindet, wenn, wie von R. Luther angegeben wurde, langbrennweitige Stereoskoplinsen (geringer Vergrößerungskraft) verwendet werden.[4] Allen jenen, die Stereobilder auf Farbrasterplatten herstellen und betrachten wollen, sei die Lektüre der zitierten Publikation R. Luthers empfohlen. Um tiefenrichtig wirkende, seitenrichtige, also nicht pseudoskopische Stereobilder zu erhalten, sind die Farbrasterstereoskopbilder, wie auch sonst üblich, zu vertauschen und von der Schichtseite zu betrachten.

Bei dieser Gelegenheit sei bemerkt, daß das Zerschneiden einer Farbrasterplatte keinesfalls so leicht ist als es den Anschein haben mag. Das Schneiden der Platte (mit Hilfe des Diamanten) auf der Schichtseite ist unmöglich; schneidet man auf der Glasseite, so besteht die Gefahr, daß die Schicht beim Brechen des Glases mehr oder weniger beschädigt wird, vom Schichtträger abspringt und infolgedessen an den Schnitträndern zerfranst wird. Um diesen Schwierigkeiten zu begegnen, hat Garel[5] folgendes Verfahren zum Schneiden

---

[1] Phys. Zeitschr. 1908, S. 109; Eders Jahrb. f. Phot. u. Reprod. 22, 1908, S. 355; Brit. Journ. of Phot. 55, 1908, S. 328; La Phot. de Coul. 3, 1908, S. 140.

[2] Phys. Zeitschr. 1908, S. 201; vgl. Brit. Journ. of Phot. 55, 1908, S. 328. F. Kohlrausch hat auch auf ein ähnliches Phänomen hingewiesen, und zwar in Pogg. Ann. 143, 1871, S. 144.

[3] Trans. Roy. Scott. Soc. Arts 3, 1851, S. 270; Phil. Mag. 1852, Serie 4, 3, S. 31. Vgl. auch M. v. Rohr, Die binokularen Instrumente, Berlin, J. Springer, 1907, S. 49; 2. Aufl. 1920, S. 56.

[4] Phot. Rundsch. 18, 1908, S. 233; Eders Jahrb. f. Phot. u. Reprod. 23, 1909, S. 299, Brit. Journ. of Phot. 55, 1908, Col. Phot. Suppl. 2, S. 85; Photo-Rev. 21, 1909, S. 188.

[5] Phot. de Coul. 4, 1909, S. 88; Brit. Journ. of Phot. 55, 1908, Col. Phot. Suppl. 2, S. 52.

von Farbrasterplatten angegeben: Man lege die Platte auf eine ebene Unterlage (Schichtseite nach oben) und durchschneide mit einem scharfen Messer 2 mm links und 2 mm rechts von der gewünschten Trennungslinie die Schicht bis zum Glas. Hierauf wird die Platte umgedreht und auf der Glasseite mit einem Diamanten längs einer zwischen den beiden früher angebrachten Schnitten verlaufenden Linie geritzt; beim Brechen des Glases trennt sich die Schicht ohne Einrisse an den Schnittstellen. Um den Diamantritzer auf dem Glas genau zwischen die zwei Schnittlinien auf der Schicht unterzubringen, bedient sich der Verfasser eines besonderen Kniffs: Man legt die Platte auf einen glatten Karton, zieht auf diesem längs einer Plattenlängskante eine Linie und errichtet zu dieser Linie an jener Stelle eine Senkrechte, an der die Platte geteilt werden soll. Nun wird die Platte abgehoben und ein Lineal so auf den Karton gelegt, daß seine Ziehkante mit dem zur erstgenannten Linie senkrechten Bleistiftstrich zusammenfällt. Letztgenannte Linie wird auf dem Karton eingeritzt und bildet für den nachfolgenden Schnitt auf dem Glase die Markierungslinie.

11. Die Farbenphotographie mit Hilfe prismatischer Dispersion, das farbenphotographische Verfahren mit Zuhilfenahme von „Linsenplatten" und verwandte Verfahren. Mit Ausnahme jenes Verfahrens, bei welchem eine sogenannte „Linsenplatte" verwendet wird (s. später), sind die im nachstehenden beschriebenen Verfahren hauptsächlich von theoretischem Interesse; unter Umständen sind sie wohl im Laboratorium verwendbar, praktisch aber keinesfalls von Nutzen.

Chas. Cros[1] machte folgenden Vorschlag: Anstatt zur Zerlegung des Lichtes Farbfilter zu verwenden, benutze man ein Prisma; man bringe dieses in eine solche Stellung, daß die drei in Betracht kommenden Spektralgebiete des durch das Prisma entworfenen Spektrums auf drei Platten fallen. Nach den so gewonnenen Negativen werden Positive hergestellt und an jene Orte gebracht, an denen sich die Negative bei der Aufnahme befanden. Ein Beobachter, der die drei so aufgestellten Positive durch das Prisma betrachtet, wird ein naturfarbiges Gesamtbild des aufgenommenen Objektes wahrnehmen.

Wordsworth Donisthorpe[2] hat in offenkundiger Unkenntnis des Vorschlages von Cros eine sehr ähnliche Methode zur Herstellung der drei in Betracht kommenden Negative angegeben: Nach Donisthorpe verfertigt man Kopien der Negative nach dem Pigmentverfahren und legt die in den drei Grundfarben angefärbten Kopien übereinander. K. J. Drac[3] erhielt ein Verfahren patentiert, welches mit demjenigen von Chas. Cros verwandt ist. Des weiteren erhielten L. Moelants[4] und D. de Bruignac[5] Patente auf ähnliche Verfahren.

Bei allen diesen Verfahren werden drei Platten benutzt; jede einzelne Platte empfängt Licht eines Spektralbereiches. Diese einzelnen Spektralbereiche

---

[1] Solution générale du Problème de la Photographie des Couleurs, Paris 1869. Dieses Buch ist eine Zusammenfassung einer ursprünglich in der Zeitschrift Les Mondes, Febr. 1869, publizierten Artikelserie. Vgl. E. J. Wall, Brit. Journ. of Phot. 59, 1912, Col. Phot. Suppl. 6, S. 32.

[2] Brit. Journ. of Phot. 22, 1875, S. 479.

[3] D. R. P. 181919; Franz. Pat. 341645; Kanad. Pat. 93040; Engl. Pat. 1008/1904 und 9449/1905; Brit. Journ. of Phot. 53, 1906, S. 21, 87; Amer. Pat. 905802; Belg. Pat. 175130.

[4] D. R. P. 268391; Franz. Pat. 442776; Belg. Pat. 235823, 245166, 245167, 246082, Engl. Pat. 9313/1912; Brit. Journ. of Phot. 60, 1913, S. 385.

[5] Franz. Pat. 369357.

(des vom Prisma gebildeten Spektrums) treten an die Stelle der ansonsten von den verwendeten Filtern durchgelassenen Spektralgebiete. Die allen diesen Verfahren zugrunde liegende Idee ist mit derjenigen des Chromoskops eng verwandt.

F. M. LANCHESTER[1] erhielt als erster ein sogenanntes Dispersionsverfahren patentiert, nach welchem statt eines einzigen Spektrums eine ganze Reihe von Spektren auf den lichtempfindlichen Platten entworfen wird; prinzipiell ist dieses Verfahren als ein Farbrasterverfahren anzusehen. Ein sogenanntes „Gitter" (Linienraster), dessen durchsichtige Zwischenräume schmäler sind als die undurchsichtigen Linien, wird vor ein mit einem Prisma starr verbundenes Objektiv gesetzt. Ein vor dem Gitter angebrachtes Objektiv entwirft zunächst ein Bild des aufzunehmenden Objekts auf dem Gitter. Durch das mit dem Prisma verbundene Objektiv wird das Bild des Gitters zugleich mit dem Bild des wiederzugebenden Objekts auf einer lichtempfindlichen Schicht entworfen, wobei das Bild des Objekts naturgemäß in eine ganze Reihe schmaler Spektren zerlegt erscheint. Nach dem gewonnenen Negativ wird ein Positiv hergestellt und an jenen Ort gebracht, an welchem sich bei der Aufnahme die lichtempfindliche Schicht befand: bei Betrachtung dieses Positivs durch das bei der Aufnahme verwendete optische System (Gitter, Objektiv, Prisma) sieht man ein naturfarbiges Bild des aufgenommenen Objekts.

Diese Methode wurde durch J. RHEINBERG[2] weiter ausgebaut; er benutzte ein geradsichtiges Prisma, das aus einem Flintglasprisma mit 25° Brechungswinkel zwischen zwei 5°-Prismen aus Kronglas besteht (die Prismen sind verkittet). Die durch ein solches Prisma herbeigeführte Dispersion beträgt etwa 3′, die Ablenkung des Spektrums ist sehr gering. Auf 2,5 cm der lichtempfindlichen Schicht fallen etwa 100 schmale Spektren, welche durch die Spalten des Gitters gebildet werden. Das Gitter hatte auf je 2,5 cm Länge 372 helle Spalten; die Breite derselben beträgt ein Drittel der undurchsichtigen Linien. Die genannten Größenverhältnisse wurden gewählt, weil sich mit ihnen erfahrungsgemäß die besten Ergebnisse erzielen ließen. Nach dem auf diese Art erzielten Negativ wird ein Positiv angefertigt und an jenen Ort gebracht, an welchem sich das Negativ bei der Aufnahme befand; die Betrachtung des Positivs erfolgt durch ein besonders konstruiertes optisches System — die so gewonnenen Bilder zeigen naturgetreue Farben.

Ähnliche Methoden und Geräte wurden von G. LIPPMANN,[3] P. E. B. JOURDAIN,[4] M. RAYMOND,[5] A. F. CHERON[6] und F. URBAN[7] angegeben bzw. konstruiert. P. G. und L. R. FRAUENFELDER[8] und F. DOGILBERT[9] haben die Anwendung von Zelluloidplatten mit eingepreßten Prismen empfohlen; die ebene Rückseite dieser

[1] Engl. Pat. 16548/1895; Brit. Journ. of Phot. 43, 1896, The Lantern Record S. 63; 51, 1904, S. 7; The Photogram 7, 1897, S. 91; Phot. de Coul. 2, 1907, S. 3.

[2] Phot. Journ. 62, 1912, S. 162; Phot. Korr. 49, 1912, S. 348; Phot. de Coul. 7, 1912, S. 97, 121, 145, 169.

[3] Compt. rend. 140, 1906, S. 270; Brit. Journ. of Phot. 53, 1906, S. 644.

[4] Brit. Journ. of Phot. 46, 1899, S. 232.

[5] Photo-Revue 19, 1907, S. 51.

[6] Franz. Pat. 364526; Phot. de Coul. 1, 1906, S. 80; Brit. Journ. of Phot. 53, 1906, S. 904; Bull. Soc. franç. Phot. 50, 1906, S. 468; La Nature 34, 1906, S. 401.

[7] Österr. Pat. 44368; Engl. Pat. 8723/1907; Brit. Journ. of Phot. 54, 1907, S. 869; Franz. Pat. 376616.

[8] Amer. Pat. 747961 von 1903; vgl. Brit. Journ. of Phot. 58, 1911, Col. Phot. Suppl. 5, S. 16.

[9] Brit. Journ. of Phot. 58, 1911, Col. Phot. Suppl. 5, S. 4; EDERS Jahrb. f. Phot. u. Reprod. 26, 1912, S. 373.

Platten ist mit einer panchromatischen Emulsion überzogen. Nach der Belichtung und Entwicklung des Negativs wird das Bild umgekehrt, wie dies auch bei den Farbrasterplatten üblich ist.

Da für die nachstehend beschriebenen Verfahren keine besondere Bezeichnung existiert, möchte sie der Verfasser als „Refraktions- (Brechungs-) Verfahren" bezeichnen. Die erste hieher gehörige Idee hat R. E. LIESEGANG[1] ausgesprochen, indem er die Anwendung eines vor der lichtempfindlichen Platte angebrachten Autotypierasters (Kreuzrasters oder sogenannten Halbtonrasters) empfahl. Bei der Aufnahme wird im Objektiv eine Steckblende benutzt, welche etliche abwechselnd mit roten, gelben und blauen Gelatinefolien überklebte Öffnungen besitzt. Prinzipiell läuft dieses Verfahren darauf hinaus, eine Art Farbrasterbild zu erzielen, und ist eigentlich als eine Verbesserung der JOLYschen Methode (Platte mit Linienrastern) anzusehen. Die lichten Öffnungen eines Kreuzrasters wirken — der Raster muß selbstverständlich im entsprechenden Abstand von der lichtempfindlichen Schicht angeordnet sein — als Lochkameraöffnungen und entwerfen Bilder der verschiedenfarbigen Blendenöffnungen. J. A. C. BRANFILL[2] verwendete ein ähnliches Verfahren zur Herstellung von Dreifarbenautotypien und benutzte, um eine tunlichst naturgetreue drucktechnische Wiedergabe des Originals zu erzielen, auch eine vierte, und zwar eine graue (schwarze) (Hilfs-) Druckplatte.

W. GIESECKE[3] erhielt ein verwandtes Verfahren mit Verwendung eines Linienrasters patentiert. Auch die Patente, welche J. SZCZEPANIK,[4] F. E. IVES,[5] J. de LASSUS SAINT-GÉNIES,[6] E. R. CLARKE[7] und M. RAYMOND[8] zuerkannt wurden, beruhen prinzipiell auf ähnlichen Ideen. Keines der genannten Verfahren hat in der Praxis in weiterem Ausmaß Eingang gefunden.

G. LIPPMANN[9] hat festgestellt, daß stereoskopische Effekte mit Hilfe eines eigenartigen von ihm angegebenen Verfahrens erzielt werden können, das er als „Photographie intégrale" bezeichnete; er verwendete hiezu „Pflasterplatten", die aus einzelnen sehr kleinen, einerseits halbkugeligen Linsen bestehen und auf der vom Objektiv abgewendeten ebenen Seite mit einer lichtempfindlichen Schicht überzogen sind. R. BERTHON[10] erhielt ein farbenphotographisches Verfahren patentiert, gemäß welchem er Pflasterplatten aus sehr kleinen Linsen und

---

[1] Phot. Arch. 37, 1896, S. 250; EDERS Jahrb. f. Phot. u. Reprod. 11, 1897, S. 487; Brit. Journ. of Phot. 43, 1896, S. 569.

[2] Brit. Journ. of Phot. 44, 1897, S. 142.

[3] D. R. P. 117598 von 1897; H. SILBERMANN, Fortschr. a. d. Geb. d. photo- und chemigraph. Reproduktionsverfahren, Leipzig 1907, 2. Bd. S. 386.

[4] Engl. Pat. 7729/1899; Brit. Journ. of Phot. 47, 1900, S. 328.

[5] Amer. Pat. 648743 von 1900.

[6] Franz. Pat. 459566; Phot. de Coul. 7, 1913, S. 149; EDERS Jahrb. f. Phot. u. Reprod. 29, 1915—1920, S. 146; Brit. Journ. of Phot. 61, 1914, Col. Phot. Suppl. 8, S. 18.

[7] Engl. Pat. 10690/1902.

[8] Photo-Revue 19, 1907, S. 51; Brit. Journ. of Phot. 54, 1907, Col. Phot. Suppl. 1, S. 19.

[9] Compt. rend. 166, 1908, S. 446; Brit. Journ. of Phot. 55, 1908, S. 942, 965, 979; Phot. News 52, 1908, S. 359; Phot. Chron. 15, 1908, S. 525; EDERS Jahrb. f. Phot. u. Reprod. 23, 1909, S. 414; Phot. de Coul. 2, 1907, S. 121. Vgl. auch Phys. Zeitschr. 1909, S. 326; Phot. Korr. 63, 1927, S. 324.

[10] Engl. Pat. 611/1909; Brit. Journ. of Phot. 57, 1910, S. 421; D. R. P. 223236; Phot. Ind. 1910, S. 937; Franz. Pat. 399762, 413013; 430600, 402507, 401342; Amer. Pat. 992151; Phot. de Coul. 4, 1909, S. 244.

eine dreifarbige Steckblende im Objektiv verwendete. KELLER-DORIAN[1] und andere haben das BERTHONsche Verfahren verschiedenartig modifiziert; nach dem KELLER-DORIANschen Verfahren hergestellte farbige Kinofilme wurden in Paris vorgeführt.[2]

R. W. WOOD[3] faßte die Idee, Beugungserscheinungen, d. h. Beugungsspektren für die Zwecke der Farbenphotographie zu verwenden. Das von ihm angegebene farbenphotographische Verfahren fußt auf folgender Tatsache: Je mehr Linien ein Beugungsgitter pro Längeneinheit hat, um so größer ist der Abstand der Spektren erster Ordnung, welche beiderseits vom weißen durch das Gitter entworfenen Mittelbild erzeugt werden, von diesem Mittelbild.

WOOD verwendet drei Gitter, deren Feinheitsgrad so abgestimmt ist, daß das Rot, Grün und Violett der von den drei Gittern entworfenen Beugungsspektren erster Ordnung in eine lotrecht verlaufende Linie fallen. Wird nun durch irgendeine zweckentsprechende Vorkehrung dafür gesorgt, daß diese drei Spektralbereiche gleichzeitig auf die Netzhaut unseres Auges einwirken, so sieht das Auge weißes Licht; beim Fehlen des einen oder anderen Spektralbereiches sieht das Auge entsprechende Mischfarben.

WOOD benutzte, wie bereits früher bemerkt wurde, drei Beugungsgitter: eines mit 80, eines mit 90 und eines mit 110 Linien pro Millimeter, und zwar das erste für den roten, das zweite für den grünen und das dritte für den blauvioletten Spektralbereich — die verwendeten Gitter waren Kopien von Originalgittern auf Bichromatgelatineschichten. Glasplatten werden mit einer 4%igen Emulsionsgelatinelösung (mit einem 0,2%igen Kaliumbichromatzusatz) übergossen. Das Kopieren der Originalraster erfolgt 10 bis 25 Sekunden lang unter einem gerichteten Parallelstrahlenbündel (etwa Sonnenlicht); hierauf legt man die belichteten Platten in warmes Wasser von etwa 35° C und beläßt sie darin, bis sie farblos erscheinen; schließlich werden die Platten getrocknet.

Wir benötigen zunächst drei Diapositive, welche nach drei auf normale Art angefertigten Farbauszugsnegativen auf gewöhnlichen Diapositivplatten hergestellt wurden. Eine Glasplatte, welche man mit der oben angegebenen Bichromatgelatineschicht begossen hat, wird zunächst mit dem 80-Linienraster (Gitter) in Kontakt gebracht; darauf legt man das Diapositiv nach dem Rotfilternegativ. Die nunmehr erfolgende Belichtung der Bichromatgelatineplatte erfolgt unter Zuhilfenahme eines Parallelstrahlenbündels (z. B. Sonnenlicht). Nach erfolgter Belichtung wird das 80-Liniengitter und das Diapositiv nach dem Rotfilternegativ entfernt und durch den 90-Linienraster und das Diapositiv nach dem Grünfilternegativ ersetzt; beide legt man sehr sorgfältig, d. h. unter Beachtung bestimmter Passermarken auf die Bichromatgelatineplatte, welche neuerdings belichtet wird. Schließlich wird mit dem dritten Gitter und mit dem Diapositiv nach dem Blauviolettnegativ in der gleichen Art verfahren, wie oben angegeben wurde. Hierauf entwickelt man die Bichromatgelatineplatte in warmem Wasser und trocknet sie. Später erwies sich auf Grund mannigfaltiger Erfahrungen

---

[1] Franz. Pat. 466781; Engl. Pat. 24698/1914; Brit. Journ. of Phot. 63, 1916, S. 117; Amer. Pat. 1214552. Es wäre überflüssig, an dieser Stelle alle einschlägigen Patente, deren es etwa 50 gibt, aufzuzählen, da nähere Details in des Verfassers schon mehrfach zitiertem Buch „History of Three-Color-Photography" zu finden sind.

[2] Science et Ind. Phot. 3, 1923, S. 12; Bull. Soc. franç. Phot. 65, 1923, S. 26; Brit. Journ. of Phot. 70, 1923, Col. Phot. Suppl. 17, S. 10; Photo-Börse 5, 1923, S. 167.

[3] Engl. Pat. 4601/1899; Brit. Journ. of Phot. 46, 1899, S. 229, 232, 357, 420; D. R. P. 140907; Chem. Ztg. 27, 1903, S. 488; EDERs Jahrb. f. Phot. u. Reprod. 14, 1900, S. 558; 15, 1901, S. 177; 19, 1905, S. 213; 21, 1907, S. 134; Phot. Korr. 36, 1899, S. 432; Phot. Mitt. 46, 1900, S. 119.

folgender Arbeitsvorgang besser: man kopiert nur das Rot- und Gründiapositiv übereinander auf einer Platte, stellt aber die Kopie des Blauviolettdiapositivs auf einer besonderen Platte her und fügt diese Platte mit der zuerst erwähnten derart zusammen, daß die Glasseiten einander berühren (die Kopie des Blauviolettdiapositivs muß somit gegenüber den anderen Kopien seitenverkehrt sein). Zur Zusammenfügung der Teilbilder bedient man sich naturgemäß geeigneter Passermarken — WOOD machte einfach Tintenpunkte auf besonders markanten Details im Bild. F. E. IVES[1] und H. E. IVES[2] haben Modifikationen des geschilderten Verfahrens angegeben, indem sie die Einschaltung eines Rasters zwischen Gitter und Bichromatgelatineplatte empfahlen, um die Beugungsbildchen zu „zerreißen".

Die so gewonnenen Bilder werden durch ein Parallelstrahlenbündel beleuchtet, welches man vor dem Auftreffen auf das Bild einen schmalen Spalt passieren läßt. F. E. IVES[3] hat sich hieher gehörige Vorrichtungen patentieren lassen.

T. THORPE[4] versah Bichromatgelatineplatten direkt mit Gitterlinien oder brachte Gitterkopien mit den genannten Platten in starre Verbindung und stellte darauf Kopien unter den Diapositiven her. Die Gitterlinien auf den einzelnen Platten waren um je etwa 10° gegeneinander verdreht. Die drei so gewonnenen Kopien wurden übereinandergelegt und in einem besonders konstruierten Gerät unter Verwendung von AUER-Gasglühlicht als Lichtquelle betrachtet.

R. S. CLAY[5] empfahl die Benutzung eines aus Zelluloid hergestellten Spezialgitters mit keilförmigen Vertiefungen und halb versilberter Oberfläche. Dieses Spezialgitter wird in der Kamera mit einer lichtempfindlichen Platte in Kontakt gebracht. Es entsteht so ein Negativ mit einer Art Gitterkopie, nach welchem ein Positiv hergestellt werden kann, das — soll darauf ein farbiges Bild gesehen werden — unter einem bestimmten Winkel betrachtet werden muß.

Von den in diesem Abschnitt beschriebenen Verfahren hat sich mit Ausnahme desjenigen, bei welchem eine „Linsenplatte" Verwendung findet, keines in der Praxis eingebürgert; zum Teil wohl auch deshalb, weil die nach diesen Methoden erzielten Bilder nur einer einzigen (sie vom richtigen Standpunkt aus betrachtenden) Person sichtbar sind.

12. Das Seebecksche Verfahren. Bevor die Photographie überhaupt noch praktisch geübt wurde, schrieb der Jenaer Physiker J. T. SEEBECK an J. W. GOETHE[6] einen Brief, in welchem er sich über die Wirkung des Sonnenspektrums auf Chlorsilber folgendermaßen äußerte:[7]

„Als ich das Spektrum eines fehlerfreien Prismas auf weißes, noch feuchtes

---

[1] Amer. Pat. 666423 von 1901.

[2] Amer. Pat. 817569 von 1906; Brit. Journ. of Phot. 53, 1906, S. 609, 853; Engl. Pat. 6825/1906; Brit. Journ. of Phot. 54, 1907, S. 54, 89; Phys. Rev. 22, 1906, S. 333; 24, 1907, S. 103.

[3] Amer. Pat. 839853 von 1907.

[4] Engl. Pat. 11466/1899; Brit. Journ. of Phot. 47, 1900, S. 327; EDERS Jahrb. f. Phot. u. Reprod. 15, 1901, S. 177; 16, 1902, S. 229.

[5] PENROSES Annual 23, 1921, S. 33; Brit. Journ. of Phot. 68, 1921, Col. Phot. Suppl. 14, S. 9.

[6] Siehe J. W. GOETHE, Zur Farbenlehre, Tübingen 1810, 2. Bd., S. 716; vgl. auch J. W. GOETHES Werke, Cottasche vollständ. Ausg. letzter Hand 1830, 31, S. 255; 52, S. 270.

[7] Vgl. W. ZENKER, Lehrbuch der Photochromie, 1868, S. 13; Neudruck, Braunschweig 1900, S. 36.

und auf Papier gestrichenes Hornsilber fallen ließ und 15 bis 20 Minuten durch eine schickliche Vorrichtung in unveränderter Stellung erhielt, so fand ich das Hornsilber folgendermaßen verändert: Im Violett war es rötlichbraun (bald mehr violett, bald mehr blau) geworden und auch noch über die vorher bezeichnete Grenze des Violett erstreckte sich diese Färbung, doch war sie nicht stärker als im Violett; im Blauen des Spektrums war das Hornsilber rein blau geworden und diese Farbe erstreckte sich, abnehmend und heller werdend, bis ins Grün; im Gelben fand ich das Hornsilber mehrenteils unverändert, bisweilen kam es mir etwas gelblicher vor als vorher; im Rot dagegen und mehrenteils noch über das Rot hinaus hatte es meist rosenrote oder hortensienrote Farbe angenommen. Bei einigen Prismen fiel diese Rötung ganz außerhalb des Rot des Spektrums, es waren dies solche, bei welchen auch die größte Erwärmung außer dem Rot statt hatte.

Das prismatische Farbenbild hat jenseits des Violett und jenseits des Rot noch einen mehr oder minder hellen, farblosen Schein; in diesem veränderte sich das Hornsilber folgendermaßen: Über dem oben beschriebenen braunen Streifen — der im Violett und hart darüber entstanden war — hatte sich das Hornsilber mehrere Zoll hinauf, allmählig heller werdend, bläulichgrau gefärbt, jenseits des roten Streifens aber, der soeben beschrieben wurde, war es noch eine beträchtliche Strecke hinab schwach rötlich geworden.

Wenn am Lichte grau gewordenes, noch feuchtes Hornsilber ebenso lange der Einwirkung des prismatischen Sonnenlichtes ausgesetzt wird, so verändert es sich im Blau und Violett wie vorhin; im Roten und Gelben dagegen wird man das Hornsilber heller finden, als es vorher war, zwar nur wenig heller, doch deutlich und unverkennbar. Eine Rötung in oder hart unter dem prismatischen Rot wird man auch hier gewahr werden.

Läßt man Violett und Rot von zwei Prismen zusammentreten, so erhält man bekanntlich ein Pfirsichblütenrot. In diesem wird das Hornsilber auch gerötet, und zwar wird es oft sehr schön carmoisinrot.

Das salzsaure Silber wurde unter den violetten, blauen und blaugrünen Gläsern wie am Sonnen- und Tageslichte grau und zwar nach Verschiedenheit der Gläser auch verschieden nuanciert, bei dem einen mehr ins Bläuliche, bei dem anderen mehr ins Rötliche ziehend, oft auch fast schwarz. Unter den gelben und gelbgrünen Gläsern dagegen veränderte sich das Hornsilber wenig; selbst unter nur sehr schwach gefärbten Gläsern blieb es im Tageslichte lange weiß, nur die Wirkung des Sonnenlichtes konnten diese nicht aufheben, aber sie schwächten sie doch bedeutend. Unter tieferen orangefarbigen Gläsern veränderte sich das Hornsilber noch weniger und erst nachdem es mehrere Wochen, gehörig benetzt, dem Sonnenlichte unter diesen ausgesetzt war, färbte es sich schwach und zwar rötlich. Hornsilber, welches so tief als möglich geschwärzt war, wurde unter dem gelbroten Glase im Sonnenlichte bald heller, nach 6 Stunden war seine Farbe schmutziggelb oder rötlich."

ZENKER sagt hiezu: „Daß seine Entdeckung aber auch von anderen unbeachtet blieb, hat gewiß zum Teil seinen Grund in den für Deutschland so trüben damaligen Zeitverhältnissen. Anderseits war sie in einem Buche, wie GOETHES Farbenlehre, welches so reich an Polemik und so arm an Tatsachen war, ein durchaus fremdes Element, welches weder von den Gegnern angegriffen, noch von den Anhängern verteidigt wurde. Und so wurde die schöne Entdeckung — vergessen."

Es sei noch bemerkt, daß auf dem Chlorsilber nicht nur die reinen Spektralfarben, sondern unter Heranziehung verschiedenfarbiger Gläser als Filter auch mannigfache Mischfarben erzielt werden konnten.

Wie bereits ZENKER bemerkte, scheinen SEEBECKS Entdeckungen und Arbeiten gänzlich in Vergessenheit geraten zu sein; wir können feststellen, daß erst im Jahre 1840 SIR J. HERSCHEL[1] die Beobachtungen SEEBECKS bestätigt. ROBERT HUNT[2] publizierte gleichfalls Beobachtungen über etliche hieher gehörige interessante Versuche. E. BECQUEREL[3] veröffentlichte Berichte über zahlreiche Versuche, bei denen er ausgewaschenes Chlorsilber verwendete, welches dem Lichte ausgesetzt worden war, damit das sogenannte Subchlorid, d. h. das geschwärzte Reaktionsprodukt, gebildet werde. Später benutzte er Silberplatten oder versilberte Metallplatten, auf welche die liehtempfindliche Schicht auf elektrolytischem Wege aufgebracht worden war. Der genannte Forscher stellte auch fest, daß eine schwache Kupfersulfat- bzw. Chininlösung auf ultrarote bzw. ultraviolette Strahlen absorbierend wirkt.

NIÈPCE DE SAINT-VICTOR[4] stellte folgende Theorie auf: jene Metalle, welche die Flamme einer Weingeistlampe färben, färben Chlorsilber in der gleichen Art. Er badete seine Platten in Kupferchlorid oder Natriumhypochlorit, erwärmte sie hierauf und überzog sie mit Dextrin und Bleichlorid.

A. L. POITEVIN[5] befaßte sich, als das Kollodium im Jahre 1851 durch SCOTT ARCHER in die Photographie eingeführt und zur Herstellung von Kopierpapieren verwendet wurde, mit dem Problem, naturfarbige Bilder auf Papier herzustellen. Papier wurde mit Chlorsilber präpariert und unter einer reduzierenden (oxydierenden) Lösung von Kaliumbichromat, Kupfersulfat und Kaliumchlorid dem Lichte ausgesetzt. Später belichtete POITEVIN das in einer Zinnchloridlösung schwimmende Papier, bis es dunkelviolett wurde. Seine Ergebnisse scheinen ziemlich befriedigend gewesen zu sein; seine Bilder blieben, im Dunklen aufbewahrt, etwa ein Jahr lang unverändert, wenn sie mit einer verdünnten Schwefelsäurelösung oder einer Mischung aus Quecksilberchlorid und Schwefelsäure behandelt (fixiert) worden waren.

G. WHARTON SIMPSON[6] stellte eine Suspension von Chlorsilber in Kollodium her — schon POITEVIN hat, wie oben erwähnt, die Verwendung des Kollodiums als Silbersalzträger gekannt. ZENKER[7] hat sowohl das Verfahren POITEVINS als auch dasjenige SIMPSONS einer kritischen Prüfung unterzogen.

Wir müssen hier auch auf eine Reihe wichtiger Publikationen von M. CAREY LEA[8] hinweisen; in diesen Schriften beschrieb er sein Verfahren, verschieden-

---

[1] Phil. Trans. 130, 1840, S. 28; Athenaeum 1840, Nr. 261.

[2] Researches on Light, 1844; 2. Aufl. 1854.

[3] Ann. de Chim. et de Phys., 1848, Serie 3, 22, S. 451; 25, S. 447. Über die hier mitgeteilten Ergebnisse wurde zusammenfassend im Bull. Soc. franç. Phot. 3, 1857 berichtet; eine sehr ausführliche Darstellung der einschlägigen Materie findet sich in: E. BECQUEREL, La Lumière et ses Effets, 2, 1868, S. 209 bis 234. Vgl. A. MARTIN, Handbuch der gesammten Photographie, 1856, Bd. 2, S. 154. Siehe auch Phot. Journ. 2, 1854, S. 48.

[4] Compt. rend. 32, 1851, S. 832; 34, 1852, S. 215; 35, S. 694; 54, 1862, S. 281; 56, 1865, S. 90. Der gleiche Autor schrieb das Buch: Héliochromie, Gravure héliographique, Notes et Procédés divers, Paris 1855; s. J. M. EDER, Ausf. Handb. d. Phot., Bd. I, 1, 1905, S. 443. Vgl. auch E. LIESEGANG, Die Heliochromie, 1884, S. 37; H. KRONE, Die Darstellung der natürlichen Farben, 1894, S. 21. Vgl. auch L. L. HILL, Eine Abhandlung über die Heliochromie oder über die Herstellung naturfarbiger Lichtbilder, New-York 1856.

[5] Bull. Soc. franç. Phot. 12, 1866, S. 13, 318. POITEVIN begann seine Arbeiten bereits um das Jahr 1850, veröffentlichte dieselben aber erst im Jahre 1865.

[6] Phot. News 20, 1866, S. 73.

[7] Siehe Anm. 7 auf S. 214.

[8] Amer. Journ. of Science 33 (Serie 3), 1887, S. 394; Brit. Journ. of Phot. 34, 1887,

farbige Photohaloide des Silbers herzustellen, von denen das rote die Fähigkeit besitzt, Farben wiederzugeben.

Die Versuche SIMPSONS mit kollodioniertem Papier regten E. DE SAINT-FLORENT[1] an, gleichfalls eine Reihe einschlägiger Experimente durchzuführen; am wichtigsten ist wohl folgender Versuch: er tauchte kollodioniertes Papier in eine Silbernitratlösung und trocknete es sodann; nachdem es in einer Lösung von Zinkchlorid und Urannitrat präpariert wurde, belichtet man es. Diese Operationen werden so lange wiederholt, bis das Papier eine sehr intensive blauviolette Farbe annimmt. Jetzt kommt das Papier in eine schwache Quecksilbernitratlösung mit einem Zusatz von Bichromat und Schwefelsäure. Später hat der genannte Forscher die Verwendung jodierten Papiers und von Absorptionsfiltern zur Absorbierung des Ultraviolett und Ultrarot empfohlen. Das farbige Bild wurde durch Baden in einer schwachen Eisenchlorid- oder Ammoniumsulfocyanidlösung — allerdings nicht dauerhaft — fixiert; die in den zitierten Publikationen gemachten Angaben scheinen nicht einwandfrei zu sein, weil die Farben bei genauer Einhaltung der angegebenen Vorschriften immer verschwinden.

E. VALLOT[2] verwendete wiederum — genau so wie POITEVIN — Zinnchlorid, Bichromat und Kupfersulfat. R. E. LIESEGANG,[3] F. VERESS,[4] A. MIETHE und J. GAEDICKE[5] haben gleichfalls einschlägige Versuche angestellt; der letztgenannte gab Rezepte für ein Fluoreszein- und ein Äskulinfilter zur Absorption des Ultraviolett an.

R. KOPP[6] erhielt ein Verfahren patentiert, das als Modifikation der Methoden von POITEVIN und SAINT-FLORENT anzusehen ist; es liefert, wie E. VALENTA[7] festgestellt hat, ganz gute Ergebnisse. Ein reines Blatt Papier wird in eine 10%ige Salzlösung getaucht — KOPP empfahl einfach Meerwasser — und sodann abgetrocknet. Jetzt läßt man das Papier in einer 8%igen Silbernitratlösung

S. 330, 345, 472, 486; 48, 1901, The Lantern Record 9, S. 17; Phot. News 31, 1887, S. 337, 385, 754; Bull. Soc. franç. Phot. 35, 1888, S. 225, 263; 39, 1892, S. 106, 191, 413, 473, 484; Phot. Wochenbl. 13, 1887, S. 198, 205; Phot. Korr. 24, 1887, S. 287, 344; Phot. Mitt. 24, 1887, S. 110; Phot. Arch. 28, 1887, S. 202, 210, 235, 245; EDERS Ausf. Handb. d. Phot. I, 2, S. 219 (1906); Kolloidales Silber und die Photohaloide von CAREY LEA, ins Deutsche übertragen von LÜPPO-CRAMER, Halle a. S. (1907) (2. Aufl. 1920). Vgl. E. BAUR und L. GÜNTHER, Abh. d. naturhist. Ges. Nürnberg 15, 1904, S. 26. F. HEYER, Unt. über das hypothetische Silbersubchlorid, Leipzig 1902; EDERS Jahrb. f. Phot. u. Reprod. 3, 1889, S. 350.

[1] Bull. Soc. franç. Phot. 19, 1873, S. 228; 20, 1874, S. 53, 72, 103; 28, 1882, S. 17; 36, 1890, S. 229; 38, 1892, S. 661; 42, 1896, S. 252; Phot. News, 19, 1873, S. 505; 20, 1874, S. 125, 182; Brit. Journ. of Phot. 20, 1873, S. 511, 579, 587; Phot. Wochenbl. 16, 1890, S. 142, 222; Phot. Arch. 31, 1890, S. 146, 327; Phot. Rundsch. 11, 1897, S. 215.

[2] Moniteur de la Phot. 1890; Phot. News 34, 1890, S. 449; EDERS Jahrb. f. Phot. u. Reprod. 5, 1891, S. 540.

[3] Phot. Arch. 31, 1890, S. 149; EDERS Jahrb. f. Phot. u. Reprod. 5, 1891, S. 540.

[4] Phot. Arch. 31, 1890, S. 149; 33, 1892, S. 206; EDERS Jahrb. f. Phot. u. Reprod. 5, 1891, S. 538; 6, 1892, S. 332; Phot. Korr. 27, 1890, S. 149; Phot. News 34, 1890, S. 217, 276, 360, 610. Vgl. auch E. GOTHARD, EDERS Jahrb. f. Phot. u. Reprod. 5, 1891, S. 46; 6, 1892, S. 332.

[5] Phot. Wochenbl. 16, 1890, S. 142; Phot. News 34, 1890, S. 357, 618.

[6] Engl. Pat. 20600/1891; Brit. Journ. of Phot. 39, 1892, S. 114; Phot. Nachr. 1892, S. 154; Phot. Arch. 33, 1892, S. 67; EDERS Jahrb. f. Phot. u. Reprod. 6, 1892, S. 337; 7, 1893, S. 432; Phot. Journ. 32, 1892, S. 220.

[7] Phot. Korr. 29, 1892, S. 432; EDERS Jahrb. f. Phot. u. Reprod. 7, 1893, S. 434. Vgl. auch E. VALENTA, Die Photographie in natürlichen Farben, 2. Aufl., W. Knapp, Halle a. S., 1912, S. 3.

schwimmen, trocknet es wieder ab, taucht es neuerdings in die Salzlösung und beläßt es darin 12 Stunden lang. Nach Ablauf dieser Zeit wird das Papier ausgewaschen, in eine 0,1%ige Zinkchloridlösung, welche mit einer Schwefelsäurelösung ganz schwach angesäuert wurde, gelegt und dem diffusen Tageslicht so lange ausgesetzt, bis das Papier einen grün-blauen Ton annimmt. Hierauf wird das Papier zwischen Löschblättern getrocknet; in diesem Zustand ist es sehr lange haltbar. Vor Gebrauch badet man das Papier in folgender Lösung:

15 g Kaliumbichromat
15 g Kupfersulfat
100 ccm Wasser

Das Kaliumbichromat und Kupfersulfat werden im Wasser aufgelöst; man erhitzt die Lösung, bis sie kocht und fügt ihr folgende Lösung bei:

15 g Quecksilbernitrat
1 Tropfen Salpetersäure
Wasser nach Bedarf

Man löse das Quecksilbersalz in einer tunlichst kleinen Wassermenge auf und füge die zweitgenannte Lösung der erstgenannten, welche sich dabei in kochendem Zustand befinden muß, unter fortwährendem Rühren zu. Man lasse sodann die ganze Lösung abkühlen und filtriere sie; auf diese Art gewinnt man insgesamt ungefähr 100 ccm Lösung.

Das grünblaue Papier wird — wie bereits oben bemerkt wurde — in obiger Lösung 30 Sekunden lang gebadet, abgetrocknet und sodann in einer 3%igen Zinkchloridlösung so lange liegen gelassen, bis es blau ist; sobald dies der Fall ist, wäscht man das Papier in fließendem Wasser aus. Hierauf wird das Papier mit Löschpapier gut abgetrocknet und neuerdings für 6 Minuten in die oben angegebene Quecksilbernitratlösung gelegt, wieder abgetrocknet und belichtet. Das Abtrocknen vor dem Belichten ist nicht unbedingt notwendig. Das Gelb und Grün erscheinen sehr rasch; die anderen Farben werden durch das Gelb einigermaßen erdrückt. Die gelben und grünen Partien des Bildes werden nunmehr mit Lackfirnis bestrichen und das Bild kommt in eine 2%ige Schwefelsäurelösung, bis auch die anderen Farben erscheinen. Hierauf wird das Bild ausgewaschen und getrocknet. Kopp fixierte das Bild — allerdings nicht sehr dauerhaft — dadurch, daß er es 5 Minuten lang in der obigen Quecksilbernitratlösung badete, hierauf flüchtig abtrocknete und dann in einer Schwefelsäurelösung so lange einweichte, bis sich die Farben wieder zeigten. Nun überzieht man das Papier mit einer Gummiarabikumlösung (mit einem 5%igen Schwefelsäurezusatz), welche nur soweit, als sie vollkommen klar ist, verwendet werden soll. Schließlich wird das Bild getrocknet und gefirnist.

Valenta[1] erkannte, daß die handelsüblichen Chlorsilberkollodium- und Chlorsilbergelatinepapiere für die hier in Rede stehenden Zwecke verwendet werden können, nachdem sie in einer Zinkchloridlösung gebadet wurden, um alles freie Silbernitrat in Silberchlorid umzuwandeln. Auch eine 1%ige Natriumnitritlösung ist an Stelle der Zinkchloridlösung verwendbar — das Papier wird in diesen Lösungen schwarz. E. Valenta stellte fest, daß ein unter Verwendung eines Steinheilschen Spektrographen (mit weit geöffnetem Spalt und einem Kollimatorobjektiv von 10 cm Durchmesser) gewonnenes Spektrum auf Papier, das einfach nach der zuletzt angegebenen Art präpariert worden war, bei einer Belichtungszeit von 30 Minuten sehr gut farbig wiedergegeben erschien; der Erfolg

[1] Siehe Anm. 7 auf S. 217. Vgl. auch A. Kitz, Eders Jahrb. f. Phot. u. Reprod. 8, 1894, S. 142.

war ein besserer als bei Verwendung der Arbeitsverfahren von Poitevin und Vallot.

Unter farbigen Gläsern bzw. beim Kopieren farbiger Durchsichtsbilder waren keine sehr befriedigenden Ergebnisse zu erzielen; die grünen und gelben Partien des Originals erschienen immer blaustichig, was darauf zurückzuführen ist, daß die blauen Strahlen wirksamer sind. Diesem Übelstand ist dadurch abzuhelfen, daß beim Kopieren eine mit einer dünnen gelben Gelatineschicht (wenig konzentrierte Farbstofflösung!) überzogene, als Filter dienende Glasplatte in den Kopierrahmen eingesetzt wird.

Mit der Theorie der in diesem Abschnitt besprochenen Verfahren hat sich W. Zenker eingehend befaßt, aber erst Otto Wiener[1] gelang eine befriedigende Klärung der hieher gehörigen Probleme. Die Arbeiten Wieners sind so inhaltsreich, daß wir über sie an dieser Stelle nicht ausführlich berichten können. Er kommt zu folgenden Schlüssen: Verwendet man, wie dies z. B. E. Becquerel getan hat, versilberte Platten, so bilden sich in der lichtempfindlichen Schicht stehende Wellenzüge aus; dieses Verfahren ist somit als Vorläufer des Lippmannschen Verfahrens anzusehen — darauf, daß hier stehende Lichtwellen entstehen, hat übrigens auch W. Zenker hingewiesen. Seebeck und jene Forscher, welche auf ähnliche Art wie dieser arbeiten, bedienen sich eines anders gearteten lichtempfindlichen Materials als Becquerel u. A. Becquerel u. A. benutzen homogene Schichten aus Chlorsilber, vermengt mit Subchloriden, Seebeck u. A. verwenden solche Schichten, welche aus diskreten Silbersalzpartikelchen zusammengesetzt sind. Bei den Verfahren nach Becquerel u. A. entstehen nicht nur Interferenzfarben, sondern auch Körperfarben, während bei den Verfahren nach Seebeck u. A. nur Körperfarben gebildet werden.

Wir haben uns im vorstehenden Abschnitt kürzer gefaßt, weil die hieher gehörigen Verfahren von geringerer Wichtigkeit sind; dies gilt hauptsächlich deshalb, weil die Farben solcher Bilder nicht für die Dauer fixiert werden können. Die beschriebenen Verfahren ermöglichen somit nur hübsche Laboratoriumsversuche.

13. Das Lippmann-Verfahren. Das nachstehend beschriebene Verfahren wird mit Recht nach dem französischen Physiker G. Lippmann, welcher an der Sorbonne in Paris tätig war, benannt; zu bemerken ist allerdings, daß die prinzipielle Möglichkeit dieses Verfahrens schon vor Lippmann von anderen erkannt wurde. J. Nicéphore Niepce[2] hat in einem an Daguerre gerichteten Schreiben folgendes festgestellt: „Zwei Versuche, Landschaftsbilder in der Camera obscura (auf Glasplatten) herzustellen, verdienen, obwohl sie kein brauchbares Ergebnis lieferten, verzeichnet und erwähnt zu werden, weil sie außerordentlich interessant sind und vielleicht den Weg zu einer sehr einfachen, brauchbaren Arbeitsmethode weisen. Bei dem einen dieser Versuche hatte das Licht mit sehr geringer Intensität eingewirkt und dabei den Firnis (das Harz) auf der Platte in einer solchen Weise beeinflußt, daß alle Farbenabstufungen in der Durchsicht wie auf einem Dioramabild sehr deutlich zu sehen waren.

[1] Wiedemanns Annal. d. Phys. u. Chem. 40, 1890, S. 203; 55, 1895, S. 225; Phot. Mitt. 32, 1895, S. 206; Phot. Rundschau 9, 1895, S. 257; Bull. Soc. franç. Phot. 37, 1895, S. 496; Brit. Journ. of Phot. 42, 1895, The Lantern Record S. 63; 49, 1902, S. 188; La Phot. 8, 1896, S. 227, 244, 260, 275, 306, 324, 339, 354, 371; Ann. Rep. Smithsonian Inst. 1896, S. 167.

[2] Dieser Brief ist vom 5. Dezember 1829 datiert und wurde im Auftrage der französischen Regierung gelegentlich der Bekanntmachung der Daguerreotypie publiziert. Vgl. auch J. S. Memes, History and Practice of Photogenic Drawing, London 1839, sowie Phot. Annual 1897, S. 59.

Beim anderen Versuch war die einwirkende Lichtintensität groß; auch die am stärksten vom Licht beeinflußten Stellen, welche durch das Lösungsmittel nicht angegriffen wurden, blieben noch durchsichtig und die Verschiedenheit der sichtbaren Farben war lediglich auf die verschiedene Dicke der mehr oder weniger undurchsichtigen Harzschichten zurückzuführen. Betrachtete man das Bild in einem Spiegel, wobei die gefirniste Seite des Bildes dem Spiegel zugekehrt war — und zwar unter einem bestimmten Winkel —, so zeigten sich sehr schöne und interessante Effekte, während das Bild bei Betrachtung in der Durchsicht unscharf und farblos erschien. Ganz besonders erstaunlich war es, daß im erstgenannten Falle die Farben einzelner aufgenommener Objekte zu sehen waren. Als ich über diese interessante Erscheinung nachdachte, kam mir der Gedanke, sie sei in gewisser Hinsicht mit der Erscheinung der NEWTONschen Farbenringe in Zusammenhang zu bringen. Vielleicht genügt es, wenn wir annehmen, daß irgendein Teil des Spektrums, z. B. der grüne, bei der Einwirkung auf den „Firnis" (das Harz) und bei der „Vereinigung" mit demselben, diesen Firnis gerade derart beeinflußt, daß die Schicht nach der Entwicklung und dem Waschen die grüne Farbe reflektiert. Nur fortgesetzte Versuche können die Richtigkeit oder Unrichtigkeit dieser Hypothese erweisen; nach meiner Meinung bedarf es zweifellos sehr eingehender Untersuchungen, um dieses Problem vollständig zu klären." Ob NIEPCE sich weiter mit einschlägigen Versuchen beschäftigt hat, konnte bisher nicht festgestellt werden.

L. VIDAL[1] verwies auf eine interessante Stelle in einer Arbeit von M. CARRERRE[2] über farbige Ringe auf photographischen Platten; es heißt dort wie folgt: „.... Werden verschiedene Stellen der Platte von verschiedenen einfachen (monochromatischen) Strahlen getroffen, so vollziehen sich an diesen Stellen verschiedene „Oxydationen"; damit variiert auch die Schichtdicke auf der Platte. Eine weitere Folge davon ist, daß die an den verschieden dünnen Schichtstellen entstehenden Farben mit denjenigen identisch sind, welche zur Entstehung dieser Schichtdicken Anlaß gegeben haben. Auf diese Art sind „Photochromien" herstellbar, d. h. das Licht vermag Bilder von Gegenständen in ihren natürlichen Farben zu erzeugen. Diese Tatsache mag, wie gesagt, auf Oxydationen verschiedener Stärke in der Schicht bzw. auf Interferenzerscheinungen zurückzuführen sein. Auf Grund dieser Phänomene glauben wir an die Möglichkeit der Farbenwiedergabe durch die direkte Einwirkung des Lichtes."

W. ZENKER[3] behauptete etwa folgendes: „Die Ausbildung stehender Wellen durch zwei einander begegnende Strahlen gleicher Wellenlänge wurde wohl bisher noch nicht experimentell bewiesen, ist aber keinesfalls eine neue Hypothese, sondern lediglich eine notwendig abzuleitende Folgerung aus allgemein anerkannten Theorien über die Interferenz des Lichtes". O. WIENER[4] untersuchte dieses Problem experimentell sehr eingehend und war schließlich in der Tat imstande, Photographien mit Hilfe stehender Lichtwellen herzustellen. Im Jahre 1887 schrieb LORD RAYLEIGH[5] folgendes: „Eine exakte experimentelle Untersuchung derjenigen interessanten Phänomene, welche bei der Reflexion des Lichtes an einem aus zahlreichen Lamellen bestehenden System in Er-

---

[1] Phot. News 37, 1893, S. 427.

[2] La Lumière 3, 1855, S. 90.

[3] W. ZENKER, Lehrb. d. Photochromie, Berlin 1868, Neudruck, Braunschweig 1900.

[4] WIEDEMANNS Ann. 40, 1890, S. 203; 55, 1895, S. 225.

[5] Phil. Mag. 5. Ser. 24, 1887, S. 145; vgl. auch E. B. JOURDAIN, Brit. Journ. of Phot. 47, 1900, S. 711.

scheinung treten, wäre außerordentlich wertvoll. Zahlreiche Beispiele derartiger Erscheinungen sind in der belebten Natur zu finden. Ich glaube, daß auch die von E. BECQUEREL auf Silberplatten hergestellte naturfarbige Abbildung des Spektrums auf eine solche Art zustande gekommen ist. Wir können uns vorstellen, daß die aus Silbersubchlorid bestehende Schichte auf einer Metalloberfläche während der Belichtung unter der Einwirkung stehender Lichtwellen von bestimmten Wellenlängen steht und daß diese stehenden Lichtwellen in der erwähnten Schicht eine eigentümliche lamellenartige Struktur erzeugen, deren einzelne Lamellen einen Abstand von der halben Wellenlänge des einwirkenden Lichtes haben. Analoge Erscheinungen können wir bei Flammen, welche stehenden Schallwellen und zwar an deren Bäuchen, nicht aber an deren Knotenpunkten ausgesetzt werden, beobachten. Vielleicht schafft auf eine entsprechend präparierte Schicht auftreffendes Licht eine solche lamellenartige Strukturbildung in dieser Schicht, daß auf die Lamellen dieser Schicht nachher auffallendes Licht an ihnen auf ganz bestimmte Art reflektiert wird".

G. LIPPMANN[4] hat viele Jahre lang zu zeigen versucht, welche Effekte durch solche stehende Lichtwellen hervorgerufen werden können; alle Versuche mißlangen, bis er aus einer EDERschen Publikation[5] entnahm, daß die TAUPENOTschen Eiweißplatten eine kornlose Schicht haben. Mit solchen Platten erzielte LIPPMANN gute Erfolge.

Das LIPPMANNsche Verfahren hat zweifellos für die Anwendung im Laboratorium Bedeutung; hier liefert es außerordentlich schöne Ergebnisse. Weil die für dieses Verfahren verwendbaren Emulsionen sehr feinkörnig und infolgedessen wenig empfindlich sind, so bedarf es ausnehmend langer Belichtungszeiten; die Bilder befinden sich auf Glas und müssen unter einem ganz bestimmten Winkel betrachtet werden, wenn die Farben sichtbar sein sollen. Aus all diesen Gründen hat das Verfahren nur eine geringe praktische Bedeutung.

Wir wollen das Verfahren kurz beschreiben: die auf einer Glasplatte aufgebrachte lichtempfindliche Schicht wird mit einer spiegelnden Oberfläche, z. B. einer Quecksilberschicht, in Kontakt gebracht. Die Lichtstrahlen werden, nachdem sie die Glasplatte und die lichtempfindliche Schicht passiert haben, an der Quecksilberoberfläche reflektiert und treffen mit den auffallenden Lichtstrahlen zusammen; infolge der so entstehenden Interferenz der Wellenstrahlen bilden sich in der lichtempfindlichen Schicht stehende Wellen mit Knotenpunkten und Bäuchen aus. An den Knotenpunkten bleibt der Äther in Ruhe (die Knoten sind die Angriffspunkte gleich großer, aber entgegengesetzt gerichteter Kräfte); an diesen Stellen herrscht kein Licht, die Silbersalze werden hier chemisch nicht aktiviert. Am Ort der Wellenbäuche sind die Ätherteilchen in verstärkter Bewegung; hier erfolgt eine chemische Aktivierung der Silbersalze. Die Wellenbäuche entstehen in Abständen, welche der Hälfte der Wellenlänge des einfallenden (wirksamen) Lichtes gleich sind. Bei der Entwicklung entstehen in Abständen, welche der Hälfte der Wellenlänge des einfallenden (wirksamen) Lichtes gleich sind, Lamellen aus metallischem Silber, an denen jene Lichtstrahlen reflektiert werden, deren Wellenlänge doppelt so groß ist als der Lamellenabstand.

Die ersten brauchbaren Versuche LIPPMANNS erfolgten unter Verwendung

---

[4] Compt. rend. 112, 1891, S. 274; Bull. Soc. franç. Phot. 38, 1891, S. 74; Phot. Nachr. 1891, S. 740; Phot. Journ. 38, 1891, S. 117, 129; Brit. Journ. of Phot. 38, 1891, S. 121; EDERS Jahrb. f. Phot. u. Reprod. 6, 1892, S. 326.

[5] Vgl. J. M. EDER, Ausf. Handb. d. Phot., Bd. 2, 1897, S. 533.

der TAUPENOTschen Eiweißemulsion. A. und L. LUMIÈRE[1] sowie E. VALENTA[2] haben gefunden, daß an Stelle der Eiweißemulsion Gelatineemulsionen benutzt werden können, welche empfindlicher sind als die erstgenannten und eine bessere Farbenwiedergabe ermöglichen.

A. und L. LUMIÈRE gaben zur Herstellung der Gelatineemulsion folgende Rezeptur an:

A.	45 g	Gelatine
	888 ccm	destilliertes Wasser
B.	5 g	Bromkalium
	56 ccm	destilliertes Wasser
C.	6,5 g	Silbernitrat
	56 ccm	destilliertes Wasser

Man mischt eine Hälfte von *A* mit *C*, die zweite Hälfte mit *B* und hierauf diese zwei Gelatinelösungen miteinander. Nunmehr werden die Sensibilisierungsfarbstoffe beigefügt; die Emulsion wird filtriert und auf Glasplatten aufgegossen. Die Glasplatten kommen in einen Schleuderapparat und sollen dabei keiner höheren Temperatur als 40° C ausgesetzt werden. Sobald die Schicht sich „gesetzt" hat, taucht man die Platten für einen Augenblick in Alkohol, wäscht sie dann in destilliertem Wasser aus und läßt sie schließlich trocknen. Vor der Belichtung taucht man die Platten für 2 Minuten in folgende Lösung:

5 g	Silbernitrat
5 ccm	Eisessig
1000 ccm	destilliertes Wasser

und läßt sie neuerdings trocknen.

VALENTA empfahl die Verwendung von Bromsilber- oder Chlorbromsilberemulsionen, welche für unsere Zwecke auf bestimmte Art zubereitet werden müssen. Der Verfasser vorliegender Darstellung hat mit der Chlorbromsilberemulsion bessere Ergebnisse erzielt. Für die Bromsilberemulsion empfahl VALENTA folgende Rezeptur:

A.	10 g	Gelatine
	300 ccm	destilliertes Wasser
	6 g	Silbernitrat
B.	20 g	Gelatine
	300 ccm	destilliertes Wasser
	5 g	Bromkalium

Es empfiehlt sich, zunächst die Gelatine mehrmals nacheinander in immer gewechseltem destilliertem Wasser auszuwaschen; nach Beifügung einer entsprechenden Menge Wasser läßt man die Gelatine im Wasserbad schmelzen. (Man achte darauf, wieviel Wasser die Gelatine schon beim Auswaschen absorbiert hat.) Das Schmelzen erfolgt bei einer Temperatur von 40 bis 45° C. Sobald die Gelatinelösung auf 35° C abgekühlt ist, werden die Silbersalze beigefügt. Die Gelatinelösung *A* wird sodann unter ständigem Umrühren mit der Gelatinelösung *B* vermengt. Man erhält auf die beschriebene Art eine opaleszierende Emulsion, welche man sofort in Gebrauch nehmen muß, da sie bei längerem Stehen „reift". Beim Reifen wird das Korn gröber, gereifte Emulsionen liefern unbrauchbare Ergebnisse.

---

[1] Bull. Soc. franç. Phot. 39, 1893, S. 249, Phot. Mitt. 30, 1893, S. 122. Die tatsächlich verwendete Rezeptur für die Emulsion wurde erst bekanntgegeben, nachdem E. VALENTA die seinige publiziert hatte.

[2] Phot. Korr. 30, 1893, S. 577; 31, 1894, S. 169; EDERS Jahrb. f. Phot. u. Reprod. 9, 1895, S. 504; Die Photographie in natürlichen Farben, 1894, S. 57; 2. Aufl. 1912, S. 52.

Die zu verwendende Glasplatte wird, nachdem sie sorgfältig gereinigt wurde, mit so viel Emulsion begossen, daß die halbe Plattenoberfläche damit bedeckt ist, und sofort geschleudert. Man kann auch die ganze Platte mit der Emulsion begießen, muß aber dabei folgendermaßen verfahren: Man hält die Platte beim Übergießen geneigt und bringt sie, sobald sie von der Emulsion vollkommen bedeckt ist, in eine lotrechte Stellung, in welcher sie etwa 30 Sekunden lang belassen wird; dann legt man die Platte auf eine kalte horizontale Unterlage. Sobald ein Schleuderapparat zur Verfügung steht, ist das Schleudern der Platte unbedingt vorzuziehen. Nach dem Emulsionieren und Trocknen kommt die Platte in eine aus 1 Teil Alkohol und 5 Teilen Wasser bestehende Lösung, welche vorher so lange geschaukelt wurde, bis alle Luftblasen darin verschwinden. Nunmehr wird die Platte 15 Minuten lang unter einer zarten Brause abgespült und hierauf rasch trocknen gelassen.

Die VALENTAschen Rezepturen zur Herstellung einer Chlorbromsilber-Emulsion lauten folgendermaßen:

I.

A.	200 ccm	destilliertes Wasser
	10 g	Gelatine
B.	15 ccm	destilliertes Wasser
	1,5 g	Silbernitrat
C.	15 ccm	destilliertes Wasser
	0,35 g	Bromkalium
	0,35 g	Natriumchlorid

A wird in 2 Teile geteilt; 1 Teil wird mit B, 1 Teil mit C vermengt — die Temperatur der Lösungen soll 35° C betragen.

II.

A.	300 ccm	destilliertes Wasser
	10 g	Gelatine
	6 g	Silbernitrat
B.	300 ccm	destilliertes Wasser
	20 g	Gelatine
	2,4 g	Bromkalium
	1,5 g	Natriumchlorid

A wird langsam zu B dazugegossen. Beide Emulsionen werden zusammen filtriert und sogleich in Gebrauch genommen. Die Emulsion nach Rezeptur II ist die empfindlichere und liefert brillantere Farben als die Emulsion nach Rezeptur I. Der Guß auf die Glasplatten geht hier genau so vor sich wie bei Verwendung der Bromsilberemulsion.

H. LEHMANN[1] hat folgende Rezeptur für die Emulsion angegeben:

975 ccm	destilliertes Wasser
50 g	Gelatine

Die Gelatine läßt man zunächst im Wasser weichen und sodann im Wasserbad schmelzen; schließlich läßt man die Gelatinelösung auf 35° C abkühlen. Ferner stelle man folgende Lösung her:

25 ccm	destilliertes Wasser
10 g	Silbernitrat

Diese Lösung wird auf 35° C erwärmt. Dazu kommen 200 ccm von obiger Gelatinelösung. Zur restlichen Gelatinelösung füge man 8 g Bromkalium hinzu. Die bromierte Gelatinelösung wird in einem dünnen Strahl langsam und unter

[1] Siehe Phot. Ind. 1925, S. 1013; Amer. Phot. 20, 1926, S. 271.

ständigem Umrühren zur Silbernitratlösung hinzugegossen. Man gieße die Gelatinelösung sofort nach Fertigstellung auf gut gereinigte Glasplatten, lasse die überflüssige Emulsion so gut als möglich abtropfen, lege die Platten auf eine kalte horizontale Unterlage (Platte), damit sich die Gelatine setzt, spüle die Platten 10 Minuten lang in fließendem Wasser ab und lasse sie schließlich trocknen. Die Platten nehmen bei längerer Aufbewahrung an Empfindlichkeit zu.

H. E. IVES[2] stellte folgendes fest: Die Farben erscheinen im Bild reiner — ein Umstand, der für die Photographie eines Spektrums von wesentlicher Bedeutung ist —, wenn eine Emulsion Verwendung findet, welche ungefähr halb so viel Silber enthält als die von E. VALENTA angegebene.

A.	25 ccm	destilliertes Wasser
	1 g	Gelatine
B.	50 ccm	destilliertes Wasser
	2 g	Gelatine
	0,25 g	Bromkalium
C.	5 ccm	destilliertes Wasser
	0,3 g	Silbernitrat

A und B werden so lange erwärmt, bis die Gelatine schmilzt; dann läßt man sie auf 40° C abkühlen. Zuerst füge man unter fortwährendem Umrühren C zu A und hierauf C samt A zu B. Nach Hinzufügung der Sensibilisierungsfarbstoffe wird die ganze Emulsion filtriert, auf Glasplatten gegossen und setzen gelassen. Hierauf wäscht man die Platte 15 Minuten lang in fließendem Wasser und läßt sie dann trocknen.

Sollen Mischfarben, also keine reinen Spektralfarben, wiedergegeben werden, so wird — nach H. E. IVES — die Silbernitratmenge in der VALENTAschen Rezeptur verdoppelt. Die Art, wie die Emulsion gemischt wird, ist weniger von Bedeutung; wesentlich ist, daß die Emulsionsschicht nicht dicker ist als 0,1 mm. Läßt man die Emulsion bei Zimmertemperatur über die schief gehaltene Platte gut ablaufen, so ist eine dünne Emulsionsschicht leicht herstellbar.

R. E. LIESEGANG[1] gab eine einfache Methode zur Herstellung von Platten an, welche zur Anfertigung von Bildern nach dem LIPPMANN-Verfahren geeignet sind. Man überzieht Glasplatten mit einer 6%igen Gelatinelösung, welche 3% Bromkalium enthält. Sowie sich die Gelatineschicht gesetzt hat, werden die Glasplatten für etwa 5 Minuten in eine 5%ige Silbernitratlösung gelegt und hierauf in destilliertem Wasser gewaschen. Die gelatinierten Platten müssen noch in feuchtem Zustand in die Silbernitratlösung kommen. Das geschilderte Verfahren wäre sehr praktisch und einfach, würde die Farbensensibilisierung dieser Schicht nicht große Schwierigkeiten machen — nur Erythrosin und Cyanin sind in diesem Falle verwendbar.

Alle vorstehend angegebenen Emulsionen besitzen — genau so wie andere photographische Emulsionen — nur für das Blau und Violett des Spektrums eine ausgesprochene Eigenempfindlichkeit, müssen daher für andere Farben erst empfindlich gemacht werden. Dies geschieht auf zwei verschiedene Arten: entweder werden die Farbstoffe der Emulsion vor dem Guß beigefügt oder es werden die emulsionierten Platten in einer Farbstofflösung gebadet. Am besten dürfte es wohl sein, einen Vorrat an nicht farbenempfindlichen Platten zu besitzen und nur die jeweils benötigten zu sensibilisieren. Bei Einhaltung eines

[2] Brit. Journ. of Phot. 55, 1908, S. 942, 965, 979; 56, 1909, Col. Phot. Suppl. 3, S. 7; Zeitschr. f. wiss. Phot. 6, 1908, S. 373; Phot. Mitt. 46, 1909, S. 14; Phot. Wochenbl. 35, 1909, S. 34; EDERS Jahrb. f. Phot. u. Reprod. 23, 1909, S. 322.

[1] Kolloid-Zeitschr. 17, 1916, S. 157, Phot. Rundschau, 24, 1915, S. 198; Phot. Journ. of Amer. 63, 1916, S. 36.

solchen Vorganges verdirbt die Emulsion nicht so leicht; läßt man zwischen dem Baden der Platte und deren Verbrauch 2 Tage verstreichen, so sind bessere Ergebnisse zu erzielen.

LIPPMANN benutzte zum Sensibilisieren pro Liter Emulsion 60 ccm einer 0,2%igen Cyaninlösung (das früher verwendete Amylcyanin) und 30 ccm einer 0,2%igen Chinolinrotlösung. RAMON Y CAJAL[1] bediente sich des Cyanin, Erythrosin und Glyzinrot; letzteres, dem Chinolinrot ähnlich, hat die Eigenschaft, das „Schleiern" der Schicht zu verhindern. Nach Ansicht des Verfassers vorliegender Darstellung dürfte sich die Verwendung eines oder mehrerer der heute gebräuchlichen Isocyaninfarbstoffe zum Sensibilisieren empfehlen; er selbst benutzte mit Vorteil Orthochrom *T* und Pinachromviolett, beide in alkoholischen Lösungen 1 : 500, und zwar 30 ccm der erstgenannten und 40 ccm der zweitgenannten Lösung pro Liter Emulsion.

Werden die einfach emulsionierten Platten durch Baden in einer Farbstofflösung sensibilisiert, so sei hiezu folgende Farbstofflösung empfohlen:

50 ccm	Orthochrom T-Lösung 1 : 500 (alkohol. Lösung)
25 ccm	Pinachromviolettlösung 1 : 500 (alkohol. Lösung)
5 ccm	Anilin
1000 ccm	destilliertes Wasser

Badetemperatur 18° C, Badezeit 2 Minuten. Die Platten werden danach rasch abgewaschen und getrocknet. Anstatt der oben angegebenen Farbstoffe sind auch Pinaverdol und Pinacyanol verwendbar; H. E. IVES benutzt nur Isocol.

Soll eine einwandfreie Farbenwiedergabe erzielt werden, so ist leider ohne ein Filter kein Auslangen zu finden; handelt es sich um die farbige Wiedergabe von Körperfarben, so wird bei Benutzung einer mit Orthochrom *T* und Pinachromviolett sensibilisierten Emulsion zur Dämpfung des Violett und Blau ein einfaches Äskulin- oder ein schwaches Gelbfilter vollkommen hinreichen. Bei der Aufnahme von Spektren — und zwar insbesondere von Linienspektren — empfiehlt sich folgender Vorgang: man belichtet zunächst ziemlich lange unter Verwendung eines Orangefilters, damit die Linien des Rotgebietes auf die Platte einwirken können; danach photographiert man durch ein strenges Gelbfilter, welches die blauen und violetten Anteile des Spektrums absorbiert (abschneidet), das Gelb-Grüngebiet des Spektrums, um schließlich durch eine kurze Belichtung ohne Filter auch das blaue Ende des Spektrums im Bilde festzuhalten. Nur auf solche Art ist ein gutes photographisches Bild des Bogenspektrums, z. B. des Rubidiums zu erzielen. Leider macht die richtige Abstimmung der einzelnen Belichtungszeiten untereinander viel Schwierigkeiten.

Für gewöhnliche Aufnahmen erwies sich der von E. VALENTA[2] angegebene Entwickler am vorteilhaftesten:

A.	100 ccm	destilliertes Wasser
	1 g	Pyrogallol
B.	200 ccm	destilliertes Wasser
	20 g	Bromkalium
	67 ccm	Ammoniak (spez. Gew. 0,96 bei 18°C)

Für den Gebrauch mische man 10 Teile A, 20 Teile B und 70 Teile Wasser. Für Chlorbromsilberemulsionen verdünne man diese Lösung mit einer gleichen Menge Wasser.

---

[1] ZS. f. wiss. Phot. 5, 1907, S. 213; Brit. Journ. of Phot. 54, 1907, S. 691.

[2] E. VALENTA, Die Photographie in natürlichen Farben, W. Knapp, Halle a. d. S., 1912, S. 57.

Für Spektralaufnahmen sei folgender Entwickler empfohlen, welcher sich immer gut bewährt hat:

30 g	Hydrochinon
75 g	Natriumsulfit, wasserfrei
10 g	Bromkalium
20 g	Kaliumcarbonat (kohlensaures Kali)
1000 ccm	Wasser

Die Entwicklertemperatur betrage mindestens 21° C.

Bilder von Stilleben usw. müssen fixiert werden; folgendes Fixierbad ist mit Vorteil verwendbar:

30 g	Cyankalium (Kaliumcyanid)
30 g	Natriumsulfit, wasserfrei
1000 ccm	Wasser

Im Durchschnitt beträgt die Fixierdauer nicht mehr als 15 Sekunden; unmittelbar nach dem Fixieren wird die Platte unter einer Wasserbrause abgespült. Spektralaufnahmen zu fixieren, ist nicht empfehlenswert; durch Fortschaffung der nicht entwickelten Silberhaloide wird die gegenseitige Entfernung der einzelnen Lamellen, aus denen die Schicht aufgebaut ist, unter Umständen verändert und eine Verfälschung der Farbenwiedergabe herbeigeführt. Die Veränderung der Farben ist allerdings so gering, daß ihr Nachweis Schwierigkeiten macht. Soll das Bild des Spektrums nicht fixiert werden, so wäscht man die Platte in Wasser gut aus und beläßt sie danach in einer 1%igen Quecksilberchloridlösung so lange, bis das Bild vollständig ausgebleicht ist; hierauf wird das Bild ausgewaschen und getrocknet. Bei einer solchen Behandlungsweise erzielt man außerordentlich brillante Bilder. Bei Verwendung von Cyankalium zum Fixieren verschwinden Schleierbildungen; mit Cyankalium sind bessere Ergebnisse zu erzielen als mit Natriumthiosulfat.

Allzu matte Bilder können verstärkt werden, und zwar entweder durch Ausbleichen in Quecksilberchlorid und nachfolgendes Schwärzen in Amidolsulfit; bei diesem Verfahren nimmt das Kolorit des Bildes allerdings häufig Schaden. Besser bewährt sich die Verwendung eines Sulfocyanids mit Silber und alkalischem Metol (als physikalischer Verstärker).

Wir haben schon früher erwähnt, daß die lichtempfindliche Schicht während der Belichtung mit einer Quecksilberschicht in Berührung sein muß. Die Quecksilberschicht muß selbstverständlich sehr rein gehalten werden; wurde sie bereits öfter benutzt, so zeigen sich an ihrer Oberfläche Oxydationserscheinungen. Um das Quecksilber zu reinigen, verfahre man folgendermaßen: Man bringt das Quecksilber in die Mitte eines ziemlich großen Stückes Chamoisleder, welches in einer reinen Entwicklerschale liegt, und läßt das Quecksilber darin etwa 2 Minuten lang hin- und herrollen. Dann lege man die Enden des Lederstückes zusammen und lasse das Quecksilber, während man das Leder zwischen den Händen zusammenpreßt, aus diesem in die reine Entwicklerschale fließen.

Man lasse die emulsionierte Platte mit der Quecksilberschicht nicht länger als unbedingt notwendig in Berührung, da das Quecksilber vor der Belichtung auf die Platte desensibilisierend und nach der Belichtung auf das latente Bild zerstörend wirkt.

Es ist klar, daß man zur Ausübung der Farbenphotographie nach dem LIPPMANN-Verfahren eine besonders konstruierte Plattenkassette benötigt, in welcher die Platte mit der Glasseite gegen das Objektiv gekehrt liegt und hinter der lichtempfindlichen Schicht genügend Raum für das Quecksilber vorgesehen ist. Damit während der Belichtung kein Quecksilber aus der Kassette ausfließen kann, verwendet man zur Umgrenzung des Raumes, in welchen das Quecksilber eingefüllt wird, einen kräftigen Gummirahmen. Nachdem die Platte in die Kassette eingelegt wurde, läßt man das Quecksilber in den dafür bestimmten Raum einfließen. Dies muß gleichmäßig und ohne Stockung vor sich gehen, da sonst nach der Entwicklung einzelne Linien auf der Platte deutlich sichtbar werden. Diese Linien sehen den auf lichtempfindlichen Papieren häufig sichtbaren Abschürfungen ähnlich.

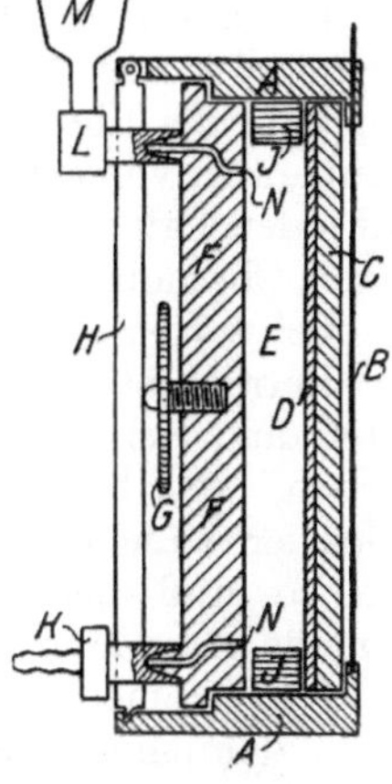

Abb. 17. Plattenkassette für Farbenaufnahmen nach dem LIPPMANN-Verfahren

CARL ZEISS in Jena hat eigens für das LIPPMANN-Verfahren konstruierte Kassetten auf den Markt gebracht. Im Hinterteil dieser Kassetten befindet sich unten ein Einlaßrohr mit einer Einlaßöffnung, oben ein Steigrohr mit einer Öffnung gegen Luft. Der als Füllgefäß für die Kassette dienende Quecksilberbehälter kann, wie aus Abb. 17 und 18 hervorgeht, mit der Einlaßöffnung der Kassette in Verbindung gesetzt werden. Aus Abb. 17 ist ersichtlich, welchem Zweck die einzelnen Teile der Kassette dienen. Die Platte *C* (mit der Schicht *D*) liegt im Rahmen *A* vor dem Kassettendeckel (Kassettenschuber) *B*. Der Gummirahmen *J* liegt der Schichtseite der Platte an und wird gegen diese mit Hilfe des Deckels *F*, der nachstellbaren Schraube *G* und des Riegels *H* angepreßt. Man füllt das Quecksilber durch das Einlaßrohr *K* in die Kassette ein und läßt es so lange steigen, bis das Rohr *L* überfließt; *N*, *N*, der Zufluß- bzw. Abflußkanal für das Quecksilber, sind so angeordnet, daß die Kassette sowohl bei Verwendung im Hochformat als auch bei Verwendung im Querformat nach der Belichtung der Platte leicht entleert werden kann.

Der Quecksilberbehälter ist in Abb. 18 dargestellt. Der Zylinder *A* (aus poliertem Stahl) ist mit einem anschraubbaren Deckel *B* verschlossen, welcher ein mit Hilfe des Stöpsels *D* abschließbares Luftventil *C* trägt. Die Abflußöffnung *F* kann durch Drehen am Ring *E* geöffnet werden und wird unter Benutzung eines Gummischlauches mit der Einlaßöffnung *K* der Kassette in Verbindung gesetzt; *G*, *G* sind Haken, mit denen der Quecksilberbehälter an der Kamera befestigt werden kann. Beim Füllen der Kassette mit Quecksilber verfährt man folgendermaßen: Zuerst hält man den Behälter in senkrechter Stellung u n t e r der Kassette und öffnet das Luftventil *C* sowie — durch Drehen am Ring *E* — die Abflußöffnung bzw. das Abflußventil des Behälters. Zunächst füllt sich n u r der Gummischlauch mit Quecksilber. Sodann hebt man das Füllgefäß gleichmäßig, bis das Quecksilber im Sammeltrichter *M* (s. Abb. 17) erscheint, worauf man *C* sowie *E* schließt und den Behälter wieder an der Kamera befestigt. Nach der Belichtung verfährt man, um die Kassette zu entleeren, in umgekehrter Reihenfolge als soeben angegeben wurde.

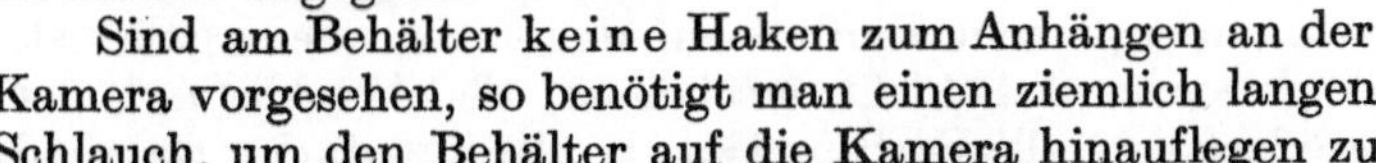

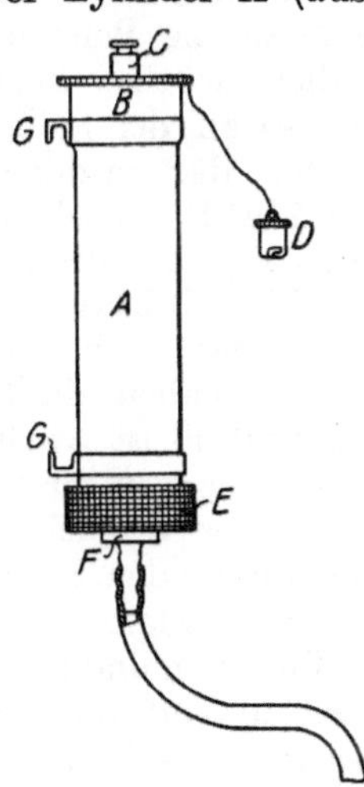

Abb. 18. Quecksilberbehälter zum Anfüllen der Kassette für das LIPPMANN-Verfahren

Sind am Behälter k e i n e Haken zum Anhängen an der Kamera vorgesehen, so benötigt man einen ziemlich langen Schlauch, um den Behälter auf die Kamera hinauflegen zu können; der Quecksilberbehälter ist verhältnismäßig schwer. Man verwende ein Einlaufrohr (*K* in Abb. 17) mit einem Hahn, um mit dessen Hilfe das Rohr absperren zu können. Nach Abschließung des Hahns wird der entleerte Behälter abgekuppelt.

Bisweilen — insbesondere dann, wenn das Quecksilber an der Oberfläche oxydiert ist — bleiben an der Plattenschicht kleine Quecksilberkügelchen haften. Auch tritt mitunter beim Entwickeln ein sogenannter „Quecksilberschleier“ auf, welcher sich besonders deutlich an den Plattenrändern zeigt, aber auch gegen die Plattenmitte hin verläuft. Wie dieser Schleier entsteht, wissen wir nicht genau; ohne Zweifel zeigt er sich insbesondere dann, wenn die Gelatine etwas feucht ist. Aus diesem Grunde setzt der Verfasser, einer von LIPPMANN ausgesprochenen Idee folgend, die Platten vor dem Gebrauch 5 Minuten lang einer Temperatur von etwa 35° C aus und legt sie in warmem Zustand in die Kassette. Auf jeden Fall empfiehlt es sich, die Platte nach der Belichtung mit einem Stück reinen Chamoisleder oder besser noch mit einem breiten flachen, in absolutem Alkohol vorher gut gereinigten Pinsel leicht zu überwischen bzw. zu überpinseln.

Betrachtet man eine richtig belichtete und entwickelte „Heliochromie“ unter dem richtigen Winkel im reflektierten Licht, so sieht man keine reinen Farben, weil bei dieser Betrachtungsart das an der Oberfläche der Schicht reflektierte Licht störend mitwirkt; sollen die Farben unverfälscht zu sehen sein, so muß dieses Licht unwirksam gemacht werden. Dies gelingt etwa auf folgende Art: Man legt die Platte in ein niedriges Gefäß, welches mit Benzol, Xylol oder einer anderen Flüssigkeit angefüllt wird, deren Brechungsindex ungefähr demjenigen der Gelatine gleichkommt — dieser beträgt etwa 1,5 — und welche von der Gelatine nicht absorbiert wird. Wird das Gefäß bzw. die Platte nunmehr so geneigt, daß die Flüssigkeit über der Platte ein Prisma mit einem kleinen Brechungswinkel bildet, so wird die Reflexion des Lichtes an der Oberfläche der Schicht vermieden. Es ist ohneweiters klar, daß eine solche Vorkehrung — es ist eine WIENERsche „Benzolküvette“ — nur für den Laboratoriumsgebrauch verwendbar ist; farbige Bilder auf diese Art öffentlich zur Schau zu stellen, ist wohl kaum möglich. Andererseits ist zu sagen, daß die WIENERsche Benzolküvette bei der Überprüfung einer LIPPMANN-Platte bezüglich richtiger Farbenwiedergabe sehr gute Dienste leistet. Die Reflexion des Lichtes an der Schichtoberfläche wird praktisch am besten dadurch vermieden, daß an der Gelatineschicht ein Glasprisma mit einem Brechungswinkel von 5 bis 10° angekittet wird; solche Glasprismen sind bei Firmen der optischen Branche leicht erhältlich.

Die Richtigkeit der Farbenwiedergabe hängt, wie bereits früher erwähnt wurde, davon ab, ob die einzelnen Silberlamellen den richtigen Abstand voneinander haben; da der Feuchtigkeitsgrad der Gelatine auf den Lamellenabstand von Einfluß ist, variieren die Farben begreiflicherweise, wenn man die Gelatine mehr oder weniger trocknet bzw. mehr oder weniger feucht macht. Folgender lehrreicher Versuch ist empfehlenswert: Man betrachte eine Heliochromie bei einem normalen Feuchtigkeitszustand der Gelatine und merke sich die gesehenen Farben; sodann hauche man einen Teil des Bildes (durch eine Papierröhre hindurch) an und merke sich die jetzt an diesem Plattenteil sichtbaren Farben. Wird hierauf die Platte leicht erwärmt, so wechseln sowohl an der angehauchten Stelle als auch an den übrigen Stellen der Platte die Farben neuerdings. Der beschriebene Versuch ist insbesondere dann, wenn man ihn mit Hilfe eines Projektionsapparates vorführt, sehr instruktiv; er zeigt deutlich, daß der Lamellenabstand von wesentlichem Einfluß auf die Farbenwiedergabe ist.

Auf einer feucht gewordenen Schicht erscheinen, da der Abstand der Silberlamellen sich vergrößert hat, alle Farben etwas rötlich verfärbt, während ausgetrocknete Schichten infolge Verkleinerung der Lamellenabstände blaustichige Bilder zeigen. Selbstverständlich lassen sich diese Tatsachen bzw. Erscheinungen verwerten, um geringfügige, bei der Belichtung oder Entwicklung gemachte Fehler im Bilde auszugleichen. Wurde die Platte vor der Belichtung erwärmt, so ist es wohl selbstverständlich, daß sie vor dem Ankitten des Glasprismas wieder erwärmt werden muß. Auf alle diese Dinge hat O. WIENER[1] hingewiesen.

Zum Ankitten des Prismas an die Platte dient Kanadabalsam; man benutze jedoch nicht den im Handel erhältlichen halb flüssigen Kanadabalsam, sondern denjenigen, den der Präzisionsoptiker zum Kitten von Linsen verwendet. Man zerschlage eingetrockneten Kanadabalsam in grobe Stücke und füge ihnen eine Xylolmenge gleichen Gewichtes zu; man läßt das Ganze eine Zeitlang stehen und rührt es öfters durch oder erwärmt es leicht, bis eine klare homogene Lösung entsteht. Die Verwendung von Chloroform als Lösungsmittel ist nicht empfehlenswert, weil dieses unter Bildung von Chlorwasserstoffsäure allmählich hydrolytisch gespalten wird; dieser chemische Vorgang kann dazu führen, daß das Silber ausgebleicht wird und die Farben der Heliochromie an Sattheit einbüßen.

Betrachtet man eine LIPPMANNsche Heliochromie im durchfallenden Licht, so sieht man unter Umständen ein Bild in den komplementären Farben; meistens erscheint die Platte aber in der Durchsicht so, wie ein mehr oder weniger bräunlich verfärbtes Negativ. Um zu verhindern, daß Licht durch die Platte hindurchgehe, überziehe man sie auf der Rückseite mit einem schwarzen Lack. Auch die Mattierung (Ätzung) der Plattenrückseite wurde empfohlen; nach Ansicht des Verfassers bietet dies keine so großen Vorteile, daß der dazu notwendige Arbeitsaufwand gerechtfertigt wäre. Jeder schwarze Lack mit einem Mineralöl- oder Rizinusölzusatz — durch diesen Zusatz verliert der Lack seine Brüchigkeit (Sprödigkeit) — ist zum Bestreichen der Glasseite der Platte geeignet. Der Lack wird in dicker Schicht aufgetragen, da diese vollkommen lichtundurchlässig sein soll.

Die Farben einer Heliochromie erscheinen brillanter, wenn bei ihrer Betrachtung alles seitliche Licht abgehalten wird. CARL ZEISS in Jena hat zwei Vorrichtungen konstruiert, welche als Hilfsgeräte zur Betrachtung LIPPMANNscher Heliochromien vorzügliche Dienste leisten. In Abb. 19 ist das dioptrische Betrachtungsgerät dargestellt. Im Gehäuse A ist am (aufklappbaren) Deckel B das (mit Hilfe dreier Stellschrauben) in einfacher Weise bezüglich seiner Stellung justierbare mit einem Glaskeil (Prisma) C versehene Bild montiert. Davor befindet sich die Linse D, welche zum Zwecke der Vermeidung störender Reflexe nur einen Teil einer zentrierten Linse bildet. Nahezu in der Brennebene von D befindet sich die Eintrittsöffnung E für das Licht. Der Spiegel F und das total reflektierende Prisma G lenken das Licht durch E hindurch nach D. H ist die Öffnung, durch welche das Bild einäugig betrachtet wird; sie befindet sich in der Brennebene von D und ist mit einer Augenmuschel versehen.

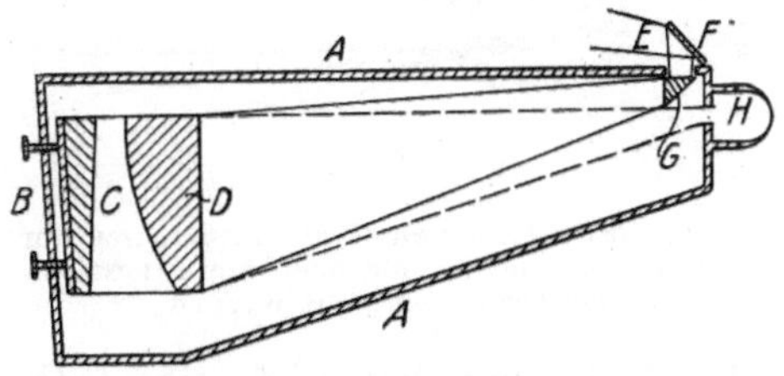

Abb. 19. Dioptisches Betrachtungsgerät von Carl ZEISS, Jena, zur Betrachtung von Bildern, die nach dem LIPPMANN-Verfahren hergestellt wurden

Das katoptrische Betrachtungsgerät der gleichen Firma ist in Abb. 20 dargestellt. Im pyramidenförmig gestalteten Gehäuse A befindet sich, an einem aufklappbaren Deckel befestigt, das mit drei Stellschrauben bezüglich seiner

[1] WIEDEMANNS Ann. 69, 1899, S. 488; vgl. auch J. DRECKER, Arch. f. wiss. Phot. 2, 1901, S. 223.

Stellung justierbare Bild *B* (samt Glaskeil), welches durch den Hohlspiegel *C* beleuchtet wird. Als Lichtquelle dient die mit einer Mattscheibe überdeckte und durch den Planspiegel *E* beleuchtete Eintrittsöffnung *D*, welche durch den Hohlspiegel *C* in *D'* abgebildet würde, wenn das Bild *B* nicht vorhanden wäre. Die LIPPMANNsche Platte (das Interferenzfarbenbild) reflektiert das vom Spiegel *C* kommende Lichtstrahlenbündel nach *F*, wo eine Betrachtungslinse geeigneter Form und Stärke angebracht ist. Eine Augenmuschel bei *F* schützt das Auge vor seitlich einfallendem Licht.

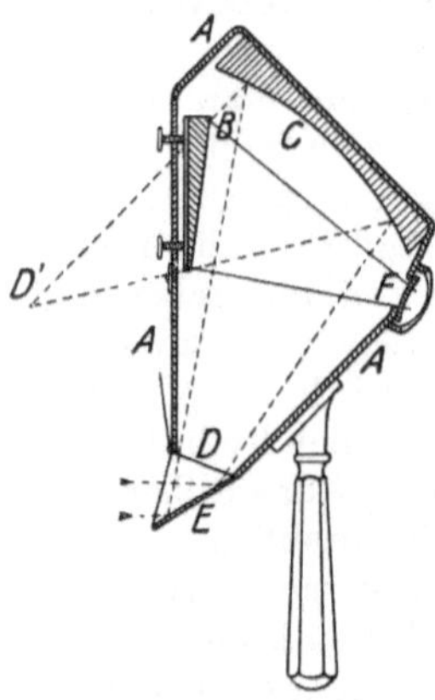

Abb. 20. Katoptrisches Betrachtungsgerät von CARL ZEISS, Jena, zur Betrachtung von Bildern, die nach dem LIPPMANN-Verfahren hergestellt wurden

Zu dem Zwecke, ein farbiges LIPPMANN-Bild einem größeren Kreis von Beschauern vorzuführen, wurde von der Firma CARL ZEISS in Jena eine Vorrichtung konstruiert, welche an einem gewöhnlichen Projektionsapparat angebracht werden kann. In Abb. 21 ist das Prinzip dieser Vorrichtung zur Darstellung gebracht. Der Kondensor *B* entwirft ein Bild der Lichtquelle *A* in *A'*. Dieses Bild kommt aber nicht in *A'*, sondern erst in der Blendenebene des Projektionsobjektivs *D* zustande, weil das Interferenzfarbenbild *C G* (samt Glaskeil) in den nach *A'* konvergierenden Lichtstrahlenkegel eingeschaltet ist. Die optische Achse *F D H* des Projektionsobjektivs steht senkrecht zur Ebene des Bildes und zur Ebene des Projektionsschirms *H E*.

Man erzeuge auf diese Art niemals zu große Bilder, begnüge sich vielmehr mit einer Maximalausdehnung der projizierten Bilder von 1 m, weil ihre Helligkeit sonst stark abnimmt und der von ihnen hervorgerufene Eindruck sehr viel zu wünschen übrig läßt. Die Verwendung eines Projektionsschirms mit metallischer Oberfläche hat sich bei der Projektion von Interferenzfarbenbildern sehr vorteilhaft erwiesen.

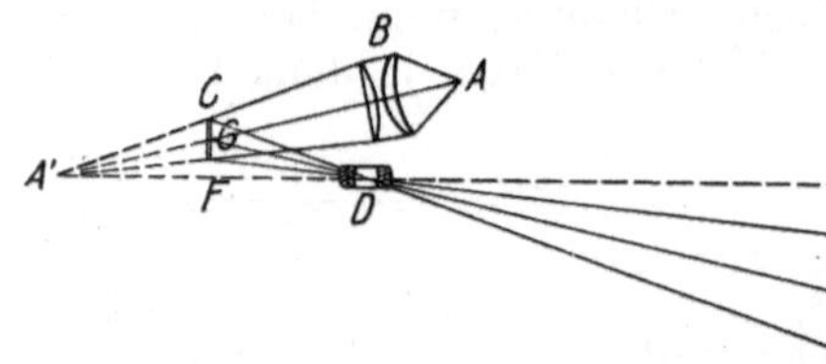

Abb. 21. Vorrichtung von CARL ZEISS, Jena, zur Projektion von Bildern, die nach dem LIPPMANN-Verfahren hergestellt wurden

Wir haben in der Einleitung zu vorstehendem Abschnitt bemerkt, daß das LIPPMANN-Verfahren wenig praktische Bedeutung hat und eigentlich als ein Laboratoriumsverfahren anzusprechen ist; bei einiger Übung sind nach diesem Verfahren jedoch so schöne Resultate zu erzielen — insbesondere Aufnahmen von Spektren —, daß man demselben mehr Aufmerksamkeit widmen sollte, als dies in den letzten Jahren der Fall war. Bemerkt sei noch, daß für das LIPPMANN-Verfahren geeignete Platten im Handel erhältlich sind (KRANSEDER & Cie., A.-G., München; EASTMAN KODAK Co., Rochester).

14. Das Ausbleichverfahren. Es war wohl immer der schönste Traum aller Photographen, die natürlichen Farben der Objekte direkt photographisch festhalten zu können. Vom Standpunkt der Praxis aus betrachtet, ist dies heute noch ein Wunschtraum oder — richtiger ausgedrückt — im Stadium von Laboratoriumsversuchen.

Bereits sehr früh hat man die Einwirkung des Lichtes auf verschiedenfarbige Substanzen erkannt und beobachtet,[1] als erster scheint aber wohl L. DUCOS DU

[1] Siehe J. M. EDER, Ausführl. Handb. d. Phot. I. Bd. (Gesch. d. Phot.) 3. Aufl. 1905, S. 124ff.

HAURON[1] an die Möglichkeit eines direkten farbenphotographischen Verfahrens, welches seinem Wesen nach als „Ausbleichverfahren“ anzusehen ist, gedacht zu haben. Der genannte Forscher äußerte sich folgendermaßen:

„Ebenso wird es sich wahrscheinlich mit der Heliochromie verhalten. Was war die bis heute der Lösung harrende diesbezügliche Aufgabe? Sie läßt sich kurz folgendermaßen skizzieren: Es handelt sich darum, eine besondere Substanz zu finden, welche die Eigenschaft hat, unter dem Einfluß des Lichtes eine analoge Modifikation zu erleiden, wie die einwirkenden einfachen und zusammengesetzten Strahlen, d. h. eine Substanz, welche, dem roten Licht ausgesetzt, rot, dem grünen Licht ausgesetzt, grün und unter dem Einfluß des weißen Lichts weiß wird. Anstatt die Farben durch die Sonne erzeugen zu lassen, könnte man diese (die Sonne) nicht einfach dazu benutzen, die Farben zu zerstreuen? Könnte man nicht, anstatt ein besonderes Präparat zu suchen, welches die einwirkenden farbigen Strahlen auf irgend eine Art absorbiert und an jedem Punkte seiner Oberfläche festhält, eine zusammengesetzte, polychrome zweckentsprechend präparierte Fläche oder wenigstens eine solche, welche möglichst alle Farbennuancen enthielte und, ausschließlich aus schon bekannten und fabrikmäßig hergestellten Farben zusammengesetzt, über alle Punkte der ‚photogenischen‘ Oberfläche ausgebreitet wäre, der Wirkung des Lichtes unterwerfen, so daß unter jedem der einwirkenden einfachen oder zusammengesetzten Strahlen die korrespondierende einfache oder zusammengesetzte Farbe festgehalten, die anderen Farben aber unter dem Einfluß desselben Strahles beseitigt werden?“

CHAS. CROS[2] hatte eine ähnliche Idee. R. E. LIESEGANG[3] scheint als erster die Verwendung von Anilinfarben für ein derartiges Verfahren vorgeschlagen zu haben.

Die prinzipiellen Grundlagen des Ausbleichverfahrens erscheinen im GROTTHUSS-DRAPERschen Gesetz ausgesprochen. Der Erstgenannte[4] hat sich über dieses Problem wie folgt geäußert:

„Meiner Ansicht nach muß derjenige Körper, abgesehen von seiner chemischen Natur, am kräftigsten auf ein gegebenes farbiges Licht, und umgekehrt letzteres auf ihn reagieren, der im natürlichen Zustand eine diesem Licht entgegengesetzte Farbe zeigt. Wenn z. B. rote Strahlen auf einen roten Körper fallen, so werden sie, im Falle er durchsichtig ist, ohne Schwierigkeiten durchgelassen und, im Falle er undurchsichtig ist, ohne Rückhalt reflektiert. Fallen aber bläulichgrüne (im NEWTONschen Farbenzirkel dem Rot entgegengesetzte) Strahlen auf denselben Körper, so werden in beiden Fällen sehr viele dieser Strahlen absorbiert und diese Absorption, dies Eindringen mit Schwierigkeit in die Substanz des Körpers muß, wenigstens in vielen Fällen, Ursache einer größeren chemischen Wirkung sein..“ An einer weiteren Stelle lesen wir folgendes: „.. daß das farbige Licht diejenige Farbe der ihm ausgesetzten Körper zu zerstören sucht, die seiner eigenen Farbe entgegengesetzt ist und daß es seine eigene oder eine ihm analoge Farbe zu erhalten strebt. Die chemische Wirkung muß daher im zusammengesetzten Verhältnis stehen mit der Veränderbarkeit der anzuwendenden Substanz und dem Gegensatz der natürlichen Farbe...“ Weiter heißt es: „Das Licht strebt also dahin, seine eigene Bewegung möglichst leicht in der

---

[1] L. DUCOS DU HAURON, Les Couleurs en Photographie, Paris, 1869; vgl. auch E. J. WALL, EDERS Jahrb. f. Phot. u. Reprod. 28, 1914, S. 127.

[2] Mon. de la Phot. 1, 1881, S. 67.

[3] Phot. Arch. 30, 1889, S. 328; 34, 1893, S. 321, 337.

[4] Jahresverhandl. d. Kurländ. Ges. f. Lit. u. Kunst, 1, 1819, S. 119. Vgl. W. OSTWALDS Klass. d. exakt. Wiss., Bd. 152; vgl. auch F. LIMMER, Das Ausbleichverfahren, 1911, S. 7; J. W. DRAPER, Phil. Mag. Serie 3, 19, S. 195.

Substanz fortzusetzen, in welche es einzudringen vermag, und dies Bestreben wird um so größer sein, je weniger die natürliche Farbe der Substanz mit der des Lichtes übereinstimmt."

Wir wollen hier die Versuche E. VALLOTS[1] sowie der Brüder A. und L. LUMIÈRE[2] nicht näher beschreiben, sondern gleich auf die Arbeiten von O. GROS[3] verweisen, der die Lichtempfindlichkeit der Leukobasen erkannte, eine Erkenntnis, aus welcher später das sogenannte „Pinachromieverfahren"[4] erwuchs.

VON DITTMAR[5] empfahl die Verwendung einer Mischung von Thymol und Fuchsin oder Methylviolett. Durch die Publikation DITTMARS angeregt, widmete sich R. NEUHAUSS[6] etliche Jahre lang dem Problem des Ausbleichverfahrens und gab schließlich folgende Arbeitsvorschrift:

100 g	weiche Emulsionsgelatine
1000 ccm	destilliertes Wasser

Man löse die Gelatine im Wasser auf (Wasserbad!) und füge zur Gelatinelösung, nachdem sie erkaltet ist, folgendes hinzu:

60 ccm	Methylenblau	(0,2%ige wässerige Lösung)
15 ccm	Auramin	(0,2%ige alkoholische Lösung)
30 ccm	Erythrosin	(0,5%ige wässerige Lösung)

Die zwei erstgenannten Farbstoffe waren von FRIEDRICH BAYER & Co. in Elberfeld, der letztgenannte von Dr. TH. SCHUCHARDT G. m. b. H. in Görlitz. Wird die angefärbte filtrierte Gelatinelösung vor Gebrauchnahme 4 bis 5 Stunden lang bei 40° C aufbewahrt, so nimmt ihre Empfindlichkeit zu. Papier als Träger der lichtempfindlichen Schicht zu verwenden, erscheint nicht empfehlenswert, weil die Farben in die Faser eindringen; man benutze als Schichtträger Milchglasplatten, welche vor dem Emulsionieren mit einer Kautschuklösung überzogen wurden. Sobald das Bild fertig ist, kann es eventuell von der Unterlage abgelöst werden. Bei Herstellung der angefärbten Gelatinelösung achte man darauf, daß Erythrosin nicht im Überschuß vorhanden sei; die Erythrosinlösung wird tropfenweise beigefügt, und zwar so lange, bis die Emulsion eine neutralgraue Farbe annimmt.

Die emulsionierten Platten werden empfindlicher, wenn man sie vor dem Gebrauch 5 Minuten lang in einer Wasserstoffsuperoxydlösung badet. Diese Lösung wird folgendermaßen hergestellt: Man fügt zu 1000 ccm Äther 75 ccm einer 30%igen Wasserstoffsuperoxydlösung hinzu und schüttelt das Ganze gut durcheinander. Man läßt das Wasser absetzen, gießt die ätherische Lösung ab und badet in dieser die Platten. Verwendet man in oberwähnter Gelatinelösung an Stelle des destillierten Wassers eine wässerige 3%ige Wasserstoffsuperoxydlösung, so wird die Emulsion gleichfalls empfindlicher; in letz-

---

[1] Mon. de la Phot. 35, 1895, S. 138; Phot. Wochenbl. 21, 1895, S. 417; EDERS Jahrb. f. Phot. u. Reprod. 10, 1896, S. 499; Phot. Mitt. 33, 1896, S. 53.

[2] Bull. de l'Assoc. Belge de Phot. 1896, S. 300; vgl. auch F. LIMMER l. c. (s. Anmerk. 4 auf S. 231).

[3] ZS. f. phys. Chemie 15, 1901, S. 157; 16, 1902, S. 470.

[4] D. R. P. 160722, 171671, 175459 der Firma MEISTER, LUCIUS & BRÜNING; Phot. Mitt. 41, 1904, S. 321; EDERS Jahrb. f. Phot. u. Reprod. 19, 1905, S. 342; 20, 1906, S. 591. Phot. Korr. 41, 1904, S. 521. Vgl. auch E. KÖNIG, Photochemie, 1906, S. 59 (in H. W. VOGEL, Handb. d. Phot.).

[5] Deutsche Phot.-Ztg. 21, 1897, S. 340; EDERS Jahrb. f. Phot. u. Reprod. 13, 1899, S. 540; D. R. P. 350005.

[6] Phot. Rundsch. 12, 1898, S. 291; 16, 1902, S. 1, 229. EDERS Jahrb. f. Phot. u. Reprod. 13, 1899, S. 540, 16, 1902, S. 20; 17, 1903, S. 47; 18, 1904, S. 62; 19, 1905, S. 51; 20, 1906, S. 11.

terem Falle werden 50 ccm Methylenblau, 20 ccm Auramin und 40 ccm Erythrosin zur Gelatinelösung hinzugefügt. Das Ganze wird filtriert.

K. WOREL[1] begann seine Untersuchungen bezüglich des Ausbleich- (Farbenanpassungs-) Verfahrens im Jahre 1898. Er fand, daß das Anethol, ein Ester des Anisöls, als Sensibilisator gut verwendbar ist. Sehr gute Ergebnisse erzielte er auf folgende Art:

1,5 g	Primerose à l'alcool
0,4 bis 0,43 g	Viktoriablau
1,6 g	Curcumin (kristallisiert) von E. MERCK, Darmstadt
0,33 g	Auramin
1000 ccm	95%iger Alkohol

Primerose ist in Spiritus lösliches Eosin (Hersteller: DURAND & HUGUENIN, S.A. in Hüningen, Elsaß). Sobald die Farbstoffe im Alkohol aufgelöst sind, füge man zum Ganzen etwa 10 Tropfen konzentrierte Cyaninlösung hinzu. Man lasse die Farbstofflösung 3 bis 4 Stunden lang unter ständigem Rühren stehen und füge nach dieser Zeit pro 100 ccm Lösung etwa 15 g nachstehend angegebener Harzlösung und 1 Tropfen Anethol hinzu.

Die Harzlösung wird folgendermaßen hergestellt: 50 g wasserfreies kohlensaures Natron (Natriumcarbonat) werden in 325 ccm destilliertem Wasser aufgelöst; dazu kommen 450 g reines Kolophonium in Pulverform. Das Ganze wird in einem Wasserbad erhitzt und so lange (etwa 6 Stunden) gerührt, bis es eine homogene Masse bildet, welche man mit einer tunlichst kleinen Menge Alkohol etwas verdünnt. Als Schichtträger eignet sich wohl am besten reines Leinenpapier.

Auf solche Art emulsionierte Papiere bleichen unter der Einwirkung farbiger Lichtstrahlen aus; naturgemäß ist die Schicht an den von Licht nicht affizierten Stellen vorläufig noch lichtempfindlich. NEUHAUSS hat festgestellt, daß eine 10%ige Jodkaliumlösung — insbesondere dann, wenn ihr etwas Goldchlorid zugesetzt wurde — für ein Ausbleichbild als eine Art Fixierbad wirkt, indem sie die Empfindlichkeit der Schicht an den unbelichteten Stellen stark herabsetzt. WOREL empfahl, die Bilder zum Zwecke des Fixierens nach erfolgter Belichtung etliche Male nacheinander in Benzolbädern zu baden, bis der Geruch des Anethols ganz verschwunden ist. RAMON Y CAJAL[2] stellte fest, daß eine 3%ige Ammoniummolybdatlösung bzw. eine 2%ige Kupfersulfatlösung, als Bäder für das Ausbleichbild verwendet, demselben eine ganz wesentliche Haltbarkeit verleihen. J. SZCZEPANIK[3] erwarb zahlreiche Patente auf verschiedene hiehergehörige Arbeitsmethoden; ein nach seinen Angaben hergestelltes Papier für das Ausbleichverfahren wurde durch J. H. SMITH in Zürich im Jahre 1905 als Uto-Papier in den Handel gebracht. Später war ein sogenanntes „Aneto-Uto"-Papier im Handel erhältlich — der Emulsion dieses Papiers war vermutlich Anethol beigefügt.

J. H. SMITH gab die Herstellung der Papiere nach dem Rezept von SZCZEPANIK bald auf und erwarb eine Reihe von Patenten[4] auf verschiedene Modifi-

---

[1] EDERS Jahrb. f. Phot. u. Reprod. 16, 1902, S. 544; Phot. Mitt. 39, 1902, S. 336, 383; 40, 1903, S. 80, 204, 217, 249, 257, 280, 299, 313, 331, 346.

[2] Anales Soc. Espan. fis. quim. 10, 1912, S. 26.

[3] D. R. P. 146785, 148293, 149627, 221069; 264207; Engl. Pat. 3196/1903; EDERS Jahrb. f. Phot. u. Reprod. 18, 1904, S. 415; Brit. Journ. of Phot. 54, 1907, Col. Phot. Suppl. 1, S. 88; Phot. Korr. 41, 1904, S. 238; EDERS Jahrb. f. Phot. u. Reprod. 20, 1906, S. 456.

[4] D. R. P. 223767, 223195, 224611, 249830, 252994, 258752, 262163; Engl. Pat. 2461/1907, 7217/1907, 2462/1906, 22634/1912, 5154/1910; Franz. Pat. 373906, 376062, 354330; Zusatzpatente hiezu 376380, 413222, 446572, 446571; Belg. Pat. 197512;

kationen des früher benutzten Verfahrens; am meisten verdient hier wohl die Verwendung von Thiosinamin (Allylschwefelharnstoff) als Sensibilisator erwähnt zu werden. Das mit dem zuletzt genannten Sensibilisator sensibilisierte Uto-Color-Papier war gleichfalls im Handel erhältlich.

A. JUST[1] ließ sich die Verwendung ozonhaltiger ätherischer Öle als Sensibilisatoren patentieren; A. HÜBL[2] stellte fest, daß solche Ozonbildner dem unbeständigen Wasserstoffsuperoxyd zweifellos vorzuziehen sind. Später meldete A. JUST[3] die Verwendung von Diallylthioharnstoff und Diethylallylthioharnstoff sowie von Flavindulin[4], einem rascher ausbleichenden gelben Farbstoff, zum Patent an. R. STAHEL[5] bemerkte, daß Spuren dieser Substanzen in den fertigen Bildern zurückbleiben und erwarb ein Patent auf ein Verfahren, mit dessen Hilfe unter Verwendung salpetriger Säure diese Spuren entfernt werden können. Die Firma LUMIÈRE & JOUGLA[6] erhielt die Benutzung von Hypobromiten, Hypochloriten und Hypojoditen als Sensibilisatoren patentiert.

Eine sehr eingehende Untersuchung über die für das Ausbleichverfahren geeignetsten Farbstoffe und Sensibilisatoren hat F. LIMMER[7] angestellt. Auf dem zur Verfügung stehenden Raum können wir über diese Arbeiten nicht näher berichten. Vom Standpunkt der Praxis aus betrachtet erscheinen die genannten Untersuchungen minder wichtig, wir verweisen daher lediglich auf das Buch von F. LIMMER: Das Ausbleichverfahren, W. KNAPP, Halle a. d. S. 1911, in welchem sehr viele Details zu finden sind, so u. a. über die Entdeckung einer neuen Farbstoffklasse, der Fulgide, welche sich als außerordentlich lichtempfindlich erwiesen,[8] durch H. STOBBE[8] sowie über Arbeiten von K. GUÉBHARD, J. H. SMITH u. a.

Wir können behaupten, daß das Arbeitsverfahren K. WORELS nach dem heutigen Stand unserer Kenntnisse wohl als das vollkommenste anzusprechen ist. Der Genannte empfahl die Verwendung weißen Barytpapiers, welches mit einer weißen Gelatinelösung überzogen wird; auch das Pigmentpapier nach J. HUSNIK eignet sich nach WORELS Angabe für den gedachten Zweck. Man stellt gesättigte Lösungen nachstehend genannter Farbstoffe in 95%igem Alkohol her: Auramin, Thioflavin *T*, Methylenblau *B B*, Pyronin *G* (Hersteller FRIEDR. BAYER & Co., Elberfeld — jetzt I. G. Farbenindustrie A. G. [BAYER-MEISTER LUCIUS]) und Curcumin. Man befestigt die Ränder des als Schichtträger dienenden Papiers in feuchtem Zustand auf einer Glasplatte und läßt es trocknen; auf diese Art wird das Papier vollkommen flach. Weiters stellen wir eine 2,5%ige alkoholisch-ätherische Nitrozelluloselösung her. 14 Tropfen Auraminlösung werden zu 20 ccm Pyroninlösung hinzugefügt und als sogenannte „Gelbmischung"

Schweiz. Pat. 30060; Amer. Pat. 1013458, 1096465, 1089594. Chem. Zentralbl. 1910, 81, Suppl. 45; Vgl. Brit. Journ. of Phot. 56, 1909, Col. Phot. Suppl. 3, S. 1; 55, 1908, S. 219; 58, 1911, S. 239; ZS. f. angew. Chemie 23, 1910, S. 2124; Phot. Ind. 1910, S. 955, 1068; Phot. Rundsch. 17, 1903, S. 149, 257, 312.

[1] D. R. P. 237876 von 1910.

[2] Wien. Mitt. 1902, S. 77; EDERS Jahrb. f. Phot. u. Reprod. 16, 1902, S. 545.

[3] D. R. P. 256186; EDERS Jahrb. f. Phot. u. Reprod. 27, 1913, S. 303; Phot. Korr. 50, 1913, S. 168.

[4] D. R. P. 263221.

[5] D. R. P. 262492; Phot. Rundsch. 25, 1911, S. 281.

[6] D. R. P. 258241; EDERS Jahrb. f. Phot. u. Reprod. 27, 1913, S. 305; Chem. Ztg. 1913, S. 276. Phot. Ind. 1913, S. 661.

[7] Phot. Rundsch. 19, 1905, S. 328; ZS. f. wiss. Phot. 9, 1911, S. 54; 11, 1913, S. 133, Wien. Mitt. 1910, S. 524, 575.

[8] D. R. P. 209993; EDERS Jahrb. f. Phot. u. Reprod. 24, 1910, S. 161; Ber. d. deutsch. Chem. Ges. 37, 1904, S. 2232, 2240, 2656; 38, 1905, S. 3673, 3893, 4075, 4081, 4087; 39, 1906, S. 292, 761.

beiseite gestellt. Zum Sensibilisieren eines Papierformats 12 × 16 cm benötigt man folgende Emulsionsmenge:

7	Tropfen	„Gelbmischung"
2	„	Curcuminlösung
25	„	Pyroninlösung
10	„	Methylenblaulösung
1	„	Glyzerin
7	„	Anethol
12	ccm	Kollodiumlösung

Die ganze Mischung wird etwa 30 Sekunden lang geschüttelt, hierauf kurze Zeit stehen gelassen und auf das vorbereitete, auf einer ausnivellierten Glasplatte liegende Papier gestrichen. Nun läßt man das Papier bei 20° C 30 bis 40 Minuten lang trocknen.

Wie lange ein farbiges transparentes Original auf einem so präparierten Papier kopiert werden muß, hängt natürlich von der Art dieses Originals und davon ab, was für eine Lichtquelle dabei Verwendung findet; das Fortschreiten des Kopiervorganges ist leicht zu beobachten. Sobald das Bild fertig kopiert ist, erwärmt man es über einer Flamme (Lampe) oder in einem Trockenkasten auf 50° C, um das Anethol verflüchten zu lassen. So gewonnene Bilder sind offenbar nicht beständig.

Die Farbstofflösungen werden etwa 10 Tage vor Gebrauchnahme angesetzt (sie sollen während dieser Zeit bei 20° C im Dunkeln stehen), damit sie beim Gebrauch hinreichend gesättigt sind. Die Kollodiumlösung wird so hergestellt, daß auf 100 ccm fertiger Kollodiumlösung 100 ccm Äther und 40 ccm Alkohol kommen. Je nachdem, wie lange die Farbstofflösungen vor Gebrauchnahme angesetzt waren, muß ihr Mengenverhältnis in der Emulsion geregelt werden: nach 20tägiger Aufbewahrung verwendet man: 8 Tropfen „Gelbmischung", 2 Tropfen Curcuminlösung, 29 Tropfen Pyroninlösung, 12 Tropfen Methylenblaulösung, nach 30tägiger Aufbewahrung bzw. 9, 2, 32, 13 Tropfen, bei Verwendung noch älterer Lösungen bzw. 10, 2, 36, 12 Tropfen, wobei die oben angegebenen Mengen der Kollodiumlösung, des Glyzerins und Anethols unverändert bleiben.

J. H. Smith, welcher, wie oben mitgeteilt wurde, Papiere für das Ausbleichverfahren in den Handel gebracht hat, starb im Jahre 1917; seit damals scheint niemand mehr an diesem Verfahren Interesse zu haben. Ob es wohl je möglich sein wird, so empfindliche Ausbleich- (Farbenanpassungs-) Emulsionen herzustellen, daß eine direkte naturfarbige Aufnahme in der Kamera denkbar ist, lassen wir dahingestellt. Wenn dies auch gelänge, so wäre das Fixieren des Bildes, d. h. das Unempfindlichmachen jener Teile desselben, welche vom Lichte nicht affiziert wurden, noch eine große Schwierigkeit. Als Laboratoriumsmethode ist das Ausbleichverfahren ohne Zweifel sehr interessant, für die Praxis hat es aber — vorläufig wenigstens — wohl gar keine Bedeutung.

Literatur

Berthier A.: Manuel de Photochromie Interférentielle. Paris, 1895.

Berget A.: Photographie des Couleurs par la Méthode Interférentielle de M. Lippmann. Paris, 1901.

Clerc L. P.: Les Reproductions Polychromes Photoméchaniques. Paris, 1919. — The Ilford Manual of Process Work. London, 1924.

Donath B.: Die Grundlagen der Farbenphotographie. Sammlung: Die Wissenschaft, Heft 14. Braunschweig, 1906.

Du Hauron, Alcide Ducos: La Triplice Photographique des Couleurs et l'Imprimerie. Paris, 1897.

Hübl A.: Die Theorie und Praxis der Farbenphotographie mit Autochromplatten. Halle a. d. S., 1909. (5. Aufl. 1921)
— Die Lichtfilter. 2. Aufl. Halle a. d. S., 1922 (3. Aufl. 1927).
— Die Dreifarbenphotographie. 4. Aufl. Halle a. d. S., 1921.
— Die orthochromatische Photographie. Halle a. d. S., 1920.
Jaiser A.: Farbenphotographie in der Medizin. Stuttgart, 1914.
König E.: Die Farbenphotographie. Halle a. d. S. 1921.
Lehmann H.: Beitrag zur Theorie und Praxis der direkten Farbenphotographie mittels stehender Lichtwellen nach Lippmanns Methoden. Freiburg i. B., 1906.
Limmer F.: Das Ausbleichverfahren, Halle a. d. S., 1911.
Mebes A.: Farbenphotographie mit Farbrasterplatten. Bunzlau, 1911.
Miethe A.: Dreifarbenphotographie nach der Natur. Halle a. d. S., 1904.
Namias R.: La Fotografia in Colori. Mailand, 1921.
Neuhauss R.: Die Farbenphotographie nach Lippmanns Verfahren. Halle a. d. S., 1898.
Niewenglowski G. H. und A. Ernault: Les Couleurs et la Photographie. Paris, 1895.
— La Photographie directe des Couleurs par le Procédé de M. G. Lippmann. Paris, 1895.
Valenta E.: Die Photographie in natürlichen Farben. Halle a. d. S., 1912.
Wall E. J.: History of Three-Color Photography. Boston, 1925.
Zenker W.: Lehrbuch der Photochromie. Braunschweig, 1900.

Namen- und Sachverzeichnis

Manzsche Buchdruckerei, Wien IX.

Tafel I—VIII

zu

Spektrumphotographie

von

L. Grebe

Bemerkungen zu den Tafeln

Die beigegebenen Tafeln sollen einen Begriff von einigen der besten Leistungen auf dem Gebiete der Spektralphotographie der neueren Zeit liefern, soweit sie in Atlanten und Tabellenwerken veröffentlicht worden sind. Natürlich kann die autotypische Reproduktion nie die ganze Schönheit der Originalphotographie zum Ausdruck bringen; auch ist es nicht möglich, alle Reproduktionen in der vollen Größe des Originals zu liefern.

Tafeln I bis III stellen das mit einem ROWLAND-Gitter hergestellte Spektrum des Eisens nach Aufnahmen von KAYSER und RUNGE[1] in drei Fünftel der Originalgröße dar. Der Atlas enthält eine Wellenlängenskala und kann in Verbindung mit der auf S. 131 angegebenen Tabelle von Normalen im Eisenspektrum zum Aufsuchen solcher Normalen verwendet werden.

Tafeln IV bis VII stellen eine Reihe von Spektralaufnahmen in Originalgröße aus dem Atlas typischer Spektren von EDER und VALENTA[2] dar, einem Werke, das sich durch besonders schöne Reproduktionen auszeichnet und deutlich zeigt, welcher Leistung die verschiedenen Typen von Spektralapparaten fähig sind. Glasspektrograph, Quarzspektrograph und Gitter sind für die verschiedenen Aufnahmen verwendet. Die Wellenlängen sind bei den Hauptlinien in Ångströmeinheiten angegeben, so daß auch diese Aufnahmen zur angenäherten Wellenlängenbestimmung in Spektren verwendet werden können.

In Tafel VIII ist ein Teil des Sonnenspektrums nach dem berühmten Atlas von ROWLAND[3] in halber natürlicher Größe wiedergegeben. In diesem Atlas wurde zum erstenmal die Leistungsfähigkeit der großen ROWLANDschen Gitter in eindrucksvollster Weise dargetan. Da ihm ausführliche Wellenlängentabellen beigegeben sind, so ist er auch die Grundlage für die exakte Wellenlängenbestimmung in der Neuzeit gewesen.

In diesem Zusammenhang ist noch ein Spektralatlas von HAGENBACH und KONEN[4] zu erwähnen, aus dem hier keine Probe gegeben ist. Der fast alle Elemente in Gitterspektren umfassende Atlas ist so gedruckt, daß die Spektrallinien hell auf dunklem Grund erscheinen. Eine brauchbare Reproduktion dieser Tafeln ist mit den hier zur Verfügung stehenden Mitteln der Autotypie nicht möglich.

---

[1] H. KAYSER und C. RUNGE, Abh. d. preuß. Akad. d. Wiss. Berlin 1888.

[2] J. M. EDER und E. VALENTA, Atlas typischer Spektren, 2. Aufl. Wien 1924.

[3] H. A. ROWLAND, Photographic Map of the Normal Solar Spectrum. II. Series, Johns Hopkins Univ. 1888.

[4] A. HAGENBACH und H. KONEN, Atlas der Emissionsspektren der meisten Elemente. Jena 1905.

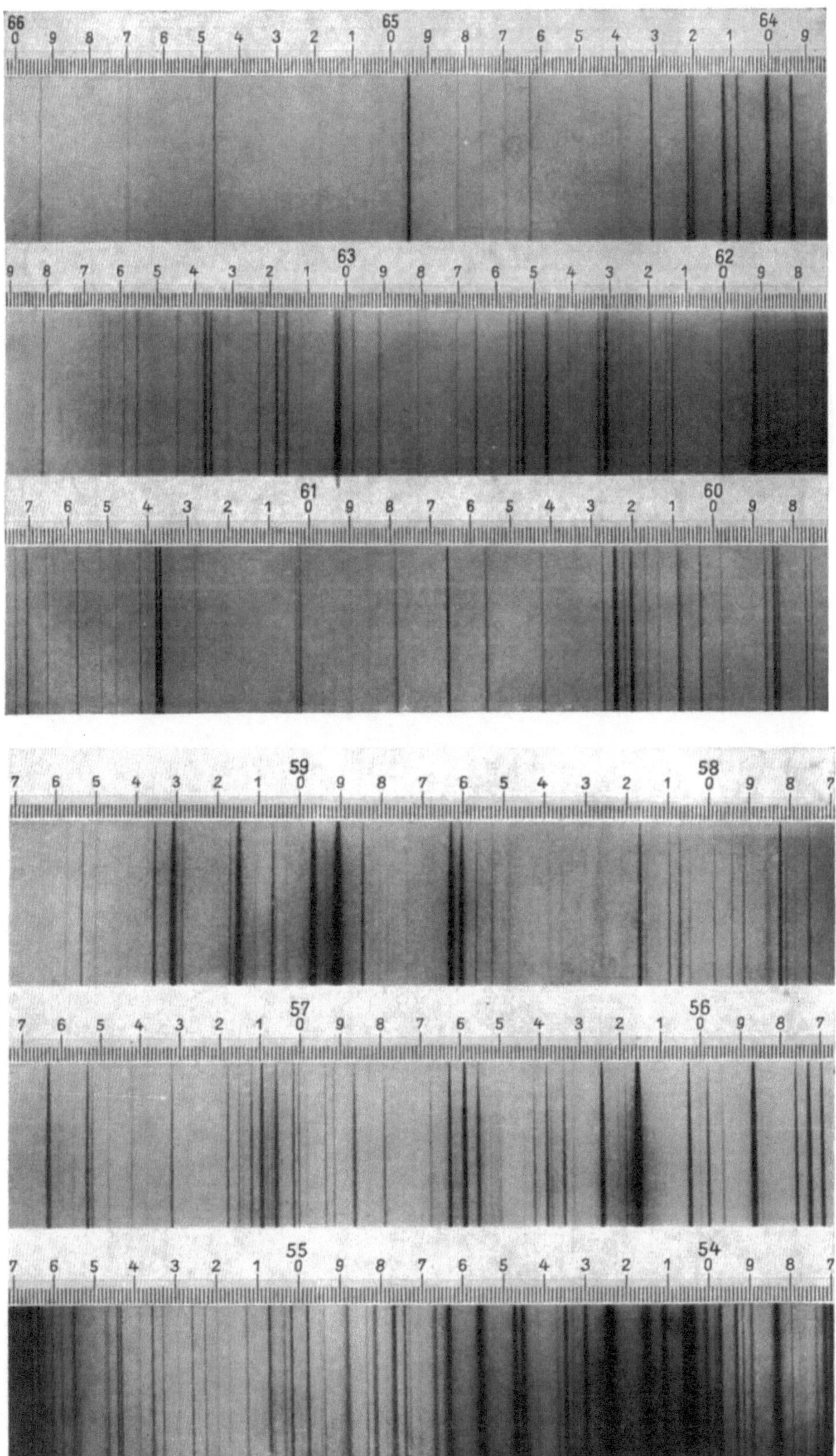

Tafel I. Gitterspektrum des Eisenbogens (nach H. Kayser und C. Runge)

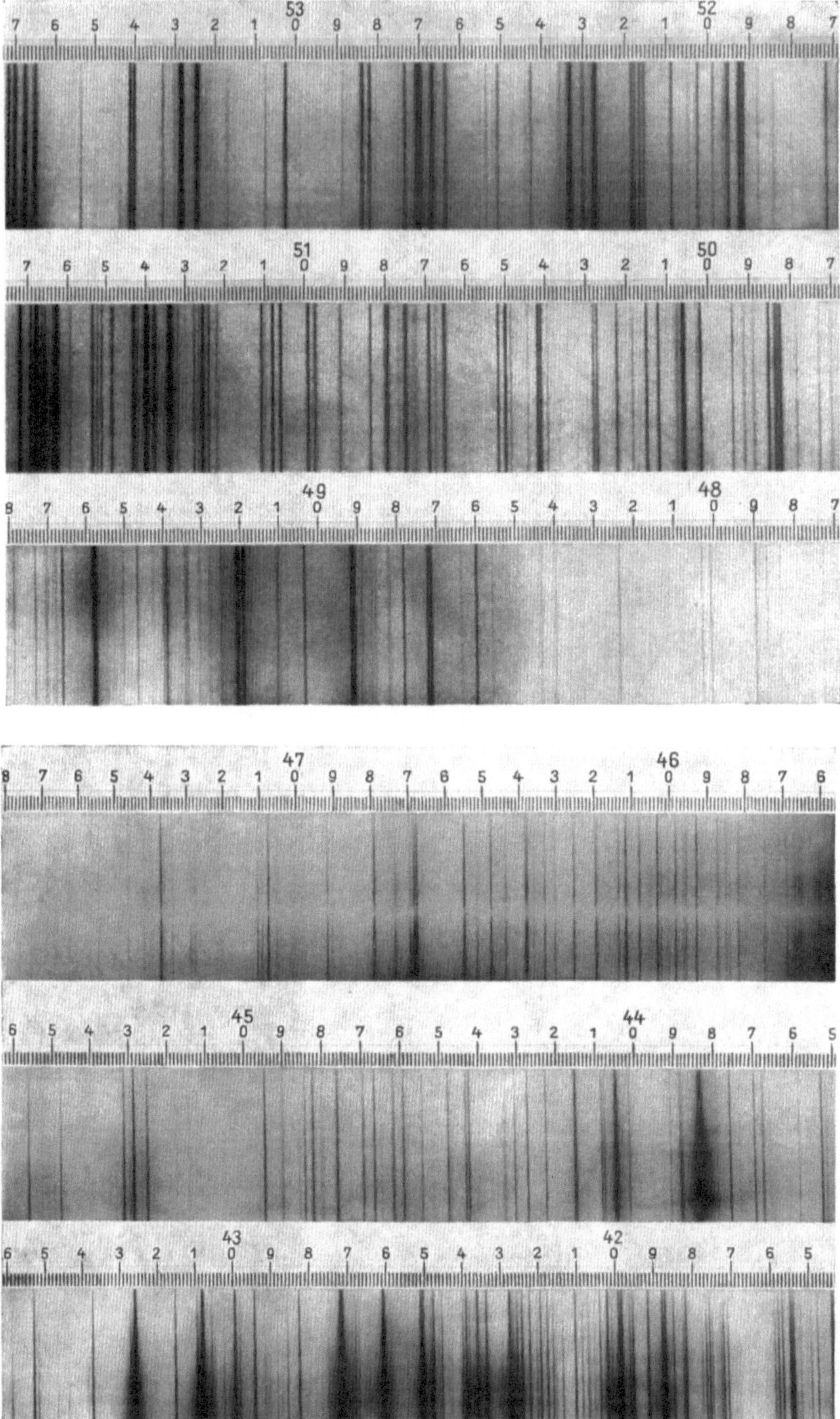

Tafel II. Gitterspektrum des Eisenbogens (nach H. KAYSER und C. RUNGE) Fortsetzung

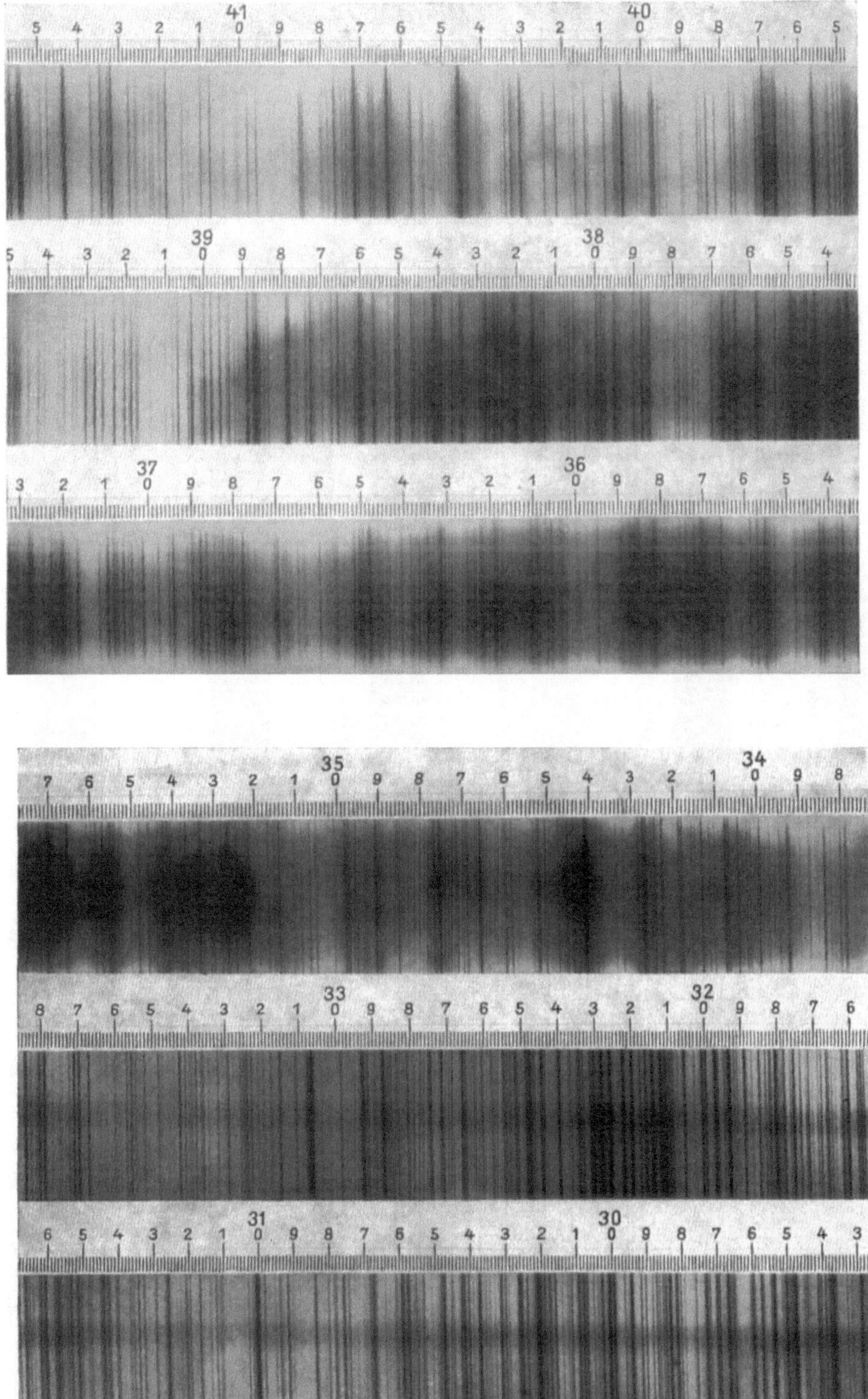

Tafel III. Gitterspektrum des Eisenbogens (nach H. Kayser und C. Runge) Fortsetzung

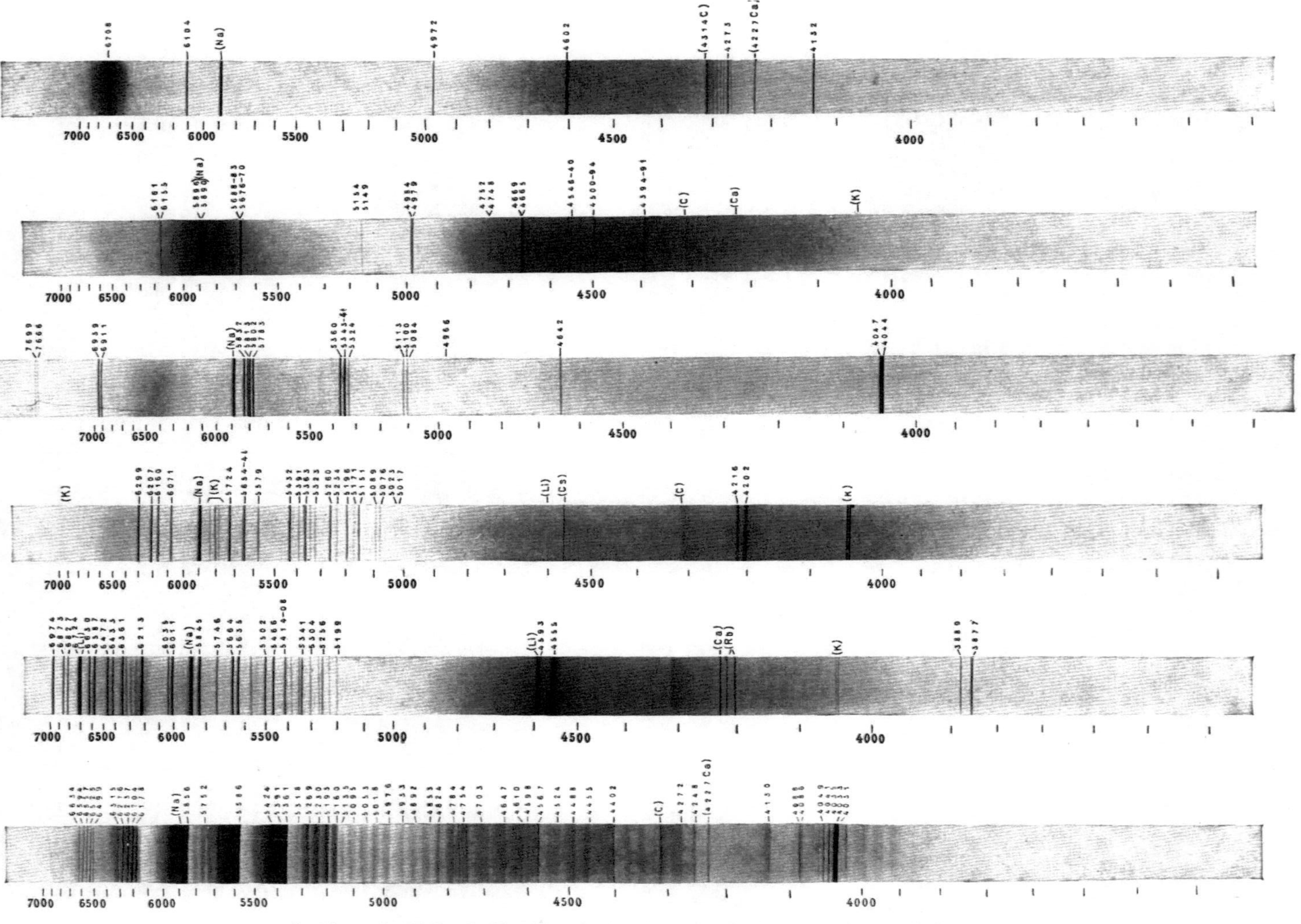

Spektrum 1: Li Cl, 2: Na_2CO_3, 3: K_2CO_3, 4: Rb Cl, 5: Cs Cl, 6: $Mn\,Cl_2$

Tafel IV. Flammenspektren mit Glasspektrograph (nach J. M. Eder und E. Valenta)

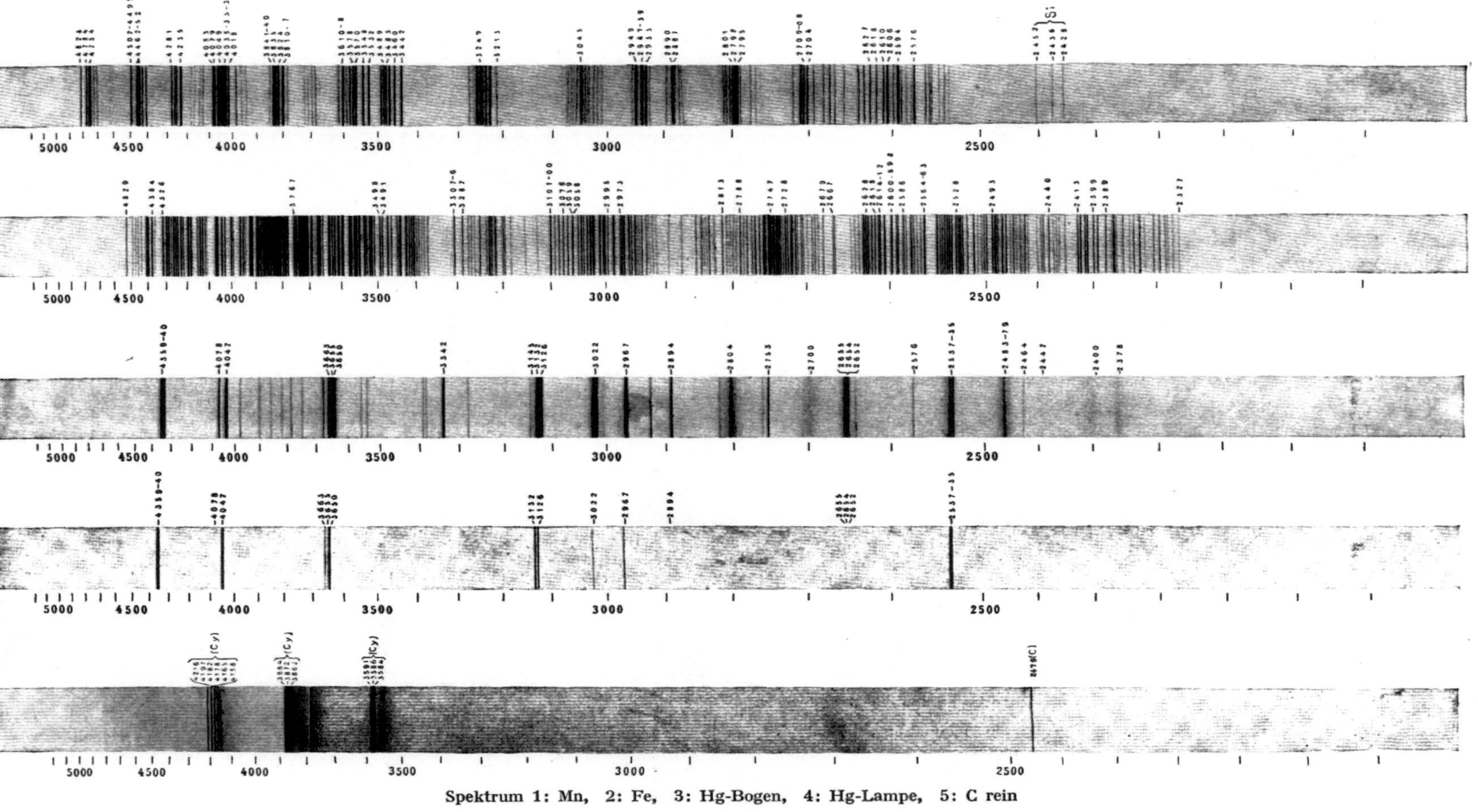

Spektrum 1: Mn, 2: Fe, 3: Hg-Bogen, 4: Hg-Lampe, 5: C rein

Tafel V. Bogenspektren mit Quarzspektrograph (nach J. M. Eder und E. Valenta)

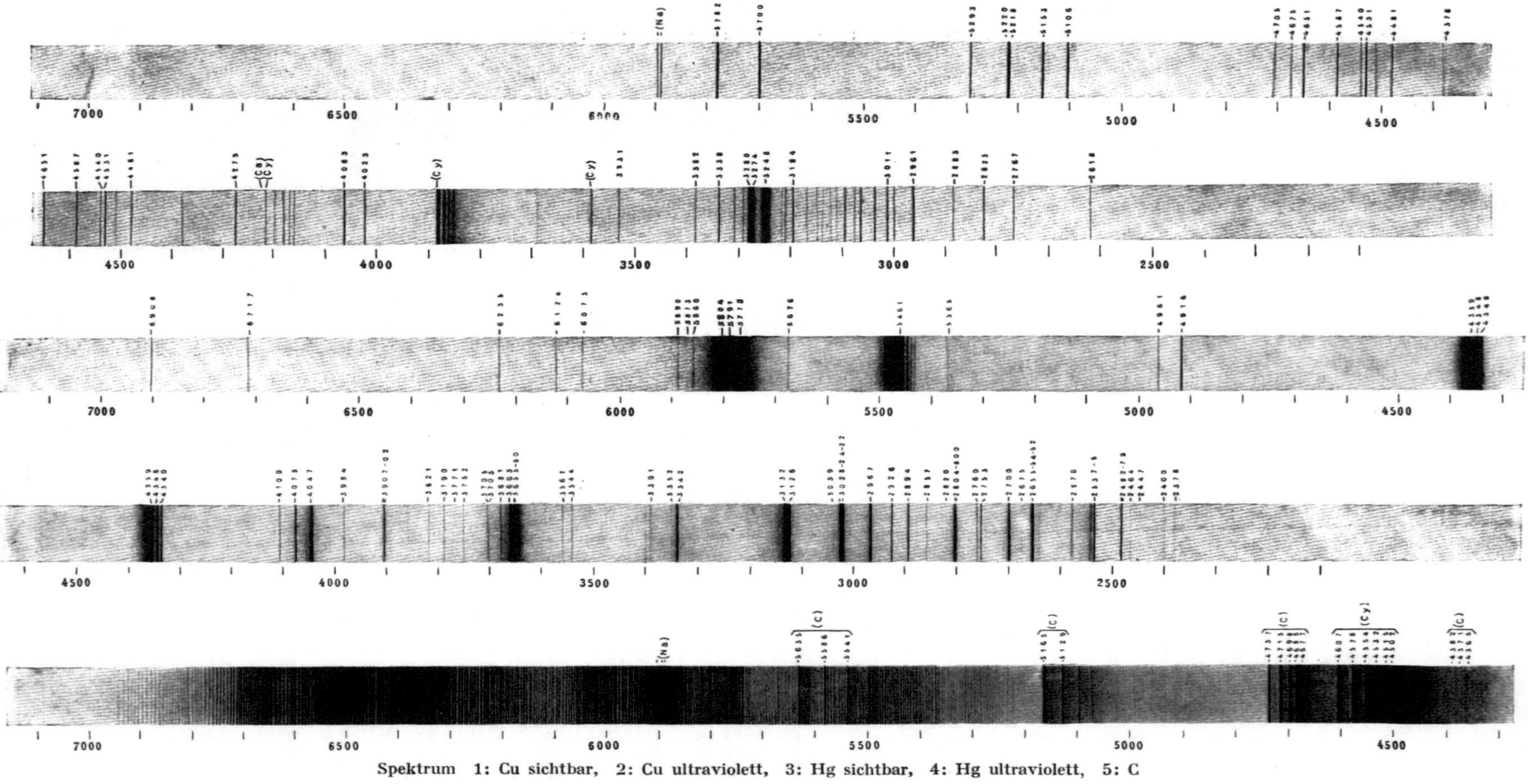

Spektrum 1: Cu sichtbar, 2: Cu ultraviolett, 3: Hg sichtbar, 4: Hg ultraviolett, 5: C

Tafel VI. Bogenspektren mit Gitterspektrograph (nach J. M. EDER und E. VALENTA)

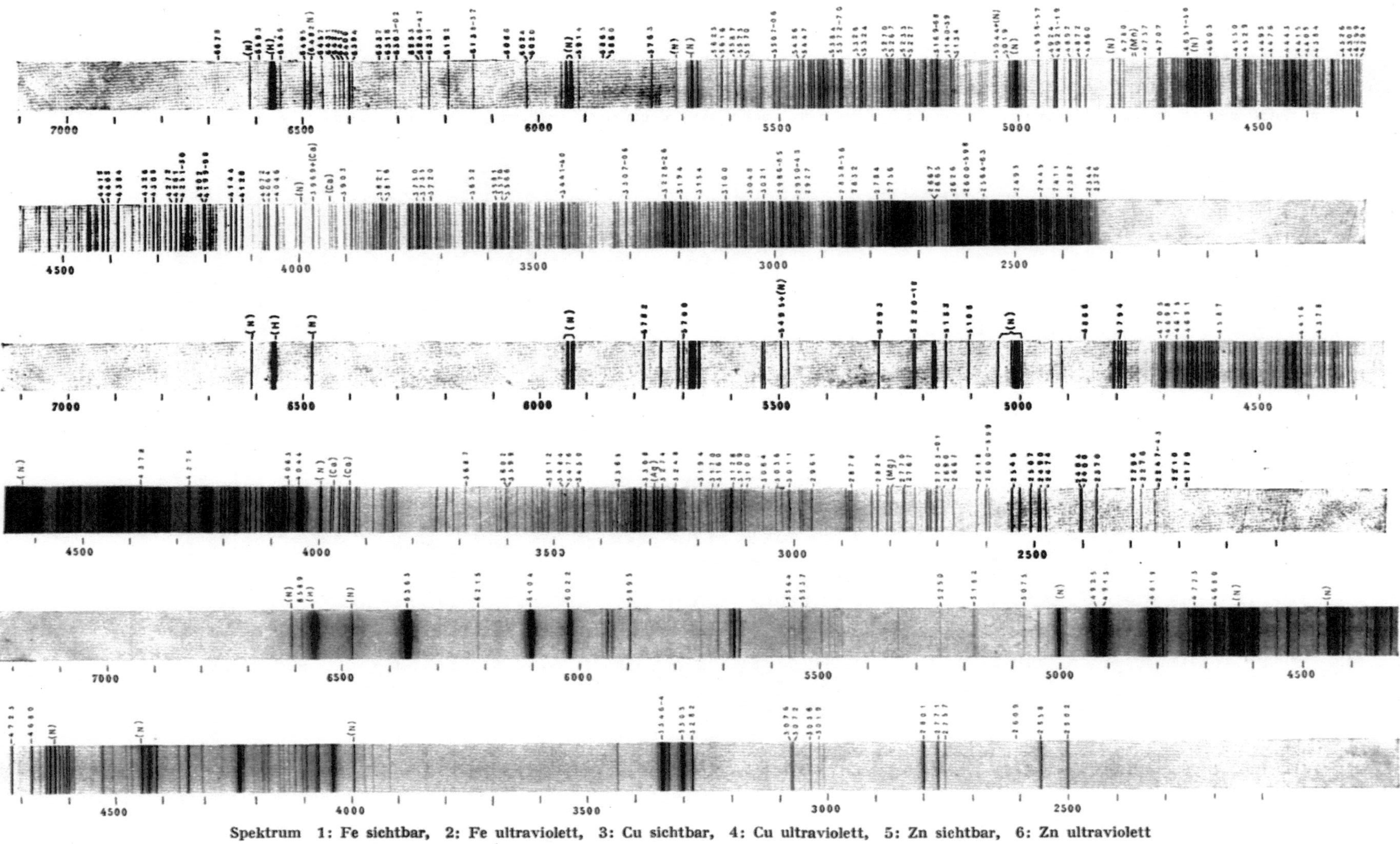

Spektrum 1: Fe sichtbar, 2: Fe ultraviolett, 3: Cu sichtbar, 4: Cu ultraviolett, 5: Zn sichtbar, 6: Zn ultraviolett

Tafel VII. Funkenspektren mit Gitterspektrograph (nach J. M. Eder und F. Valenta)

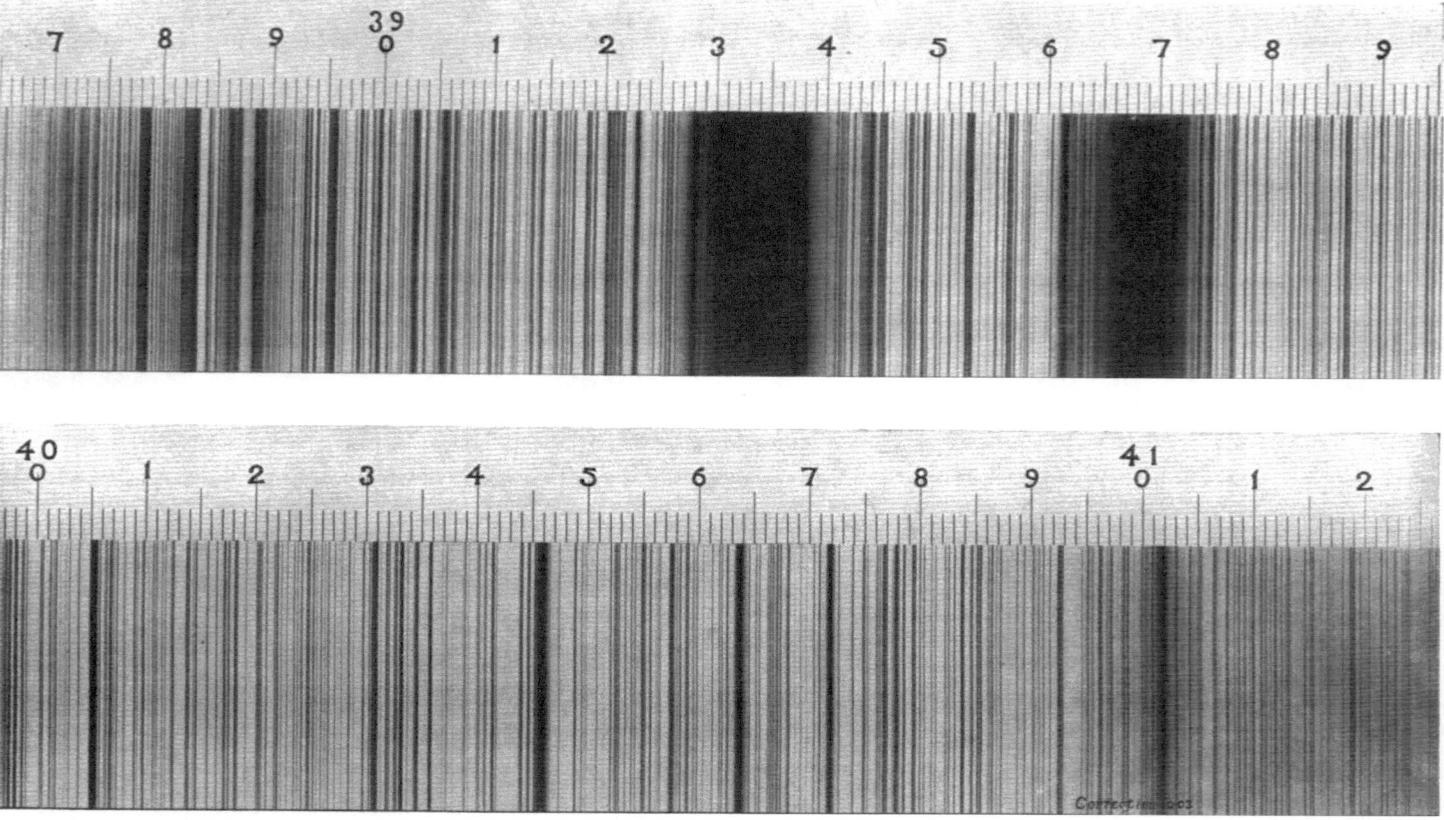

Tafel VIII. Probe aus Rowlands Sonnenatlas ($^{1}/_{2}$ natürliche Größe). Die breiten dunklen Streifen bei 3934 und 3969 sind die Fraunhoferschen Linien K und H

Handbuch der wissenschaftlichen und angewandten Photographie

Herausgegeben von

Dr. Alfred Hay, Wien

Das Handbuch soll über den heutigen Stand der wissenschaftlichen und angewandten Photographie in streng objektiver Art unterrichten. Durch weitgehende Unterteilung des Stoffes, durch Heranziehung führender Fachleute auf den Spezialgebieten, durch Beschaffung einwandfreien Tabellen- und Bildmaterials wurde eine zeitgemäße umfassende Darstellung der wissenschaftlichen und angewandten Photographie unter deutlicher Herausarbeitung alles Wesentlichen angestrebt.

Das Werk ist einerseits für den Fachmann und Wissenschaftler auf dem Gebiete der Photographie als selbständige Disziplin, andererseits aber auch für alle jene bestimmt, die sich der Photographie als Hilfsmittel bzw. Hilfswissenschaft bedienen.

Das Gesamtwerk wird 8 Bände umfassen und voraussichtlich bis 1930 vollständig vorliegen

Übersicht über das Gesamtwerk:

1. Band: **Das photographische Objektiv**
Bearbeitet von W. Mertè, R. Richter, M. v. Rohr
Geschichte des photographischen Objektivs. Das photographische Objektiv

2. Band: **Die photographische Kamera**
Bearbeitet von K. Pritschow
Die photographische Kamera. Die Momentverschlüsse

3. Band: **Photochemie und photographische Chemikalienkunde**
Bearbeitet von A. Coehn, G. Jung, J. Daimer
Photochemie. Photographische Chemikalienkunde

4. Band: **Die Erzeugung und Prüfung der photographischen Materialien**
Bearbeitet von M. Andresen, F. Formstecher, W. Heyne, R. Jahr, H. Lux, A. Trumm
Plattenfabrikation. Filmfabrikation. Papierfabrikation. Sensitometrie. Magnesiumlicht. Elektrisches Licht in der Photographie

5. Band: **Der photographische Negativ- und Positivprozeß und ihre theoretischen Grundlagen**
Bearbeitet von W. Meidinger
Das latente Bild. Die Entwicklung. Verstärkung, Abschwächung, Tonung. Detail- und Helligkeitswiedergabe. Sensibilisierung, die Chromatverfahren

6. Band: **Wissenschaftliche Anwendungen der Photographie**
Bearbeitet von L. E. W. van Albada, Ch. R. Davidson, E. P. Liesegang, T. Péterfi
Stereophotographie. Astrophotographie. Die Bildprojektion. Mikrophotographie

7. Band: **Photogrammetrie**
Bearbeitet von R. Hugershoff
Terrestrische Photogrammetrie und Aerophotogrammetrie. Luftbildwesen

8. Band: **Farbenphotographie**
Bearbeitet von L. Grebe, A. Hübl, E. J. Wall†
Photographische Licht- und Farbenlehre. Spektrumphotographie. Die Praxis der Farbenphotographie.